老虎工作室

关于本书

Dreamweaver 是当今最流行的网页设计软件之一，它功能强大、使用简便，在网页设计领域内应用非常广泛。Dreamweaver CS4 进一步强化了软件的设计功能，完善了软件的用户界面，使之更友好、更人性化。

内容和特点

本书结合典型实例深入浅出地介绍了 Dreamweaver CS4 的基本功能和典型网页设计方法。在内容上通过典型而综合的实例剖析来详细阐述基础的理论知识，使读者在案例操作中理解和运用理论知识。

全书共分 15 章，各章的主要内容简介如下。

- 第 1 章：介绍 Dreamweaver CS4 的基础知识和操作工具。
- 第 2 章：介绍运用 Dreamweaver CS4 创建和发布站点的方法和技巧。
- 第 3 章：介绍运用 Dreamweaver CS4 向网页中输入和设置文本的方法。
- 第 4 章：介绍运用 Dreamweaver CS4 向网页中插入和设置图像的方法。
- 第 5 章：介绍运用 Dreamweaver CS4 向网页中添加和设置多媒体的方法。
- 第 6 章：介绍运用 Dreamweaver CS4 创建超链接使网页跳转的方法。
- 第 7 章：介绍运用 Dreamweaver CS4 的表格布局网页的方法和技巧。
- 第 8 章：介绍运用 Dreamweaver CS4 的框架嵌套网页的方法和技巧。
- 第 9 章：介绍运用 Dreamweaver CS4 的 CSS 样式表美化网页的方法。
- 第 10 章：介绍运用 Dreamweaver CS4 的 AP Div 布局网页的方法和技巧。
- 第 11 章：介绍运用 Dreamweaver CS4 的表单设计互动网页的方法和技巧。
- 第 12 章：介绍运用 Dreamweaver CS4 的行为制作网页特效的方法和技巧。
- 第 13 章：介绍运用 Dreamweaver CS4 的模板和库提升网页设计效率的方法。
- 第 14 章：介绍运用 Dreamweaver CS4 制作交互式网页的方法和技巧。
- 第 15 章：介绍运用 Dreamweaver CS4 的 Div+CSS 布局的方法和技巧。

读者对象

本书注重基础，即使没有网页设计经验的读者也可以根据本书的讲解循序渐进地学习 Dreamweaver CS4 的基本功能。本书强调通过案例操作来学习理论知识，并在此基础上加强实践环节，使读者能够迅速掌握 Dreamweaver CS4 设计网页的基本方法和技巧。

本书适合广大的网页设计爱好者和网页设计专业人员，也可以作为有志于网页设计的读者学习 Dreamweaver CS4 的入门教材。同时本书选例综合全面，深度逐级递进，适用于使用 Dreamweaver CS4 进行网页设计的初、中级读者学习参考。此外，本书还可供使用过 Dreamweaver 前期版本的用户学习。

配套光盘内容简介

为了方便读者的学习，本书光盘按章收录了完成书中实例所需要的素材文件、完成实例操作后的结果文件，以及每个实例制作过程的动画演示文件（“.avi”），相信会为大家的学习和设计带来有益的帮助。以下是本书配套光盘内容的详细说明。

1. 素材文件

在部分案例的设计过程中，需要根据书中提示打开光盘中相应位置的素材文件，然后进行下一步操作。这些素材文件分别保存在与章节对应的“素材”文件夹中（例如，“\素材\第4章\吃在四川\index.html”表示第4章中名字为“index”的网页文件，该文件放在光盘中的“素材\第4章\吃在四川\”目录下），读者可以使用Dreamweaver CS4打开所需的网页文件，然后进行后续操作。

注意：光盘上的文件都是“只读”的，需将这些文件复制到硬盘上，去掉文件的“只读”属性，然后再使用。

2. 视频文件

播放与章节相对应的文件夹中的视频（“.avi”）文件，可以观看各实例中的网页设计过程，帮助用户快速理解和掌握每个案例的设计方法和技巧。一般情况下，用 Windows 自带的“Windows Media Player”即可正常播放视频。

注意：播放文件前要安装光盘根目录下的“tscc.exe”插件。

3. 结果文件

每个实例完成后的结果文件都放在相应章的“结果文件”文件夹中，打开这些文件可以获得最终的设计效果，并可以对设计结果作进一步操作，从而设计出属于自己的网页效果。

4. PPT 文件

本书提供了PPT文件，以供教师上课使用。

感谢您选择了本书，希望我们的努力对您的工作和学习有所帮助，也欢迎您把对本书的意见和建议告诉我们。

老虎工作室网站 http://www.laohu.net，电子函件 postmaster@laohu.net。

老虎工作室

2010年5月

目　录

第1章　认识 Dreamweaver CS4 中文版——设计“飞飞花园”网页

随着 Internet 技术的不断发展，网页也从以前的单纯文本形式发展到了包含文本、图像、声音、动画，以及视频的一种新的媒体形式。它不但使信息的显示更加生动，而且使信息的浏览更为方便，从而成为人们表现产品和服务的理想选择。本章将以设计“飞飞花园”网页为例，让读者初步认识 Dreamweaver CS4 中文版，并掌握使用 Dreamweaver CS4 设计网页的一些基本操作，案例设计效果如图 1-1 所示。

图1-1　“飞飞花园”网页

【学习目标】

- 认识网页的基本概念和构成元素。
- 熟悉网站的设计流程。
- 了解 Dreamweaver CS4 的界面和基本功能。
- 掌握 Dreamweaver CS4 的基本操作。

1.1　认识网页设计的基础知识

随着互联网与人们日常生活结合得越来越紧密，网站已经成为人们网络生活中一道必不可少的风景。在开始网页设计之前，先对网页设计有一个全面的了解和认识。

1.1.1　网页的基本概念

网页、网站、首页、静态网页、动态网页这些都是网页设计中的专业术语，它们代表着不同的意思，下面将具体介绍它们之间的区别和联系。

一、 网页

从文件的角度来说，一个网页就是一个 HTML 文件。当浏览者输入一个网址或单击某个链接后，在浏览器中显示出来的就是一个网页。一般网页上都会有文本、图片等信息，而复杂一些的网页上还会有声音、视频、动画等多媒体内容，为网页增添了丰富的色彩和动感，如图 1-2 所示。

二、 网站

网站是一系列逻辑上可以视为一个整体的网页集合，是许多相关网页有机结合而组成的一个信息服务中心。小型网站是指带有一定主题的多个网页集合；大型网站还包含数据库和服务器端应用程序等，如新浪、网易、搜狐等门户网站。在构成网站的众多网页中，有一个页面比较特殊，称为首页，即网站的第一个页面。例如，当在浏览器中输入网易网站地址"http://www.laohu.net"后出现的第一个页面，即老虎工作室网站的首页，如图 1-3 所示。

图1-2 网页

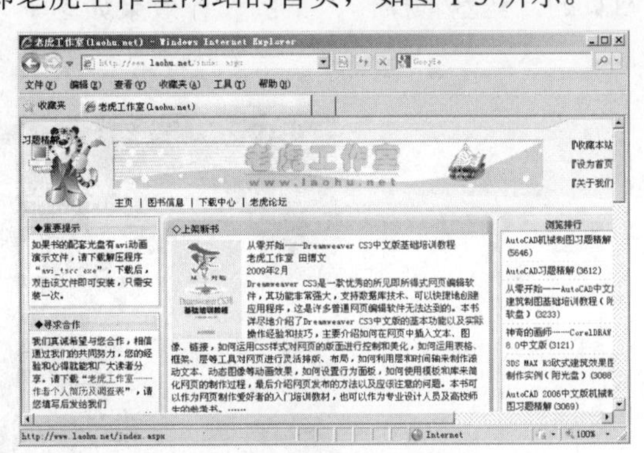

图1-3 老虎工作室网站首页

三、 动、静态网页

按网页的表现形式可将网页分为静态网页和动态网页。静态网页是指网页文件中没有程序，只有 HTML 代码，一般以".html"或".htm"为后缀名的网页。静态网站内容不会在制作完成后发生变化，任何人访问都显示一样的内容。如果更改网页内容就必须修改源代码，然后再上传到服务器上，如图 1-4 所示。

动态网页是指网页文件不仅具有 HTML 标记，而且还含有程序代码，并使用数据库连接。动态网页能根据不同的时间，不同的来访者显示不同的内容，动态网站更新方便，一般在后台直接更新，如图 1-5 所示。

图1-4 静态网页

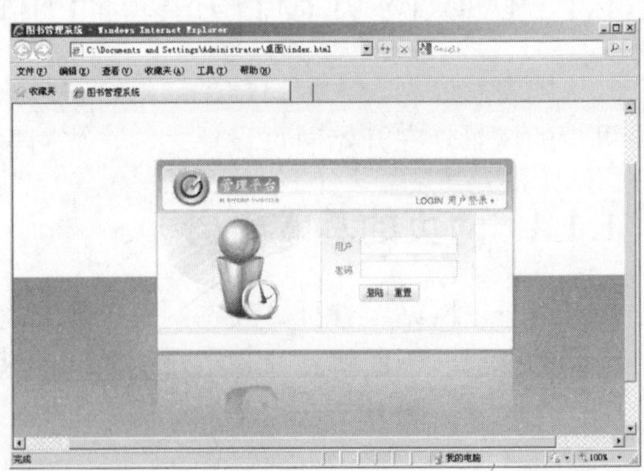

图1-5 动态网页

静态网页和动态网页各有特点，网站采用动态网页还是静态网页主要取决于网站的功能需求和网站内容的多少，如果网站功能比较简单，内容更新量不是很大，采用纯静态网页的方式会更简单，反之一般要采用动态网页技术来实现。

1.1.2　网页的基本元素

虽然网页的形式和内容各种各样，但构成网页的基本元素大体相同，主要包括标题、网站 Logo、导航、超链接、广告栏、文本、图片、动画、视频与音频等，如图 1-6 所示。网页设计就是要将这些元素有机整合，表达出美与和谐。

图1-6　网页的基本元素

1.1.3　网站的建设流程

网站的建设流程一般分为前期策划、网页制作、网站发布、网站推广以及后期维护等工作。

一、　前期策划

无论是大的门户网站还是只有少量页面的个人主页，都需要做好前期的策划工作。明确网站主题、网站名称、栏目设置、整体风格、所需要的功能及实现的方法等，这是制作一个网站的良好开端。

(1)　明确网站主题。

网站必须有一个明确的主题。特别是对于个人网站，必须找准一个自己最感兴趣的内容，做出自己的特色，这样才能给用户留下深刻的印象。一般来说，确定主题应该遵循以下原则。

- 主题最好是自己感兴趣且擅长的。
- 主题要鲜明，在主题范围内做到又全又精。
- 题材要新颖且符合自己的实际能力。
- 要体现自己的个性和特色。

(2) 明确网站名称。

网站必须有一个容易让用户记住的名称，网站命名应遵循以下原则。

- 能够很好地概括网站的主题。
- 在合情合理的前提下读起来琅琅上口。
- 简短便于记忆。
- 富有个性和内涵，能给用户更多的想像力和冲击力。

(3) 设置网站栏目。

网站栏目设置要合理，栏目设置是根据网站分类进行的，因此网站内容分类首先必须合理，方便用户使用。不同类别的网站，内容差别很大，因此，网站内容分类也没有固定的格式，需要根据不同的网站类型来进行。例如，一般信息发布型企业网站栏目应包括公司简介、产品介绍、服务内容、价格信息、联系方式、网上定单等基本内容。电子商务类网站要提供全员注册、详细的商品服务信息、信息搜索查询、定单确认、付款、个人信息保密措施、相关帮助等。

(4) 明确网站风格。

网站必须有自己的风格。网站风格是指站点的整体形象及用户的综合感受。这个“整体形象”包括站点的标志、色彩、版面布局、交互性、内容价值、存在意义以及站点荣誉等诸多因素。例如，网易给用户感觉是平易近人的，迪斯尼给用户的感觉是生动活泼的。网站风格没有一个固定的模式，即使是同一个主题，任何两个人都不可能设计出完全一样的网站，就像一个作文题目不同的人会写出不同的文章一样。

二、 网页制作

在前期策划完成后，接着就进入网页设计与制作阶段。这一时期的工作按其性质可分为3类：页面美工设计、静态页面制作和程序开发。

美工设计首先要对网站风格有一个整体定位，包括标准字、Logo、标准色彩、广告语等。然后再根据此定位分别做出首页、二级栏目页以及内容页的设计稿。首页设计包括版面、色彩、图像、动态效果、图标等风格设计，也包括 Banner（广告）、菜单、标题、版块等模块设计。在设计好各个页面的效果后，就需要制作成 HTML 页面。在一般情况下，网页制作员需要实现的是静态页面。对于一个复杂的网站，程序开发是必须的，程序开发人员可以先行开发功能模块，然后再整合到 HTML 页面内，也可以用制作好的页面进行程序开发。但是为了程序能有很好的移植性和亲和力，还是推荐使用先开发功能模块，然后再整合到页面的方法。

三、 网站发布

发布站点前，必须确定网页的存储空间。如果自己有服务器，配置好后，直接发布到上面即可。如果自己没有服务器，则最好在网上申请一个空间来存放网页，并申请一个域名来指定站点在网上的位置。发布网页可直接使用 Dreamweaver CS4 中的“发布站点”功能进行上传。对于大型站点的上传一般使用 FTP 软件，如 LeapFTP、CuteFTP 等，使用这种方法上传和下载速率都很快。

四、　网站推广

网站推广活动一般发生在网站上传发布之后，当然也不排除一些网站在筹备期间就开始宣传的可能。网站推广是网络营销的主要内容，可以说，大部分的网络营销活动都是为了网站推广的需要，如发布新闻、搜索引擎登记、交换链接、网络广告等。

五、　后期维护

站点上传到服务器后，首先要检查运行是否正常，如果有错误要及时更正。另外，每隔一段时间，还应对站点中的内容进行更新，以便提供最新消息，吸引更多的用户。

1.1.4　网页的布局类型

网页是构成网站的基本元素。一个网页是否精彩与网页布局有着重要关系。常见的网页布局类型有“国”字形、“匡”字形、“三”字形、“川”字形等。

一、　“国”字形

“国”字形也称“同”字形，即最上面是网站的标题以及横幅广告条，接下来是网站的主要内容，最左侧和最右侧分列一些小条目内容，中间是主要部分，最下面是网站的一些基本信息、联系方式、版权声明等。这是使用最多的一种结构类型，如图 1-7 所示。

二、　“匡”字形

“匡”字形也称拐角形，这种结构与“国”字形结构很相近，上面是标题及广告横幅，下面左侧是一窄列链接等，右列是很宽的正文，最下面是一些网站的辅助信息，如图 1-8 所示。

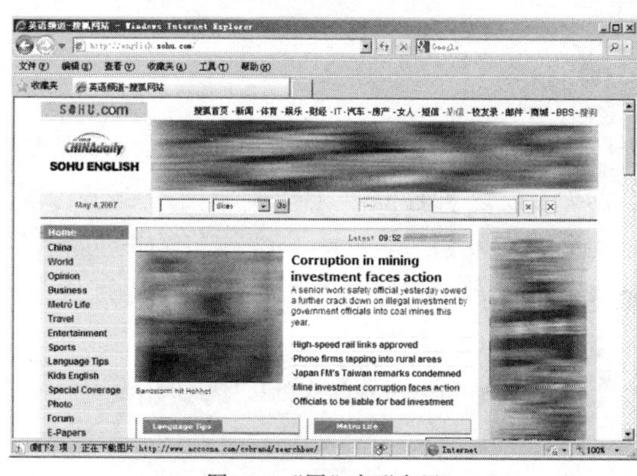

图1-7　“国”字形布局

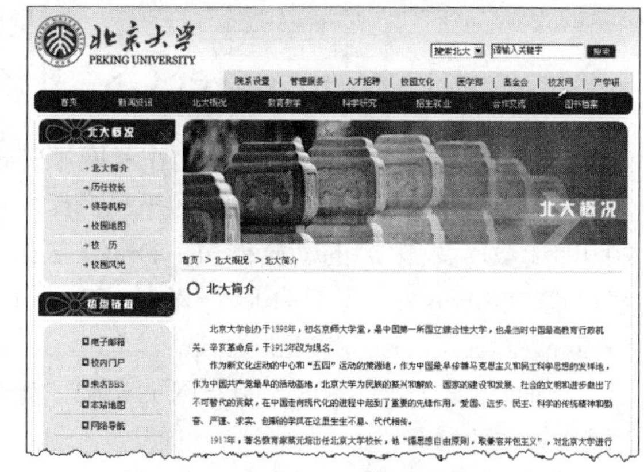

图1-8　“匡”字形布局

三、　“三”字形

这是一种比较简洁的布局类型，其页面在横向上被分隔为 3 部分，上部和下部放置一些标志、导航条、广告条和版权信息等，中间是正文内容，如图 1-9 所示。

四、　“川”字形

“川”字形即整个页面在垂直方向上被分为 3 列，内容按栏目分布在这 3 列中，最大限度地突出栏目的索引功能，如图 1-10 所示。

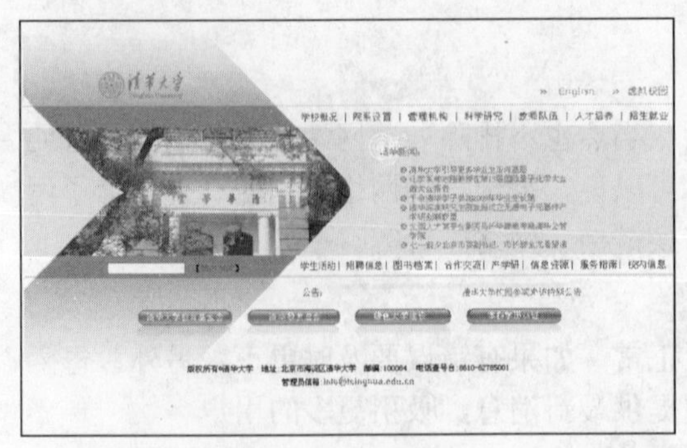

图1-9 “三”字形布局

图1-10 “川”字形

五、 其他类型

除上面讲述的常用布局类型外，网页设计还有其他一些类型，如表 1-1 所示。

表 1-1 其他布局类型

布局类型	简介
标题文本型	标题文本型是指页面内容以文本为主，最上面一般是标题，下面是正文的格式
封面型	封面型基本上出现在一些网站的首页，大部分由一些精美的平面设计和一些动画组合而成，在页面中放几个简单的链接或者仅是一条“进入”的链接，甚至直接在首页的图片上做链接而没有任何提示
Flash 型	Flash 型是指整个网页就是一个 Flash 动画，这是一种比较新潮的布局方式。其实，这种布局与封面型在结构上是类似的，无非使用了 Flash 技术
框架型	框架型布局通常分为左右框架型、上下框架型和综合框架型。由于兼容性和美观等原因，专业设计人员很少采用这种结构

1.2 认识 Dreamweaver CS4 中文版

Dreamweaver CS4 是集网页制作和网站管理于一身的所见即所得式的网页编辑器，是针对网页设计师而设计的视觉化网页开发工具，它可以让设计者轻而易举地制作出跨越平台限制和跨越浏览器限制的动感网页。Dreamweaver、Flash 和 Fireworks 一度被称为网页三剑客，但 Fireworks 近年来已逐渐被 Photoshop 取代，现在所说的新网页三剑客是指 Dreamweaver、Flash 和 Photoshop。

下面将以制作“飞飞花园”网页为例，让读者认识 Dreamweaver CS4 中文版的工作界面和工作流程。

1.2.1 创建站点

在 Dreamweaver 中设计网页时，网页通常在站点中制作完成，因此首先需要定义一个站点。下面将介绍为“飞飞花园”网页创建站点的操作过程。

1. 在计算机硬盘上新建一个名为“FeiFeiHuaYuan”的文件夹，然后将本书附带光盘中的“素材\第 1 章\飞飞花园”文件夹中的内容全部复制到“FeiFeiHuaYuan”文件夹中，如图 1-11 所示。

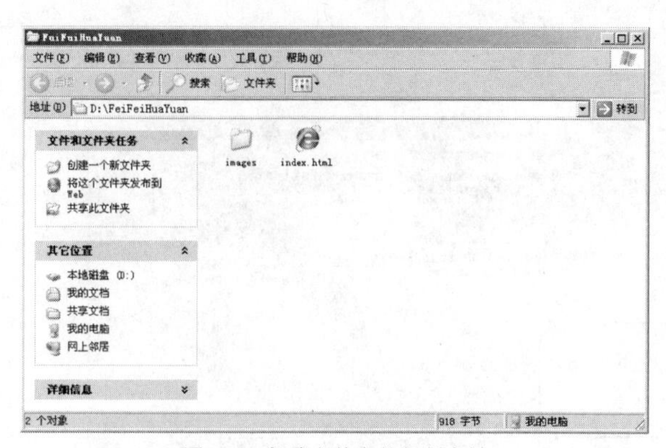

图1-11　新建文件夹并复制素材

2. 运行 Dreamweaver CS4 中文版，弹出起始页，如图 1-12 所示。

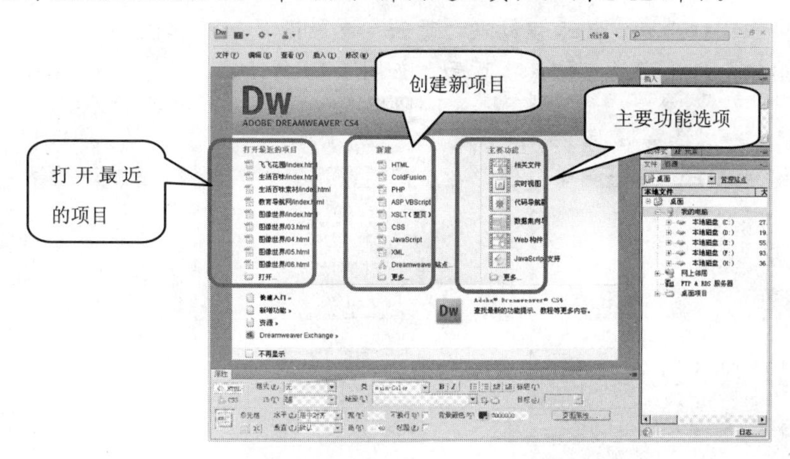

图1-12　起始页

3. 执行菜单命令【站点】/【新建站点】，打开【站点定义】对话框，在【您打算为您的站点起什么名字？】文本框中输入“FeiFeiHuaYuan”，如图 1-13 所示。
4. 单击 下一步(N) > 按钮，打开“选择服务器技术”页面，参数设置如图 1-14 所示。

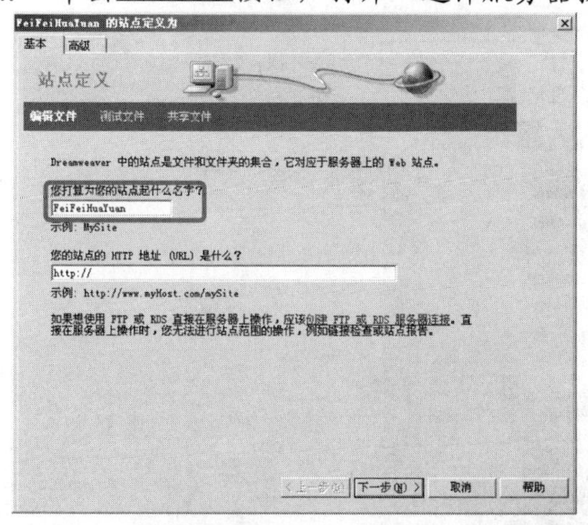

图1-13　输入站点名称

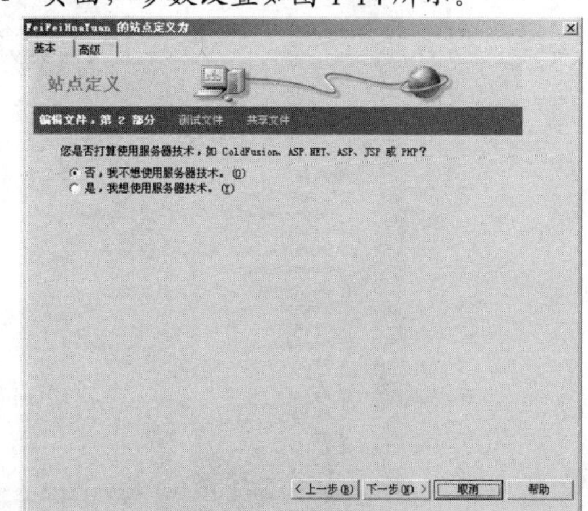

图1-14　选择服务器技术

5. 单击 下一步(N) > 按钮，打开“选择文件存储方式”页面，参数设置如图 1-15 所示。

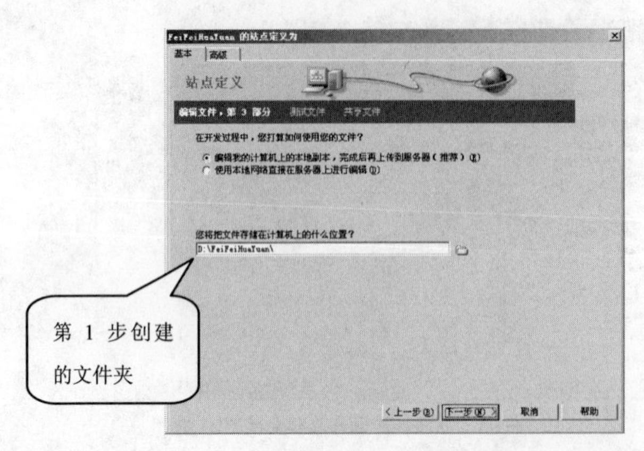

图1-15 设置文件夹位置

6. 单击下一步(N) >按钮，打开“定义远程站点”页面，参数设置如图 1-16 所示。
7. 单击下一步(N) >按钮，打开“站点信息”页面，如图 1-17 所示。

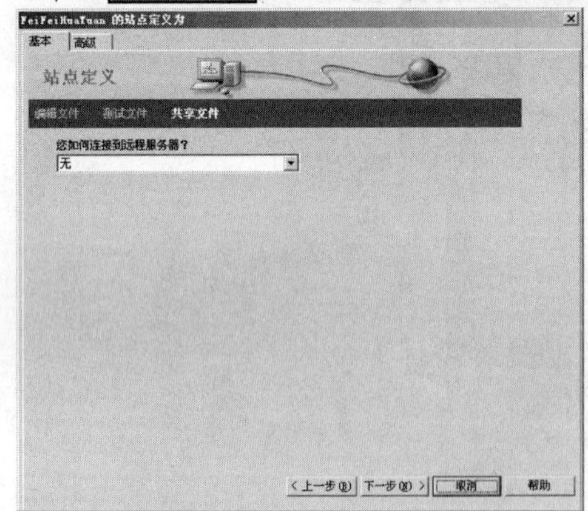

图1-16 定义远程站点

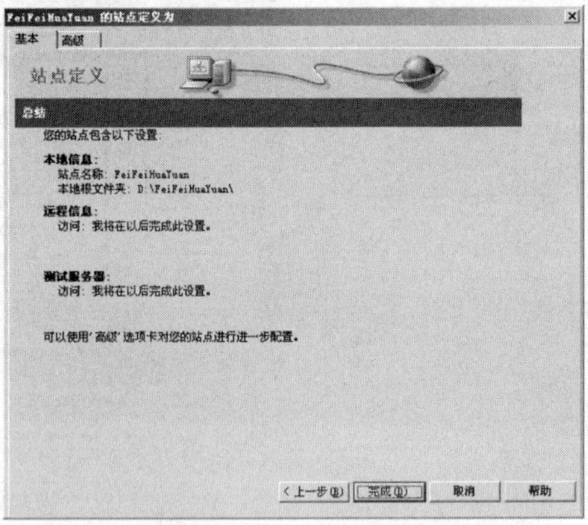

图1-17 “站点信息”页面

8. 单击 完成(D) 按钮，完成站点设置，如图 1-18 所示。

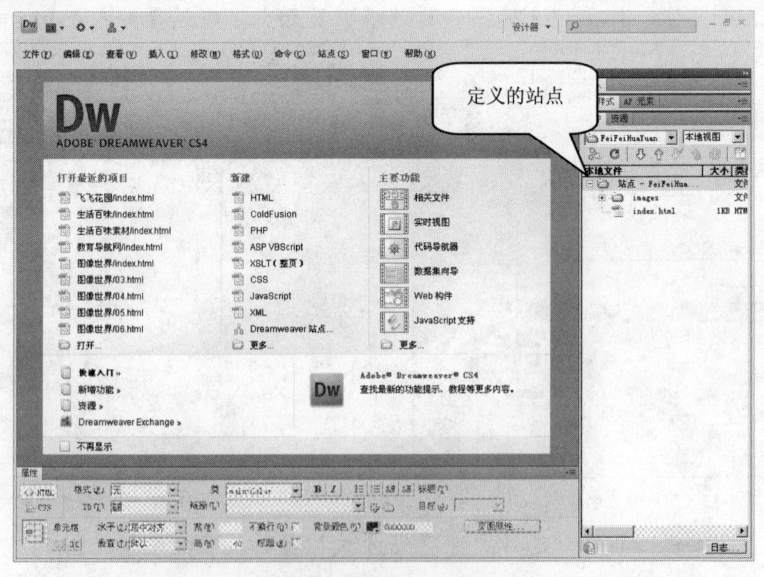

图1-18 定义站点结果

1.2.2 创建文档

要进行网页设计，就需要有一个设计文档。下面将介绍使用 Dreamweaver CS4 创建“飞飞花园”网页文档的操作过程。

1. 在起始页单击【新建】栏目中的 HTML 按钮，创建一个空白的 HTML 文档，如图 1-19 所示。

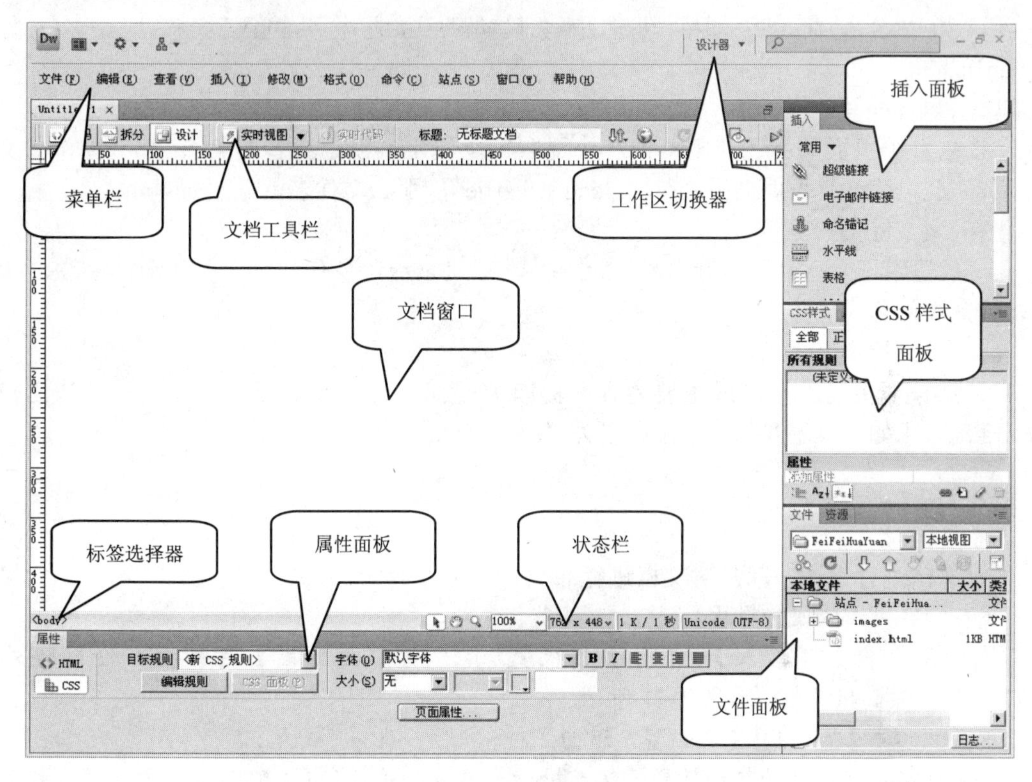

图1-19　新建的空白文档

2. 执行菜单命令【文件】/【保存】，打开【另存为】对话框，在【文件名】文本框中输入“main.html”，如图 1-20 所示。此时新建文档会默认保存在站点目录里面。

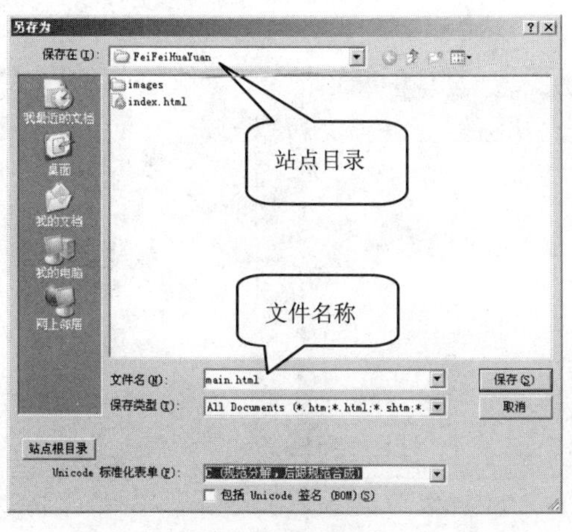

图1-20　保存文档

3. 单击 保存(S) 按钮，将空白文档进行保存，并返回文档。

【知识链接】——文件的命名方式

在对网页文件进行命名时，文件名的开头不能使用数字、运算符等符号，文件名最好也不要使用中文。文件的命名一般可采取以下 4 种方式。

(1) 汉语拼音。

根据每一个页面的标题或主要内容，提取 2 或 3 个字概括，将它们的汉语拼音作为文件名。如“公司简介”页面可提取“简介”这两个字的汉语拼音，文件名为“JianJie.htm”。

(2) 拼音缩写。

根据每个页面的标题或主要内容，提取每个汉字的汉语拼音的第 1 个字母作为文件名。如“公司简介”页面的拼音是“GongSiJianJie”，那么文件名就是“gsjj.htm”。

(3) 英文缩写。

一般适用于专有名词。例如，“Active Server Pages”专有名词一般用其缩写 ASP 来代替，因此文件名为“asp.htm”。

(4) 英文原义。

根据每个页面的标题或主要内容，提取关键词进行英文翻译命名。这种方法比较实用、准确。比如“关于我们”页面命名为“aboutus.htm”。

1.2.3 设计文档

对文档进行设计，就是对文档进行布局，并向文档中添加网页信息。下面将介绍设计“飞飞花园”网页的操作过程。

1. 执行菜单命令【修改】/【页面属性】，打开【页面属性】对话框，设置【外观（CSS）】面板参数，如图 1-21 所示。
2. 单击 确定 按钮，完成设置，返回文档。
3. 将光标定位在文档的起始位置，然后执行菜单命令【插入】/【表格】，打开【表格】对话框，参数设置如图 1-22 所示。

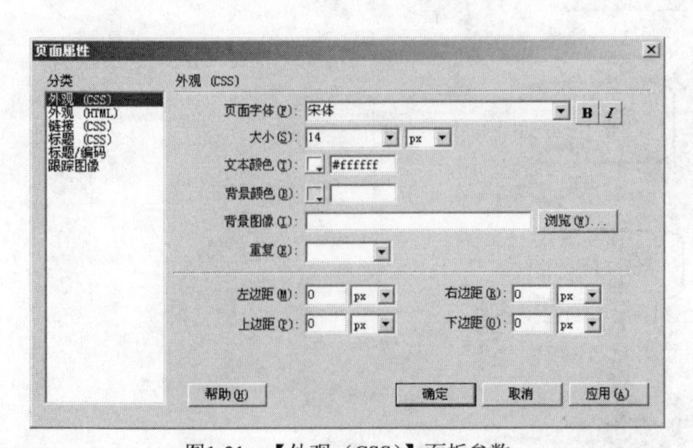

图1-21 【外观（CSS）】面板参数

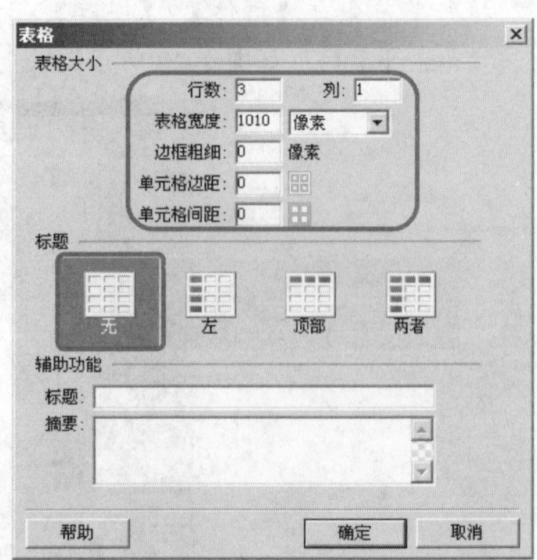

图1-22 表格参数设置

4. 单击 确定 按钮，插入一个 3 行 1 列的表格，如图 1-23 所示。

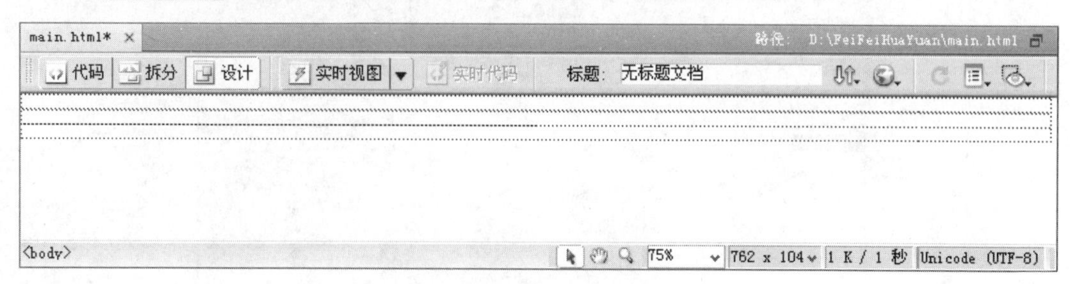

图1-23　插入表格

5. 将光标置于表格中，然后单击文档左下角【标签选择器】中的“<table>”标签，从而选中表格，并在【属性】面板中设置表格属性，如图 1-24 所示。

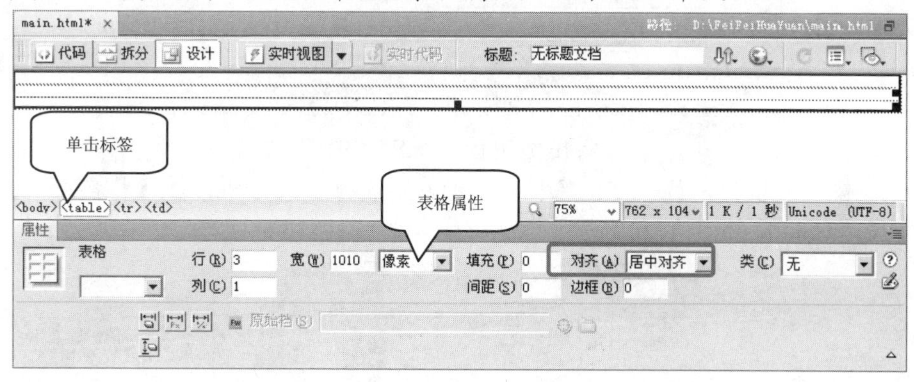

图1-24　设置表格属性

6. 将光标置于第 1 行的单元格中，然后在【属性】面板中设置【水平】为“居中对齐”、【高度】为“40px”、【背景颜色】为“黑色”，如图 1-25 所示。

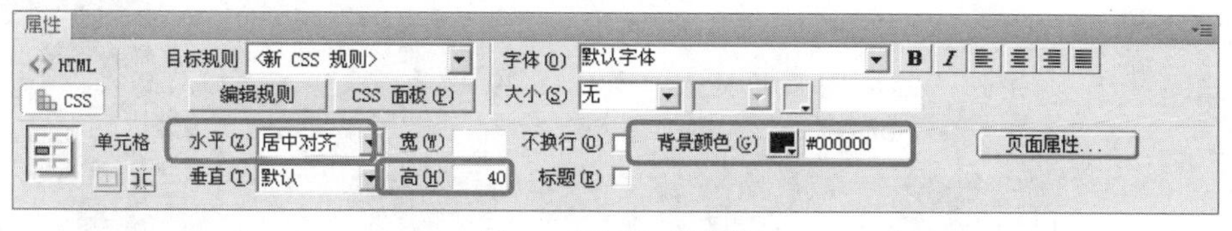

图1-25　设置单元格属性

7. 在第 1 行的单元格中输入“欢迎来到‘飞飞花园’”，效果如图 1-26 所示。

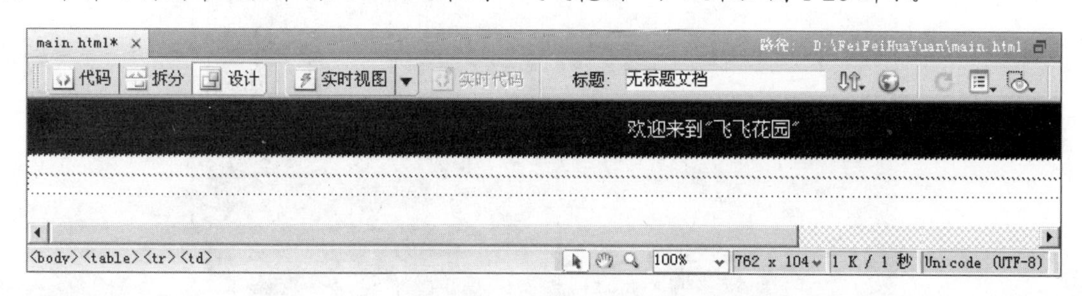

图1-26　输入文本

8. 将光标置于第 2 行的单元格中，然后执行菜单命令【插入】/【图像】，打开【选择图像源文件】对话框，选择“images”文件夹中的图像文件“main.jpg”，如图 1-27 所示。

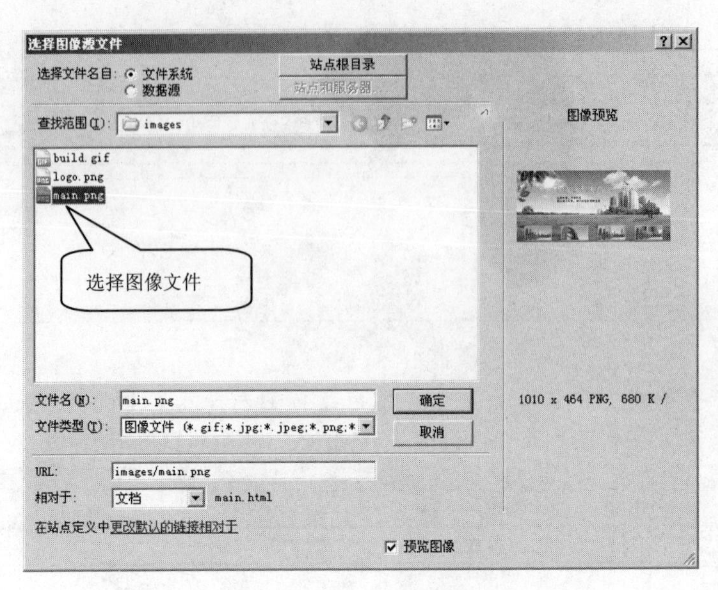

图1-27 选择插入的图像文件

9. 单击 确定 按钮，打开【图像标签辅助功能属性】对话框，在【替换文本】文本框中输入“Main”，如图 1-28 所示。

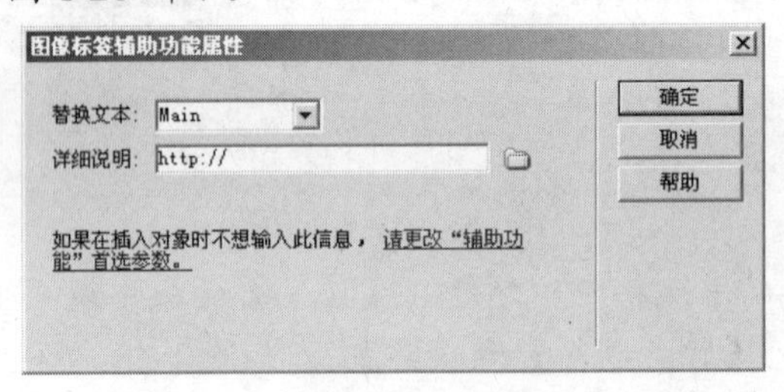

图1-28 【图像标签辅助功能属性】对话框

10. 单击 确定 按钮，完成图像的插入，如图 1-29 所示。

图1-29 插入图像文件

11. 将光标放置在表格第 3 行的单元格中，然后在【属性】面板中设置参数，如图 1-30 所示。

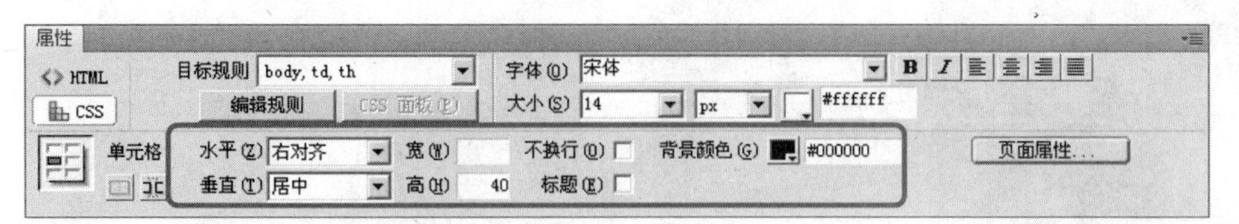

图1-30　设置单元格属性

12. 按照上面的方法，将“images”文件夹中的图像文件“logo.png”插入到表格中，如图 1-31 所示。

图1-31　插入 Logo 图像

13. 选中第 1 行的文字，然后单击【文档】工具栏中的代码按钮，打开【代码】视图，如图 1-32 所示。

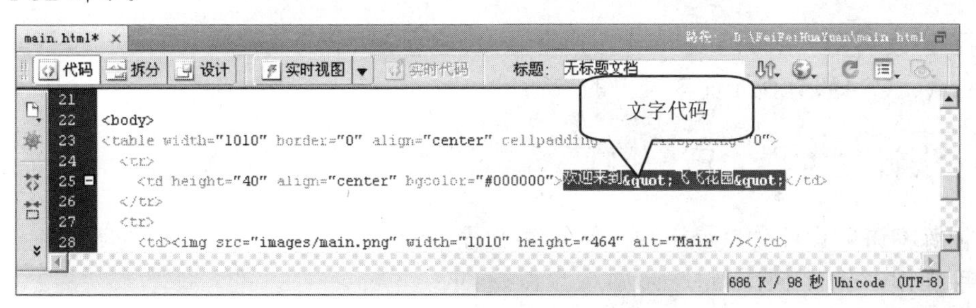

图1-32　【代码】视图

14. 在文字的代码前面输入代码“<marquee>”，后面输入代码“</marquee>”，如图 1-33 所示。

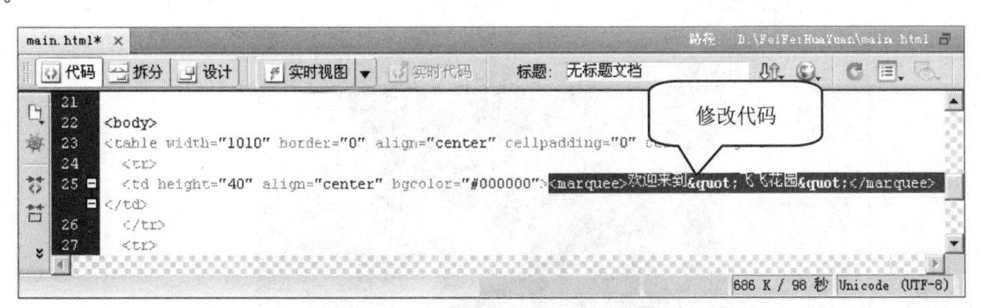

图1-33　输入代码

15. 单击【文档】工具栏中的设计按钮，返回【设计】视图。
16. 单击选中文档底部的 logo 图像，然后在【属性】面板中设置【链接】为“index.html”、【目标】为“_self”、【边框】为“0”，如图 1-34 所示。

图1-34　创建超链接

> **要点提示** 在编辑区域选择一个对象，【属性】面板就会显示该对象的属性，通过【属性】面板也可以重新设置所选对象的属性。

17. 按F12键，可在浏览器中浏览设计的网页，顶端的文字从右到左移动，效果参见图 1-1。

1.3 拓展训练

为了让读者对 Dreamweaver CS4 有一个更加全面的了解和认识，下面将介绍使用 Dreamweaver CS4 设计两个简单网页的操作过程。

1.3.1 设计“世界之窗”网页

本训练将讲解设计“世界之窗”网页的过程，效果如图 1-35 所示。通过该训练让读者自己动手操作，从而让读者进一步熟悉并掌握 Dreamweaver CS4 的一些基本功能。

图1-35　“世界之窗”网页

【训练步骤】

1. 运行 Dreamweaver CS4，新建一个空白的文档，保存并命名为“index.html”。
2. 在文档中插入一个表格，并设置表格的属性如图 1-36 所示。

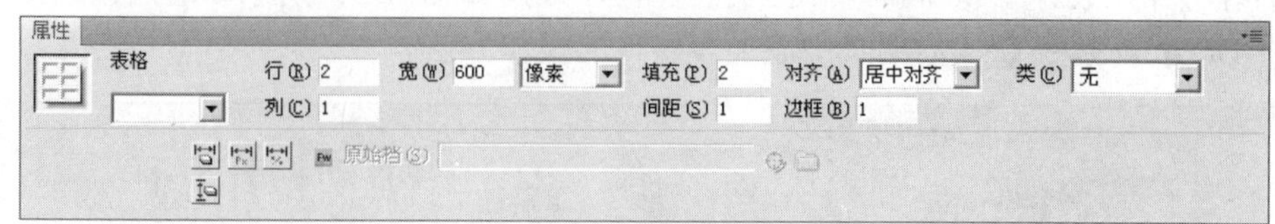

图1-36　设置表格的属性

3. 在表格的第一行单元格中输入文本“世界之窗”，如图 1-37 所示。

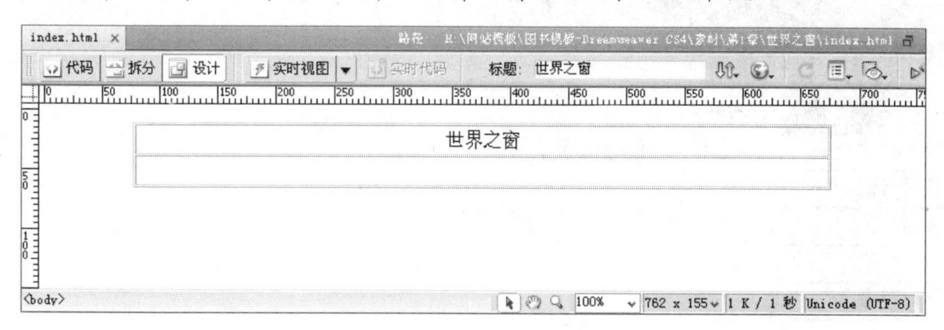

图1-37　在第一行中输入文本

4. 在表格的第二行单元格中插入附盘文件“素材\第 1 章\世界之窗\Panda.jpg”，如图 1-38 所示。

图1-38　插入图像

5. 至此，“世界之窗”网页设计完成，按F12键浏览网页，效果参见图 1-35。

1.3.2 设计“铁血夜鹰”网页

本训练将介绍设计“铁血夜鹰”网页的过程，效果如图 1-39 所示。通过该训练让读者掌握通过 Dreamweaver CS4 向网页中添加多媒体的操作方法。

图1-39 “铁血夜鹰”网页

【训练步骤】

1. 运行 Dreamweaver CS4，然后打开附盘文件“素材\第 1 章\铁血夜鹰\index.html”。
2. 将光标置于文档主体部分的空白单元格内。
3. 执行菜单命令【插入】/【媒体】/【FlashPaper】，打开【插入 FlashPaper】对话框，并设置参数，如图 1-40 所示。

图1-40　【插入 FlashPaper】对话框

4. 单击 确定 按钮，打开【对象标签辅助功能属性】对话框，保持默认设置，然后单击 确定 按钮，将 FlashPaper 动画插入到 Flash 文档中，如图 1-41 所示。

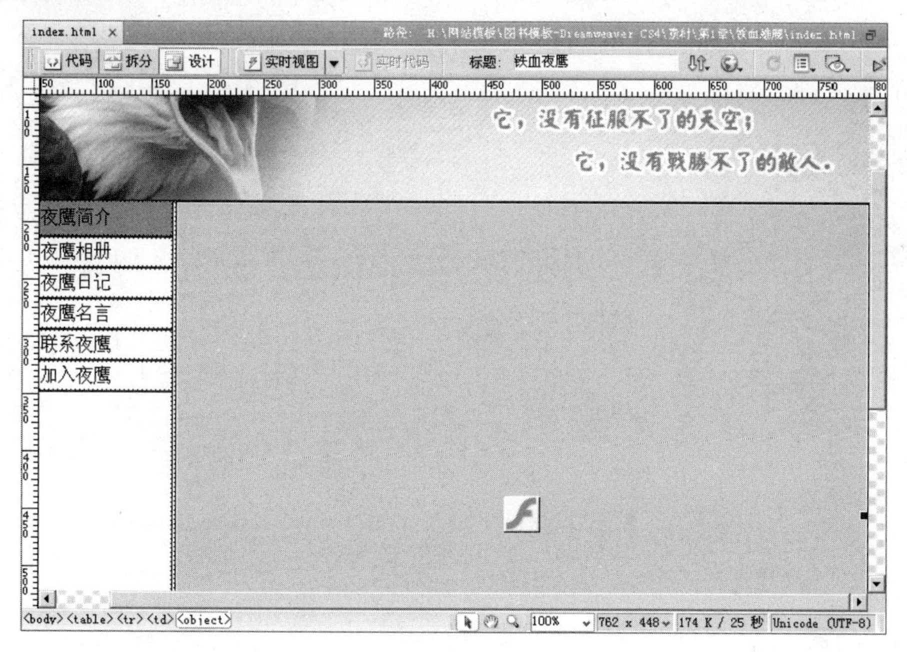

图1-41　插入 FlashPaper 动画

5. 至此，“铁血夜鹰”网页设计完成，按 F12 键预览网页，效果参见图 1-39。

1.4 小结

本章主要讲解了网页设计的基础知识以及使用 Dreamweaver CS4 进行网页设计的基本操作方法。通过本章的学习，读者能够熟悉网页设计的一些基础知识并对 Dreamweaver CS4 有一个全面的认识，同时带领读者进入网页设计世界。

1.5 习题

一、 问答题

1. 什么是网页和网站？
2. 网站建设流程包括哪些方面？
3. 网页的布局类型主要有哪些方式？
4. 简述一下 Dreamweaver CS4 的功能。

二、操作题

1. 将当前工作区调整为“经典”模式，然后再调整为“设计器”模式。
2. 将【插入】面板显示出来，并调整类型为“布局”，如图 1-42 所示。
3. 执行菜单命令【文件】/【新建】，设置【新建文档】对话框的参数，如图 1-43 所示，从而新建一个 HTML 模板。

图1-42 【插入】面板

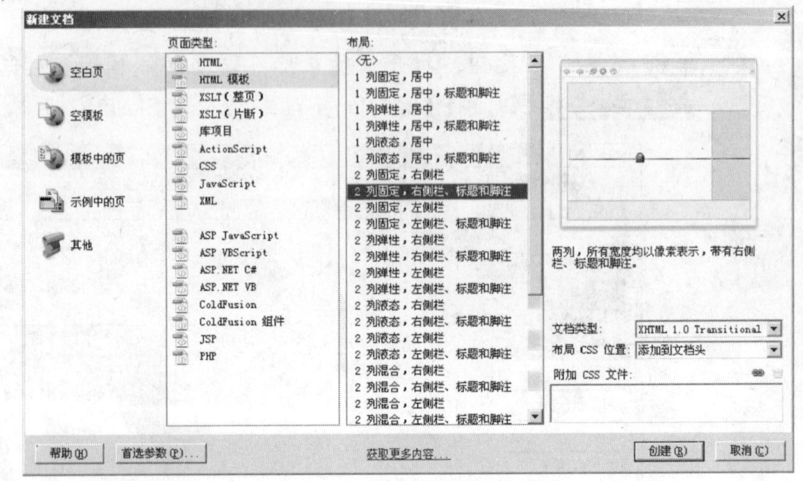

图1-43 【新建文档】对话框

第2章　创建和发布站点——设计“个人博客”网站

在 Dreamweaver 中，站点是一个文件夹，用于存放网站的所有网页、图像、多媒体等文件，便于用户对站点进行发布、维护和管理。本章将通过设计“个人博客”网站来讲解使用 Dreamweaver CS4 创建和发布站点的相关操作，网站首页效果如图 2-1 所示。

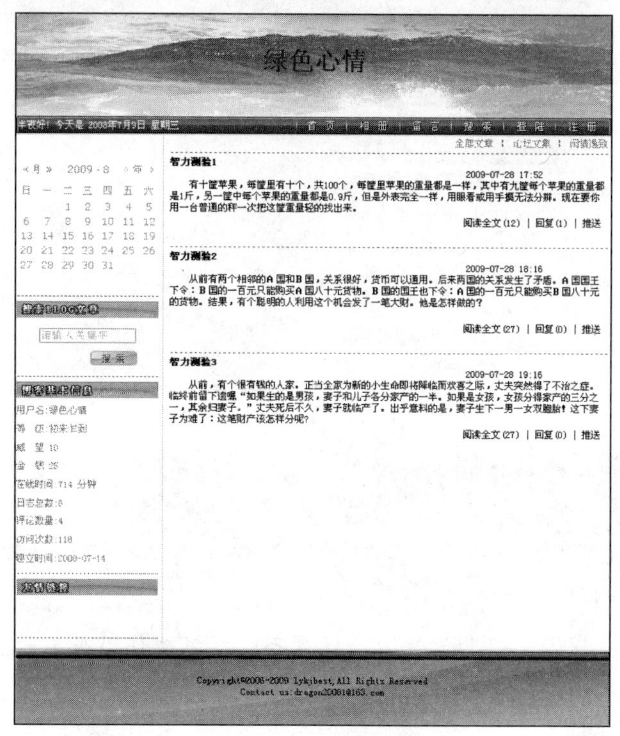

图2-1　“个人博客”首页

【学习目标】

- 掌握使用向导创建站点的方法。
- 掌握管理站点的相关操作。
- 掌握发布网站的操作步骤。

2.1　创建站点

使用 Dreamweaver 制作网站时，首先需要定义一个站点，为网站指定本地的文件夹和服务器，使之建立联系。

2.1.1 定义站点

在定义站点时，首先需要确定是直接在服务器端编辑还是在本地计算机编辑，然后设置与远程服务器时行数据传递的方式等。下面将介绍使用 Dreamweaver CS4 向导创建一个本地站点的操作步骤。

1. 运行 Dreamweaver CS4，进入【起始页】对话框，然后执行菜单命令【站点】/【新建站点】，弹出【站点定义】对话框，在【基本】选项卡中的第一个文本框中输入站点的名称“mysite”，如图 2-2 所示。

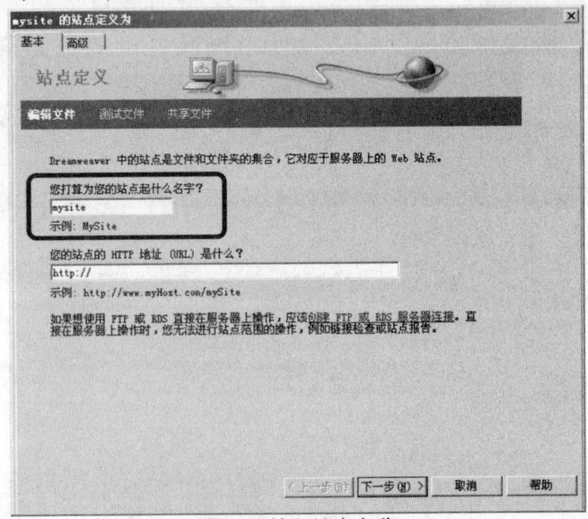

图2-2 输入站点名称

要点提示 该对话框窗口有【基本】和【高级】两个选项卡，这两种方式都可以完成站点的定义工作，其中【基本】将会按照向导一步一步地进行，直至完成定义工作，适合初学者使用；【高级】可以在不同的步骤或者不同的分类选项中任意跳转，可以做更高级的修改和设置，因此适合在站点维护中使用。

2. 单击 下一步(N) > 按钮进入下一步设置，选择【否，我不想使用服务器技术】单选项，如图 2-3 所示。

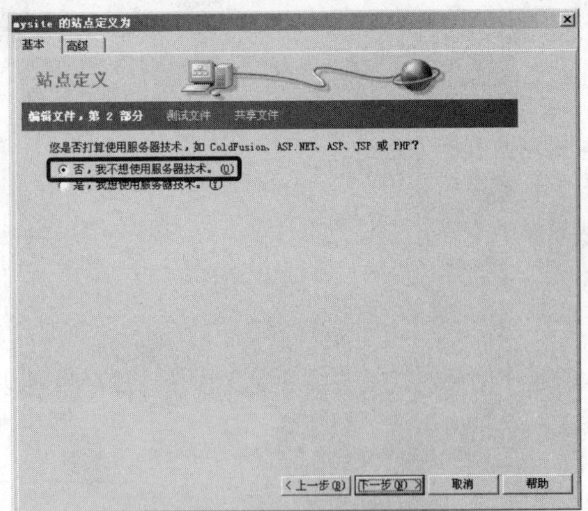

图2-3 站点定义第 2 步

3. 单击下一步(N) >按钮进入下一步设置，选择【编辑我的计算机上的本地副本，完成后再上传到服务器（推荐）】单选项，然后单击文本框右侧的按钮，选择存放该站点的文件夹（这里选择 E 盘下的“MyBlog”文件夹），如图 2-4 所示。

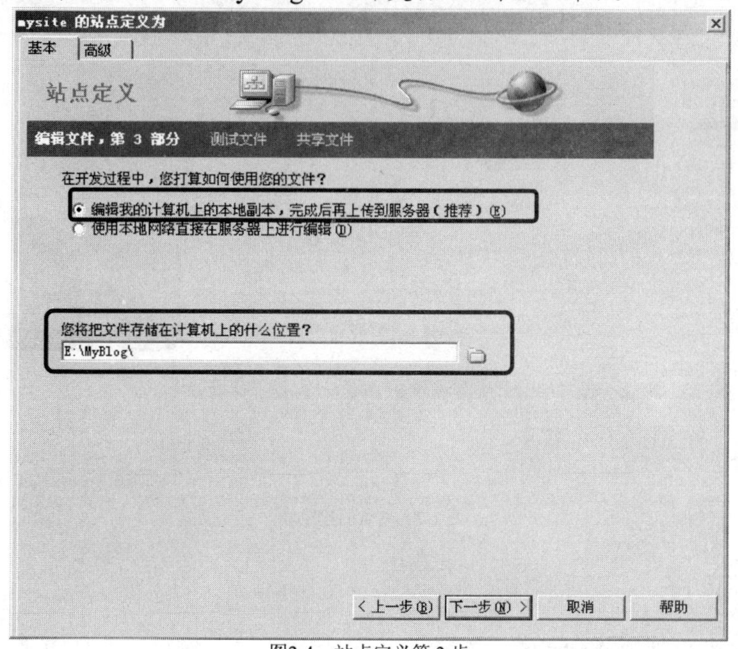

图2-4　站点定义第 3 步

4. 单击下一步(N) >按钮，在【您如何连接到远程服务器？】下拉列表中选择【无】选项，如图 2-5 所示。

5. 单击下一步(N) >按钮，在此显示所定义站点的相关信息，如图 2-6 所示。

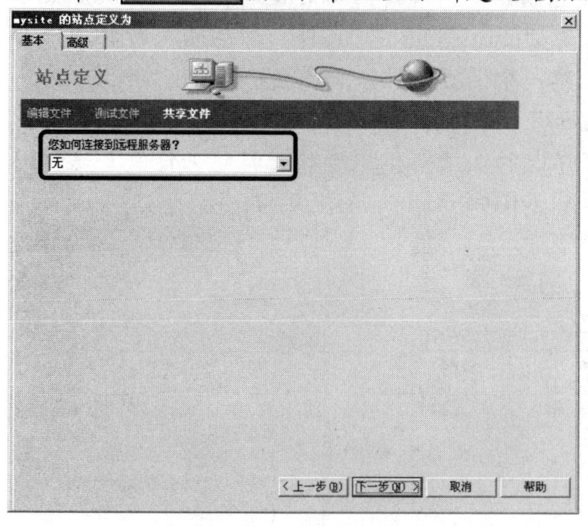

图2-5　站点定义第 4 步

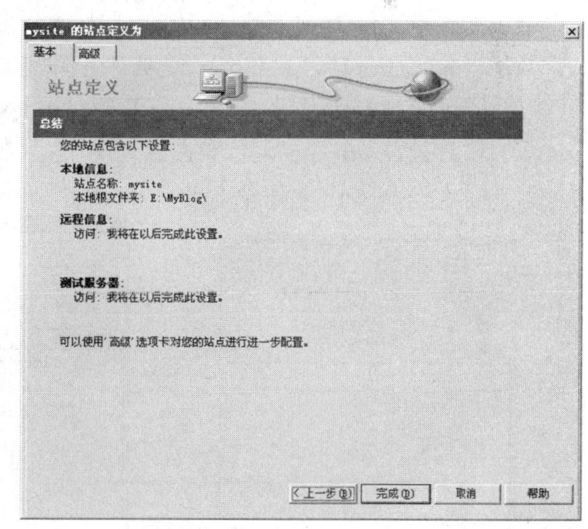

图2-6　确认站点信息

6. 单击完成(D)按钮，完成站点的定义，此时便可在界面右下角的【文件】面板中看到所定义的站点，如图 2-7 所示。

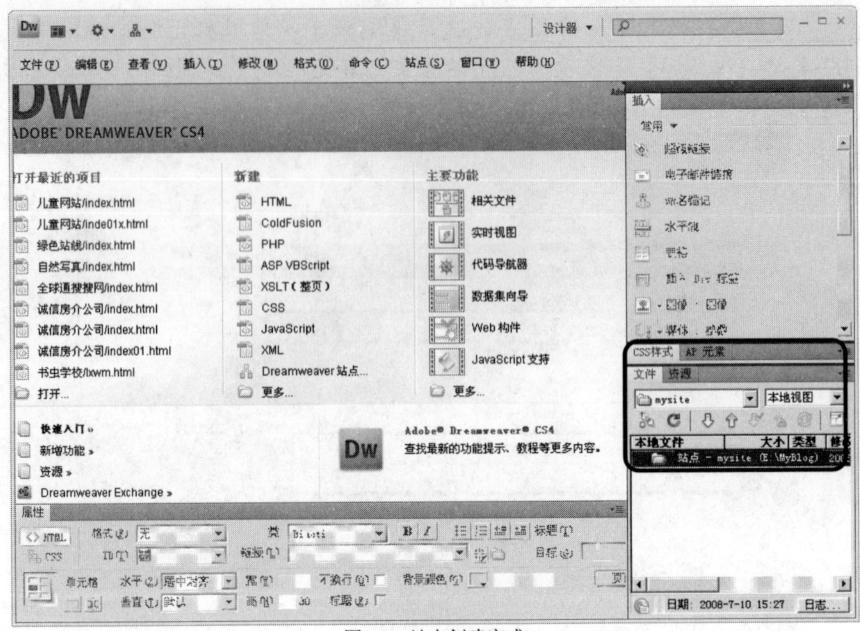

图2-7　站点创建完成

2.1.2 创建文件

一个网站通常包含多个文件和文件夹，站点定义之后，用户可以使用【文件】面板在站点中创建文件和文件夹，以及对文件和文件夹进行增加、删除、重命名等操作。下面将介绍向站点内创建文件的操作过程。

1. 在文档右下角【文件】面板中的“站点-mysite”上单击鼠标右键，在弹出的快捷菜单中选择【新建文件】选项，创建一个名为“untitled.html”文件，然后输入新的文件名“index.html”，按Enter键确认，即可创建一个网页文件，如图 2-8 所示。
2. 使用同样的方法再新建一个名为“index.css”的文件，如图 2-9 所示。
3. 在“站点-mysite”上单击鼠标右键，在弹出的快捷菜单中选择【新建文件夹】选项，创建一个文件夹并命名为“images”，如图 2-10 所示。

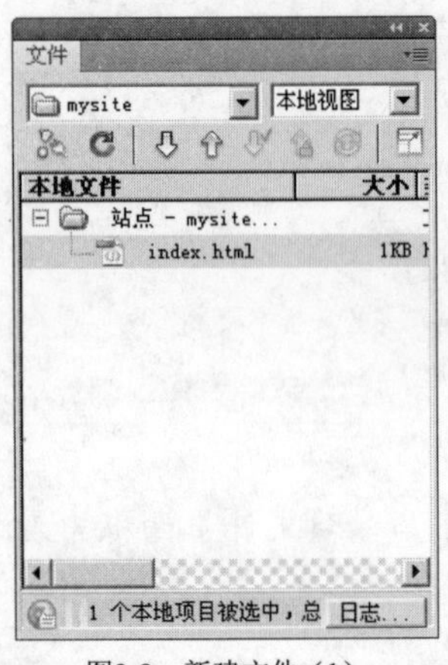

图2-8　新建文件（1）

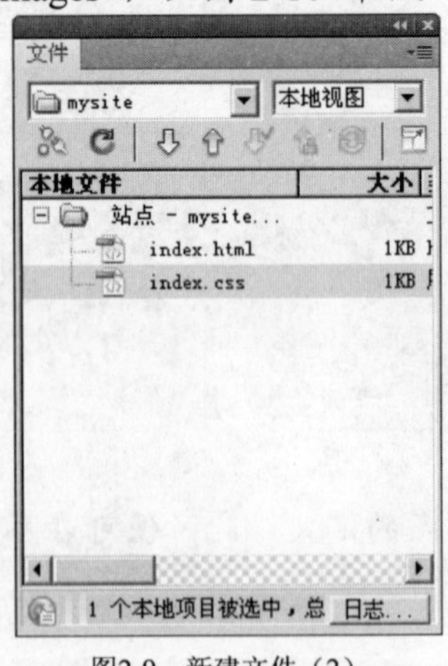

图2-9　新建文件（2）

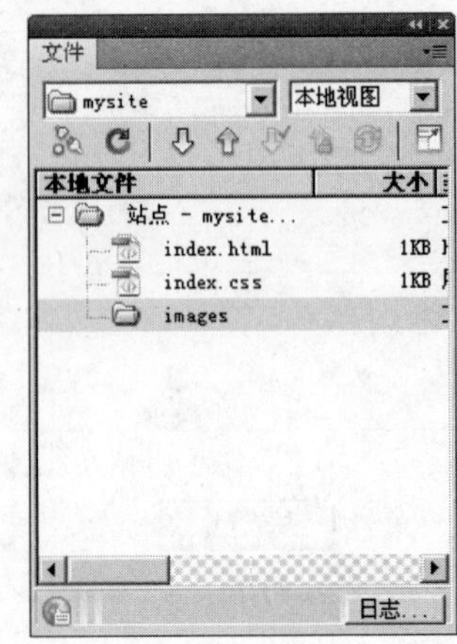

图2-10　新建文件夹

要点提示 通常站点内都需要建一个名为“images”的文件夹，一般作为网站的默认图像文件夹，用于保存网站内的图像文件。在【文件】面板中选中文件或文件夹，按 Ctrl+C 键，然后按 Ctrl+V 键可对选中的内容进行复制。按 Delete 键将删除选中的内容。

4. 在“images”文件夹上单击鼠标右键，在弹出的快捷菜单中选择【浏览】选项，打开本地文件夹，然后将附盘文件“素材\第 2 章\个人博客\图片”中的所有文件复制到“images”文件夹中，如图 2-11 所示。

图2-11　复制图片素材

5. 返回文档，单击【文件】面板上方的 C 按钮进行刷新，然后双击展开“images”文件夹，即可看到文件夹中包含的图片文件，如图 2-12 所示。

6. 在【文件】面板中双击“index.css”文件打开文件，然后将附盘文件“素材\第 2 章\个人博客\css.txt”里面的所有文本内容复制到当前文档中，如图 2-13 所示。最后按 Ctrl+S 键保存文件。

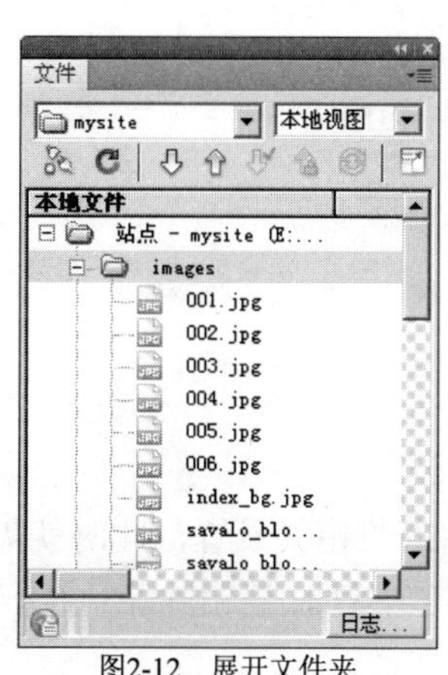

图2-12　展开文件夹

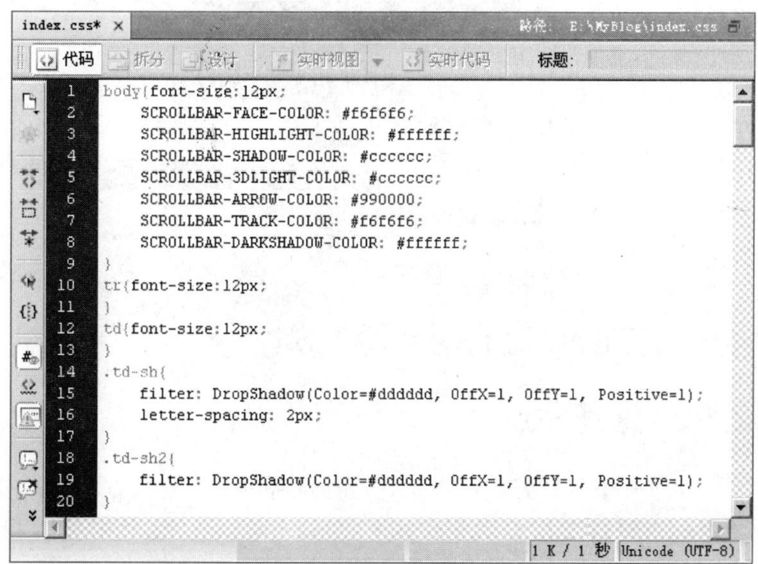

图2-13　粘贴代码

7. 在【文件】面板中双击“index.html”文件打开文件，单击文档工具栏中的 代码 按钮切换到代码视图，将文件中的所有代码删除。
8. 将附盘文件“素材\第 2 章\个人博客\index.txt”中的所有文本内容复制到“index.html”的代码窗口中，如图 2-14 所示。按 Ctrl+S 键保存文件。

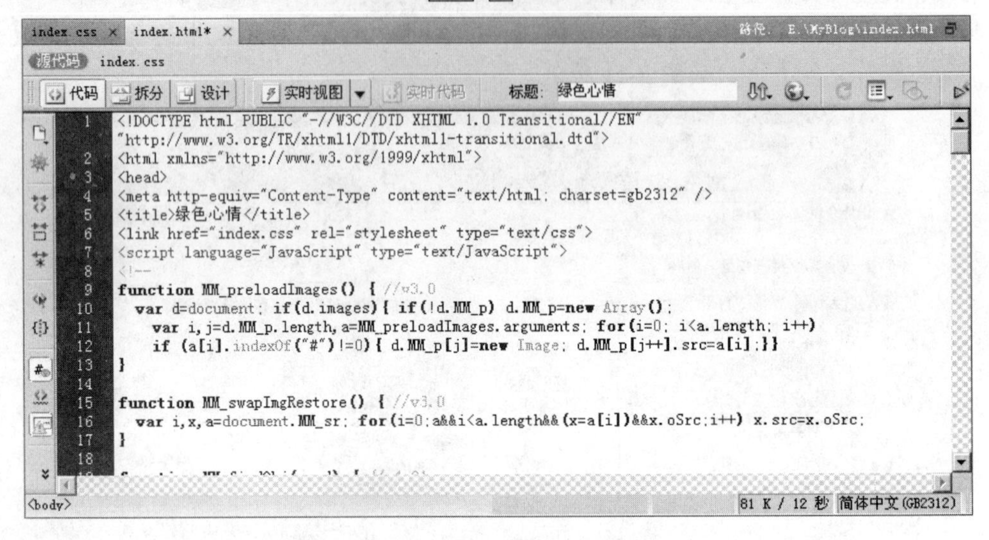

图2-14 粘贴代码

9. 单击文档工具栏中的 设计 按钮切换到设计视图，即可看到设计的博客网页，如图 2-15 所示。

图2-15 设计视图

10. 按 F12 键浏览网页，效果参见图 2-1。

2.1.3 管理站点

对于一个创建好的站点，在设计过程中通常要根据需要改变站点的相关设置，此时就需要对站点进行二次编辑操作。在 Dreamweaver CS4 中复制和删除站点时是删除站点的信息，而不会将站点文件夹和其中的内容删除掉。

一、 编辑站点

下面将介绍重命名站点的操作过程。

1. 执行菜单命令【站点】/【管理站点】，打开【管理站点】对话框，如图 2-16 所示。
2. 选中“mysite”站点，单击 编辑(E)... 按钮，打开【mysite 的站点定义】对话框，然后切换到【高级】选项卡，设置【站点名称】为“mysite01”，【HTTP 地址】为“http://127.0.0.1”，如图 2-17 所示。

图2-16 【管理站点】对话框

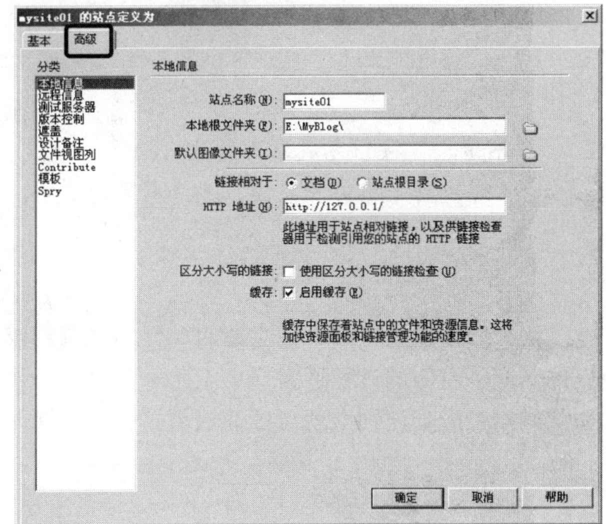

图2-17 定义站点

3. 单击 确定 按钮，即可将站点名称进行修改，如图 2-18 所示。

二、 复制、删除站点

下面将介绍使用【管理站点】对话框复制和删除站点的操作过程。

1. 在【管理站点】对话框中选中站点“mysite01”，然后单击 复制(P)... 按钮，即可在站点列表框中复制出一个新站点，如图 2-19 所示。
2. 在【管理站点】对话框中，选中站点“mysite01 复制”，然后单击 删除(R) 按钮，将弹出【Dreamweaver】对话框，如图 2-20 所示。

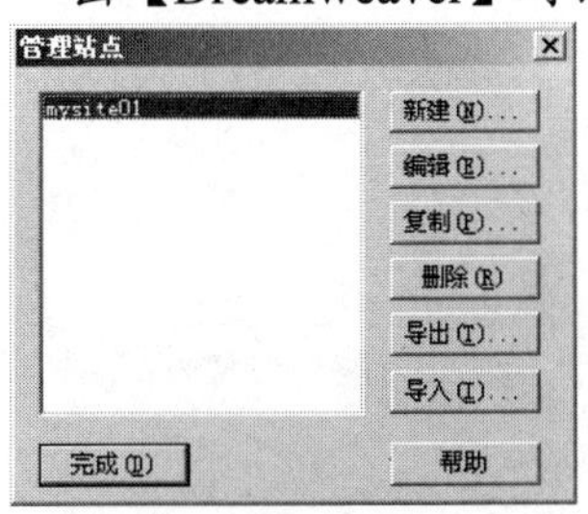

图2-18 重命名站点

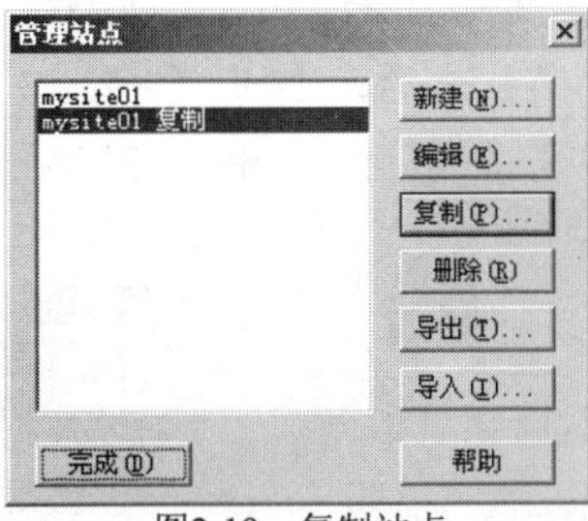

图2-19 复制站点

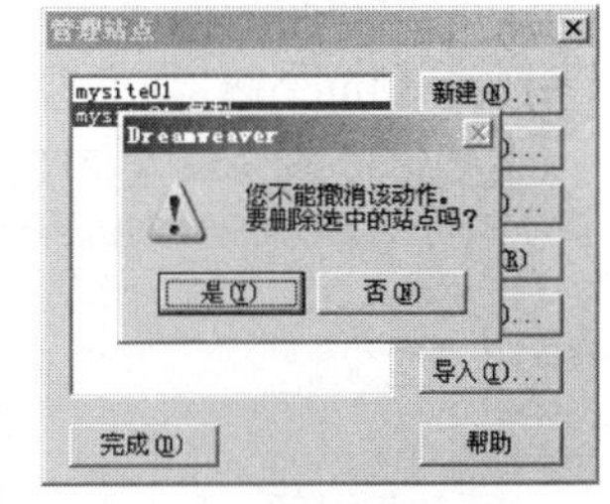

图2-20 删除站点

3. 单击 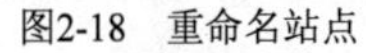 按钮即可删除选中的站点。

三、 导出和导入站点

导出站点功能可以将站点的设置以 XML 文件格式导出，保存为站点定义文件（.ste），如果需要再次使用时，将其直接导入即可。

1. 打开【管理站点】对话框，选择“mysite01”站点，单击 导出(T)... 按钮，打开【导出站点】对话框，选择站点的保存目录，单击 保存(S) 按钮完成站点的导出操作，如图 2-21 所示。

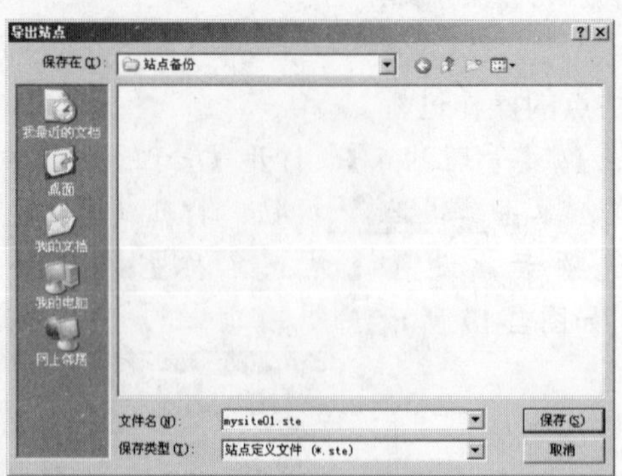

图2-21 选择保存目录

2. 单击 保存(S) 按钮完成站点的导出操作。
3. 导入站点与导出站点类似，本书将不再讲解。

2.2 发布站点

创建好本地站点后，还需要将其发布到远程服务器上才能让别人通过浏览器浏览到创建好的网站。发布的过程通常需要上传和测试两个步骤，若这两个操作步骤都成功完成，则证明网站发布成功，别人就可以通过浏览器浏览网站内容。

2.2.1 配置服务器

网页只有在能够支持 Web 服务的服务器上才能正常被用户访问。IIS（Internet Information Server）是由美国微软公司开发的信息服务器软件，Windows 2000、Windows XP、Windows 2003 操作系统都带有 IIS，其中包括 Web 服务的功能。下面将介绍配置 Web 服务器的功能。

1. 将 Windows XP Professional 系统光盘放入光驱中。
2. 进入【控制面板】，双击运行【添加或删除程序】，打开【添加或删除程序】窗口，单击左侧【添加/删除 Windows 组件】图标打开【Windows 组件向导】对话框，选择【Internet 信息服务（IIS）】复选项，如图 2-22 所示。
3. 双击【Internet 信息服务（IIS）】选项，打开【Internet 信息服务（IIS）】对话框，选择【文件传输协议（FTP）服务】复选项，如图 2-23 所示。

图2-22 【Windows 组件向导】对话框

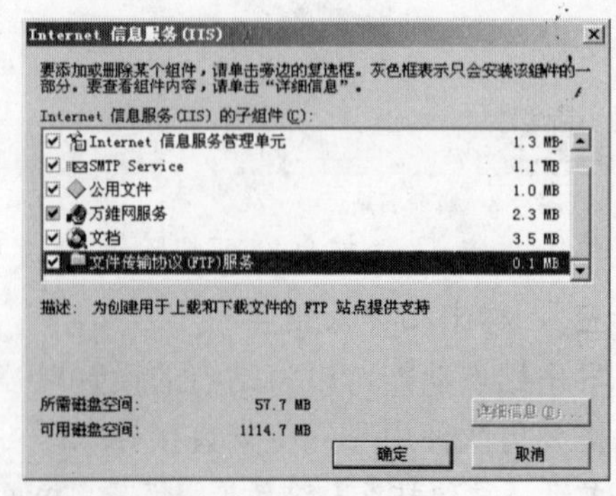

图2-23 选择【文件传输协议（FTP）服务】复选项

4. 单击 确定 按钮返回【Windows 组件向导】对话框，然后单击 下一步(N) > 按钮，系统将自动完成 IIS 的安装。
5. 安装完成后，打开浏览器，在地址栏中输入“http://localhost”，若出现如图 2-24 所示的页面，则说明 IIS 服务器安装成功。

图2-24　IIS 默认测试页

6. 在【控制面板】/【管理工具】中双击【Internet 信息服务】选项，打开【Internet 信息服务】对话框，如图 2-25 所示。
7. 在左侧的【默认网站】选项上单击鼠标右键，在弹出的快捷菜单中选择【属性】选项，打开【默认网站属性】对话框，然后切换至【网站】选项卡，并在【IP 地址】下拉列表中选择本机的 IP 地址，如图 2-26 所示。

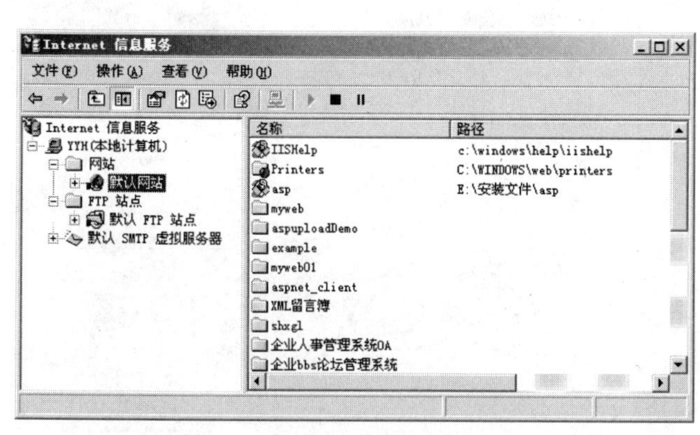

图2-25　【Internet 信息服务】对话框

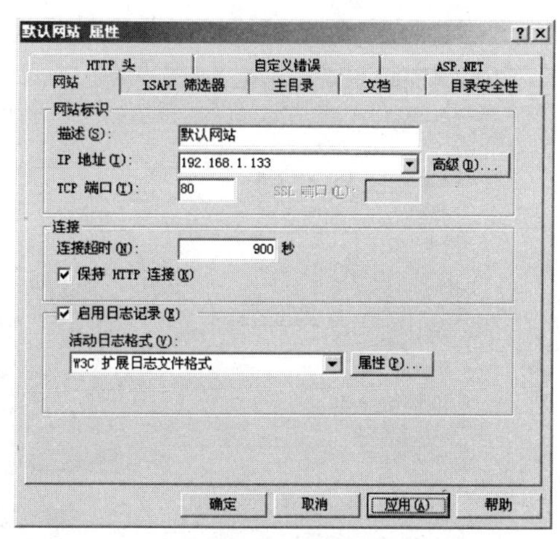

图2-26　设置 IP 地址

8. 切换至【主目录】选项卡，设置【本地路径】为“E:\MyHomePage”，如图 2-27 所示。本操作需要 E 盘中创建一个名为“MyHomePage”的文件夹。
9. 切换至【文档】选项卡，单击 添加(D)... 按钮，在【默认文档名】文本框中输入“index.htm”，然后单击 确定 按钮创建首页文件，如图 2-28 所示。

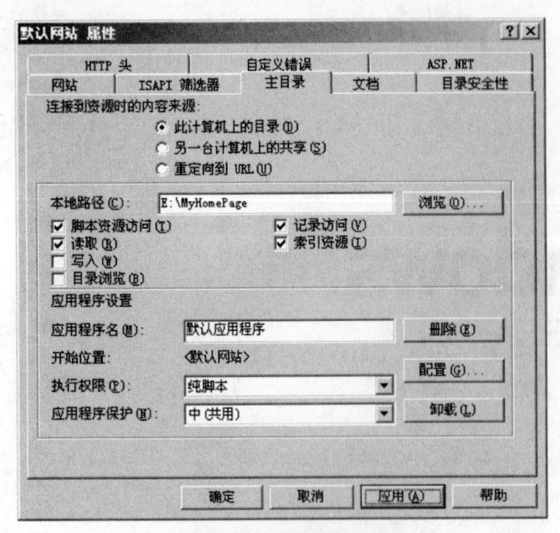

图2-27 设置主目录

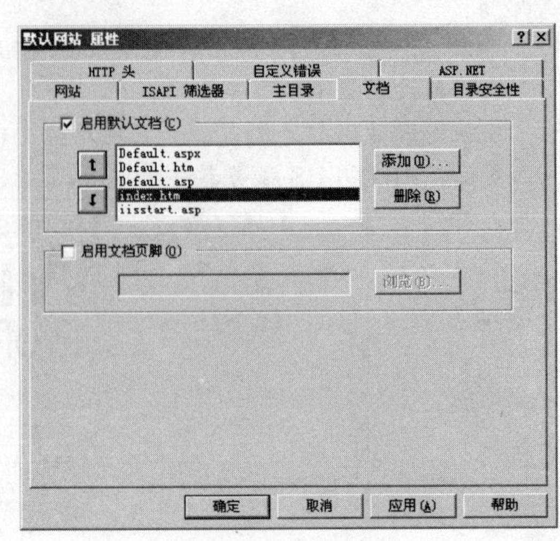

图2-28 设置首页文件

10. 单击 确定 按钮完成配置。

2.2.2 配置 FTP

如果存放网页的服务器是属于自己的，而且要通过 FTP 方式发布网页，这就要求提前配置好 FTP 服务器。下面将介绍配置 FTP 的操作过程。

1. 打开【Internet 信息服务】对话框，如图 2-25 所示。
2. 在左侧的【默认 FTP 站点】选项上单击鼠标右键，在弹出的快捷菜单中选择【属性】选项，打开【默认 FTP 站点属性】对话框，然后切换至【FTP 站点】选项卡，并在【IP 地址】下拉列表中选择本机的 IP 地址，如图 2-29 所示。
3. 切换至【主目录】选项卡，在【本地路径】文本框中设置 FTP 目录为“E:\MyHomePage”，并选择【读取】、【写入】、【记录访问】复选项，如图 2-30 所示。

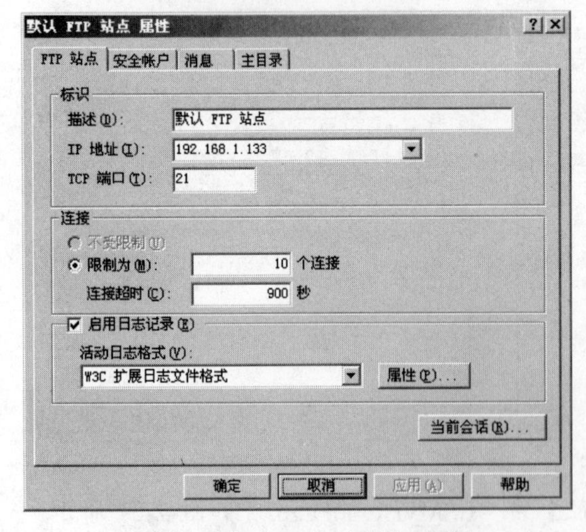

图2-29 【默认 FTP 站点属性】对话框

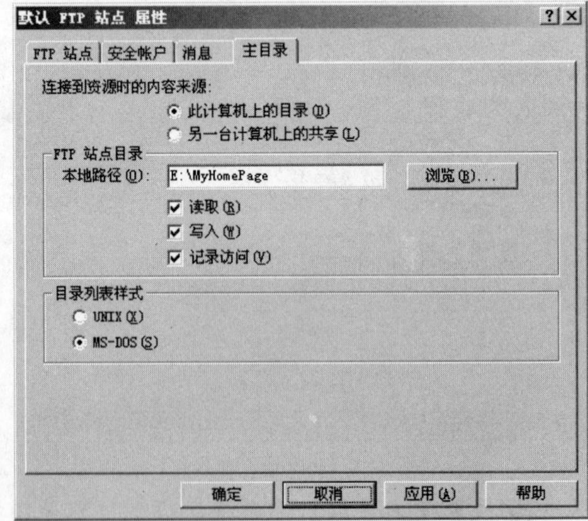

图2-30 【主目录】选项卡

4. 单击 确定 按钮完成配置。

2.2.3 发布网站

在第一次上传站点时，通常需要将整个站点的内容都上传到远程服务器中。下面将介绍将整个站点内容上传到服务器上的操作过程。

1. 打开【管理站点】对话框，选中“mysite01”站点，单击 编辑(E)... 按钮，打开【mysite01 的站点定义为】对话框，然后切换到【高级】选项卡。
2. 在左侧【分类】列表框中选择【远程信息】选项，在【访问】下拉列表中选择【FTP】选项，然后输入远程 FTP 的相关信息，如图 2-31 所示。

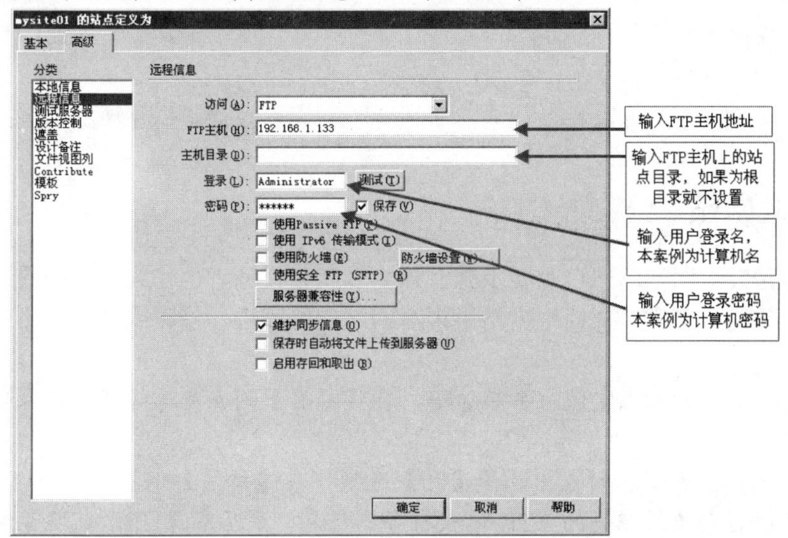

图2-31　编辑远程信息

3. 设置完成后可单击 测试(T) 按钮进行测试，如图 2-32 所示。若连接成功则弹出如图 2-33 所示的提示对话框。

图2-32　测试远程 FTP 服务器

图2-33　连接成功

4. 单击 确定 按钮返回【mysite01 站点定义】对话框，然后单击 确定 按钮，完成设置。
5. 在【文件】面板中单击按钮，将显示为的状态，表示与远程 FTP 服务器连接成功。
6. 单击选中“站点-mysite”文件夹，单击按钮，弹出上传确认对话框，如图 2-34 所示。
7. 单击 确定 按钮进行上传，传送时间的长短会根据文件的大小和网速的快慢而定，如图 2-35 所示。

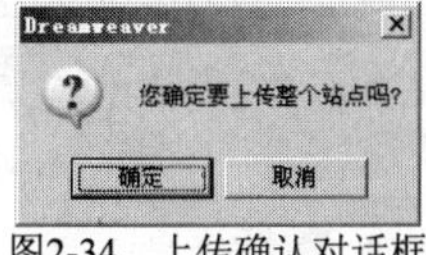

图2-34　上传确认对话框

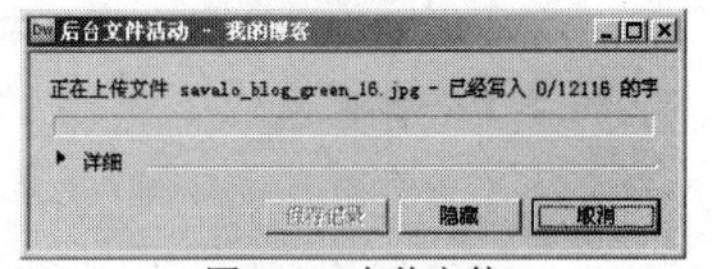

图2-35　上传文件

8. 上传完成后，打开“E:\MyHomePage”，如图 2-36 所示。

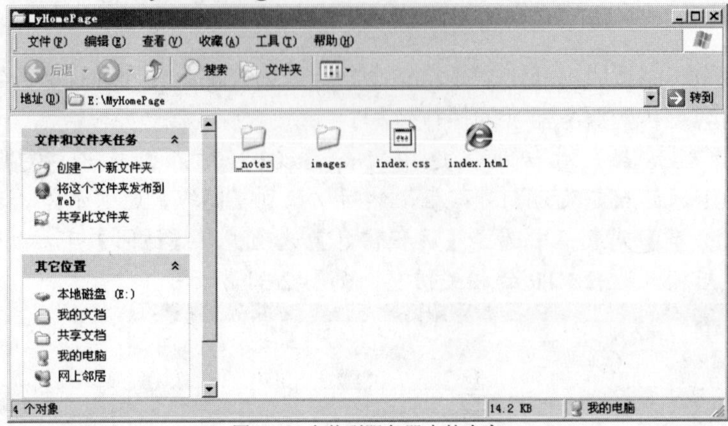

图2-36 上传到服务器中的内容

2.2.4 测试网站

测试网站是发布网站的一个重要步骤，该步骤就是设计者也作为一个普通用户的身份来查看网站的工作是否正常，从而根据结果再对网站的内容进行修改或调整。测试网站的操作步骤如下。

1. 打开【mysite01 的站点定义为】对话框，在【分类】列表中选择【测试服务器】选项，如图 2-37 所示。
2. 在【服务器模型】下拉列表中选择【无】选项，在【访问】下拉列表中选择【FTP】选项，系统将自动填写相关的 FTP 远程服务器信息。最后在【URL 前缀】后文本框中输入网站的网络地址，如图 2-38 所示。

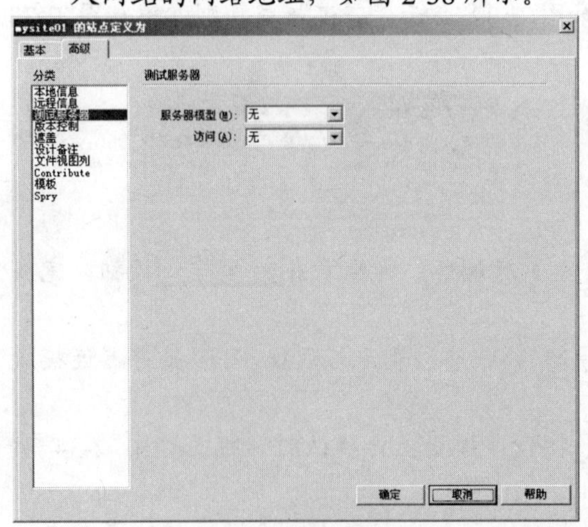

图2-37 测试服务器

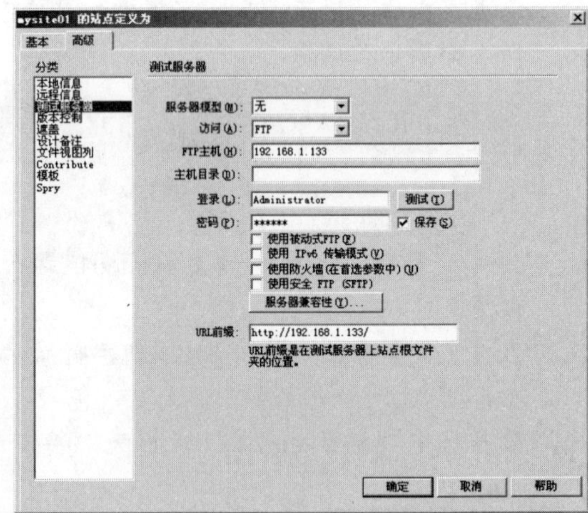

图2-38 测试服务器

要点提示 在【服务器模型】下拉列表中选择网站使用的动态语言，由于这里是静态网页，所以选择“无”；【URL 前缀】文本框要填入的网络地址则是使用“http”的网站的访问路径，通常在申请 FTP 时会有相对应的网络地址。

3. 设置完成后单击 确定 按钮保存设置，退出【管理站点】对话框。

4. 按F12键测试网站，弹出如图 2-39 所示的确认更新提示框，单击 是(Y) 按钮弹出上传确认提示框，如图 2-40 所示。

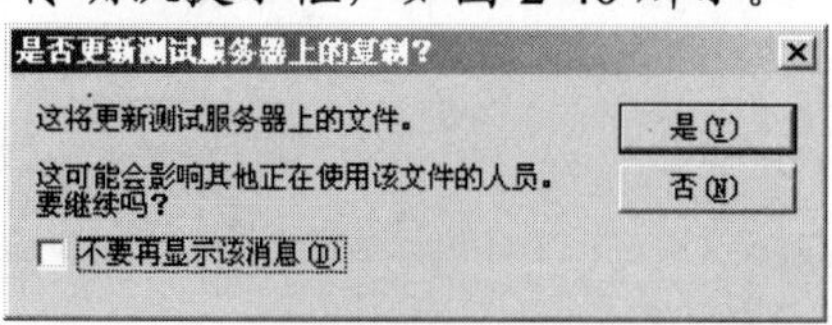

图2-39　确认更新

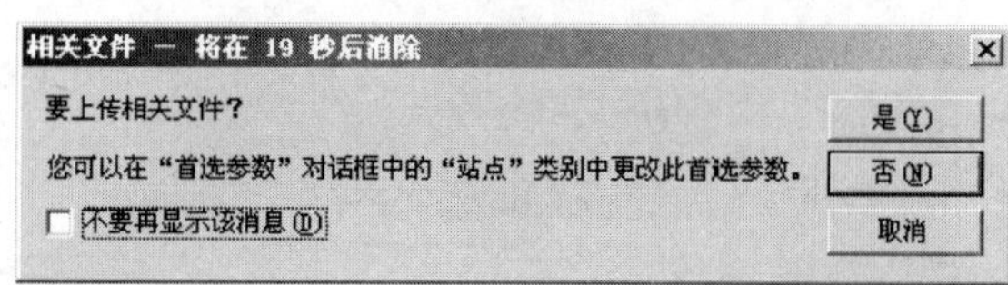

图2-40　确认上传

5. 再次单击 是(Y) 按钮，软件将自动对远程服务器上的内容进行更新，然后将自动打开浏览器并使用远程地址访问该网站，如图 2-41 所示。

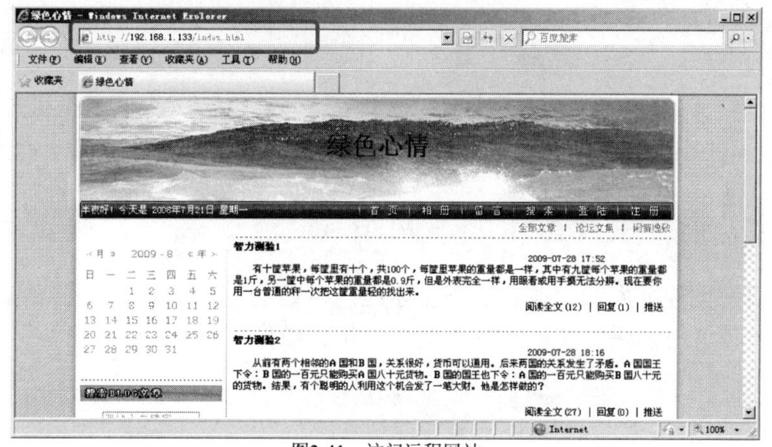

图2-41　访问远程网站

6. 若显示正确则证明网站发布成功，此时便可将该地址发给在同一网络层的用户，让其他人也能看到该网站的内容。

2.3　拓展训练

为了让读者进一步掌握 Dreamweaver CS4 中对创建和发布站点的操作方法和技巧，下面将介绍两个站点的创建过程，让读者在练习过程中进一步掌握相关知识。

2.3.1　设计“个人简介”网站

本训练将讲解创建“个人简介”站点的过程，效果如图 2-42 所示。通过本训练的学习，读者可以自己动手练习创建站点的相关操作步骤。

【训练步骤】

1. 使用向导新建一个名为“个人简介”的站点，选择不使用服务器技术和不连接远程服务器。
2. 在【文件】面板中新建一个文件夹并命名为“images”，打开该文件夹，将附盘文件夹“素材\第 2 章\个人简介\图片”中的内容复制到“images”文件夹中。
3. 新建一个名为“main.css”的文件，然后双击打开该文件，复制附盘文件“素材\第 2 章\个人简介\css.txt”中的文本内容，粘贴到“main.css”文件中并保存。
4. 新建一个名为“index.html”的文件，然后双击打开该文件，删除里面的代码，复制附盘文件“素材\第 2 章\个人简介\index.txt”中的文本内容，粘贴到“index.html”文件中并保存。网页设计效果如图 2-43 所示。

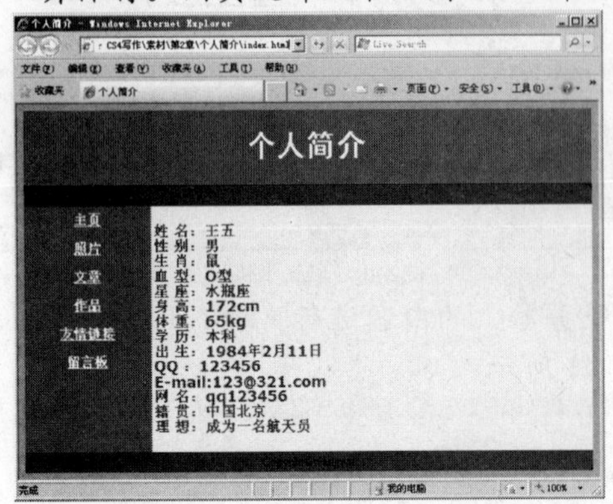

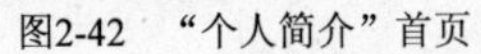
图2-42 “个人简介”首页

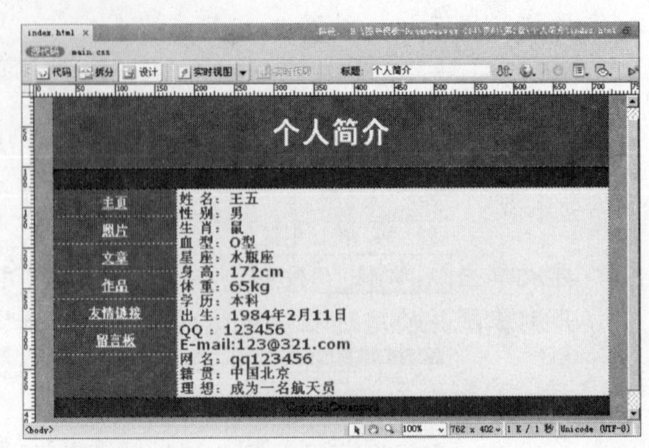

图2-43 网页设计效果

5. 至此，“个人简介”网站设计完成，按F12键浏览网页，效果参见图 2-42。

2.3.2 设计“乖宝宝儿童乐园”网站

本训练将讲解创建并发布“乖宝宝儿童乐园”网站的过程，效果如图 2-44 所示。通过该训练的学习，读者可以进一步熟悉发布站点的相关操作。

图2-44 “儿童网站”首页

【训练步骤】

1. 在计算机的 D 盘下新建一个名为“Children”的文件夹，复制附盘文件夹“素材\第 2 章\儿童网站”下的所有内容到“Children”文件夹。
2. 创建一个站点，以新建的“Children”文件夹作为主文件夹。

3. 在【文件】面板中刷新文件列表，双击“index.html”文件打开，按 F12 键对网页进行预览。
4. 在远程 FTP 服务器上新建一个名为“Children”的文件夹。
5. 打开【管理站点】对话框，选择站点“儿童网站”并进入高级编辑状态。
6. 选择【远程信息】选项，进行远程 FTP 服务器的相关设置，如图 2-45 所示。
7. 选择测试服务器，进行测试用网络地址的相关设置，如图 2-46 所示。

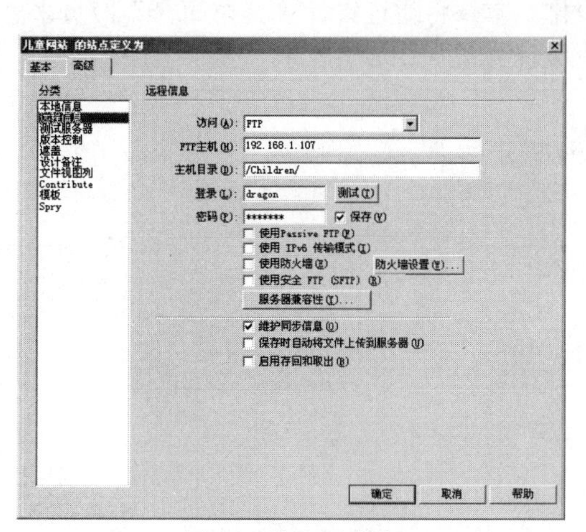

图2-45　设置远程信息

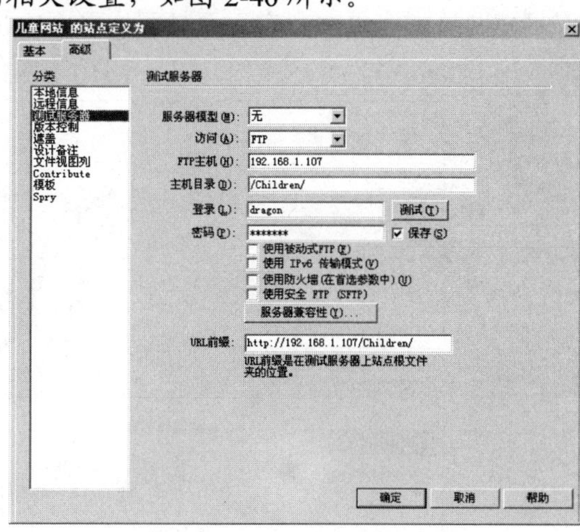

图2-46　设置测试服务器

8. 再次按 F12 键对网站进行上传测试。
9. 至此，“儿童网站”网站设计完成，效果参见图 2-44。

2.4 小结

本章首先介绍了网站设计流程的相关理论知识，进而讲解了创建站点和发布网站的相关操作步骤，最后通过两个拓展训练进一步练习管理站点和发布网站的操作。通过本章的学习，读者能够掌握一个网站从创建到发布的主要过程和步骤，从而使自己的设计结果与别人分享。

2.5 习题

一、问答题

1. 简述定义站点的作用。
2. 网站设计的后期维护主要有哪些内容？
3. 在【管理站点】对话框中可以对已有的站点进行哪些操作？
4. 进行同步文件设置时，【方向】选项有哪些参数？各个参数的作用是什么？

二、操作题

1. 自定义一个本地站点。
2. 配置本机的服务器和 FTP。

第3章　添加文本——设计“公司简介”网页

文字是人类表达感情、传递信息的重要工具之一。文本是网页中最基本的元素之一，它不仅可使网页内容更加充实，而且可使页面更加美化。本章将通过设计“公司简介”网页来讲解使用 Dreamweaver CS4 添加文本的相关操作，设计效果如图 3-1 所示。

图3-1　蓝鹰科技公司网页效果

【学习目标】

- 熟悉设置页面属性的操作方法。
- 掌握添加文本的操作方法。
- 掌握应用 CSS 规则设置文本属性的操作方法。
- 掌握设置文本段落格式的操作方法。
- 掌握设置文本列表、缩进的操作方法。
- 掌握插入水平线、特殊字符和日期的方法。

3.1　设置页面属性

系统默认创建的新网页背景颜色为白色、无背景图像、无标题等。在设计网页之前，需要通过【页面属性】对话框对页面属性进行设置，以控制整个网页的相关参数，从而统一网页风格。

下面将以设置“蓝鹰科技公司简介”网页的默认文本的字体、大小、颜色、页边距、网页标题及文档编码为例来讲解页面属性的设置方法，设计效果如图 3-2 所示。

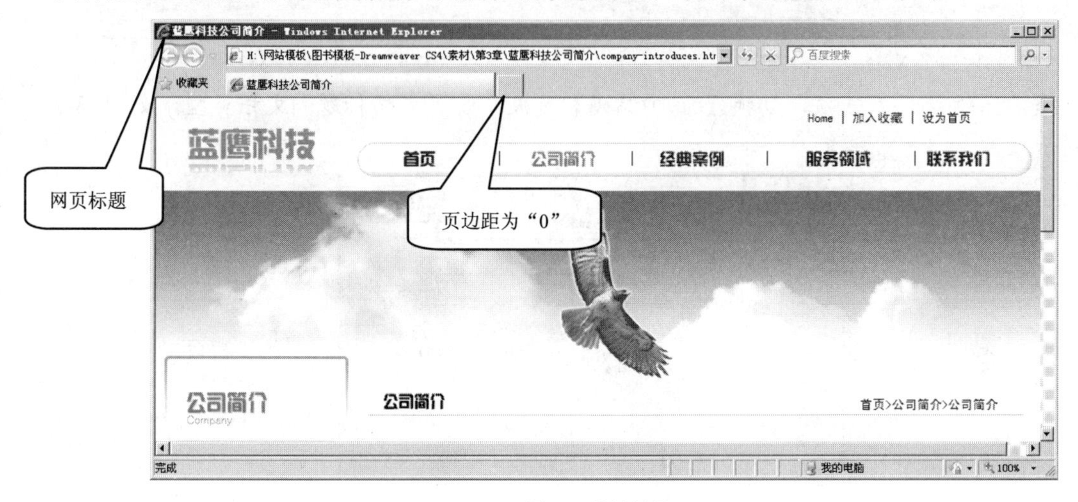

图3-2　设计效果

1. 使用 Dreamweaver CS4 打开附盘文件“素材\第 3 章\蓝鹰科技公司简介\company-introduces.html”。
2. 执行菜单命令【修改】/【页面属性】，打开【页面属性】对话框，如图 3-3 所示。
3. 选择左边的【分类】对话框中的【外观（CSS）】选项，切换至【外观（CSS）】面板，然后设置【页面字体】为“宋体”、【大小】为“16”、【文本颜色】为“黑色”，并设置页边距左、右、下都为“0”，如图 3-4 所示。

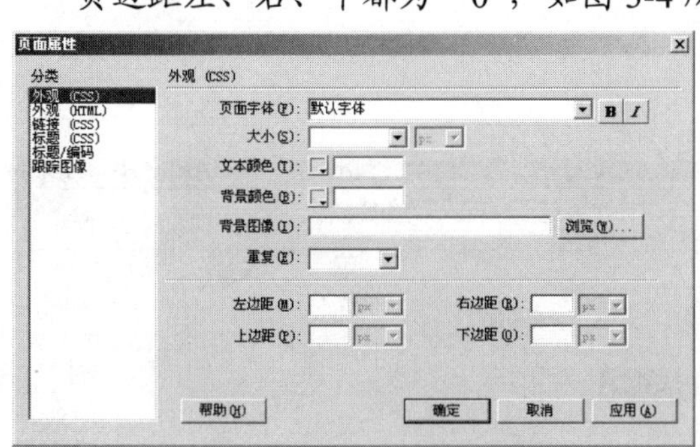

图3-3　【页面属性】对话框

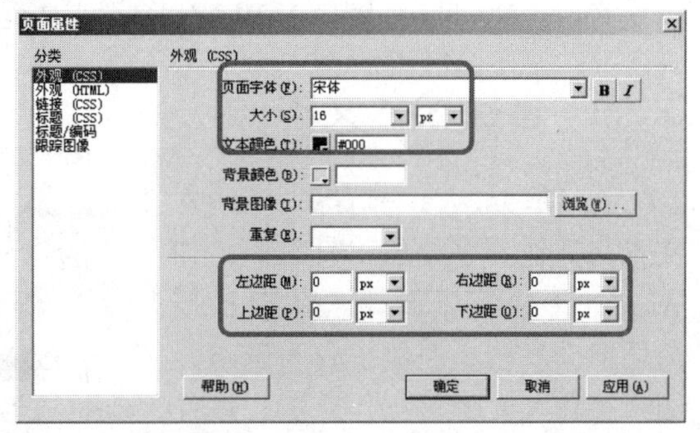

图3-4　设置外观（CSS）参数

4. 选择【链接（CSS）】选项，切换至【外观（CSS）】面板，设置【链接颜色】为“黑色”、【已访问链接】为“绿色”、【下划线样式】为“始终无下划线”，如图 3-5 所示。
5. 选择【标题（CSS）】选项，切换至【标题（CSS）】面板，设置网页中标题 h1～h6 的属性，如图 3-6 所示。

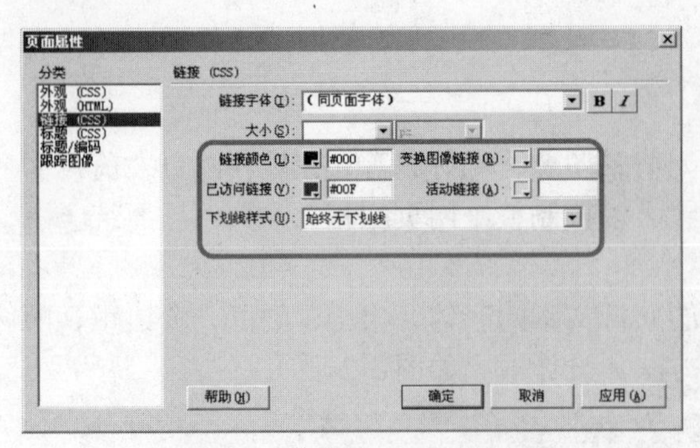

图3-5　设置链接（CSS）类

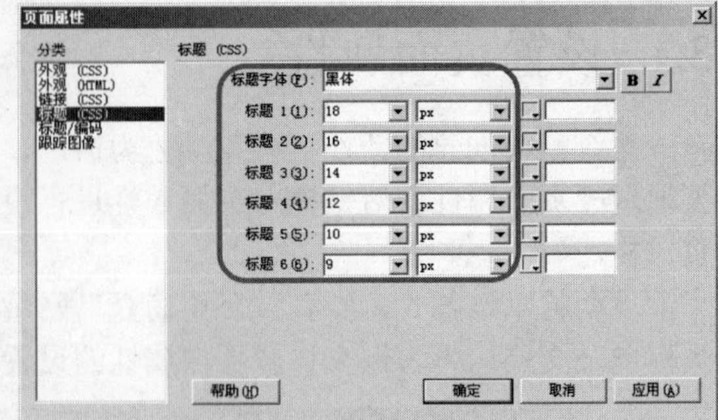

图3-6　设置标题（CSS）参数

6. 选择【标题/编码】选项，切换【标题/编码】面板，设置文档标题和文档类型，如图 3-7 所示。

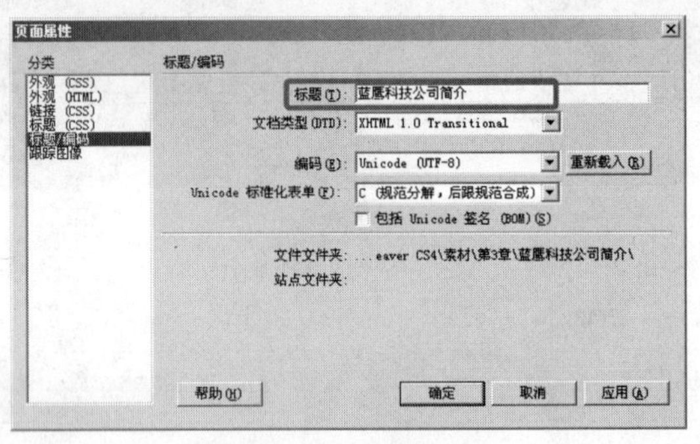

图3-7　设置标题/编码参数

7. 单击 确定 按钮，完成设置。

3.2 添加文本

文本是网页中最基本的元素之一。在使用 Dreamweaver CS4 插入文本时，标题、栏目名称等少量的文本可直接在文档窗口中直接输入，段落文本可以从其他文档中复制粘贴，整篇文章或表格可以直接导入 Word、Excel 文档。

3.2.1 直接输入文本

在 Dreamweaver CS4 中输入文本与其他文字处理工具类似，如 Word。下面将以设计“蓝鹰科技公司简介”网页左侧栏目为例来介绍直接输入文本的操作方法，设计效果如图 3-8 所示。

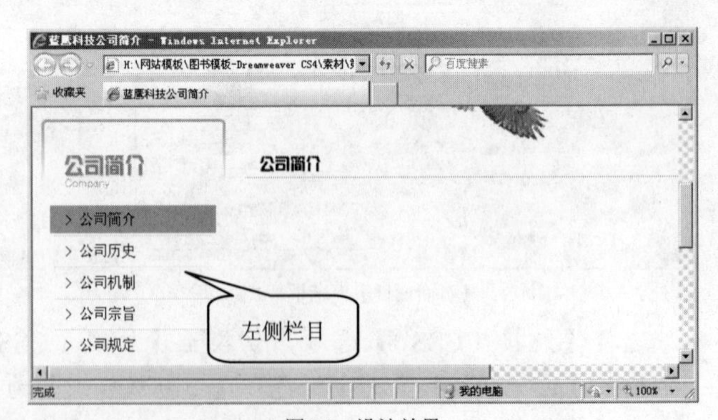

图3-8　设计效果

1. 将光标置于左侧“公司简介”下方第 1 个单元格中，然后输入文本“>公司简介”，如图 3-9 所示。

要点提示 此时输入的文本的属性为【页面属性】对话框中【外观（CSS）】面板中的设置的参数，可通过【页面属性】对话框对属性进行修改。

2. 将光标置于文本的前面，执行菜单命令【插入】/【HTML】/【特殊字符】/【不换行空格】，在文本前面插入一个空格，如图 3-10 所示。

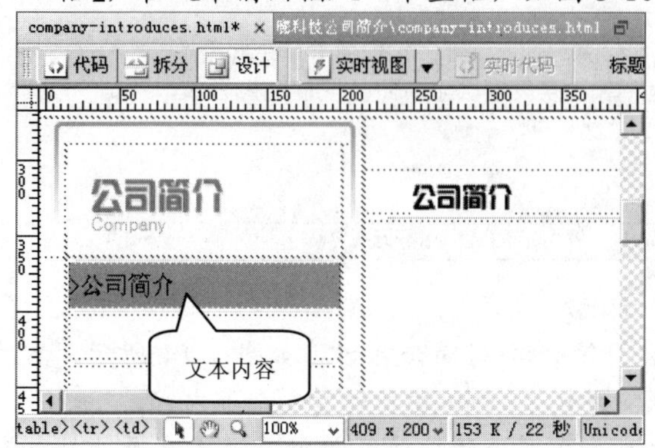

图3-9　输入文本

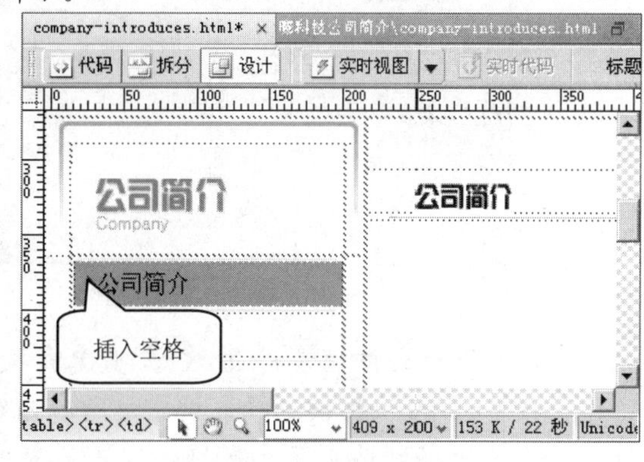

图3-10　插入一个空格

3. 将光标再次置于文本前面，按下 Ctrl+Shift+Space 键，插入一个不换行的空格，然后在“>”与“公司简介”之间按下 Ctrl+Shift+Space 键插入一个不换行的空格，如图 3-11 所示。

4. 用同样的方法添加其他栏目，最终效果如图 3-12 所示。

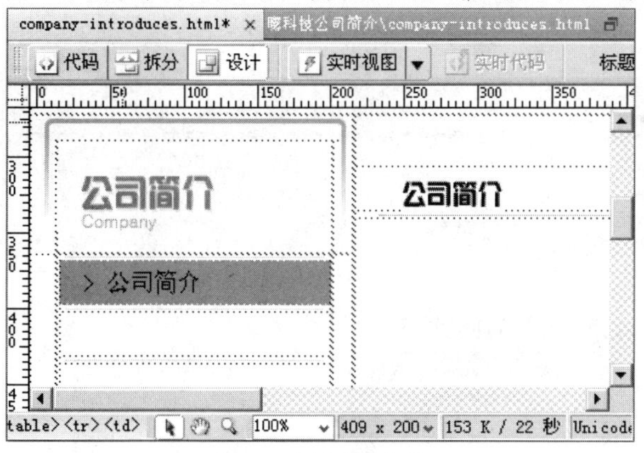

图3-11　调整后的效果

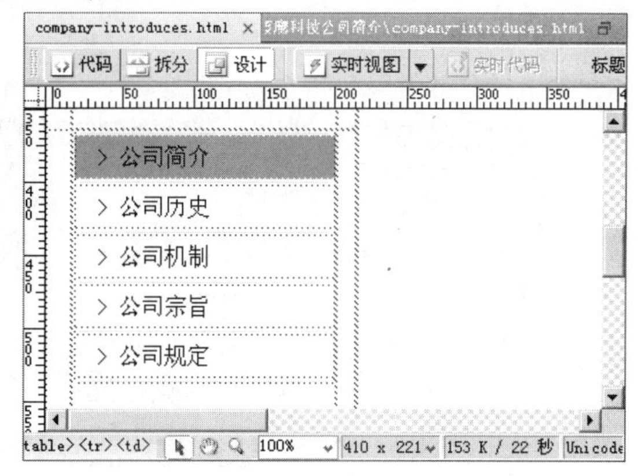

图3-12　完成栏目设置

5. 按 F12 键预览网页，效果参见图 3-8。

3.2.2　复制粘贴文本

Dreamweaver CS4 能够快速地将 txt、Word 等文档的内容粘贴到文档中，并且粘贴时可选择使用“粘贴”或“选择性粘贴”命令，“选择性粘贴”命令允许用户以不同的方式指定所粘贴文本的格式。

下面将以初步设计“蓝鹰科技公司简介”网页正文文本为例讲解复制粘贴文本的操作方法，设计效果如图 3-13 所示。

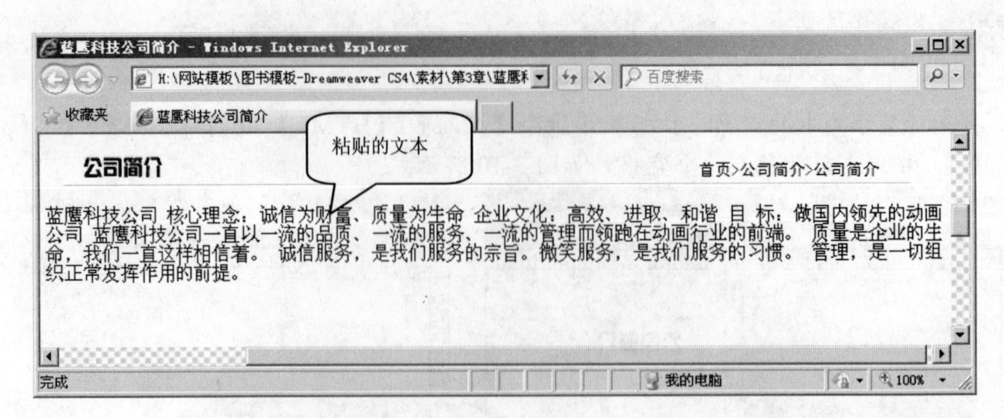

图3-13 设计效果

1. 打开附盘文件“素材\第 3 章\蓝鹰科技公司简介\公司简介.doc”，如图 3-14 所示，然后按 Ctrl+A 快捷键选择文档中的所有内容，并按 Ctrl+V 快捷键复制全部内容。
2. 将光标移到网页正文区域，单击鼠标右键，在弹出的快捷菜单中选择【选择性粘贴】选项，打开【选择性粘贴】对话框，然后选择【仅文本】单选项，如图 3-15 所示。

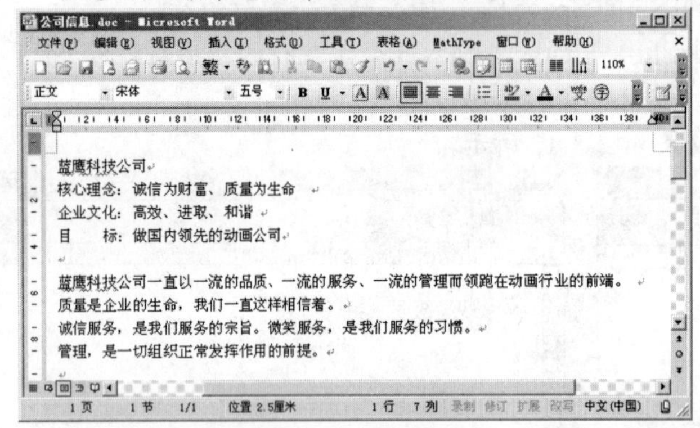

图3-14 Word 文档

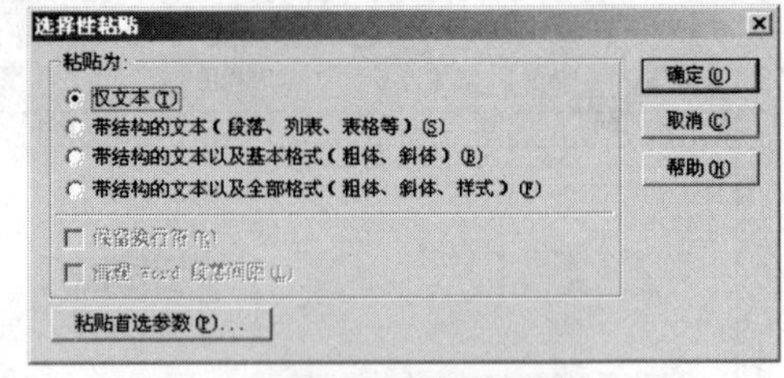

图3-15 选择粘贴方式

3. 单击 确定 按钮，完成文本的粘贴，效果如图 3-16 所示。

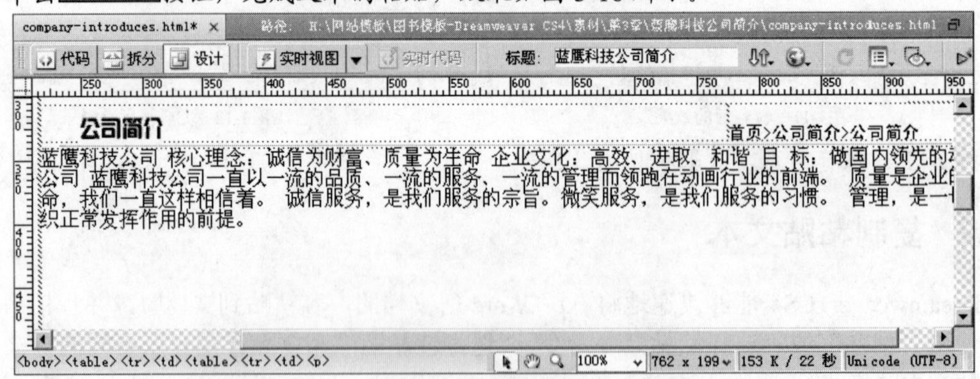

图3-16 粘贴正文文本

【知识链接】——各种粘贴方式的功能

Dreamweaver CS4 支持 4 种粘贴方式，其对应的功能如表 3-1 所示。

表 3-1　　　　各种粘贴方式的功能

粘贴方式	功能
仅文本	粘贴无格式文本。如果原始文本带有格式，所有格式设置（包括分行和段落）都将被删除
带结构的文本	粘贴文本并保留结构，但不保留基本格式设置。例如，用户可以粘贴文本并保留段落、列表和表格的结构，但是不保留粗体、斜体和其他格式设置
带结构的文本以及基本格式	可以粘贴结构化并带简单 HTML 格式的文本（例如，段落和表格以及带有 b、i、u、strong、em、hr、abbr 或 acronym 标签的格式化文本）
带结构的文本以及全部格式	可以粘贴文本并保留所有结构、HTML 格式设置和 CSS 样式

用户在使用 Ctrl+V 快捷键粘贴文本时，Dreamweaver CS4 默认使用【带结构的文本以及基本格式】方式对文本进行粘贴。用户可以通过执行菜单命令【编辑】/【首选参数】，打开【首选参数】对话框，然后选择【复制/粘贴】类进行默认粘贴方式的设置，如图 3-17 所示。

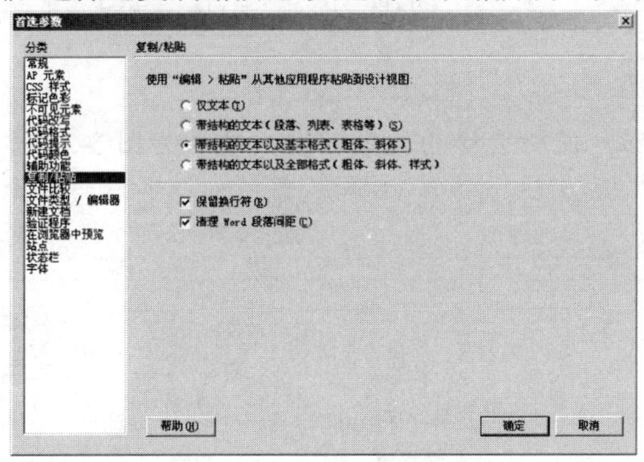

图3-17　默认粘贴方式设置

3.2.3　编排文本

文本添加到文档后，还需要对其进行一系统的编排操作，使其与网页其他内容融合，使网页更加的美观，冲击用户的视觉。

下面将以对“蓝鹰科技公司简介”网页正文文本进行编排为例讲解编排文本的操作方法，设计效果如图 3-18 所示。

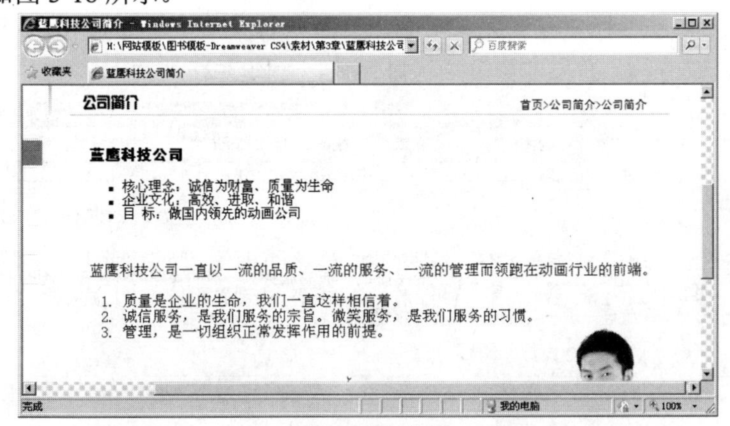

图3-18　设计效果

一、 缩进文本

缩进文本是指缩进页面两侧的文本长度，留出一定的空白区域，使页面更加美观，它也是网页设计中经常用的文本编排操作。

1. 选中正文文本，然后单击【属性】面板中的 [HTML] 按钮，打开 HTML 属性面板，如图 3-19 所示。

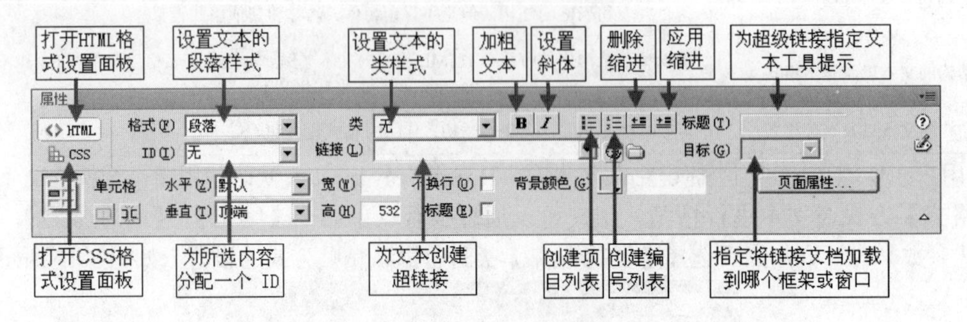

图3-19 HTML 属性面板

2. 单击面板中的 [缩进] 按钮，使所选择的文本缩进，效果如图 3-20 所示。

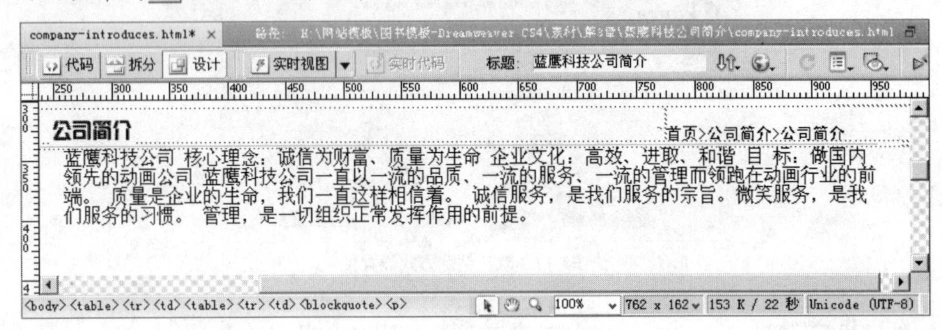

图3-20 文本缩进效果

二、 设置标题文本

Dreamweaver CS4 默认的标题 1-6 可将文字设置为标题，从而使文本有别于其他文字，体现出重点要表达的内容。通过【页面属性】面板中【标题（CSS）】选项可对标题属性进行修改。

1. 将光标置于“蓝鹰科技公司”文本前面，然后执行菜单命令【插入】/【HTML】/【特殊字符】/【换行符】，在文本前面插入换行符，如图 3-21 所示。

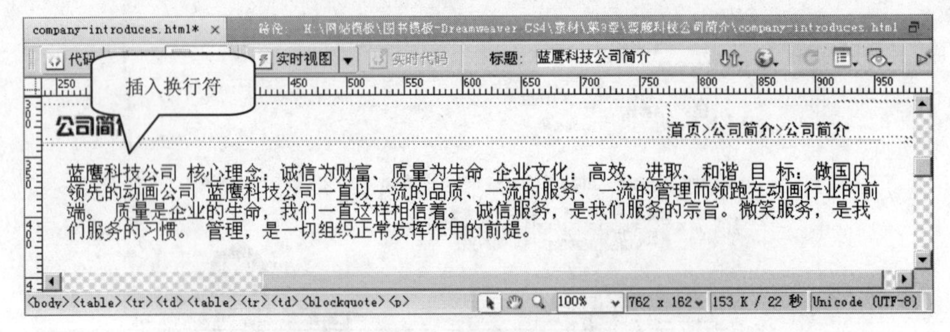

图3-21 插入换行符

2. 将光标置于“蓝鹰科技公司”文本后面，然后按 Enter 键对文本进行分段，效果如图 3-22 所示。

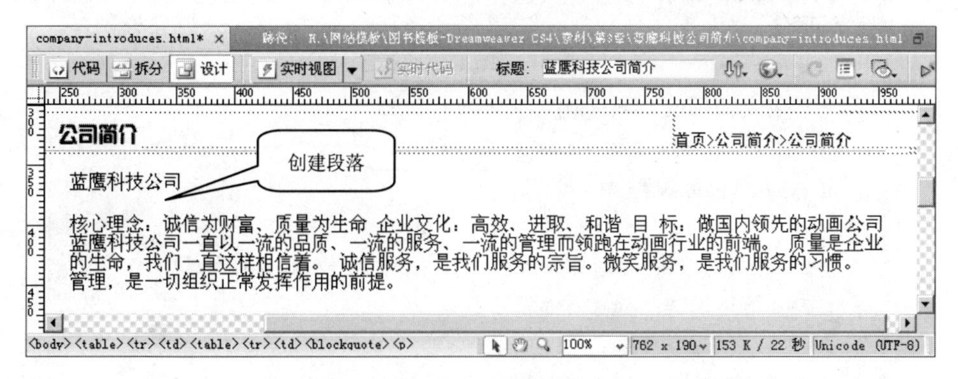

图3-22　分段效果

要点提示：插入换行符的操作快捷键是 Shift+Enter，换行符对应的代码是“
”。换行符只让文本换行，而 Enter 分段则让文本换行并以段的形式开始新的文本。

3. 选中“蓝鹰科技公司”文本，然后在【HTML 属性】面板中的【格式】下拉列表中选择“标题 1”，效果如图 3-23 所示。

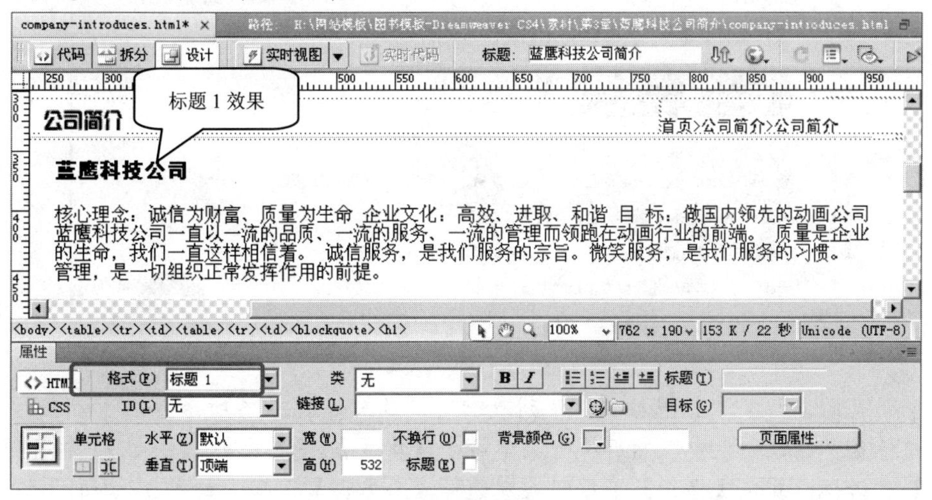

图3-23　设置标题 1

要点提示：此时文本的属性为【页面属性】对话框的【标题（CSS）】选项中的设置的“标题 1”的参数。

三、 添加列表

在网页设计中合理的运用列表，可以让内容分级显示，从而使内容更加条理性。在 Dreamweaver CS4 中的列表主要分为项目列表、编号列表、自定义列表 3 种。

1. 对文本进行分段处理，效果如图 3-24 所示。
2. 选中“核心理念”、“企业文化”、“目标”所在的文本段，单击【HTML 属性】面板中的按钮，使所选择的文本按照项目列表式排列，效果如图 3-25 所示。

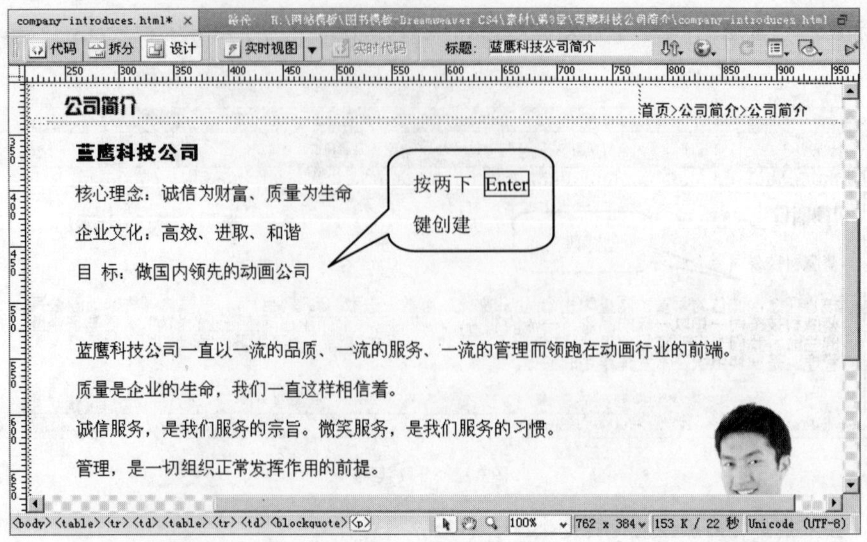

图3-24 分段处理

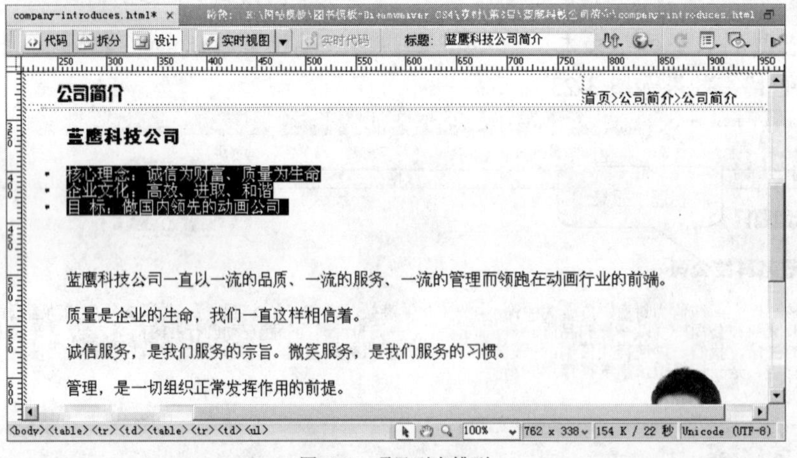

图3-25 项目列表排列

3. 选中列表的文本，单击按钮，使列表缩进，效果如图 3-26 所示。
4. 将光标置于项目列表中，然后执行菜单命令【格式】/【列表】/【属性】，打开【列表属性】对话框，并在【样式】下拉列表中选择【正方形】选项，如图 3-27 所示。

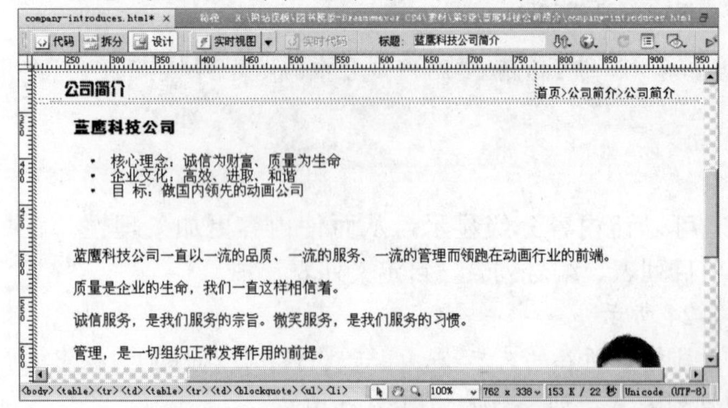

图3-26 缩进列表

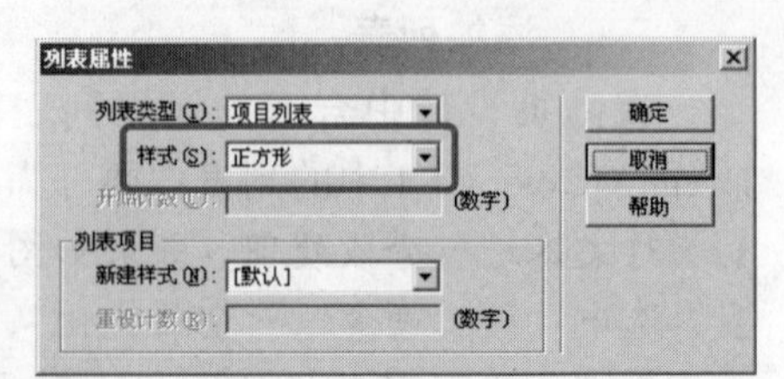

图3-27 【列表属性】对话框

5. 单击 确定 按钮，项目列表符号从圆形变为正方形，如图 3-28 所示。

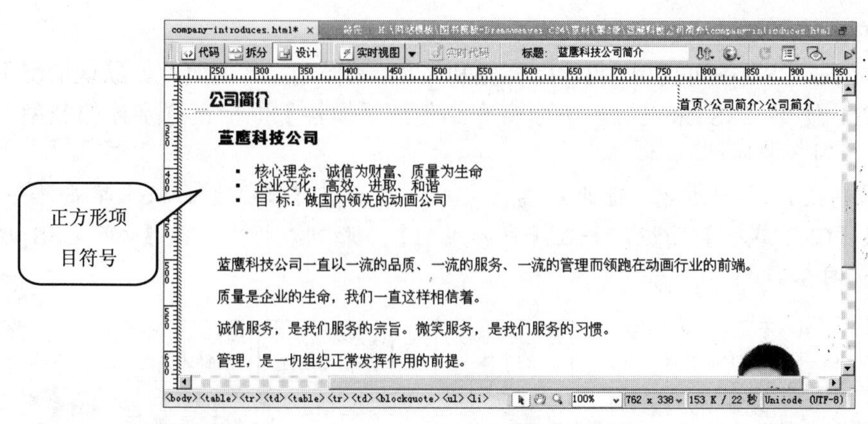

图3-28　改变项目符号后的效果

6. 选中文本最后的 3 段文本，单击【属性】面板中的按钮，使所选择的文本按照编号列表方式排列，效果如图 3-29 所示。

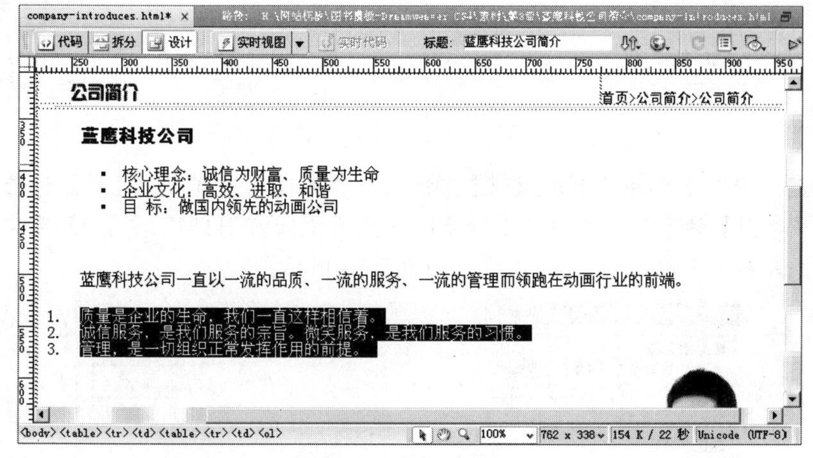

图3-29　编号列表排列

7. 选中列表的文本，单击【HTML 属性】面板中的按钮，使所选择的文本缩进，效果如图 3-30 所示。

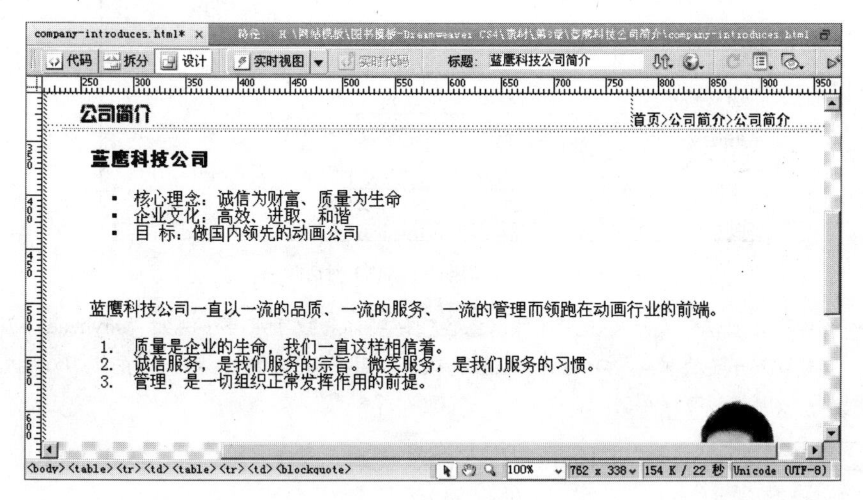

图3-30　文本缩进

四、 设置文本的属性

在 Dreamweaver CS4 中可使用 HTML 标签和 CSS 来控制文本的属性。默认情况下，Dreamweaver CS4 使用 CSS 来设置。下面将介绍使用【属性】面板设置字体的类型、格式、大小、颜色、对齐等属性。

1. 选中“蓝鹰科技公司一直……行业前端”文本，然后在【属性】面板中单击 CSS 按钮，切换至【CSS 属性】面板，并在【目标规则】下拉列表框中选择【<新 CSS 规则>】选项，如图 3-31 所示。

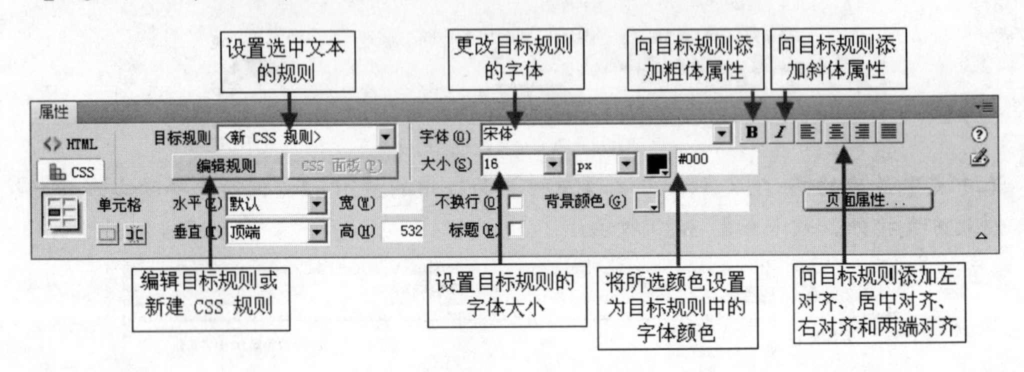

图3-31 【CSS 属性】面板

2. 单击【CSS 属性】面板中的 编辑规则 按钮，打开【新建 CSS 规则】对话框，然后在【选择器类型】的下拉列表框中选择【类（可用于任何 HTML 元素）】选项，在【选择器名称】文本框中输入“.Body_01”，如图 3-32 所示。

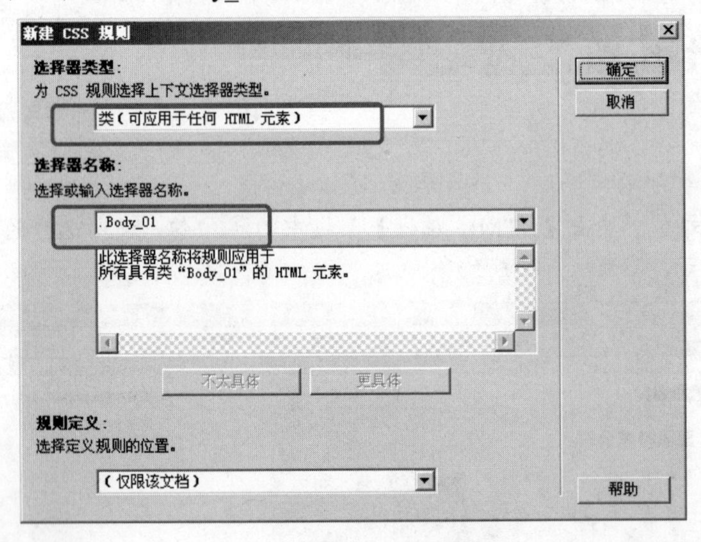

图3-32 【新建 CSS 规则】对话框

要点提示：类名称必须以句点开头，并且可以包含任何字母和数字组合（例如“.myhead1”）。如果用户没有输入开头的句点，Dreamweaver 将自动为用户输入。CSS 知识将在第 9 章中进行详细讲解，这里不再具体介绍。

3. 单击 确定 按钮，打开【.Body_01 的 CSS 规则定义】对话框，如图 3-33 所示。

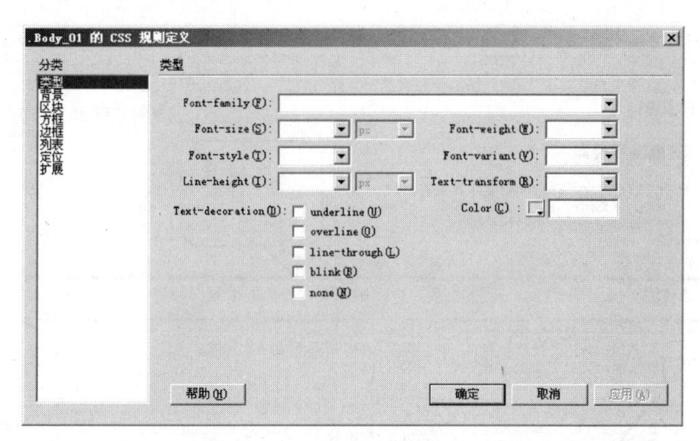

图3-33　【Body_01 的 CSS 规则定义】对话框

4. 选择左边的【分类】列表框中的【类型】选项，切换至【类型】面板，然后设置【Font-family】为“宋体”、【Font-size】为“18”、【Color】为“#00F”，如图 3-34 所示。

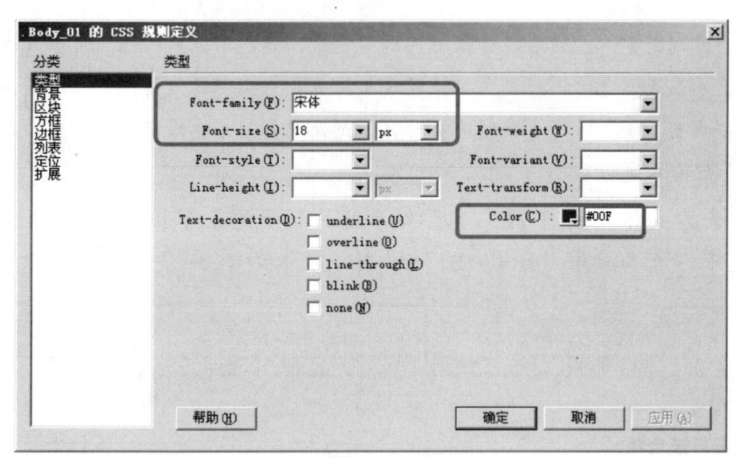

图3-34　设置“类型”参数

5. 选择“区块”类，切换至【区块】面板，然后设置【Text-align】为“center”，如图 3-35 所示。

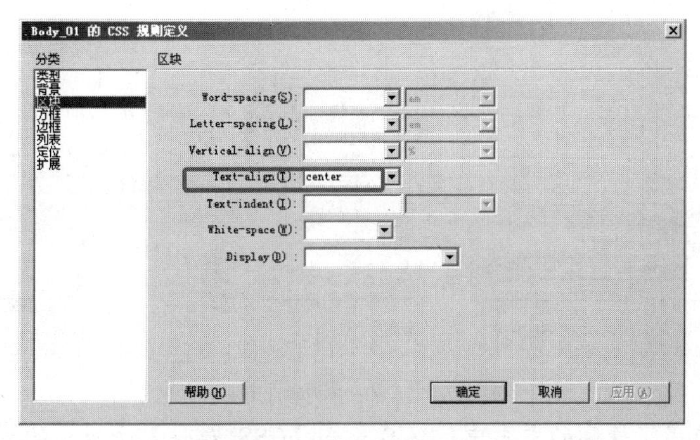

图3-35　设置文本对齐方式

6. 单击 确定 按钮，并对选中的文本应用规则，如图 3-36 所示。

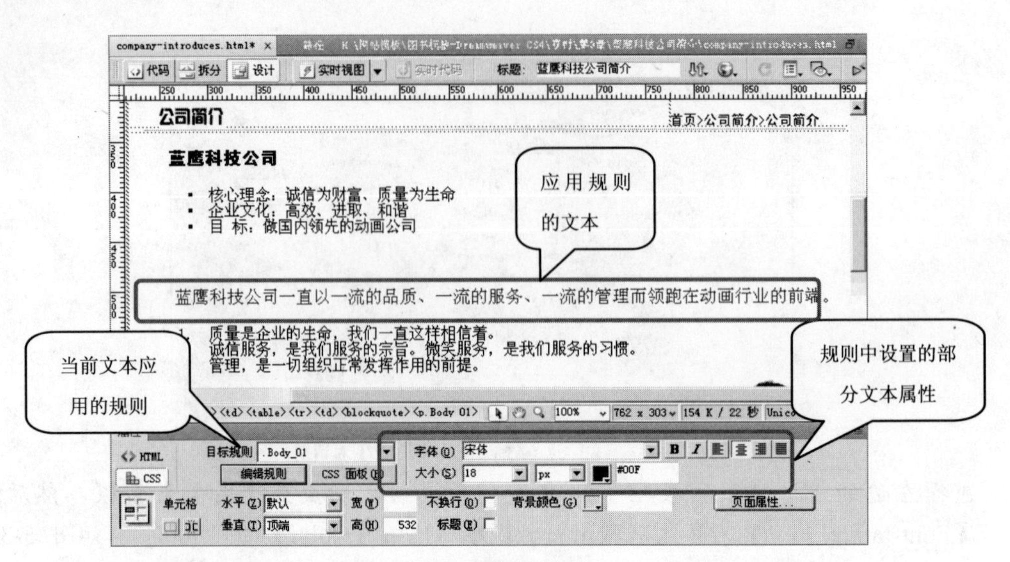

图3-36　应用规则效果

要点提示 在【目标规则】下拉列表中选择对应的规则后，规则中设置的部分文本属性会在【属性】面板中显示出来，此时用户可通过【属性】面板设置文本新的属性，从而对该规则进行修改，也可以单击 编辑规则 按钮，打开【规则定义】对话框修改规则，应用此规则的所有元素都会相应的更新。

7. 选中编号列表方式排列的 3 段文本，然后【目标规则】下拉列表框中选择“Body_01”选项，对选中的文本应用“Body_01”规则，效果如图 3-37 所示。

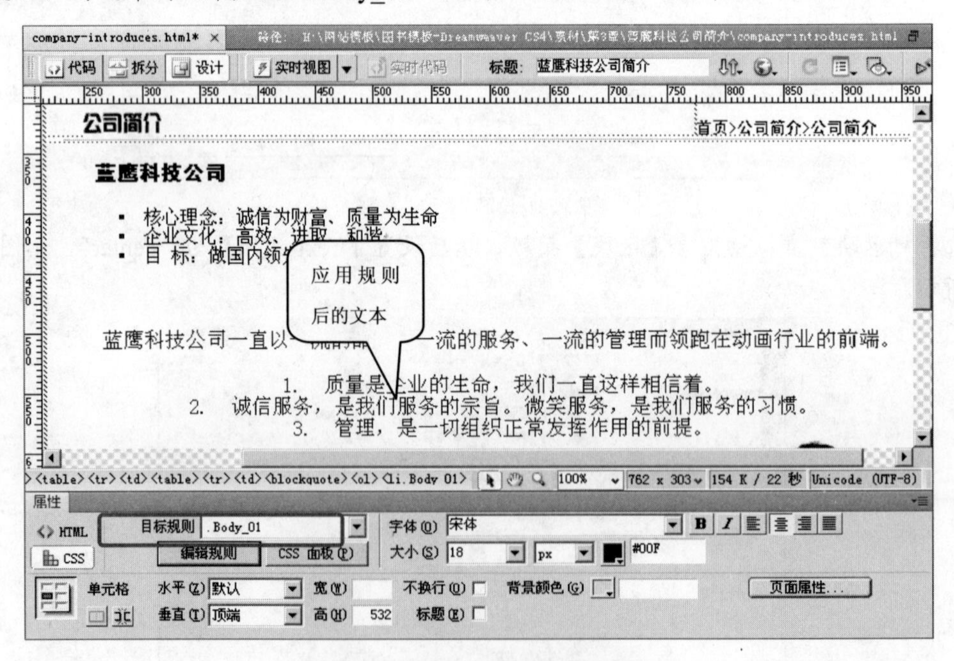

图3-37　对新的文本内容应用规则

8. 将光标置于应用了规则的文本中，然后单击【CSS 属性】面板中的按钮，使应用该规则的文本都左对齐，效果如图 3-38 所示。

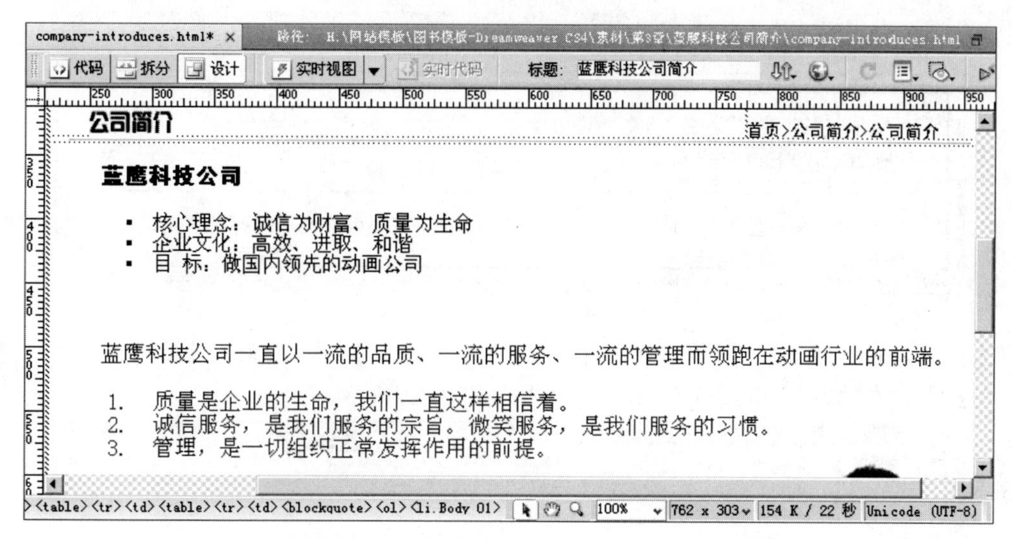

图3-38　重新编辑规则后的应用效果

9. 按F12键预览网页，效果参见图 3-18。

3.3 添加其他元素

网页文本不只包括文字，它还包括水平线、特殊字符、日期等其他元素。下面将介绍使用 Dreamweaver CS4 向网页中添加水平线、特殊字符和日期的操作方法。

3.3.1 添加水平线

在一篇比较复杂的文档中适当地插入水平线，可以让文档变得层次分明，不但便于阅读，而且可使版面变得更加漂亮。下面将通过介绍“蓝鹰科技公司简介”网页正文分格线的制作过程，来讲解添加水平线的操作方法。设计效果如图 3-39 所示。

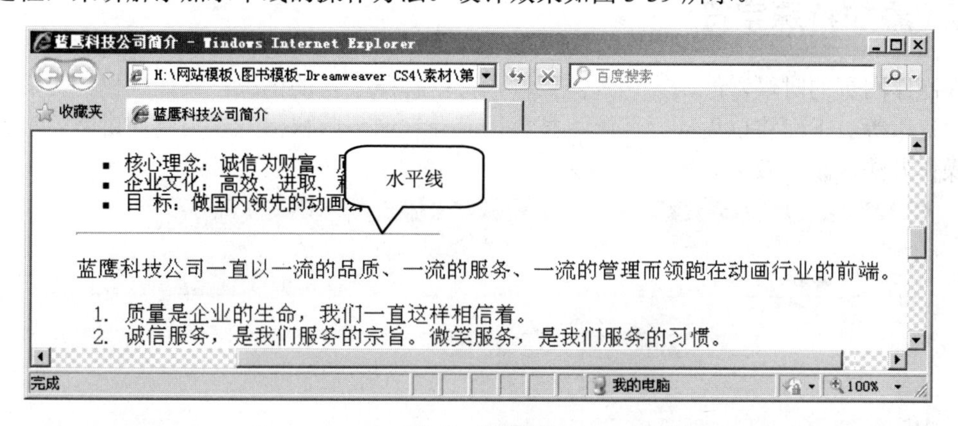

图3-39　设计效果

1. 将光标移到正文文本“目标”文本段下面的空白处，然后执行菜单命令【插入】/【HTML】/【水平线】，在光标处插入一条水平线，如图 3-40 所示。

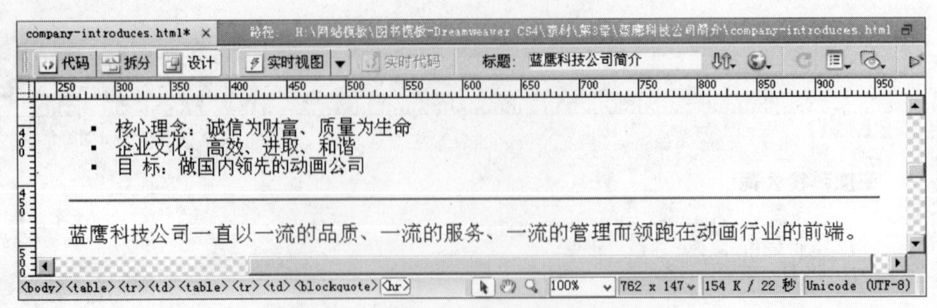

图3-40 添加水平线

2. 选择插入的水平线，打开【属性】面板，设置【宽】为“300”、【高】为“1”、【对齐】为“左对齐”，如图 3-41 所示。线条如图 3-42 所示。

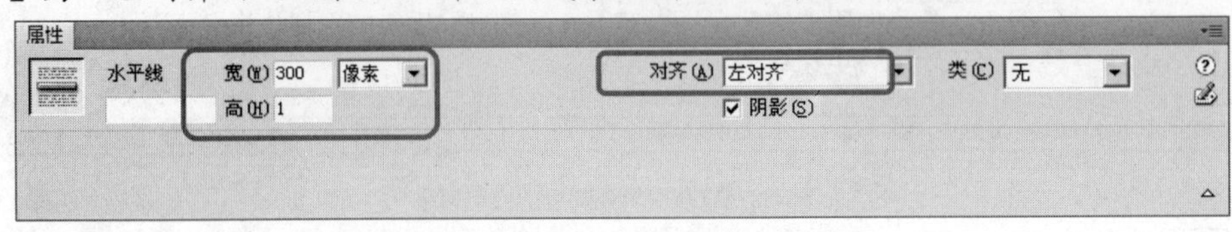

图3-41 【属性】面板

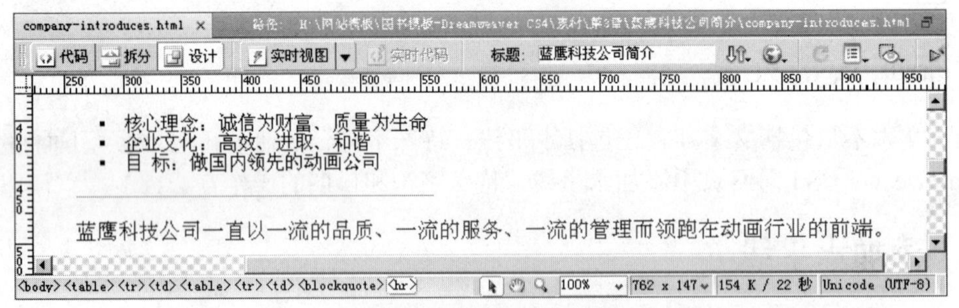

图3-42 调整属性后的水平线

3. 按F12键预览网页，效果参见图 3-39。

3.3.2 添加特殊字符

在制作网页的时候，经常会遇到需要输入一些特殊字符的情况，例如版权符号©、注册商标、货币等。下面将以设计“蓝鹰科技公司简介”网页版权信息栏为例，讲解添加特殊字符的操作方法，设计效果如图 3-43 所示。

图3-43 设计效果

1. 将光标置于页脚表格的第 3 列第 2 个单元格中，输入“Copyright”文本，如图 3-44 所示。

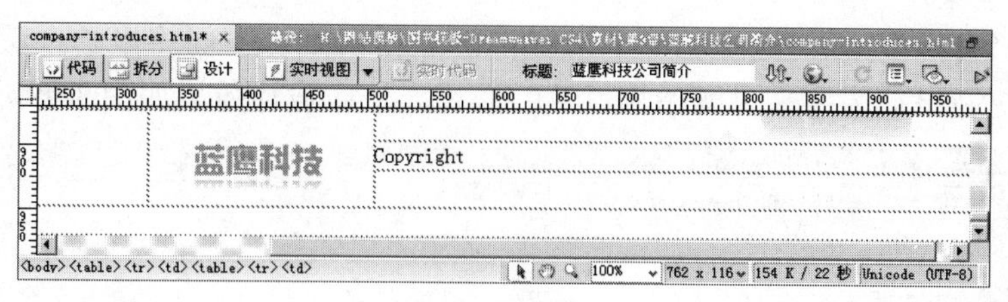

图3-44　输入文本

2. 将光标置于“Copyright”文本后面，然后执行菜单命令【插入】/【HTML】/【特殊字符】/【版权】，插入版权符号©，如图 3-45 所示。

图3-45　插入版权符号

3. 在版权符号后面再输入“LYBest”文本，并在其下面输入“联系方式:yyh234@126.com”，如图 3-46 所示。
4. 按F12键预览网页，效果参见图 3-43。

图3-46　输入其他文本

要点提示　Dreamweaver CS4 支持的特殊字符很多，如图 3-47 所示。如果列表中没有需要的字符，用户可以执行菜单命令【插入】/【HTML】/【特殊字符】/【其他字符】，打开【插入其他字符】对话框进行更多的选择，如图 3-48 所示。

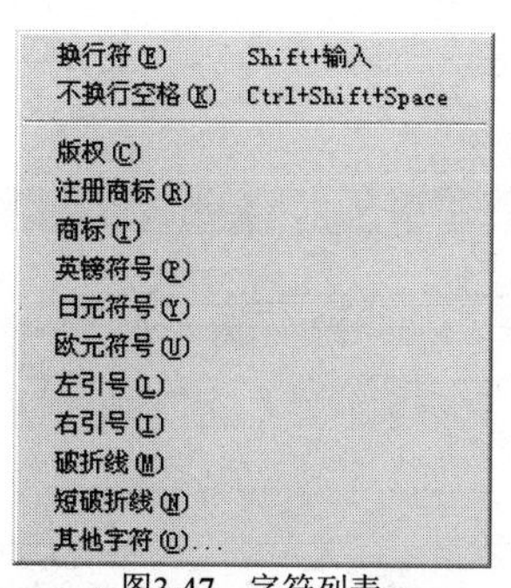

图3-47　字符列表

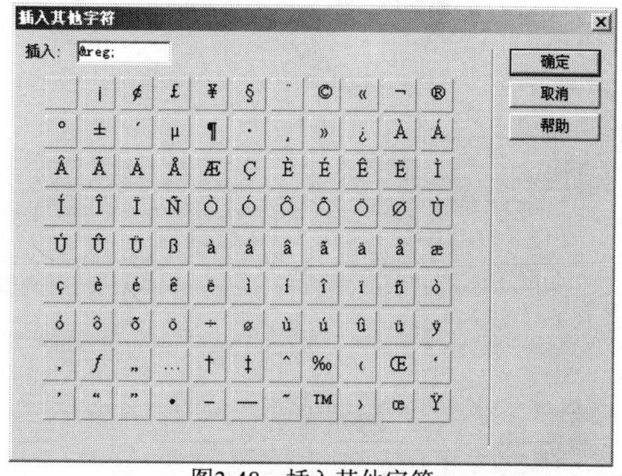

图3-48　插入其他字符

3.3.3　添加日期

在网页中经常需要插入日期，比如网页的更新日期、文章的上传日期等。在

Dreamweaver CS4 中可以快捷地插入当前文档的编辑日期。下面将以给“蓝鹰科技公司简介”网页添加更新日期为例来讲解添加日期的操作方法，设计效果如图 3-49 所示。

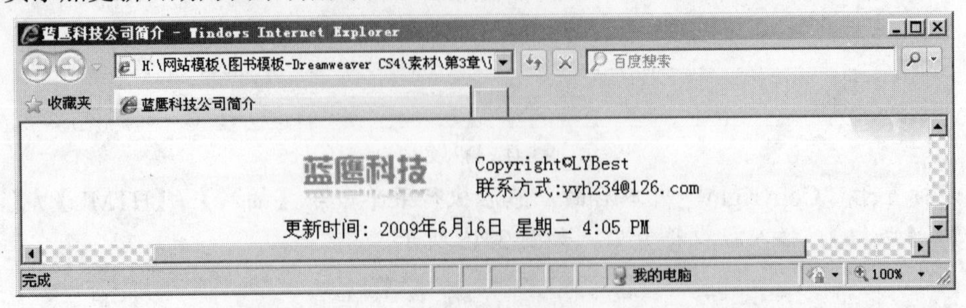

图3-49 设计效果

1. 将光标置于网页最下面的单元格中，输入“更新时间:”文本，如图 3-50 所示。

图3-50 输入文本

2. 将光标置于文本后面，然后执行菜单命令【插入】/【日期】，打开【插入日期】对话框，效果如图 3-51 所示。
3. 设置【星期格式】为“星期四”，【日期格式】为“1974 年 3 月 7 日”，【时间格式】为“10:18PM”，并选择【储存时自动更新】复选项，如图 3-52 所示。

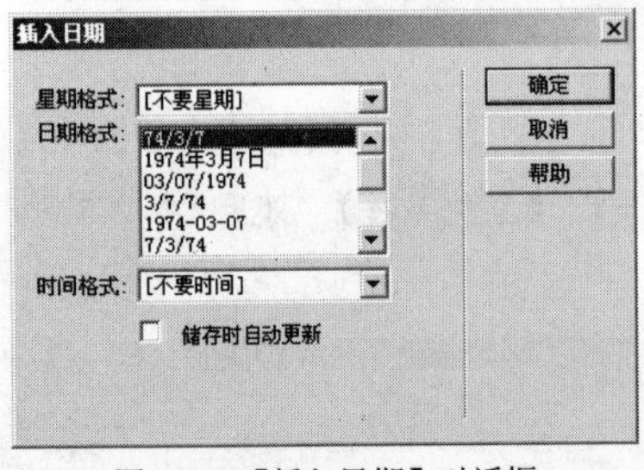

图3-51 【插入日期】对话框

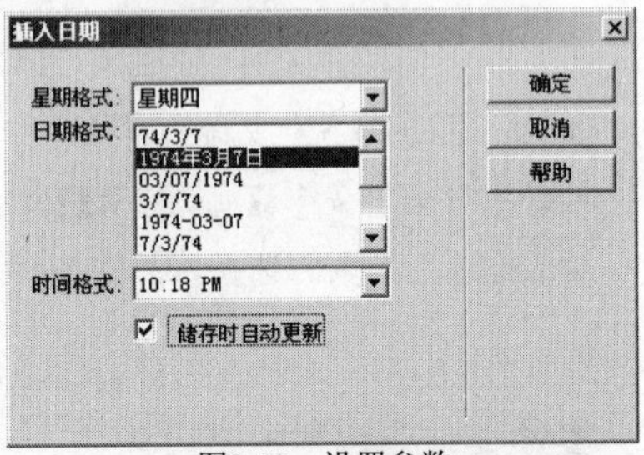

图3-52 设置参数

4. 单击 确定 按钮，即可将日期插入到文档中，如图 3-53 所示。

图3-53 插入日期

选中日期，打开【属性】面板，如图 3-54 所示，单击 编辑日期格式 按钮，可重新对日期格式进行编辑。

图3-54　【属性】面板

5. 按F12键预览网页，效果参见图 3-49。

3.4 拓展训练

为了让读者进一步掌握 Dreamweaver CS4 中对文本的添加和编排的操作方法与技巧，下面将介绍两个案例的制作过程，让读者在制作过程中把握基础知识。

3.4.1 设计“中秋节祝福网”主页

本训练将讲解设计“中秋祝福网”主页的过程，效果如图 3-55 所示。通过该训练，读者可以自己动手去体验文本的输入方法和文本的编排方式。

图3-55　“中秋节祝福网”主页

【训练步骤】

1. 打开附盘文件“素材\第 3 章\中秋祝福网\index.html”。
2. 在【页面属性】对话框中设置页面文本的【字体】为“宋体”、【大小】为“16”、【文本颜色】为“黑色”。
3. 在左侧栏目表格的第 2 列第 2 个单元格中输入“友情链接”，在第 3 个单元格中插入水平线。

4. 复制附盘文件“素材\第 3 章\中秋祝福网\左侧栏目.doc”中的文本内容，然后以“带结构的文本以及全部格式”方式粘贴到网页的左侧栏目的第 2 列第 4 个单元格中。
5. 在每一个项目后面连续按两次 Shift+Enter 键，使项目之间保持一段间隔，如图 3-56 所示。

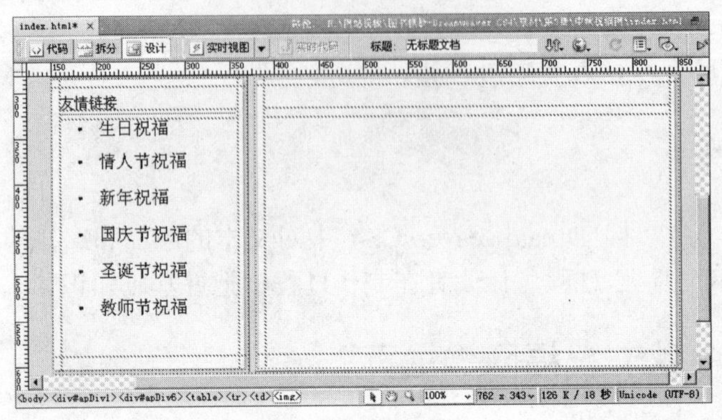

图3-56　设置左侧栏目

6. 在正文栏目表格的第 2 列第 2 个单元格中输入“祝福语”，在第 3 个单元格中插入水平线。
7. 复制附盘文件“素材\第 3 章\中秋祝福网\祝福语.doc”中的文本内容，然后以“带结构的文本以及全部格式”方式粘贴到网页正文栏目的第 2 列第 4 个单元格中。
8. 对正文文本内容设置“编号列表”的排列方式，效果如图 3-57 所示。

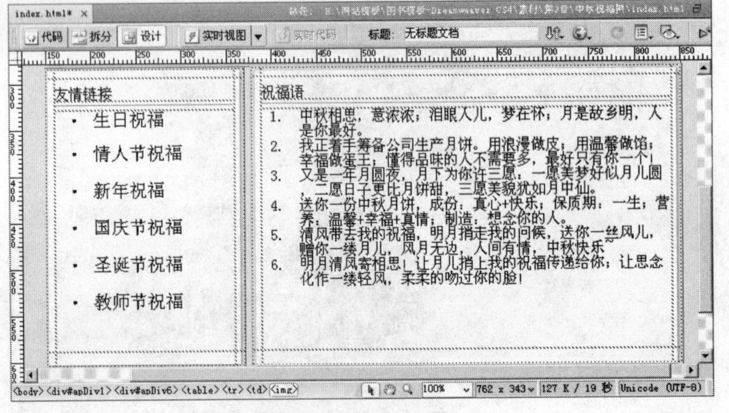

图3-57　正文文本内容

9. 在页脚表格的第 2 行中输入“版权所有:中秋祝福网 Copyright©yyh”，然后在第 3 行中插入日期，如图 3-58 所示。

图3-58　设置页脚

10. 至此，“中秋祝福网”主页设计完成，预览效果参见图 3-55。

3.4.2 设计“校园文学网”主页

本训练将讲解设计“校园文学网”主页的过程，效果如图 3-59 所示。通过该训练，读者可以熟悉对文本进行添加和编排。

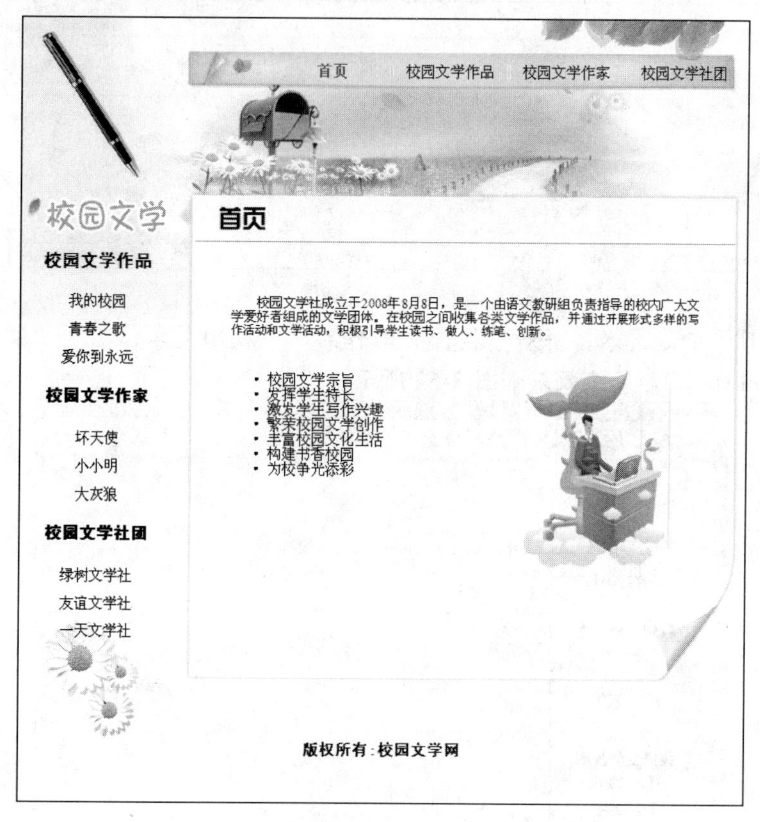

图3-59　“校园文学网”主页

【训练步骤】

1. 打开附盘文件“素材\第 3 章\校园文学网\index.html”。
2. 在【页面属性】对话框中设置文本的【字体】为“宋体”、【大小】为“16”、【文本颜色】为“黑色”，标题设置如图 3-60 所示。

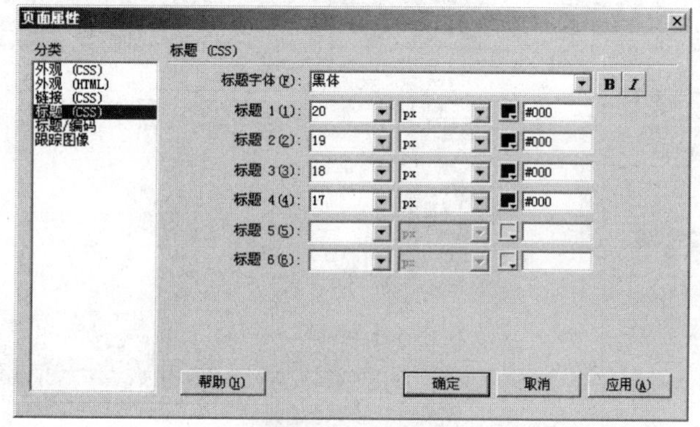

图3-60　设置标题

3. 在页眉输入标题文本，然后对首页文本新建一个名为“.BiaoTi”的 CSS 规则，定义【字体颜色】为“#0A6f00”，效果如图 3-61 所示。

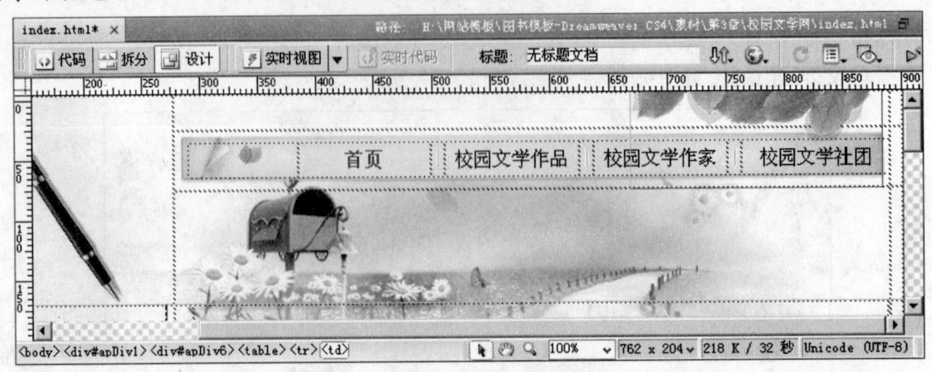

图3-61　标题栏效果

4. 在左侧栏目中输入文本，并对“校园文学作品”、“校园文学作家”、“校园文学社团”的文本应用标题 3，最终效果如图 3-62 所示。

图3-62　左侧栏目效果

5. 复制附盘文件“素材\第 3 章\校园文学网\正文.doc”中的文本内容，然后粘贴到网页的正文输入区域中，并调整效果如图 3-63 所示。

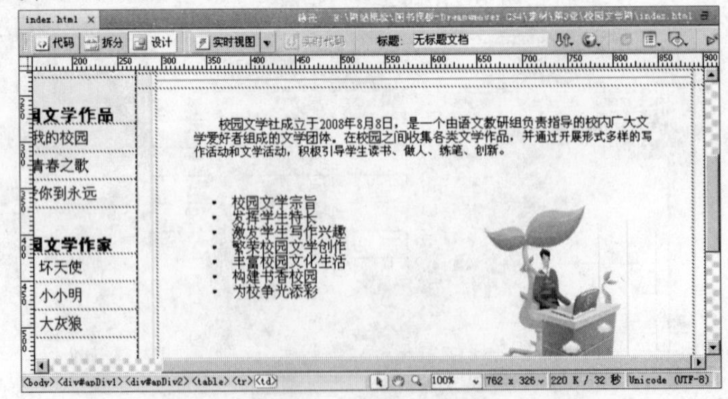

图3-63　正文文本效果

6. 至此，“校园文学网”主页设计完成，预览效果参见图 3-59。

3.5 小结

本章主要介绍了如何设置页面属性、添加文本，设置文本的颜色、格式、字体、大小等以及添加水平线、特殊字符、日期等的操作方法。通过本章的学习，读者可以熟练运用 Dreamweaver CS4 向文档中添加文本并对文本进行编排，从而让网页更加美观。

3.6 习题

一、 问答题

1. 添加文本的方法主要有哪几种？
2. 怎么设置文本的首先参数？
3. 怎样设置页边距？
4. 在 Dreamweaver CS4 中编辑文本都可以进行哪些格式设置？

二、操作题

通过添加文本完成“闪电搜索”网页的设计，设计效果如图 3-64 所示。

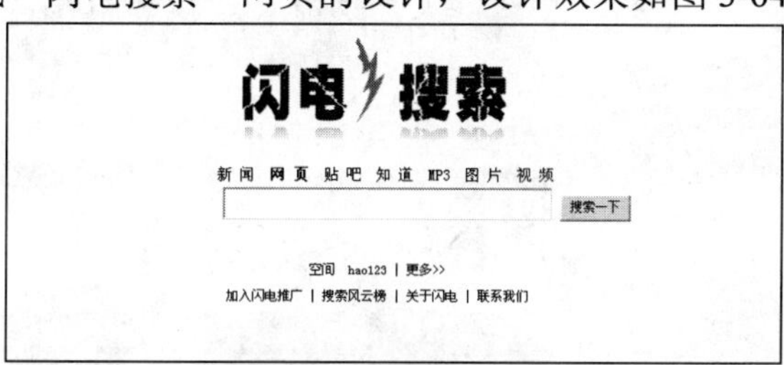

图3-64　闪电搜索网页效果

【步骤提示】

1. 打开附盘文件“练习\第 3 章\素材\index.html”。
2. 在 Logo 图像下边的表格中输入文本“新 闻 网 页 贴 吧 知 道 MP3 图 片 视 频”。
3. 在页面最底端输入文本“加入闪电推广 | 搜索风云榜 | 关于闪电 | 联系我们”。

第4章　添加图像——设计“吃在四川”首页

图像是网页中必不可少的元素之一，它不仅可使页面更加美观，而且可以更好地配合文件传递信息。本章以设计“吃在四川”首页为例，介绍有关图像的基本知识及其在网页中的应用，让读者掌握在网页中应用和处理图像的基本技巧和方法，案例效果如图 4-1 所示。

图4-1　“吃在四川”首页效果

【学习目标】

- 掌握插入图像的操作方法。
- 掌握通过【属性】面板设置图像的操作方法。
- 掌握可视化设置图像的操作方法。
- 掌握图像占位符的作用和插入方法。
- 掌握插入鼠标经过图像的方法。
- 掌握插入水平和垂直导航条的操作方法。
- 掌握插入背景图像的操作方法。

4.1　插入图像

图像的格式种类繁多，但目前能在网页中显示的只有 GIF、JPG 和 PNG3 种格式。其中

GIF 格式的图像通常用于网页中的小图标、Logo 图标和背景图像等，JPG 格式的图像则多用于大幅的图像展示，PNG 格式的图像则能够很好的用于这两种情况。本节将介绍插入图像和设置图像属性的操作方法。

4.1.1 插入图像

在网页中插入图像，可以让网页更加美观。下面将以设计“吃在四川”首页“banner”栏目为例来介绍插入图像的操作方法，设计效果如图 4-2 所示。

图4-2　设计效果

1. 打开附盘文件“素材\第 4 章\吃在四川\index.html”，然后将光标置于“banner”栏目的表格内，如图 4-3 所示。

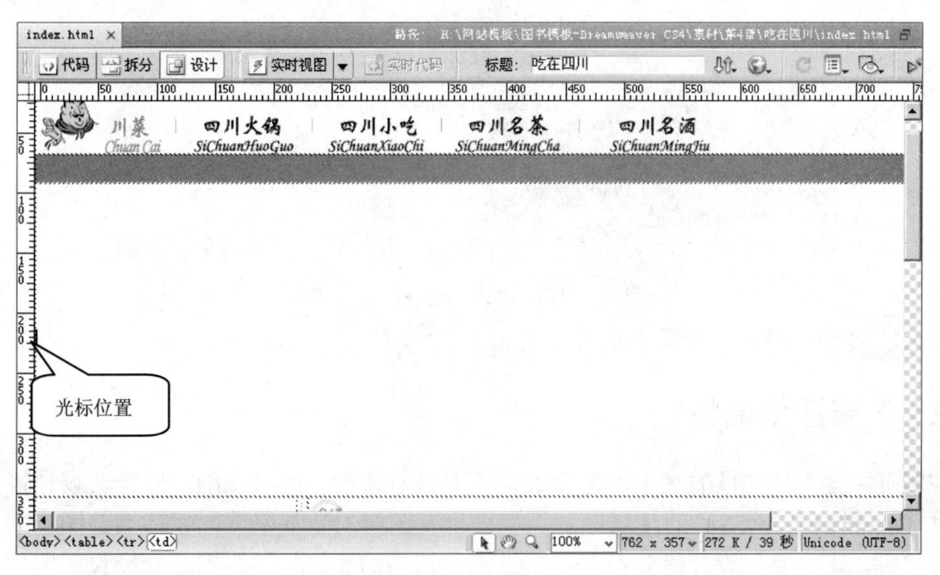

图4-3　确定图像插入的位置

2. 执行菜单命名【插入】/【图像】，打开【选择图像源文件】对话框，然后选择附盘文件“素材\第 4 章\吃在四川\ images\banner.jpg”，如图 4-4 所示。
3. 单击 确定 按钮，打开【图像标签辅助功能属性】对话框，在【替换文本】文本框中输入“吃在四川”，如图 4-5 所示。

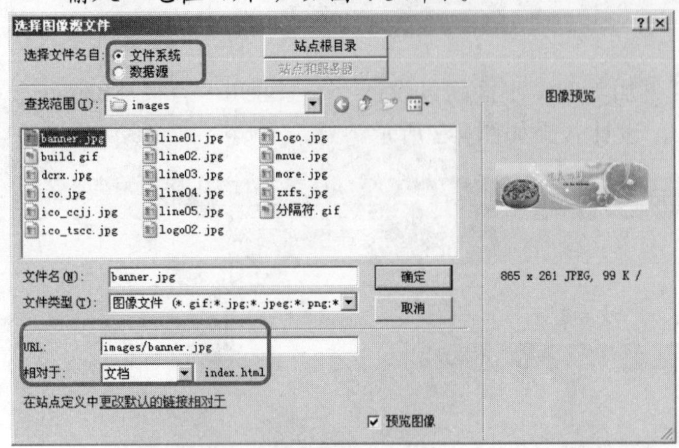

图4-4 选择图像

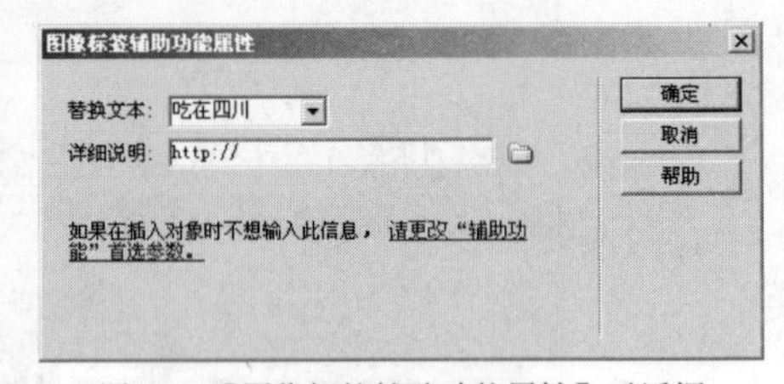

图4-5 【图像标签辅助功能属性】对话框

要点提示 【替换文本】是指用户在浏览页面时，如果对浏览器设置不显示图像时，浏览器就会显示【替换文本】文本框中的文字内容。这儿也可不进行任何设置，单击 确定 按钮，完成插入图像的操作。

4. 单击 确定 按钮，完成插入图像的操作，如图 4-6 所示。

图4-6 插入图像后的效果

5. 按 F12 键预览网页，效果参见图 4-2。

4.1.2 设置图像属性

在网页中插入的图像的大小、位置通常需要调整才能与网页相配，以符合设计需要，可以通过 Dreamweaver CS4 的【属性】面板来设置图像的基本属性，包括调整图像的大小、对齐方式等。下面将以设计“吃在四川”首页“川菜简介”栏目为例来介绍设置图像属性的操作方法，设计效果如图 4-7 所示。

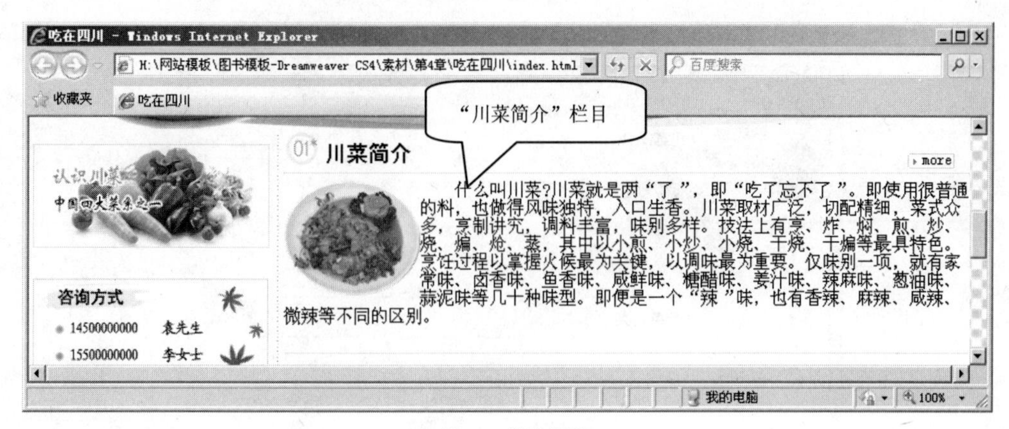

图4-7　设计效果

一、 调整图像大小

插入的图像的大小与原始大小是一致的，为了让图像更好地融合于网页中，需要对图像的大小进行调整。下面将介绍通过【属性】面板调整图像大小的操作方法。

1. 将光标置于“川菜简介”文本下方的表格中，然后执行菜单命令【窗口】/【插入】，打开【插入】面板，选择“常用”类型，如图 4-8 所示。
2. 单击面板中的 图像：图像 按钮，打开【选择图像源文件】对话框，然后选择附盘文件“素材\第 4 章\吃在四川\photo\BiaoTi.gif”并插入到文档中，如图 4-9 所示。

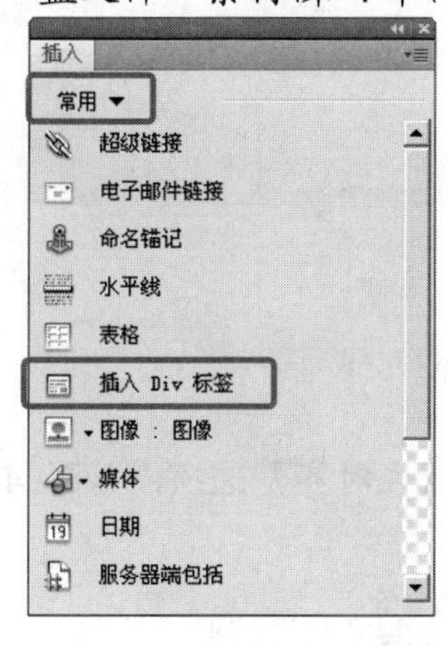

图4-8　【插入】面板

图4-9　图像插入效果

3. 单击选中插入的图像，打开【属性】面板，然后设置【宽】为“126”、【高】为“102”，如图 4-10 所示。图像效果如图 4-11 所示。

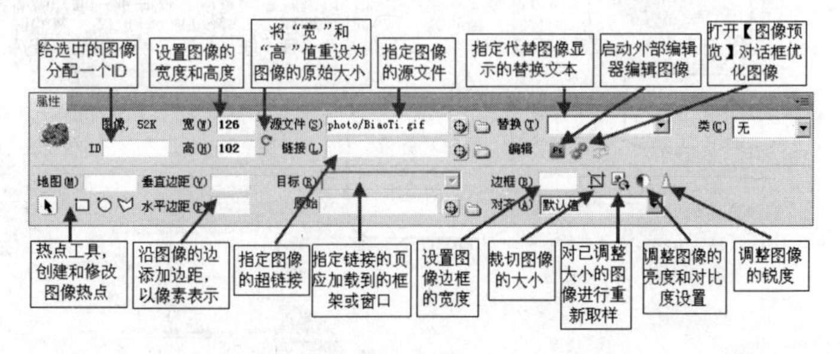

图4-10　图像【属性】面板

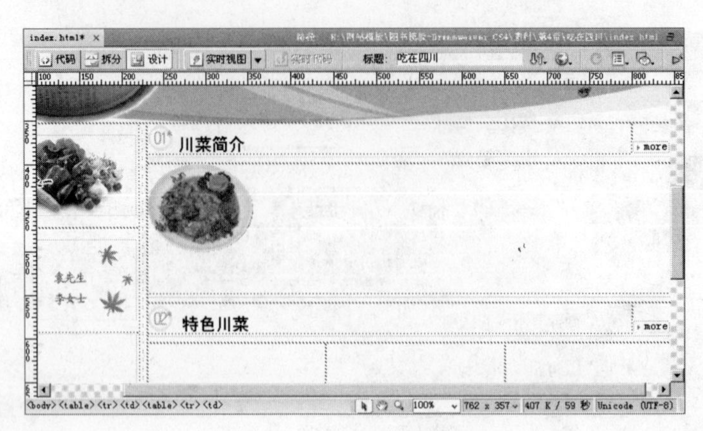

图4-11　调整大小后的图像效果

二、 调整图像对齐方式

插入图像默认的对齐方式是“基线”，可以通过对齐图像操作调整图像的位置，使图像与同一行中的文本、图像或其他元素对齐。下面将介绍调整图像对齐方式的操作方法与对齐效果。

1. 将光标置于图像后面，然后复制附盘文件“素材\第 4 章\吃在四川\川菜简介.txt”中的文本内容并粘贴到文档中，如图 4-12 所示。

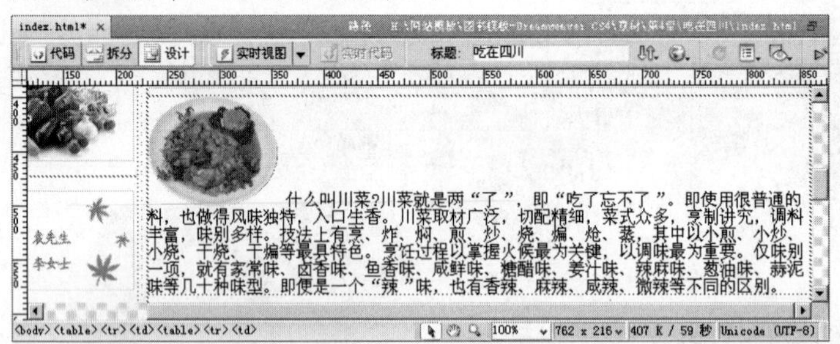

图4-12　复制粘贴文本内容

2. 单击选中图像，在【属性】面板的【对齐】下位列表中选择【左对齐】选项，如图 4-13 所示。

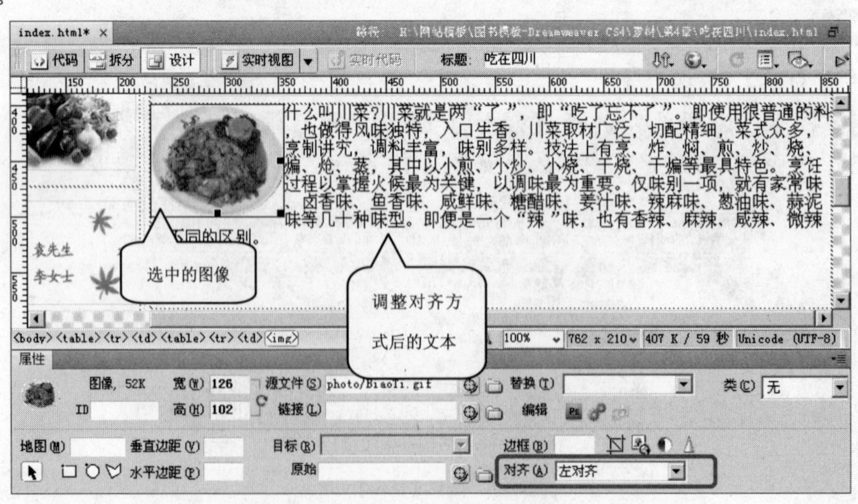

图4-13　调整对齐方式

3. 调整第 1 行文本使其向右空两个文字，按F12键预览网页，效果参见图 4-7。

【知识链接】——用鼠标调整图像大小及图像对齐方式讲解

(1) 用鼠标调整图像的大小。

单击选择要调整的图像，可以看到图像边框出现 3 个控制手柄，如图 4-14 所示。将鼠标移动到任何一个控制手柄上，指针变为双向箭头，如图 4-15 所示，然后按住鼠标左键并拖动，即可调整图像大小。

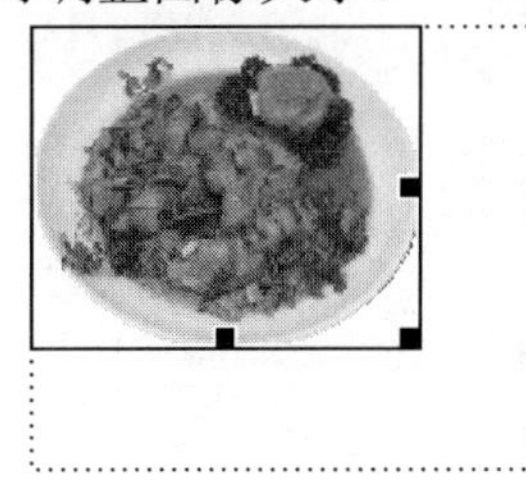

图4-14　选择图像

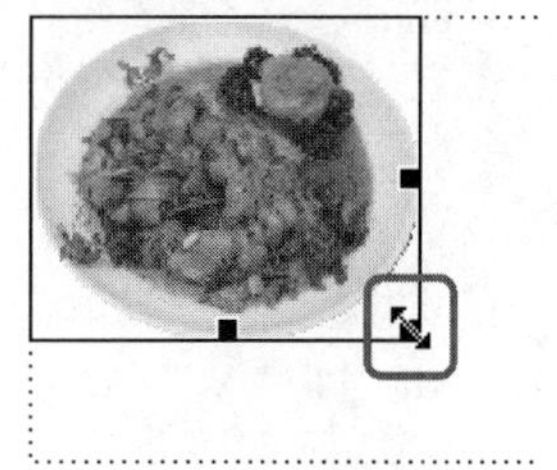

图4-15　调整图像

(2) 文本的对齐方式及功能。

Dreamweaver CS4 为图像提供的对齐方式有很多种，各个选项的功能如表 4-1 所示。

表 4-1　**对齐方式**

对齐方式	功能	效果图
默认值	图像以默认方式对齐，默认方式为基线对齐	默认值:图像以默认方式对齐
基线	将文本基线与图像底部对齐	基线：将文本基线与图像底部对齐
顶端	将文本最上面一行顶端与图像顶端对齐	顶端：将文本最上面一行顶端与图像顶端对齐
居中	将文本基线与图像中部对齐	居中：将文本基线与图像中部对齐

续表

对齐方式	功能	效果图
底部	将文本基线与图像底部对齐，其效果与选择"基线"一样	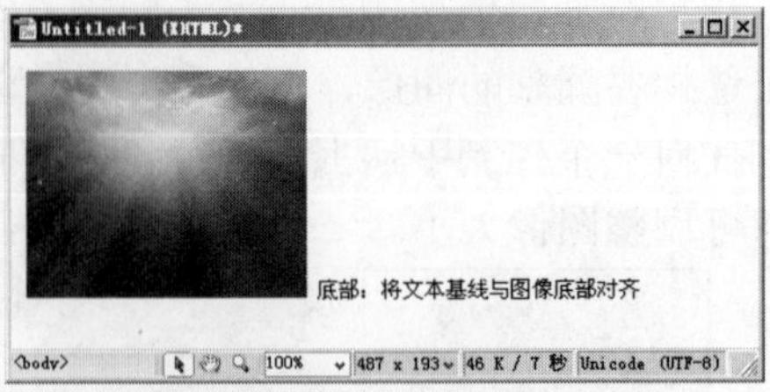
文本上方	与选择"顶端"效果一样	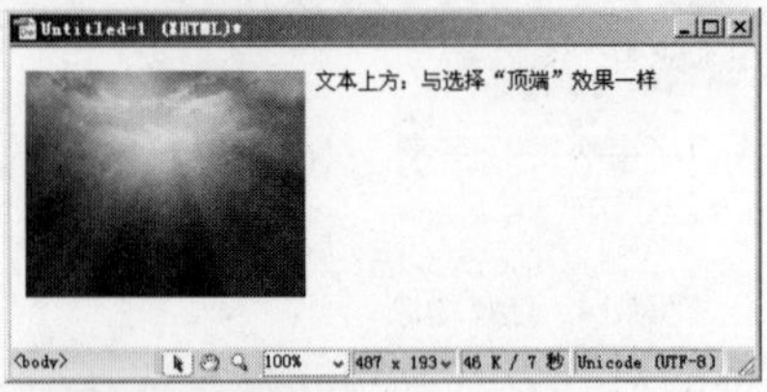
绝对居中	将文本行的中间位置与图像中部对齐	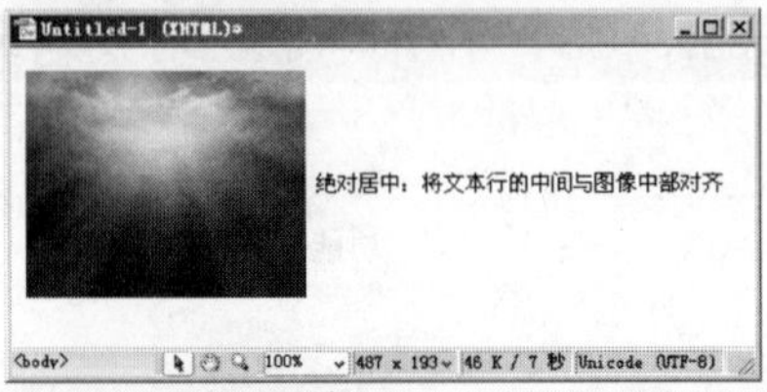
绝对底部	将文本的底部与图像底部对齐	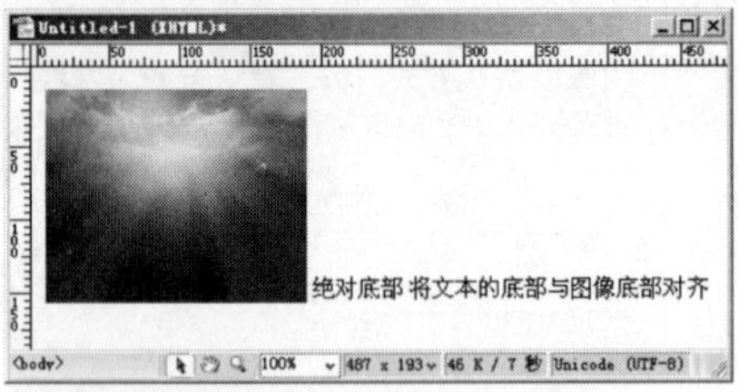
左对齐	将图像左对齐，文本则排列在图像的右边	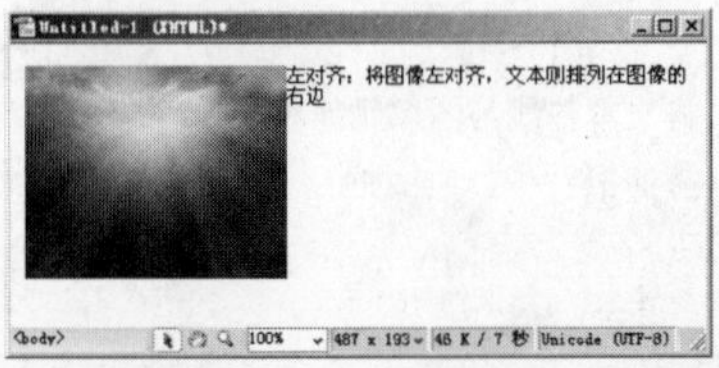
右对齐	将图像右对齐，文本则排列在图像的左边	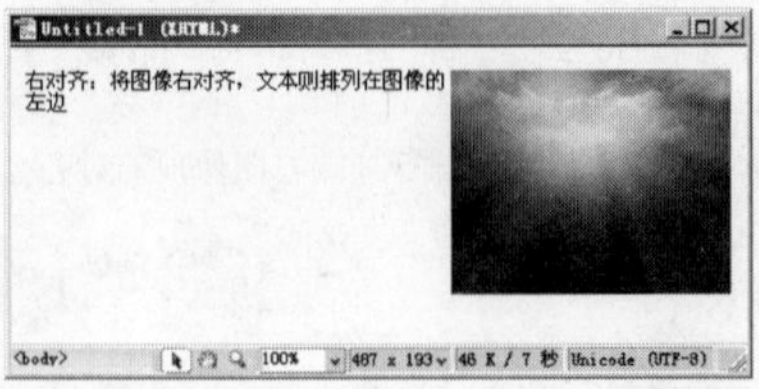

4.2 编辑图像

Dreamweaver CS4 提供了强大的图像编辑功能，用户无须借助外部图像编辑软件，就可以轻松实现对图像的裁剪、重新取样、调整高度和对比度、锐化等操作，从而获得网页图像显示的最佳效果。

4.2.1　裁剪图像

在 Dreamweaver CS4 中，用户不再需要借助外部图像编辑软件，利用其自带的“裁剪”功能，就可以轻松地将图像中多余的部分删除，突出图像的主题。

下面将以设计“特色川菜”栏目中的“回锅肉”图像为例来介绍裁剪图像的操作方法，设计效果如图 4-16 所示。

裁剪前

裁剪后

图4-16　设计效果

1. 将光标置于“回锅肉”文本上文的表格中，然后将附盘文件“素材\第 4 章\吃在四川\photo\hgr.gif”插入到表格中，如图 4-17 所示。
2. 选中图像，然后单击【属性】面板中的按钮，此时图像边框上会出现 8 个控制手柄，阴影区域为删除的部分，如图 4-18 所示。

图4-17　插入图像

图4-18　添加控制手柄

3. 用鼠标拖动控制手柄，调整效果如图 4-19 所示。本操作是删除图像的黑色边框。
4. 双击图像保留区域或单击按钮来完成图像的裁剪，如图 4-20 所示。

图4-19　调整裁剪区域

图4-20　裁剪后的图像

5. 按 F12 键预览网页，效果参见图 4-16。

4.2.2 重新取样

当对网页中图像大小进行调整后，图像显示效果会变得模糊，从而影响整个网页的美观，此时就需要使用 Dreamweaver CS4 提供的“重新取样”功能增加或减少图像的像素数量，使其与原始图像的外观尽可能匹配。

下面将以设计“特色川菜”栏目中的“宫爆鸡丁”图像为例来介绍重新取样的操作方法，设计效果如图 4-21 所示。

重新取样前

重新取样后

图4-21 设计效果

1. 将光标置于“宫爆鸡丁”文本上文的表格中，然后将本书附带光盘中的“素材\第 4 章\吃在四川\phote\gbjd.gif”的图像文件插入到表格中，并设置图像的【宽】为“170”、【高】为“122”，如图 4-22 所示。
2. 选中图像，然后单击【属性】面板中的按钮，即可对图像进行重新取样，如图 4-23 所示。

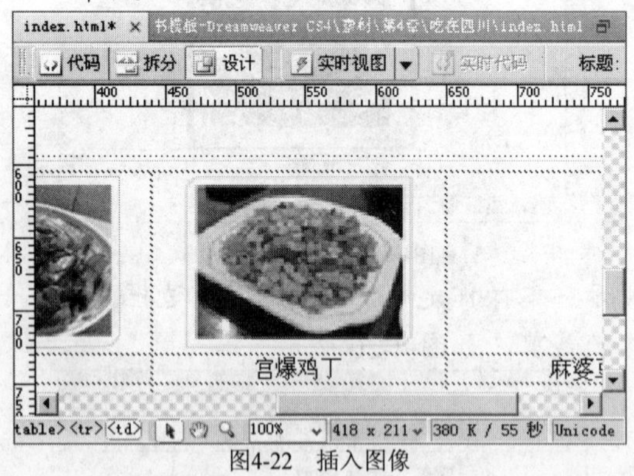

图4-22 插入图像

图4-23 重新取样后的图像

3. 按 F12 键预览网页，效果参见图 4-21。

4.2.3 调整亮度和对比度

在 Dreamweaver CS4 中，可以通过“亮度和对比度”按钮调整网页中过亮或过暗的图像，使图像整体色调一致或让图像更加清晰。下面将以设计“咨询方式”栏目为例来介绍调整亮度和对比度的操作方法，设计效果如图 4-24 所示。

调整前

调整后

图4-24　设计效果

1. 单击选中“咨询方式”栏目中的图像，然后单击【属性】面板中的按钮，弹出【亮度/对比度】对话框，在【亮度】文本框中输入“10”、【对比度】文本框中输入“40”，如图 4-25 所示。
2. 单击 确定 按钮，完成调整，如图 4-26 所示。

图4-25　【亮度/对比度】对话框

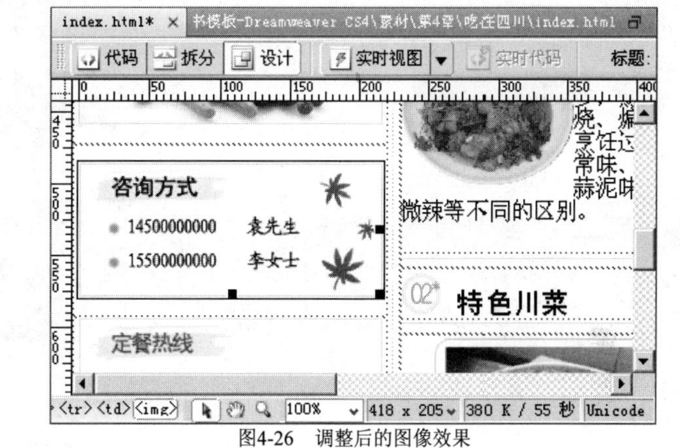

图4-26　调整后的图像效果

3. 按 F12 键预览网页，效果参见图 4-24。

4.3 插入图像对象

在网页设计中，除了直接使用图像外，还可以应用其他图像元素，如图像占位符、鼠标经过图像及导航条。下面将介绍其具体的插入方法。

4.3.1 插入图像占位符

在进行网页设计时，有时可能遇到要插入网页的图像还未制作完成或暂时没有找到相对应的图像，为了不影响网页设计进度，可以先在需要插入图像的位置插入一个图像占位符，等图像制作好后再将图像占位符替换。

下面将以设计“特色川菜”栏目中的“麻婆豆腐”图像为例来介绍插入图像占位符的操作方法，设计效果如图 4-27 所示。

1. 将光标置于“麻婆豆腐”文本上文的表格中，然后执行菜单命名【插入】/【图像对象】/【图像占位符】，打开【图像占位符】对话框，如图 4-28 所示。

图4-27　设计效果

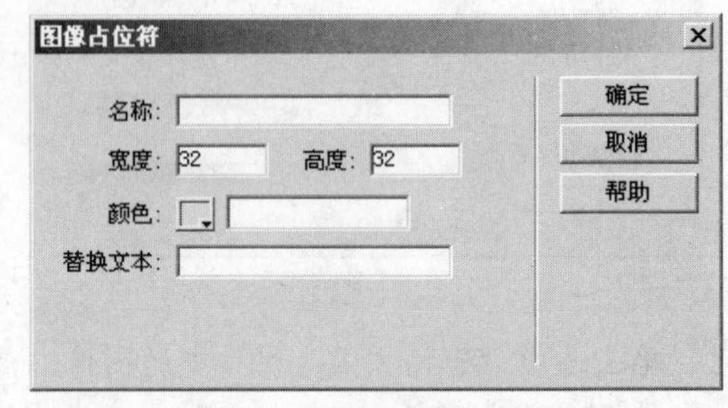

图4-28　【图像占位符】对话框

2. 在对话框框中设置【名称】为“MaPoDouFu”，【宽度】为“170”，【高度】为“122”，【颜色】为“#FFCC00”，【替换文本】为“麻婆豆腐”，如图 4-29 所示。
3. 单击 确定 按钮，完成插入图像占位符的操作，效果如图 4-30 所示。

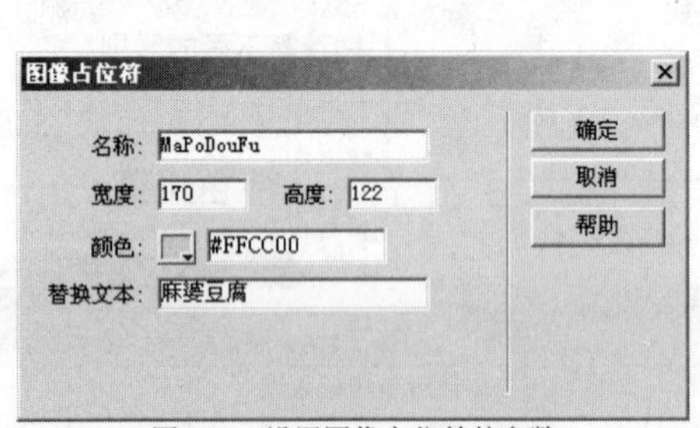

图4-29　设置图像占位符的参数

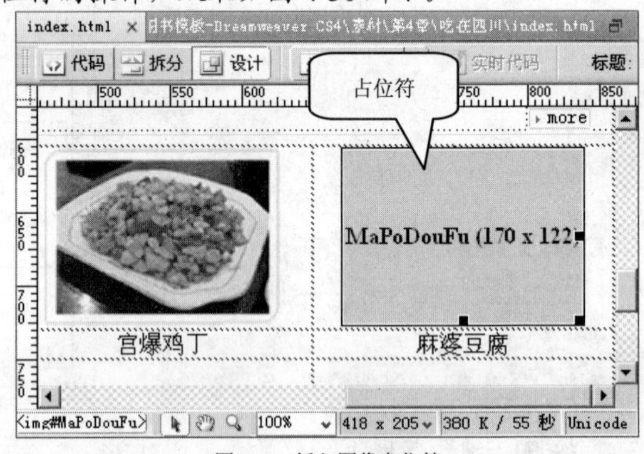

图4-30　插入图像占位符

4. 按 F12 键预览网页，效果参见图 4-27。

要点提示　在文档中双击要替换的图像占位符，打开【选择图像源文件】对话框，然后选择要替换的图像，单击 确定 按钮，即可将图像占位符替换为选择的图像。

4.3.2 插入鼠标经过图像

所谓“鼠标经过图像”是指在浏览器中，当鼠标指针移动到图像上时会显示预先设置的另一副图像，当鼠标指针移开时，又会恢复为第一幅图像。在制作“鼠标经过图像”之时需要两张图像，即原始图像和替换图像，并保证两幅图像大小一致。

下面将以设计“特色川菜”栏目中的“鱼香茄子”图像为例来介绍插入鼠标经过图像的操作方法，设计效果如图 4-31 所示。

原始效果

鼠标经过时的效果

图4-31　设计效果

1. 将光标置于“鱼香茄子”文本上文的表格中，然后执行菜单命令【插入】/【图像对象】/【鼠标经过图像】，打开【插入鼠标经过图像】对话框，并设置【图像名称】为“YuXiangQieZi”，如图 4-32 所示。

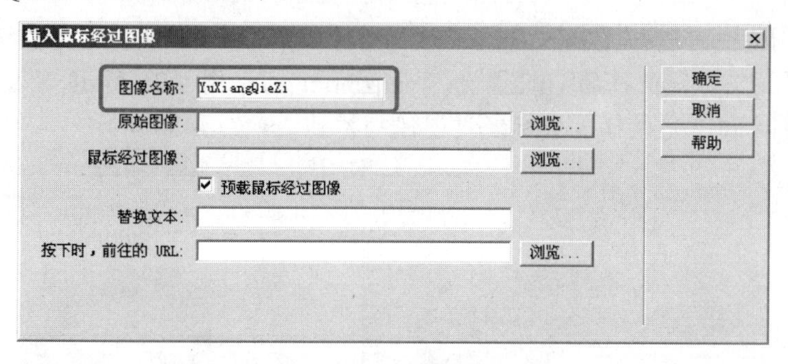

图4-32　【插入鼠标经过图像】对话框（1）

2. 单击【原始图像】文本框后的 浏览... 按钮，打开【原始图像】对话框，选择附盘文件“素材\第 4 章\吃在四川\phote\yxqz01.gif”，如图 4-33 所示。

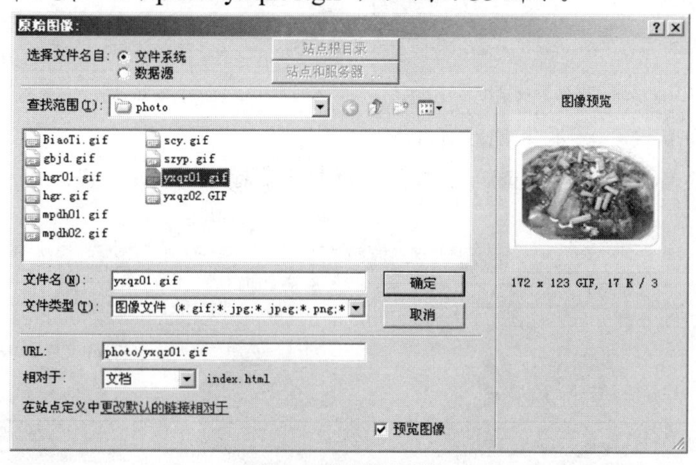

图4-33　选择原始图像

3. 单击 确定 按钮，返回【插入鼠标经过图像】对话框。
4. 单击【鼠标经过图像】文本框后的 浏览... 按钮，打开【鼠标经过图像】对话框，选择附盘文件“素材\第 4 章\吃在四川\photo\yxqz02.gif”，如图 4-34 所示。

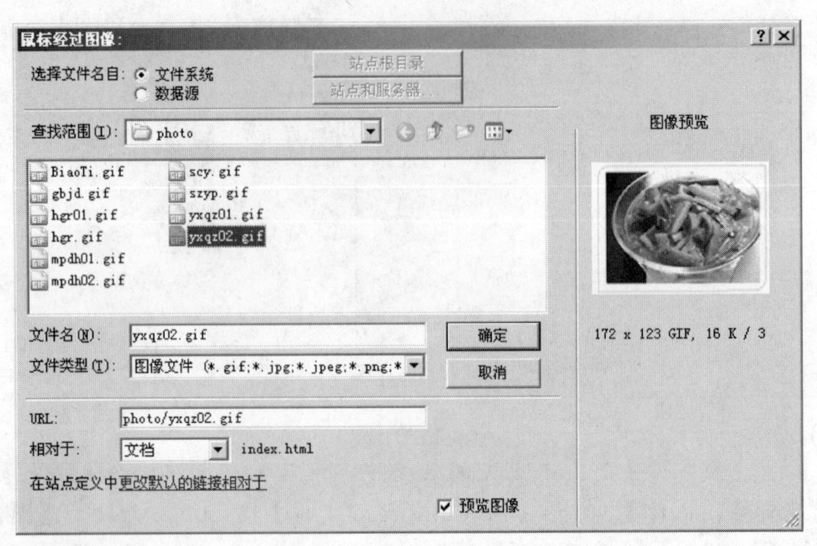

图4-34　选择鼠标经过图像

5. 单击 确定 按钮，返回【插入鼠标经过图像】对话框，然后设置【替换文本】为“鱼香茄子”，【按下时，前往的 URL】为“yxqz.html”，如图 4-35 所示。
6. 单击 确定 按钮，完成插入鼠标经过图像的操作，如图 4-36 所示。

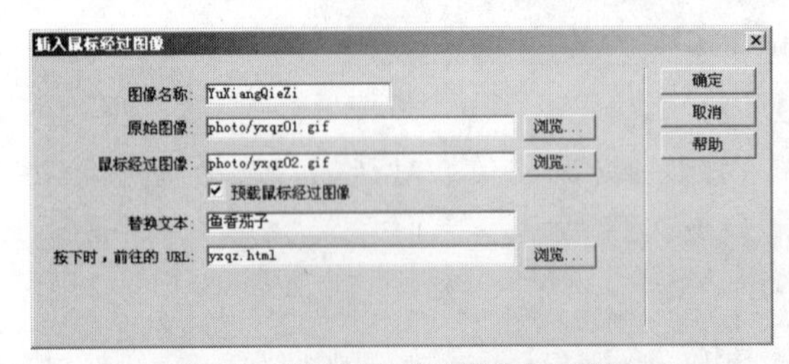

图4-35　【插入鼠标经过图像】对话框

图4-36　插入鼠标经过图像

7. 按F12键预览网页，效果参见图 4-31。
8. 分别在“水煮肉片”、“酸菜鱼”文本上文的表格中插入“szyp.gif”、“scy.gif”，如图 4-37 所示。

图4-37　插入“水煮肉片”、“酸菜鱼”的图像

4.3.3　插入导航条

在一个完整的网站中，安排一个导航条来引导用户浏览是很有必要的。在 Dreamweaver CS4 中可以快速地插入导航条。导航条包含 4 个不同显示状态的图像，分别为一般状态图像、鼠标经过图像、按下图像和按下鼠标时经过图像。一般情况下，只需要设置一般状态图像与鼠标经过图像就可以了。

下面将以设计“吃在四川”网页的导航条为例来介绍插入导航条的操作方法，设计效果如图 4-38 所示。

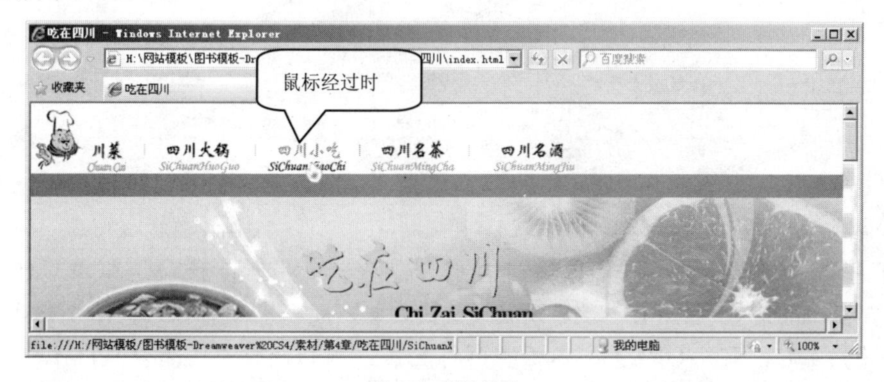

图4-38　设计效果

1. 单击选中网页顶部的“导航条”图像，然后按 Delete 键将其删除，如图 4-39 所示。

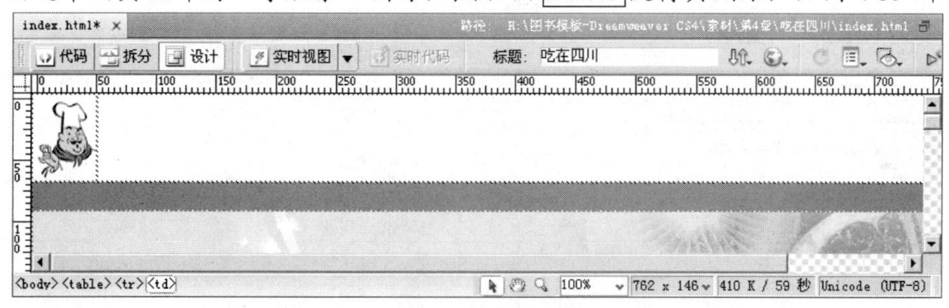

图4-39　删除图像

2. 将光标置于删除图像后的表格中，然后执行菜单命令【插入】/【图像对象】/【导航条】，打开【插入导航条】对话框，并设置【项目名称】为“ChuanCai”，如图 4-40 所示。

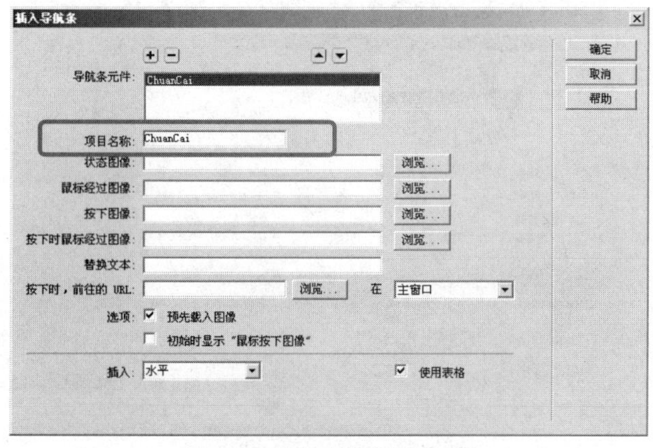

图4-40　【插入导航条】对话框

3. 单击【状态图像】文本框右侧的 浏览... 按钮，打开【选择图像源文件】对话框，选择附盘文件“素材\第 4 章\吃在四川\BiaoTi\ChuanCai_01_01.gif”，如图 4-41 所示。
4. 单击 确定 按钮，返回【插入导航条】对话框，如图 4-42 所示。

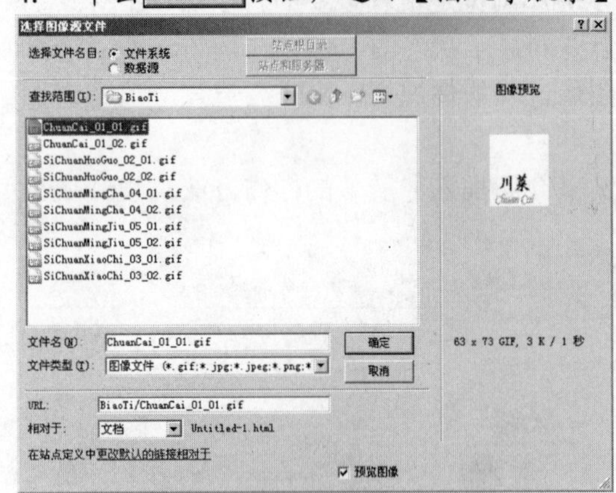

图4-41 【选择图像源文件】对话框

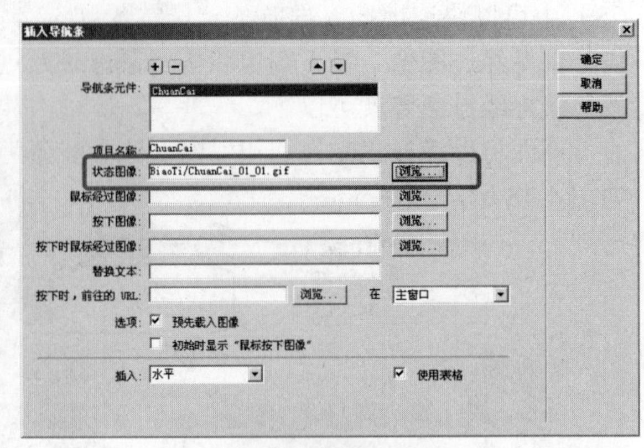

图4-42 指定状态图像

5. 使用同样的方法，设置鼠标经过图像为附盘文件“素材\第 4 章\吃在四川\BiaoTi\ChuanCai_01_02.gif”，然后设置【替换文本】为“川菜”，效果如图 4-43 所示。
6. 单击【按下时，前往 URL】文本框右侧的 浏览... 按钮，打开【选择 HTML 文件】对话框，选择“素材\第 4 章\吃在四川\ChuanCai.html”的图像文件，如图 4-44 所示。

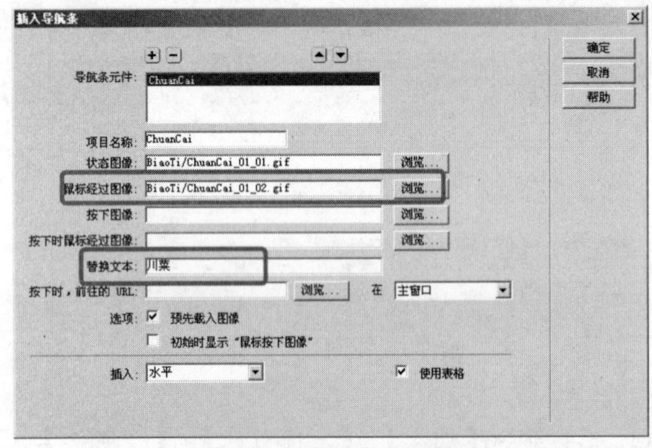

图4-43 设置鼠标经过图像

图4-44 【选择 HTML 文件】对话框

7. 单击 确定 按钮，返回【插入导航条】对话框，如图 4-45 所示。

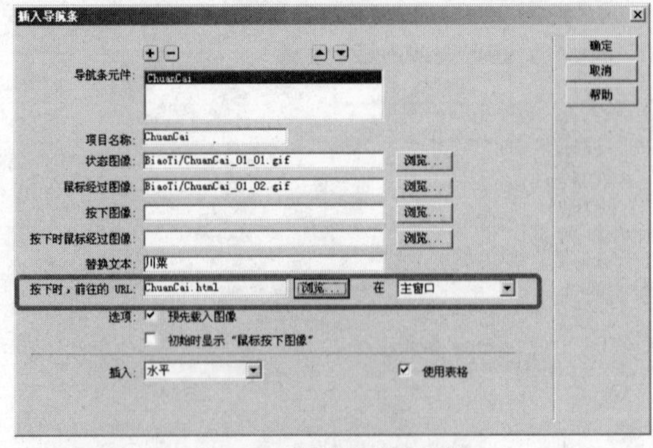

图4-45 设置标题的超链接

8. 单击对话框左上角的+按钮，添加新项目“SiChuanHuoGuo”，并设置其属性，如图 4-46 所示。

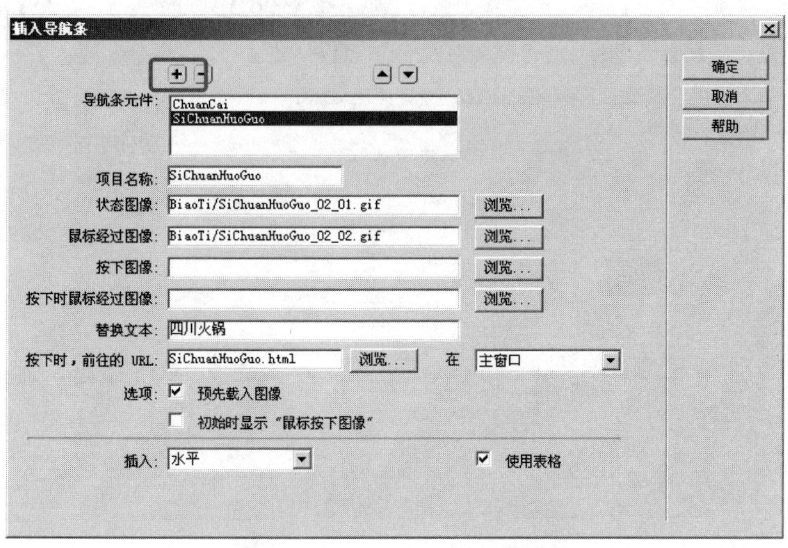

图4-46　设置“SiChuanHuoGuo”项目

9. 用同样的方法，继续添加“SiChuanXiaoChi”、“SiChuanMingCha”和“SiChuanMingJiu”，然后选择【预先载入图像】复选项，在【插入】下拉列表中选择【水平】单选项，并选择【使用表格】复选项，最终效果如图 4-47 所示。

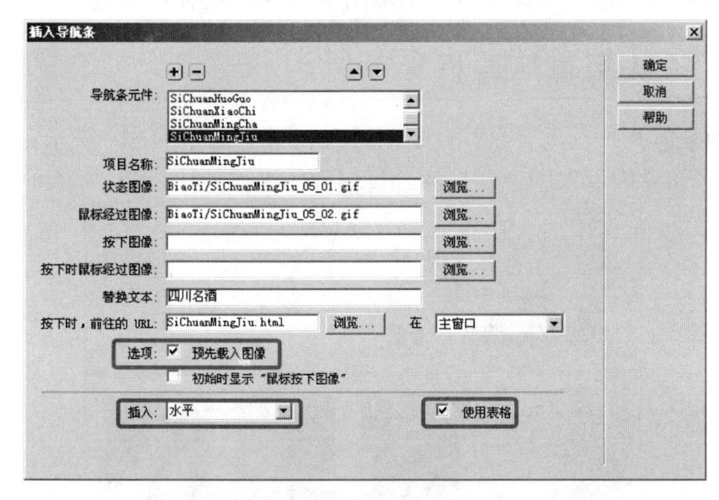

图4-47　最终设置效果

10. 单击 确定 按钮，完成导航条的制作，如图 4-48 所示。

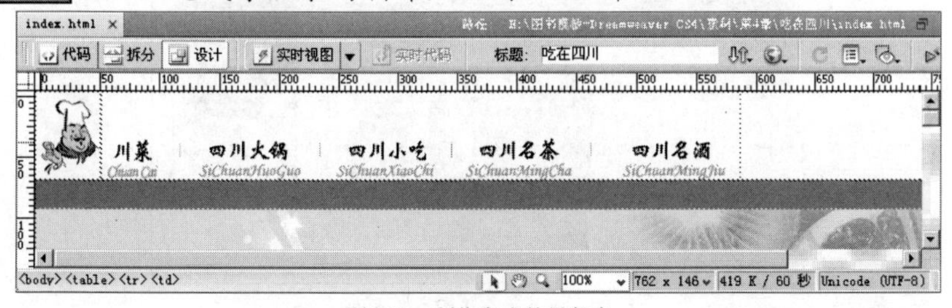

图4-48　制作完成的导航条

11. 按F12键预览网页，效果参见图 4-38。

要点提示 一个页面中只能添加一个导航条，执行菜单命令【修改】/【导航条】，打开【修改导航条】对话框，如图 4-49 所示，可对导航条的设置进行修改。

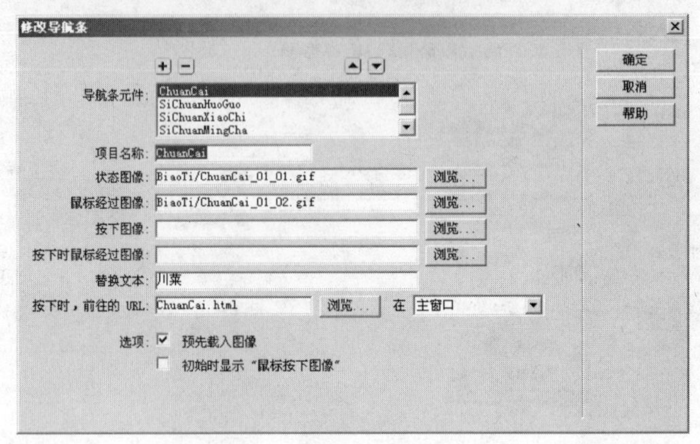

图4-49 【修改导航栏】对话框

4.4 拓展训练

为了让读者进一步掌握 Dreamweaver CS4 中插入图像和编辑图像的操作方法与技巧，下面将介绍两个案例的制作过程，让读者在制作过程中把握并运用基础知识。

4.4.1 设计“个人写真”首页

本训练将讲解设计“个人写真”首页的过程，效果如图 4-50 所示。通过该训练的学习，读者可以进一步掌握插入图像和鼠标经过图像的操作方法。

图4-50 “个人写真”主页

【训练步骤】

1. 打开附盘文件“素材\第 4 章\个人写真\index.html”。
2. 将附盘文件“素材\第 4 章\个人写真\LanMu\banner.gif”插入到文档的“banner”栏中，如图 4-51 所示。

图4-51　插入 banner 图像

3. 在左侧栏目中插入鼠标经过图像，其中原始图像为附盘文件“素材\第 4 章\个人写真\LanMu\LanMu_01.gif”，鼠标经过图像为“素材\第 4 章\个人写真\LanMu\LanMu_02.gif”，插入后的效果如图 4-52 所示。

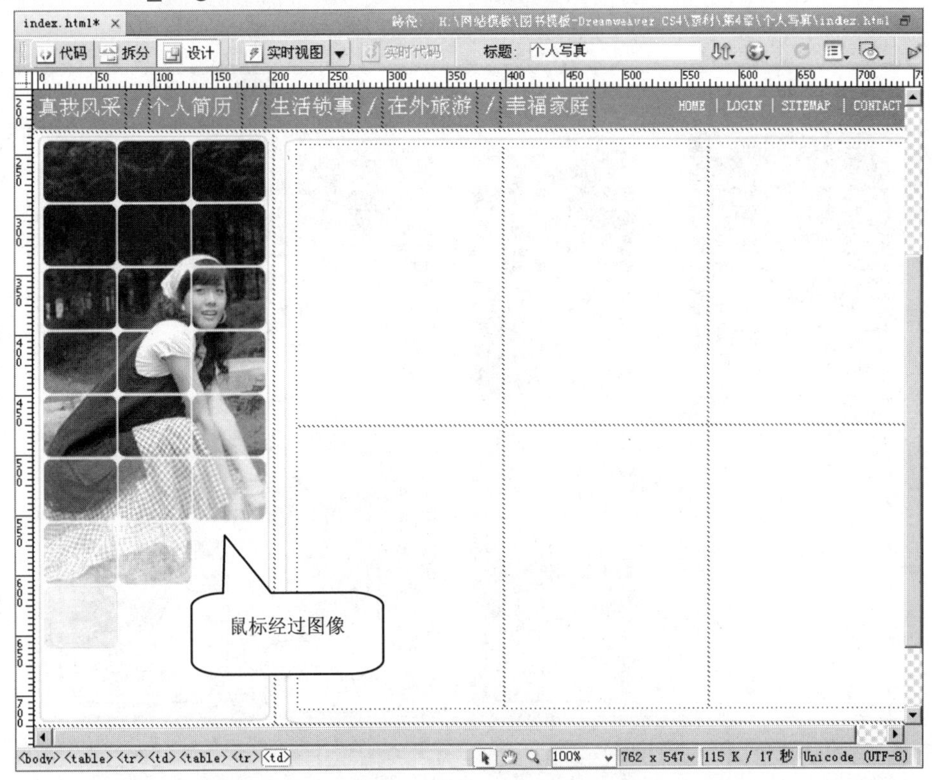

图4-52　插入鼠标经过图像

4. 在网页正文的第 1 行第 1 个单元格中插入附盘文件“素材\第 4 章\个人写真\XieZhen\01.gif”，效果如图 4-53 所示。

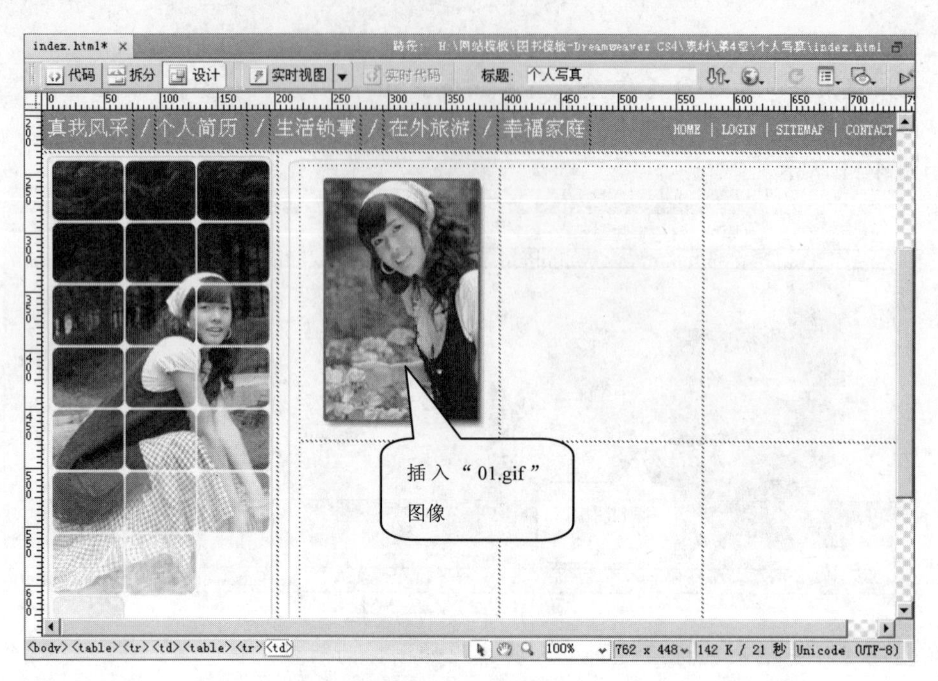

图4-53 插入写真图片

5. 用同样的方法，分别将"02.gif"、"03.gif"、"04.gif"、"05.gif"和"06.gif"插入到网页的正文区域内，效果如图4-54所示。

图4-54 插入其他图像

6. 至此，"个人写真"首页设计完成，效果参见图4-50。

4.4.2 设计“爱心贺卡”首页

本训练将讲解设计“爱心贺卡”首页的过程，效果如图 4-55 所示。通过该训练的学习，读者可以掌握插入背景图像的操作方法，并进一步熟悉插入图像和插入垂直导航条的操作方法。

图4-55　“爱心贺卡”首页

【训练步骤】

1. 打开附盘文件“素材\第 4 章\爱心贺卡\index.html”。
2. 在“logo”图像下边的空白处上单击鼠标左键，然后在【标签选择器】中的“<td>”代码上单击鼠标右键，弹出快捷菜单，如图 4-56 所示。

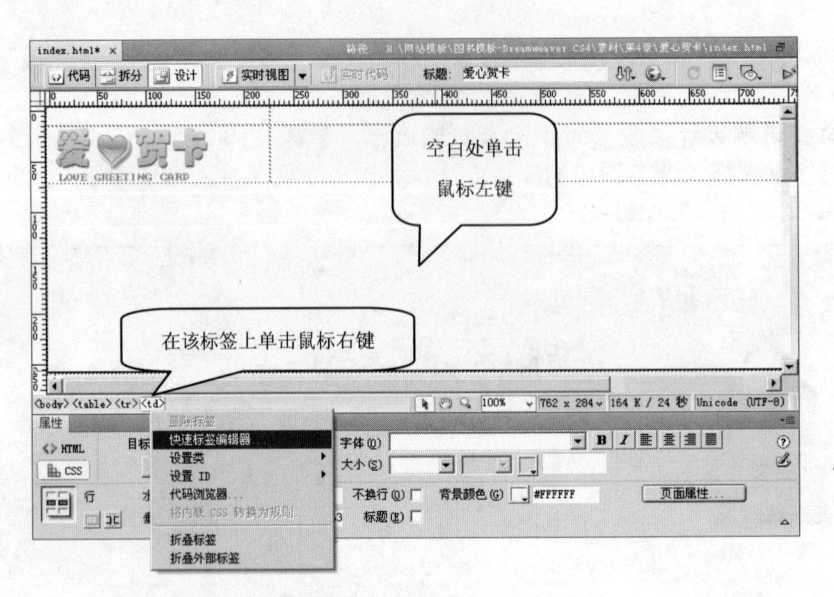

图4-56　选中添加背景的单元格

3. 在快捷菜单中选择【快速标签编辑器】选项，打开【编辑标签】窗口，并输入代码“background="images/banner_bg.jpg"”，如图 4-57 所示。

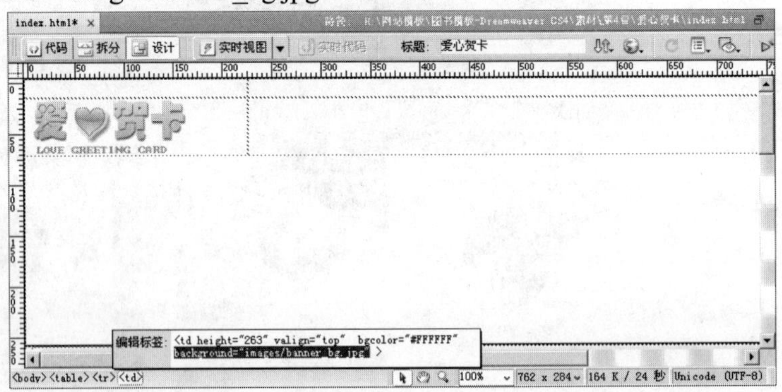

图4-57　设置背景图像

4. 按 Enter 键，执行代码，即可将附盘文件“素材\第 4 章\爱心贺卡\images\banner_bg.jpg”设置为表格的背景图像，如图 4-58 所示。

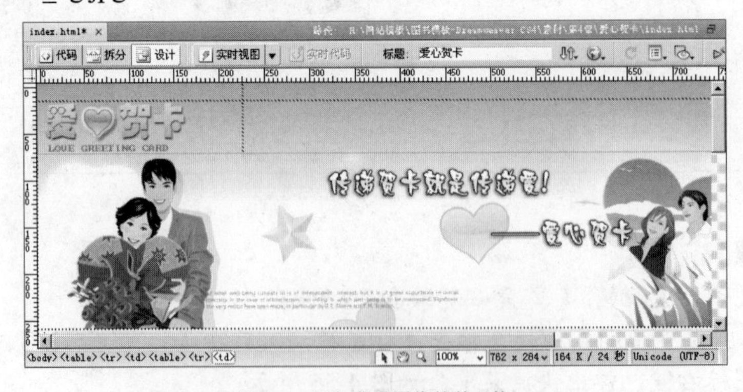

图4-58　添加背景图像的单元格

5. 将光标置于“贺卡分类”下方的表格内，然后插入导航条，设置第 1 个项的参数如图

4-59 所示。图像素材位于“素材\第 4 章\爱心贺卡\ZuoLanMu”文件夹中。

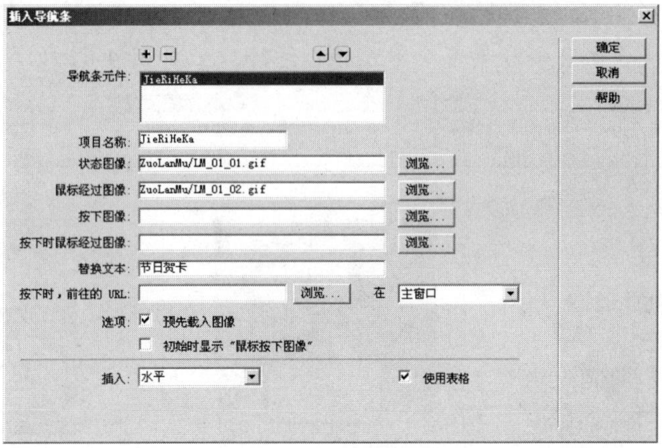

图4-59　第 1 项的属性设置

6. 添加“ShengRiHeKa”、“AiQingHeKa”、“YouQingHeKa”、“JiJieHeKa” 4 项，并设置相对应的参数，然后选择【预先载入图像】复选项，在【插入】下拉列表框选择【垂直】选项，并选择【使用表格】复选项，最终效果如图 4-60 所示。插入的导航条效果如图 4-61 所示。

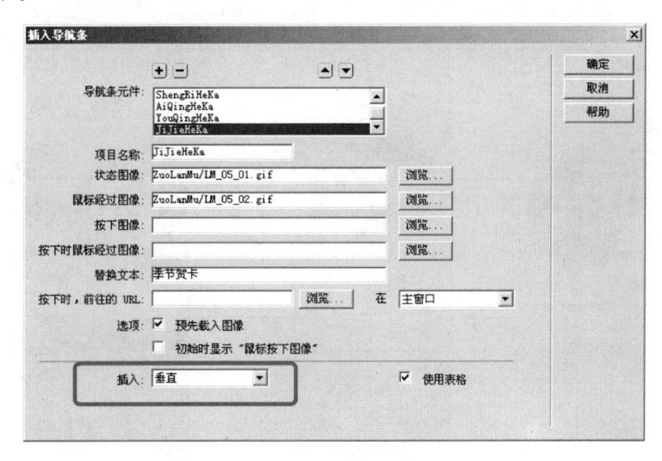

图4-60　最终设置效果

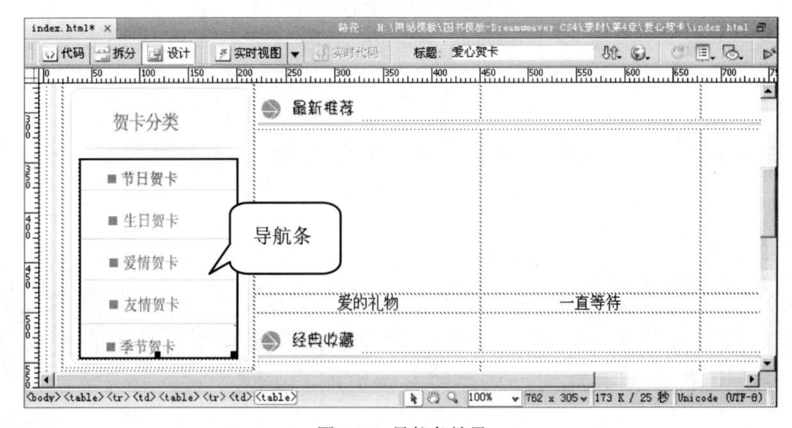

图4-61　导航条效果

7. 在“最新推荐”栏目的第 1 个单元格中插入本书附盘文件“素材\第 4 章\爱心贺卡\ZuiXinTuiJian\01.gif”，然后设置图像大小为“185px × 150px”，并进行重新放样。
8. 用同样的方法设置第 2 个和第 3 个单元格，最终效果如图 4-62 所示。

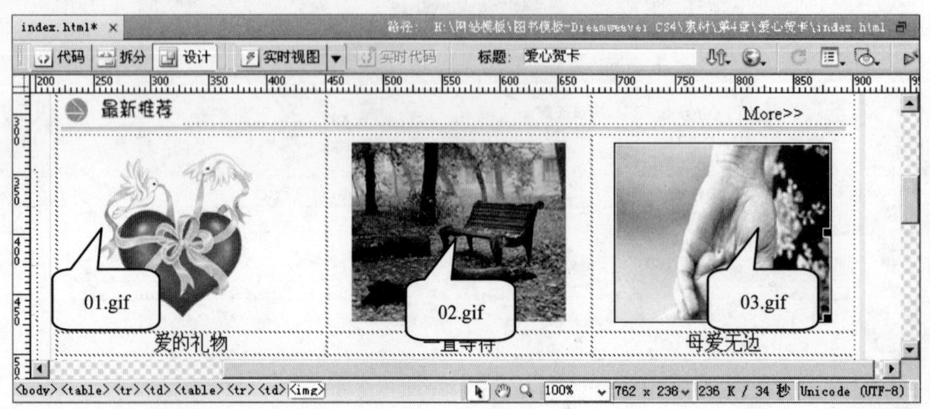

图4-62　设置“最新推荐”栏目

9. 将附盘文件夹“素材\第 4 章\ 爱心贺卡\JingDianShouCang”内的图像文件插入“经典收藏”栏目对应的 6 个单元格中，效果如图 4-63 所示。

图4-63　经典收藏栏目

10. 至此，“爱心贺卡”首页设计完成，效果参见图 4-55。

4.5 小结

本章主要介绍使用 Dreamweaver CS4 向网页中插入图像和设置图像属性的操作方法，以及插入图像对象的操作方法，通过本章的学习，读者能够全面地掌握使用 Dreamweaver CS4 向网页中添加图像的相关操作，从而使网页更加的美观。

4.6 习题

一、问答题

1. GIF、JPG、PNG 格式的图像分别适用于网页中的哪些内容？
2. 在【属性】面板中可对图像的哪些属性进行设置？
3. 简述导航条的主要功能？

二、操作题

使用本章所学的知识设计如图 4-64 所示效果的网页。

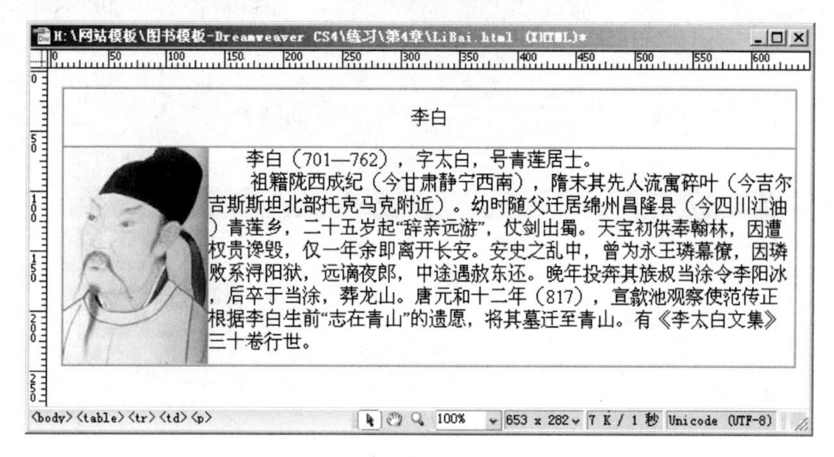

图4-64　网页效果

【步骤提示】

1. 新建文档并插入表格。
2. 插入附盘文件“练习\第 4 章\素材\LiBai.jpg”的图像文件并调整图像的属性。
3. 输入文本内容，并为其设置样式。
4. 调整图像的对齐方式。

第5章　添加多媒体——设计“Multimedia素材库”首页

随着多媒体技术的发展，多媒体元素在网页设计中的运用也越来越多，从而极大地丰富了网页内容的表现效果，使网页更加的活泼。本章将以设计“Multimedia 素材库”首页为例，让读者掌握在网页中添加多媒体的操作方法和技巧，网页设计效果如图 5-1 所示。

图5-1　“Multimedia 素材库”首页

【学习目标】

- 掌握插入 Flash 动画的操作方法。
- 掌握插入 FlashPaper 的操作方法。
- 掌握插入 FLV 视频的操作方法。
- 掌握插入普通视频的操作方法。
- 掌握插入声音文件的操作方法。
- 掌握添加背景音乐的操作方法。

5.1　插入 Flash

Flash 以其独有的矢量特性和强大的交互功能，在网页设计中得到了非常广泛的运用。Dreamweaver CS4 中提供的 Flash 元素包括 Flash 动画和 FlashPaper，以及内建的 Flash 按钮和 Flash 文本。

5.1.1　插入 Flash 动画

Flash 动画是一种矢量动画格式，并以其体积小、兼容性好、直观动感、互动性强等特点，在网页设计中被广泛地应用。下面将以设计“Multimedia 素材库”首页顶部栏目为例来介绍插入 Flash 动画的操作方法，设计效果如图 5-2 所示。

图5-2　设计效果

1. 打开附盘文件“素材\第 5 章\Multimedia 素材库\index.htm”，然后将光标置于顶部的空白单元格内，如图 5-3 所示。

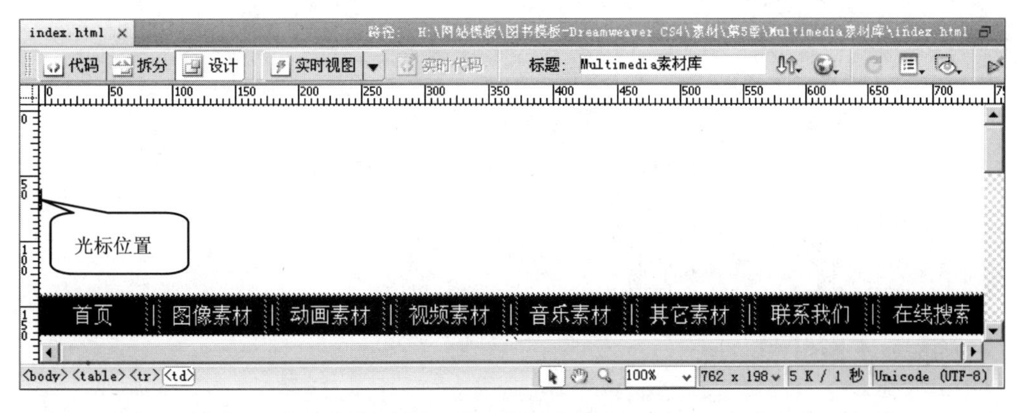

图5-3　确定图像插入的位置

2. 执行菜单命令【插入】/【媒体】/【SWF】，打开【选择文件】对话框，然后选择附盘文件“素材\第 5 章\Multimedia 素材库\ flash\ banner.swf”，如图 5-4 所示。
3. 单击 确定 按钮，打开【对象标签辅助功能属性】对话框，在【标题】文本框中输入“Multimedia 素材库”，如图 5-5 所示。

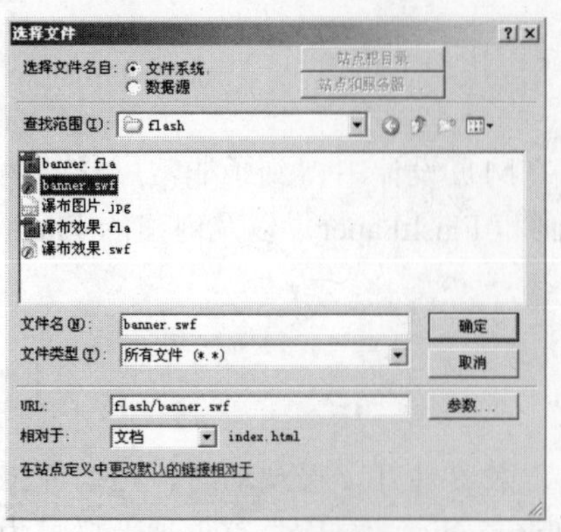

图5-4 选择 SWF 文件

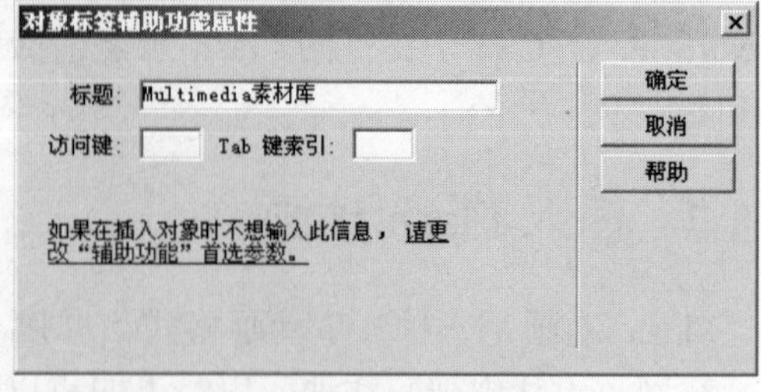

图5-5 【对象标签辅助功能属性】对话框

4. 单击确定按钮，即可在光标处插入选中的 Flash，如图 5-6 所示。

图5-6 插入 Flash 后的效果

5. 选中插入的 Flash，然后打开【属性】面板，设置其属性如图 5-7 所示。

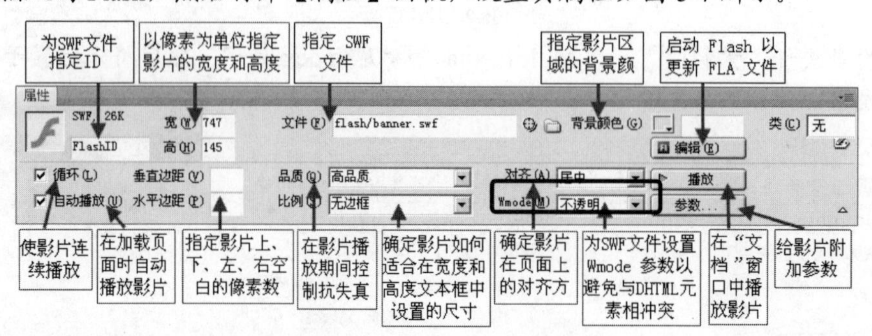

图5-7 设置 Flash 动画属性

6. 按 F12 键预览网页，效果参见图 5-2。

5.1.2 插入 FlashPaper

FlashPaper 是一款文件转换软件，它允许将任何可打印的文档直接转换为 Flash 文档或 PDF 文档，并且保持原来的文件排版格式，并自动生成控制条，可以实现缩小放大画面、翻页、移动等功能。

下面将以设计“Multimedia 素材库”首页中的网站简介内容为例来介绍插入 FlashPaper 的操作方法，设计效果如图 5-8 所示。

图5-8　设计效果

一、 制作 FlashPaper 动画

要在网页中插入 FlashPaper，就先需要通过 FlashPaper 软件制作 FlashPaper 动画。下面将介绍使用 FlashPaper 制作 FlashPaper 动画的操作方法。

1. 安装 Macromedia FlashPaper 2。
2. 打开附盘文件“素材\第 5 章\Multimedia 素材库\FlashPaper\Multimedia 素材库简介.doc”，如图 5-9 所示。

要点提示　打开文档后，如果文档上方出现了 FlashPaper 工具栏，代表 FlashPaper 安装成功。

3. 执行菜单命令【文件】/【打印】，打开【打印】对话框，然后在【名称】的下拉列表框中选择“Macromedia FlashPaper”，如图 5-10 所示。

图5-9　打开文档

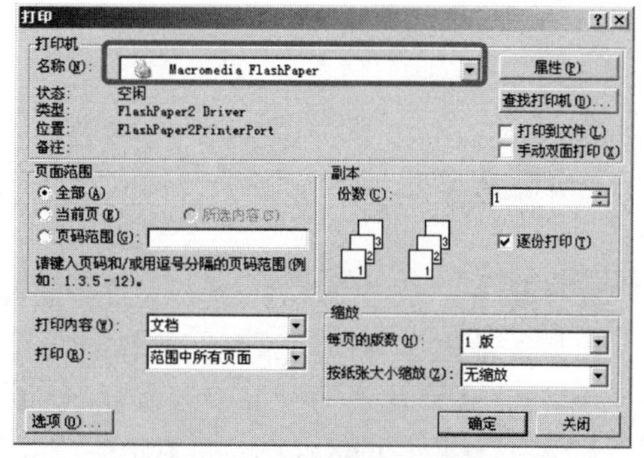

图5-10　【打印】对话框

4. 单击 确定 按钮，打开 FlashPaper，如图 5-11 所示。
5. 单击软件上方的 另存为 Macromedia Flash 按钮，打开【保存 FlashPaper】对话框，设置保存位置和保存名称，如图 5-12 所示。

图5-11　FlashPaper

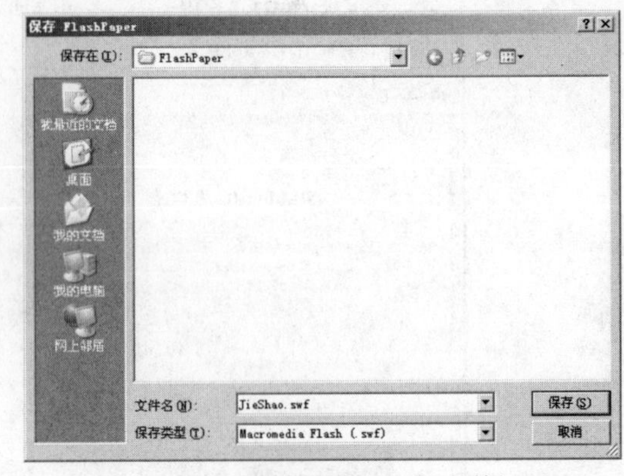

图5-12　【保存 FlashPaper】对话框

6. 单击 保存(S) 按钮，就将当前的 Word 文档转换为 FlashPaper 动画。

二、 插入 FlashPaper 动画

有了 FlashPaper 动画之后，就可以使用 Dreamweaver 插入到网页中。下面将介绍插入 FlashPaper 动画的操作方法。

1. 返回网页设计，将光标置于文档左侧的空白单元格中，如图 5-13 所示。

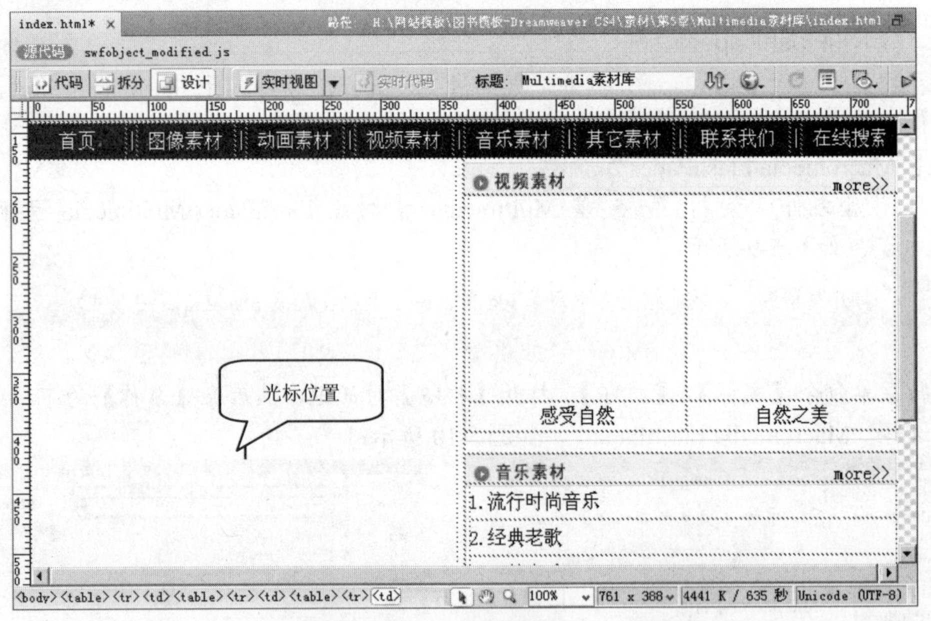

图5-13　放置光标

2. 执行菜单命令【插入】/【媒体】/【FlashPaper】，打开【插入 FlashPaper】对话框，然后单击【源】后面的 浏览... 按钮，选择上面制作的 FlashPaper 动画，并设置【高度】为“472”、【宽度】为“365”，如图 5-14 所示。
3. 单击 确定 按钮，打开【对象标签辅助功能属性】对话框，在【标题】文本框中输入“网站简介”，如图 5-15 所示。

图5-14　【插入 FlashPaper】对话框

图5-15　【对象标签辅助功能属性】对话框

4. 单击 确定 按钮，插入 FlashPaper 动画，如图 5-16 所示。

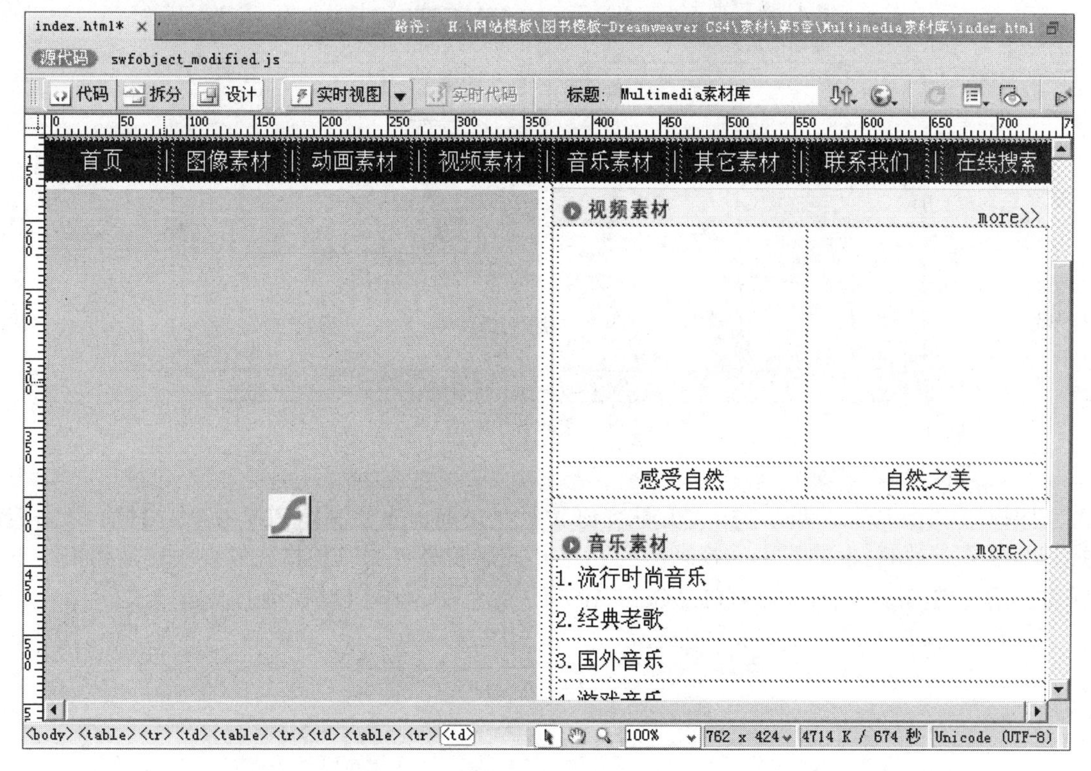

图5-16　插入 FlashPaper

要点提示　选中插入的 FlashPaper 动画，然后打开【属性】面板，其面板选项及功能与 Flash 动画的是一样。

5. 按 F12 键预览网页，效果参见图 5-8。

5.2 插入视频

Dreamweaver CS4 插入视频时，按其用途的不同可分两大类，一是 FLV 视频，一是普通视频（非 FLV 视频）。插入 FLV 视频时，Dreamweaver CS4 会添加一个 SWF 组件来控制视频的播放；而插入普通视频时，Dreamweaver CS4 会根据不同的视频格式，选用不同的播放器。

5.2.1 插入 FLV 视频

FLV 已经成为当前视频文件的主流格式，全称为 Flash Video。由于 FLV 视频文件具有极小、加载速度极快等特性，因此它成为了网页设计中的重要元素。目前各在线视频网站均采用 FLV 视频格式，如优酷、土豆、酷 6 等。

下面将以设计“Multimedia 素材库”首页中“视频素材”栏目为例来介绍插入 FLV 的操作方法，设计效果如图 5-17 所示。

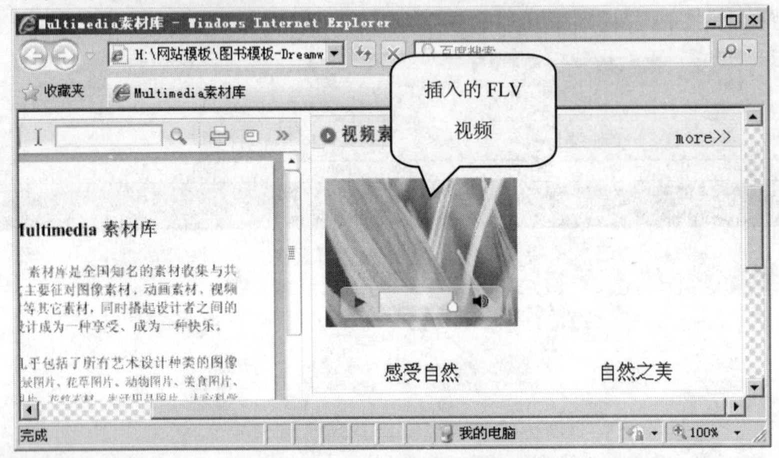

图5-17 插入 FLV 视频后的效果

一、 制作 FLV 视频

跟插入 FlashPaper 动画一样，在插入 FLV 视频之前，先要制作 FLV 视频。目前 FLV 的视频主要是通过 Flash 自带的转换功能或 FLV 格式转换软件将其他格式的视频转换而来，下面将介绍使用 Ultra Flash Video FLV Converter 4.3 绿色版制作 FLV 视频的操作方法。

1. 运行 Ultra Flash Video FLV Converte，如图 5-18 所示。

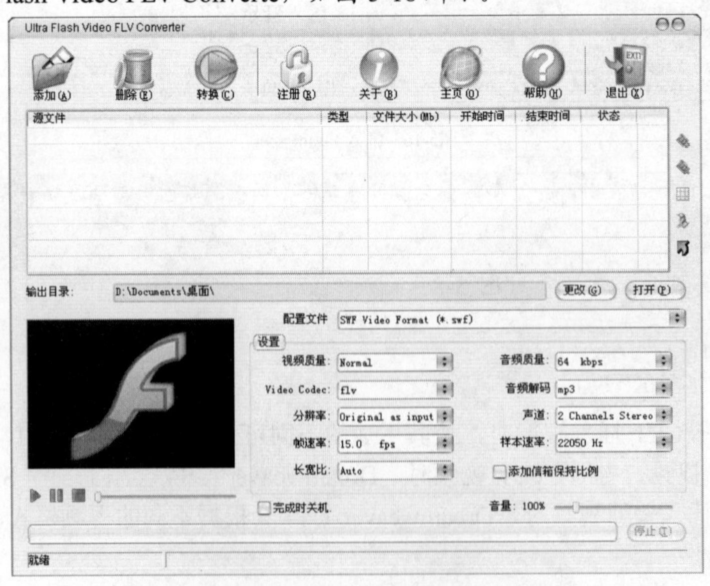

图5-18 Ultra Flash Video FLV Converter 界面

2. 单击按钮，将附盘文件“素材\第 5 章\Multimedia 素材库\Flv\感受自然.wmv”添加到该系统内，如图 5-19 所示。

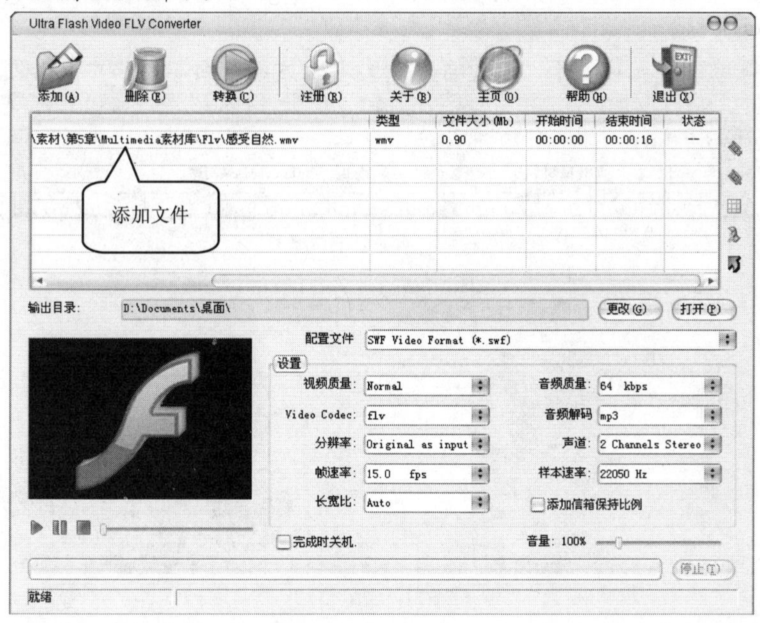

图5-19　添加要转换的文件

3. 单击【输出目录】文本框后面的更改(G)按钮，设置新的输出目录，然后在【配置文件】的下拉列表框中选择“FLV Video Format (*.flv)”选项，如图 5-20 所示。

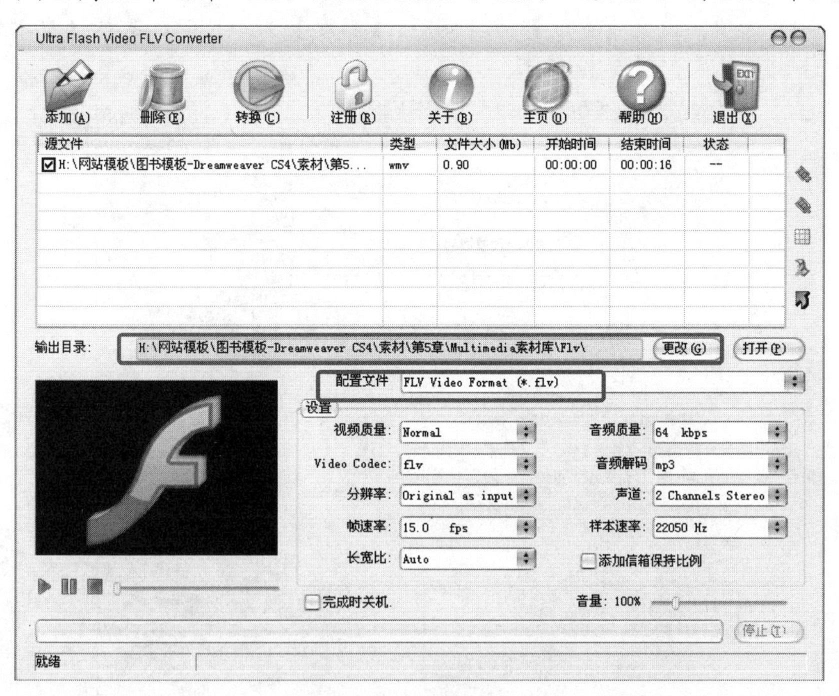

图5-20　设置输出目录

4. 单击按钮，系统自动将当前添加的视频转换为 FLV 格式的视频，并保存在设置的输出目录中。

二、 插入 FLV 视频

有了 FLV 视频之后，就可以使用 Dreamweaver 将其插入到网页中。下面将介绍插入 FLV 视频的操作方法。

1. 返回网页设计，将光标置于“感受自然”文本上方的空白单元格中，如图 5-21 所示。

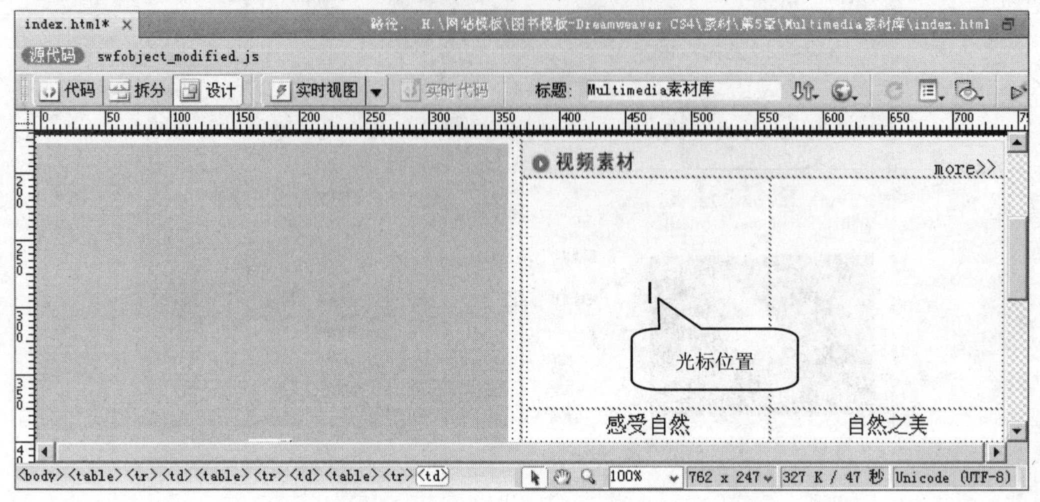

图5-21 放置光标

2. 执行菜单命令【插入】/【媒体】/【FLV】，打开【插入 FLV】对话框，然后在【视频类型】下拉列表框中选择【累进式下载视频】选项，单击【URL】文本框后的 浏览... 按钮，选择上面制作的 FLV 视频，在【外观】下拉列表框中选择【Clear Skin2（最小宽度：260）】选项，设置【宽度】为“165”、【高度】为“175”，选择【自动播放】复选项，最终设置效果如图 5-22 所示。

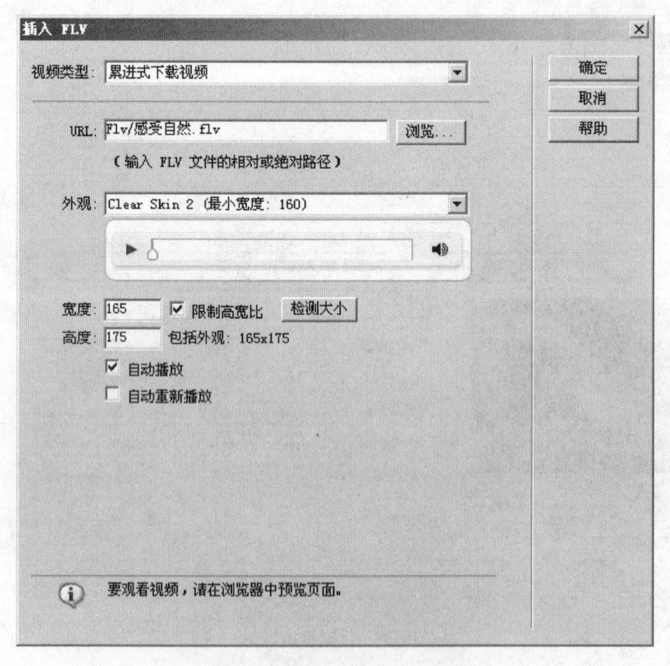

图5-22 【插入 FLV】对话框

视频类型包括累进式下载视频和流视频两类。累进式下载视频将 FLV 文件下载到站点访问者的硬盘上，然后进行播放。但是，与传统的“下载并播放”视频传送方法不同，累进式下载允许在下载完成之前就开始播放视频文件。流视频对视频内容进行流式处理，并立即在 Web 页面中播放。

3. 单击 确定 按钮，插入 FLV 视频，如图 5-23 所示。

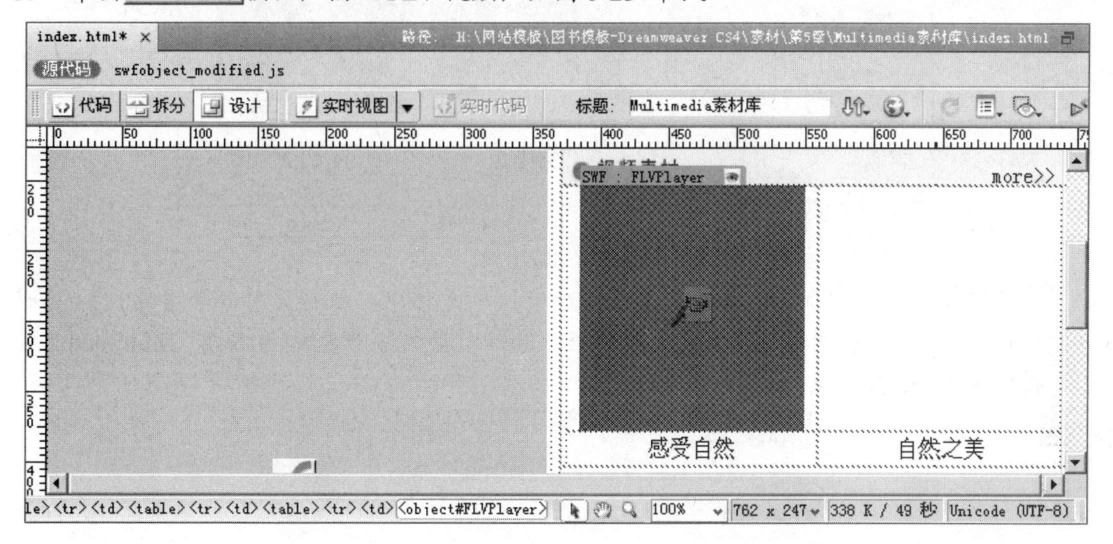

图5-23　插入 FLV 视频

4. 选中 FLV 视频，打开【属性】面板，可以重新设置其相关属性，如图 5-24 所示。

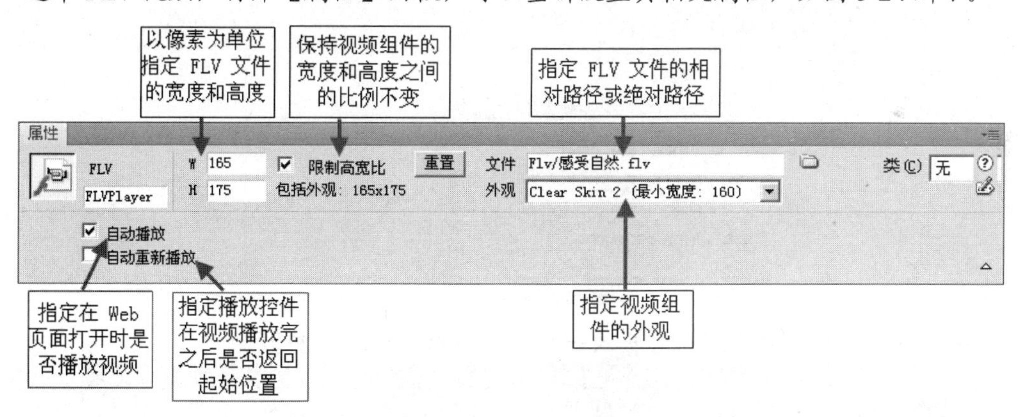

图5-24　FLV 的属性设置

5. 按 F12 键预览网页，效果参见图 5-17。

5.2.2 插入普通视频

普通视频是指 wmv、avi、mpg、rmvb 等格式的视频文件，Dreamweaver CS4 会根据不同的视频格式，选用不同的播放器，默认情况下采用的是 Windows Media Player 播放器。

下面将以设计“Multimedia 素材库”首页中“视频素材”栏目为例来介绍插入视频的操作方法，设计效果如图 5-25 所示。

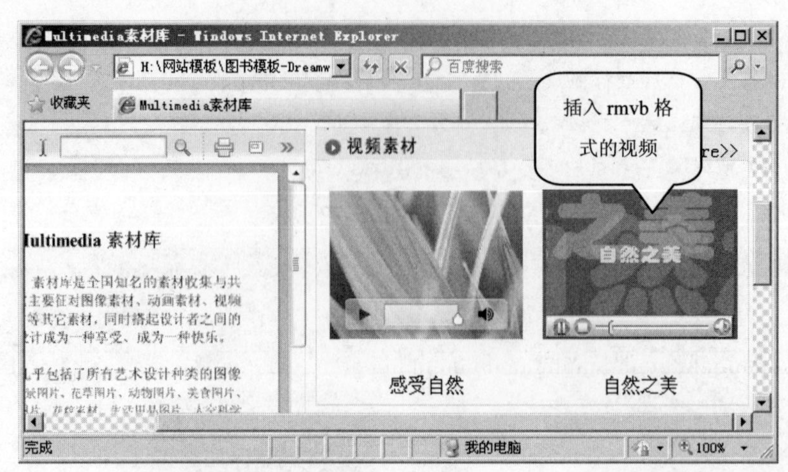

图5-25　插入视频

1.　将光标置于文档“自然之美”文本上文的空白单元格中，执行菜单命令【插入】/【媒体】/【插件】，打开【选择文件】对话框，选择附盘文件“素材\第 5 章\ Multimedia 素材库\Video\自然之美.rmvb”，如图 5-26 所示。

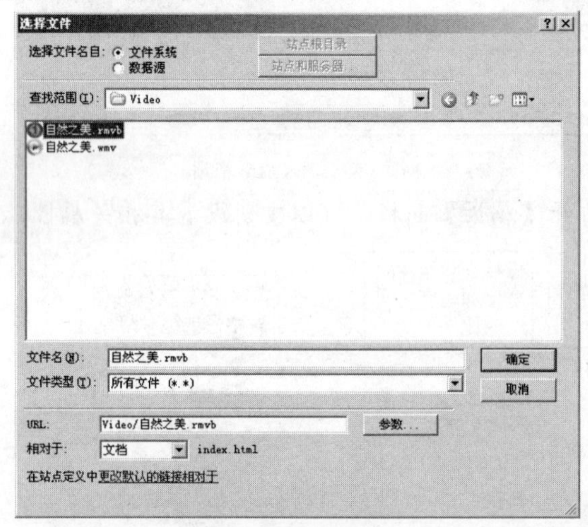

图5-26　选择视频文件

2.　单击 确定 按钮，在光标位置插入一个插件图标，如图 5-27 所示。

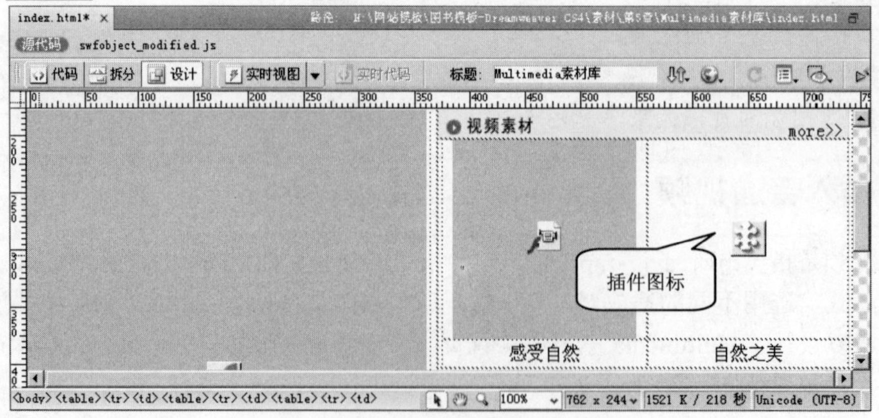

图5-27　插入一个插件图标

3. 单击选中插件图标，打开【属性】面板，设置【宽】为“165”、【高】为“125”，如图 5-28 所示。

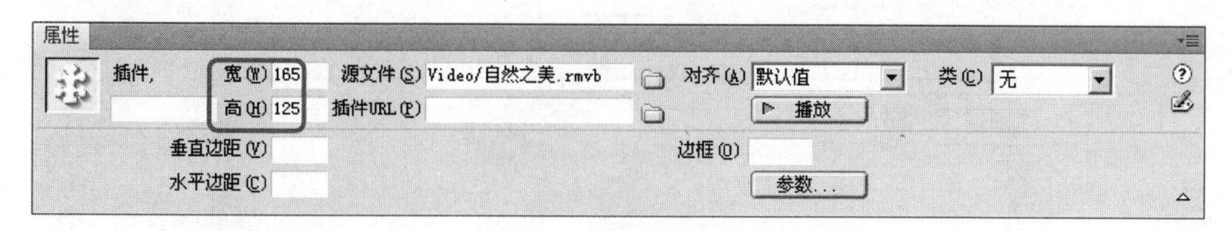

图5-28　设置插件尺寸

4. 按F12键预览网页，效果参见图 5-25。

5.3 插入声音

在浏览网页时经常会发现网页中含有音乐，让浏览者在浏览网页的同时，能够欣赏音乐，从而更好地烘托网页气氛。Dreamweaver CS4 中提供了专门的插件，可以很方便地向网页中插入声音。在网页中插入声音有两种方式：一是插入音频形式，读者可以通过播放器控制音频；二是以添加背景音乐的形式，在加载页面时自动播放音频。

5.3.1 插入音频

在网页中插入音频时，考虑到下载速度、声音效果等因素，一般采用 rm 或 mp3 格式的音频。下面将以设计“Multimedia 素材库”首页中“音乐素材”栏目为例来介绍插入音频的操作方法，设计效果如图 5-29 所示。

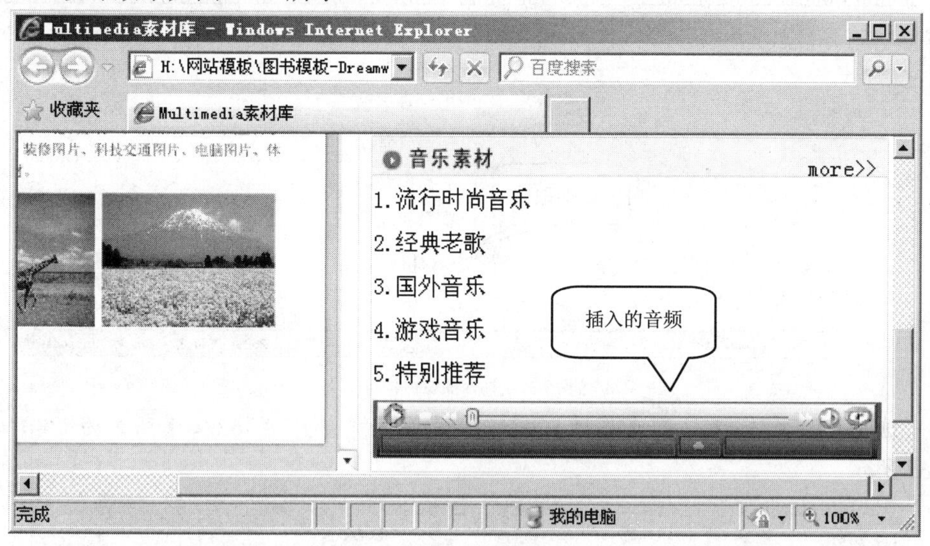

图5-29　设计效果

1. 将光标置于“音乐素材”栏目最下方的空白单元格内，然后执行菜单命令【插入】/【媒体】/【插件】，打开【选择文件】对话框，选择附盘文件“素材\第 5 章\Multimedia 素材库\music\TuiJian.mp3”，如图 5-30 所示。

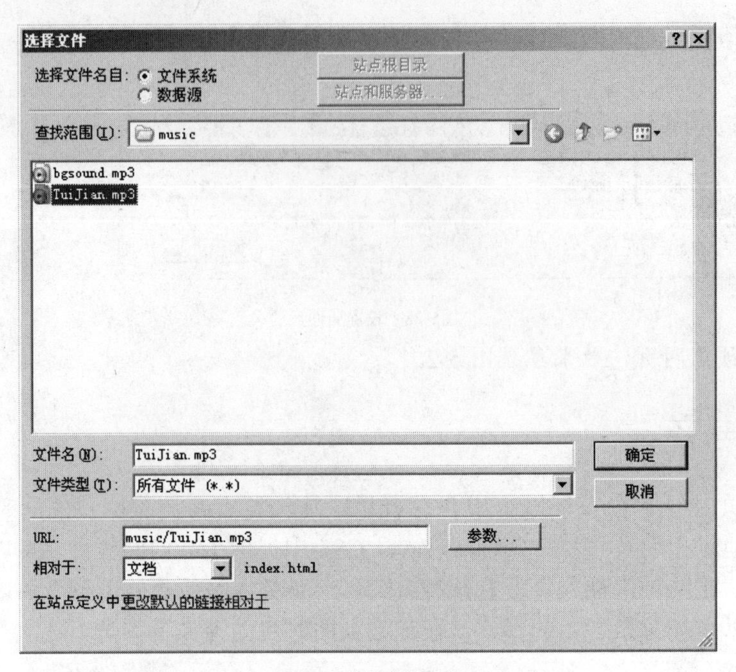

图5-30 选择音频文件

2. 单击 确定 按钮，在光标位置插入一个插件图标，如图 5-31 所示。

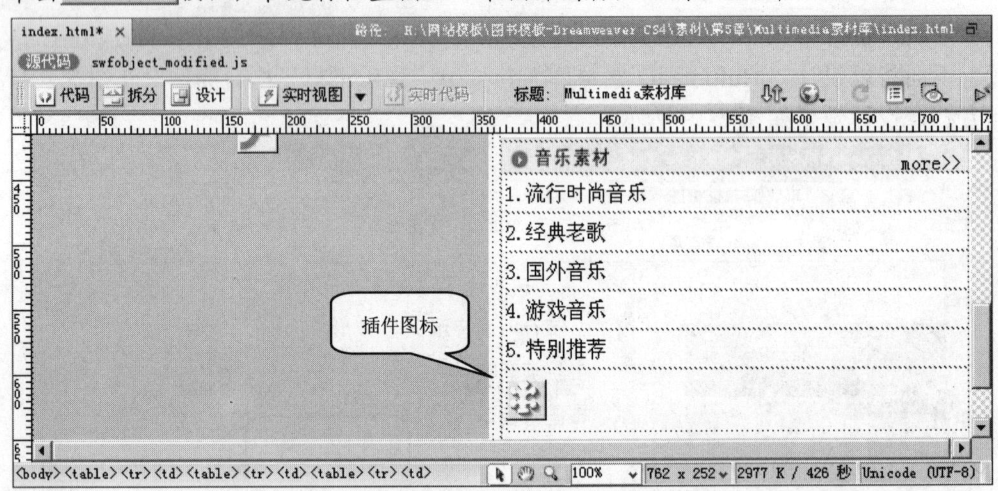

图5-31 插入图像占位符

3. 单击选中插件图标，打开【属性】面板，设置【宽】为“362”、【高】为“40”，如图 5-32 所示。

图5-32 设置插件大小

4. 按F12键预览网页，效果参见图 5-29。

5.3.2 添加背景音乐

背景音乐就是页面加载时，自动播放预先设置的音频，在 Dreamweaver CS4 中还可以预先设定背景音乐的播放次数，比如播放一次或重复。下面将以为“Multimedia 素材库”首页添加背景音乐为例来介绍添加背景音乐的操作方法。

1. 在文档中选中任何一个对象，然后执行菜单命令【窗口】/【行为】，打开【行为】面板，如图 5-33 所示。
2. 单击面板中的 +. 按钮，在弹出的下拉列表框中选择【建设不再使用】/【播放声音】选项，打开【播放声音】对话框框，然后单击 浏览... 按钮，选择附盘文件“素材\第 5 章\Multimedia 素材库\music\bgsound.mp3”，最终效果如图 5-34 所示。

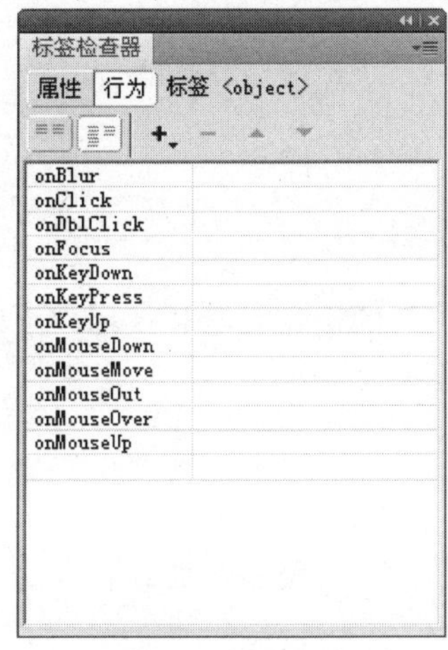

图5-33　【行为】面板

图5-34　选择播放的声音文件

3. 单击 确定 按钮，将在文档的最下方插入一个插件图标，然后选中插件图标，如图 5-35 所示。

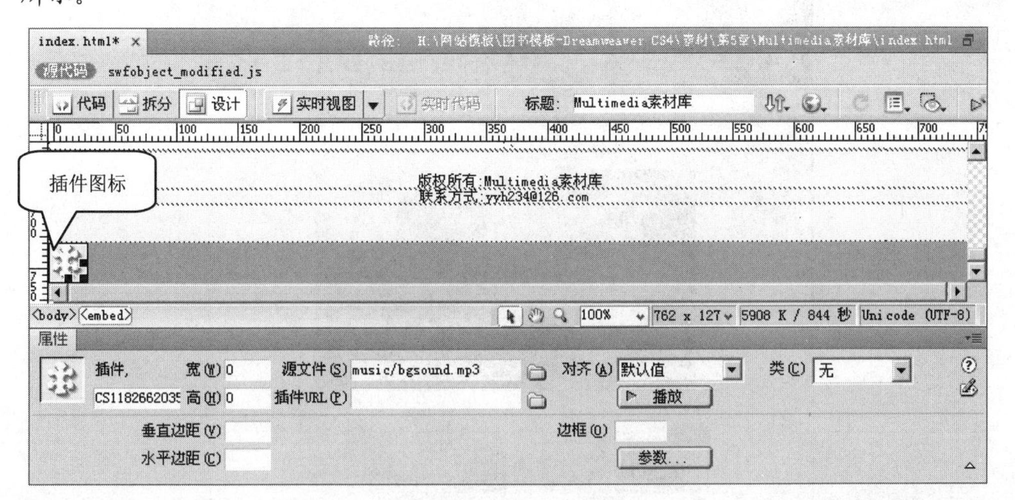

图5-35　选中插件

4. 单击【属性】面板中的 参数... 按钮，打开【参数】对话框，然后将 4 个参数对应的值都设置为“true”，如图 5-36 所示。

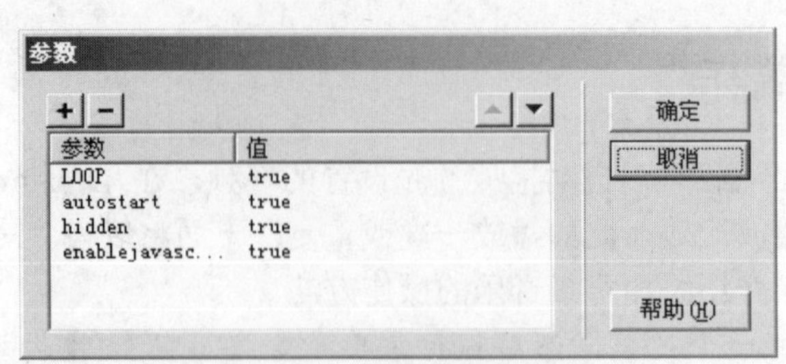

图5-36　参数设置

要点提示　4 个参数中，“LOOP”是指循环播放；“autostart”是指自动播放；“hidden”是指隐藏插件；“enablejavascript”是指启用浏览器的 JavaScript。参数的值只有 true、false 两种，true 表示肯定的意思，false 表示否定的意思。

5. 单击 确定 按钮，完成设置。按 F12 键预览网页，背景音乐就会自动播放。
6. 至此，整个网页设计完成，效果参见图 5-1。

5.4 拓展训练

为了让读者进一步掌握在 Dreamweaver CS4 中添加多媒体的操作方法和技巧，下面将介绍两个案例的制作过程，让读者在制作过程中把握并运用基础知识。

5.4.1 设计“无界旅游网”网页

本训练将讲解设计“无界旅游网”网页的过程，效果如图 5-37 所示。通过该训练让读者进一步掌握插入 Flash 动画和背景音乐的操作方法。

图5-37　“无界旅游网”网页

【训练步骤】

1. 打开附盘文件“素材\第 5 章\无界旅游网\syz.html”。
2. 在“banner”栏目中插入附盘文件“素材\第 5 章\无界旅游网\flash\TeXiao.swf”，并设置属性，如图 5-38 所示。

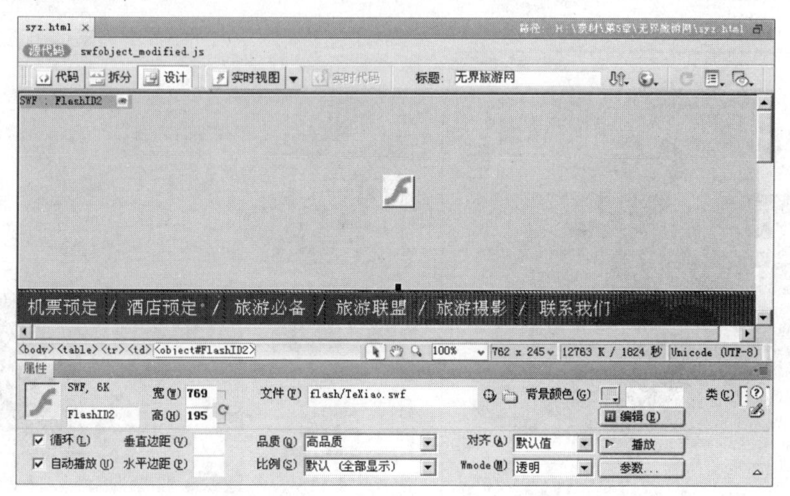

图5-38　在 banner 图像上插入的 Flash 特效动画

3. 在文档主体部分的空白单元格中插入附盘文件“素材\第 5 章\无界旅游网\flash\Photo.swf”，如图 5-39 所示。

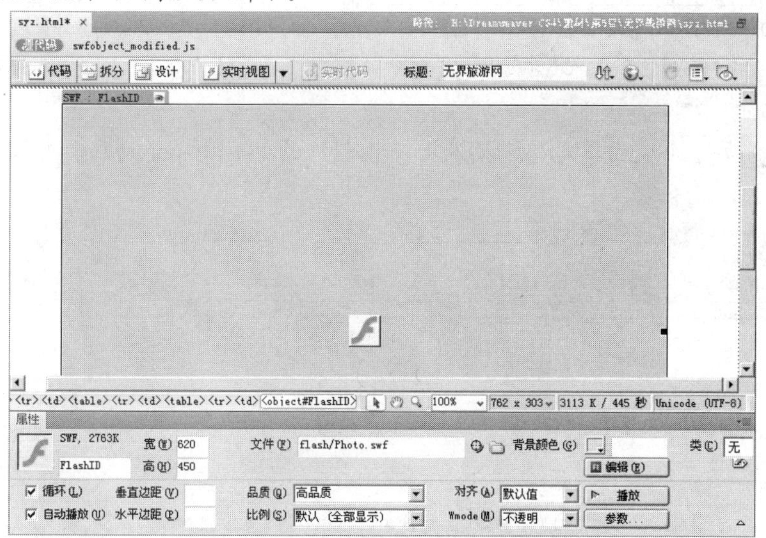

图5-39　插入 Flash 图像展示动画

4. 给网页添加背景音乐，音乐位于附盘文件夹“素材\第 5 章\无界旅游网\music”中。
5. 至此，“无界旅游网”网页设计完成，效果参见图 5-37。

5.4.2　设计“视觉在线影院”网页

本训练将讲解设计“视觉在线影院”网页的过程，效果如图 5-40 所示。通过该训练的学习，读者可以进一步掌握插入 FLV 视频和 FlashPaper 的操作方法。

【训练步骤】

1. 打开附盘文件“素材\第 5 章\视觉在线影院\jqdy.html”。
2. 将附盘文件“素材\第 5 章\视觉在线影院\FLV\生命起源自然.mpg”转换为 FLV 视频。
3. 在文档右侧第 1 个空白单元格中插入上一步制作的 FLV 视频，并设置参数，如图 5-41 所示。

图5-40 “视觉在线影院”网页

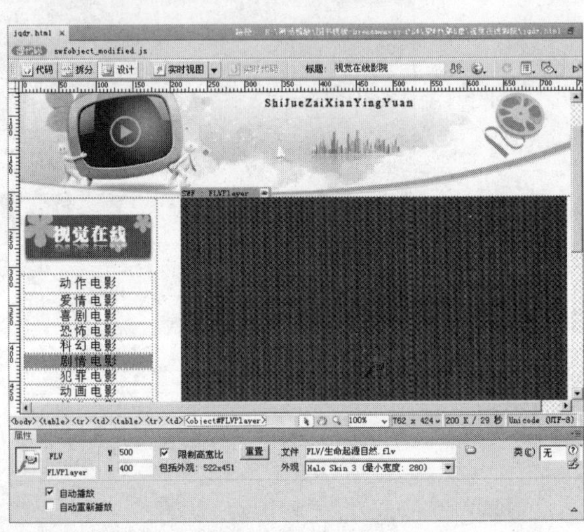

图5-41 插入 FLV 视频并设置参数

4. 将附盘文件“素材\第 5 章\视觉在线影院\FlashPaper\影片介绍.doc”转换为 FlashPaper 动画。
5. 在文档右侧第 1 个空白单元格中插入上一步制作的 FlashPaper 动画，并设置参数，如图 5-42 所示。

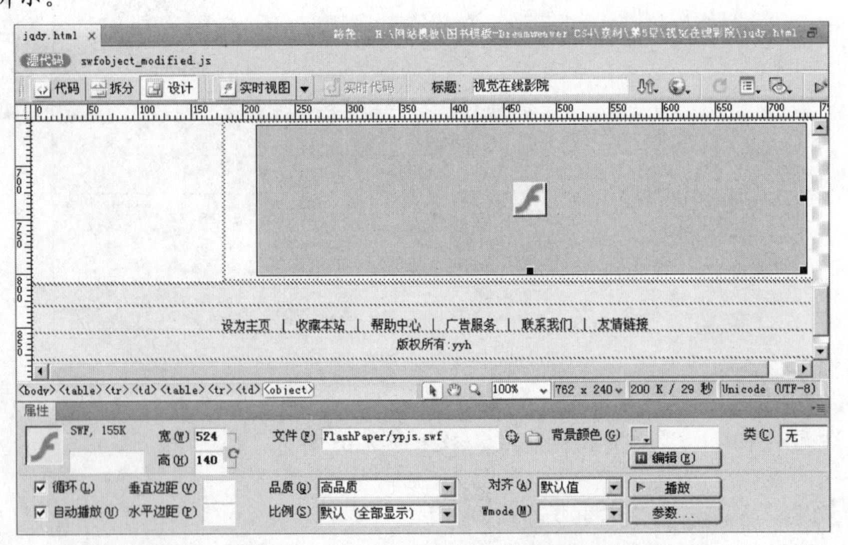

图5-42 插入 FlashPaper 动画并设置属性

6. 至此，“视觉在线影院”网页设计完成，效果参见图 5-40。

5.5 小结

本章主要介绍使用 Dreamweaver CS4 向网页中添加多媒体的操作方法，主要包括 Flash、视频和声音，适当地向网页中添加多媒体可以极大地丰富网页内容，烘托网页气氛。通过本章的学习，读者能够全面地掌握使用 Dreamweaver CS4 向网页中添加多媒体的相关操作。

5.6 习题

一、 问答题

1. Flash 动画的主要特性有哪些？
2. FlashPaper 的主要功能有哪些？
3. FLV 视频格式的优点有哪些？
4. 插入音频的方式有哪些？

二、操作题

利用本章所学的知识设计如图 5-43 所示的网页。

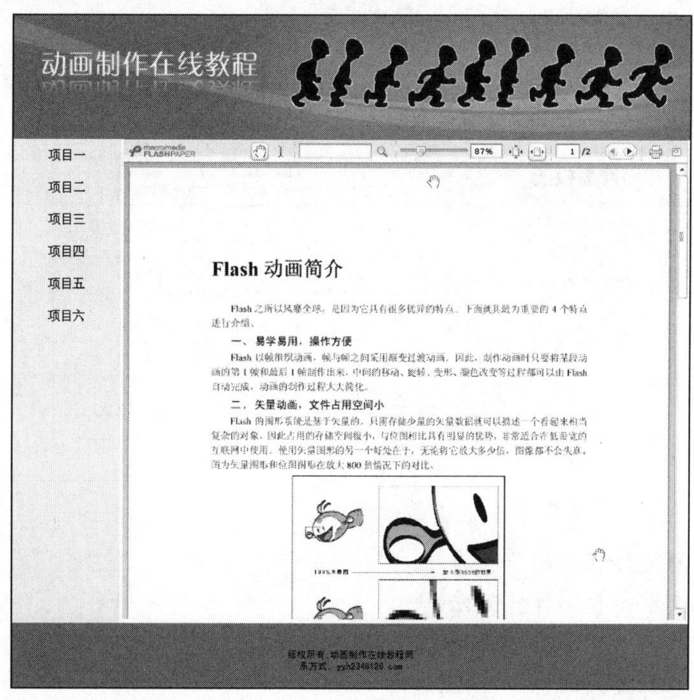

图5-43　网页效果

【步骤提示】

(1) 打开附盘文件“练习\第 5 章\素材\index.html”。

(2) 插入附盘文件“练习\第 5 章\素材\flash\JianJie.swf”。

(3) 调整 Flash 文件的大小。

第6章　创建超级链接——设计“教育导航网”首页

链接是一个网站的灵魂，一个网站是由多个页面组成的，而这些页面之间要依据链接确定相互之间的导航关系。它使浏览者可以从一个页面跳转到另一个页面，在网站的各页面之间架起一座座桥梁。本章将以设计“教育导航网”首页的链接为例来讲解创建超链接的操作方法，网页设计效果如图 6-1 所示。

图6-1　教育导航网

【学习目标】

- 熟悉设置超链接样式的操作方法。
- 掌握创建文本链接的操作方法。
- 掌握创建图像链接的操作方法。
- 掌握创建下载链接的操作方法。
- 掌握创建电子邮件链接的操作方法。
- 掌握创建锚链接的操作方法。
- 掌握创建脚本链接的操作方法。

6.1 定义页面链接样式

在创建链接之前，需要对网页链接的样式进行设置，其中包括链接字体、链接颜色、变换图像链接颜色、已访问链接颜色、活动链接颜色以及链接下划线样式等。下面将以定义“教育导航网”首页的链接样式为例，讲解定义页面链接样式的操作方法。

1. 打开附盘文件“素材\第 6 章\教育导航网\index.html”。
2. 执行菜单命令【修改】/【页面属性】，打开【页面属性】对话框，然后选择“链接（CSS）”类，切换至【链接（CSS）】面板，如图 6-2 所示。

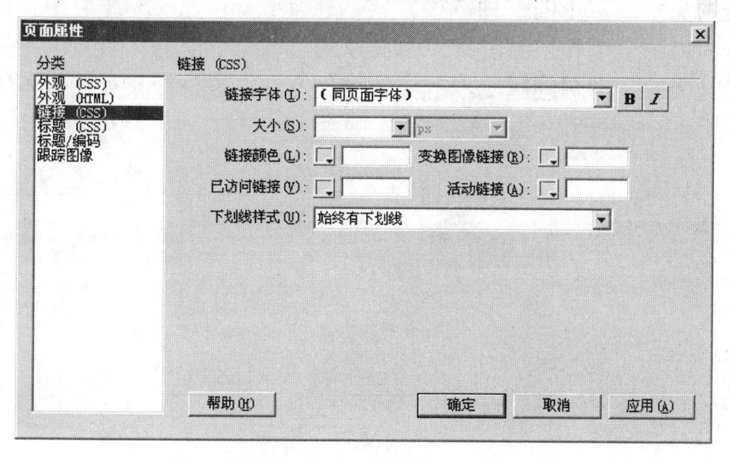

图6-2　【页面属性】对话框

3. 在对话框中将【链接颜色】设置为“#000000”,【变换图像链接】设置为“#ff0000”,【已访问链接】设置为“#1200ff”,【活动链接】设置为“#ffea00”，在【下划线样式】下拉列表中选择【始终无下划线】选项，如图 6-3 所示。
4. 单击 确定 按钮完成设置。

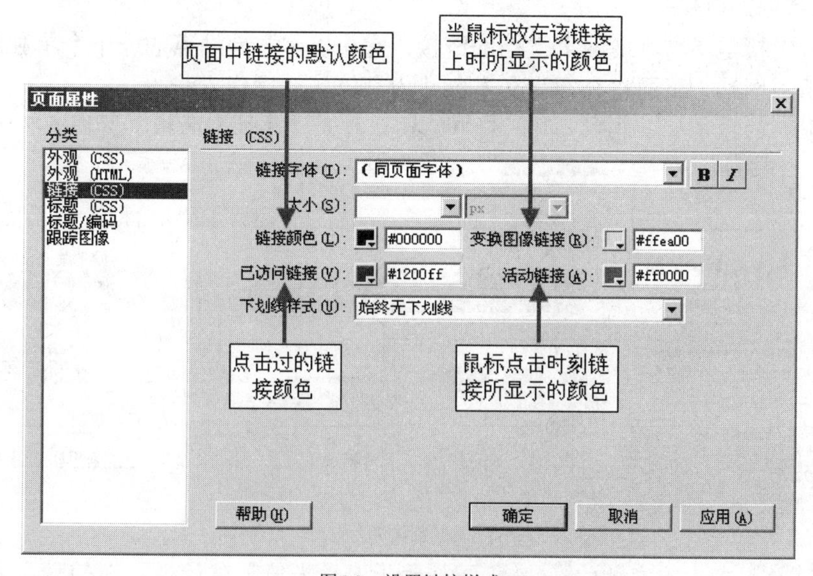

图6-3　设置链接样式

6.2 创建超级链接

超链接是指从一个对象指向另一个对象的指针，它可以是网页中的一段文字也可以是一张图像，甚至可以是图像中的某一部分。根据链接对象的不同，超链接可分为文本链接、图像链接、锚链接、下载链接、电子邮件链接、脚本链接等。

6.2.1 创建文本链接

文本链接是网页中最常用的一种链接方式。在 Dreamweaver CS4 中根据链接的不同，文本链接可以分为内部链接和外部链接。下面以为“教育导航网”首页的导航栏和“门户”类网页添加超链接为例，讲解创建文本链接的操作方法，设计效果如图 6-4 所示。

图6-4　文本链接效果图

一、 创建内部链接

创建内容链接是指与本地网页文档的链接，它可以将本地站点的一个个单独的文档连接起来，从而形成网站。下面将介绍为文本创建内部链接的操作方法。

1. 选中导航栏的文本“幼儿”，单击 HTML 按钮打开【属性】面板，如图 6-5 所示。

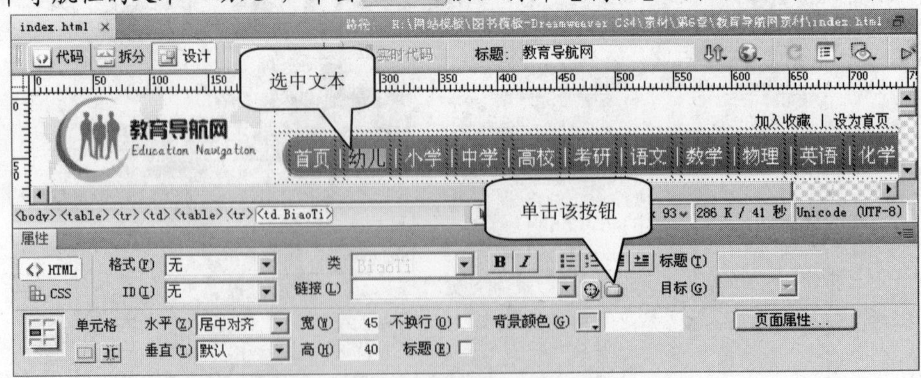

图6-5　选择创建链接的文本

2. 单击【链接】文本框右侧的按钮，打开【选择文件】对话框，选择附盘文件“素材\第 6 章\教育导航网\youer.html”，如图 6-6 所示。

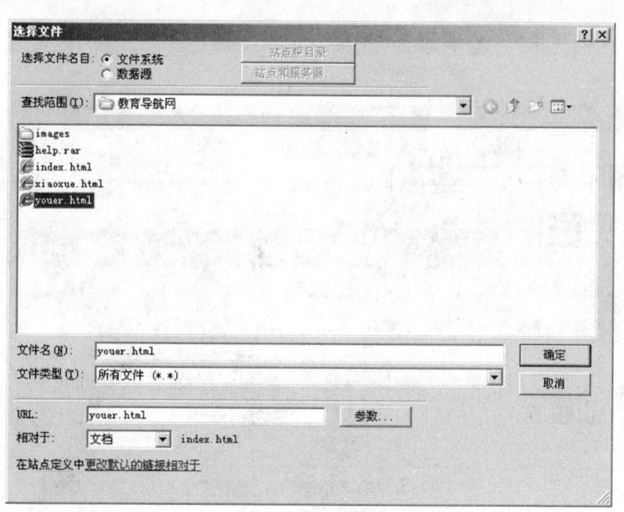

图6-6　选择链接文件

3.　单击 确定 按钮，返回【属性】面板，【链接】文本框中就会出现刚才选择的文档名称，然后在【目标】下拉列表框中选择【_self】选项，如图 6-7 所示。

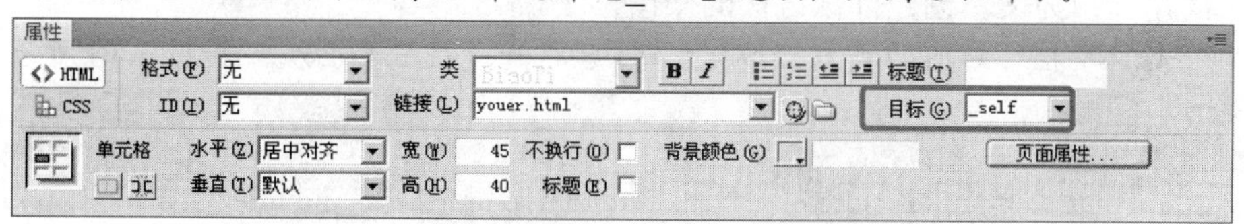

图6-7　设置目标

要点提示 目标下拉列表框中有 4 个选项，其中“_blank”表示在新窗口中打开；“_parent”是针对框架集的，表示在文档的父框架集中打开；“_self”表示在同一窗口中打开；“_top”也是针对框架集的，表示在整个窗口打开，并删除框架。

4.　按 F12 键预览网页，单击“幼儿”文本，可在当前窗口打开“youer.html”文件，如图 6-8 所示，表示链接成功。

图6-8　单击打开的网页

5. 用同样的方法给“小学”文本添加链接“xiaoxue.html”，并设置【目标】为“_self”，如图 6-9 所示。

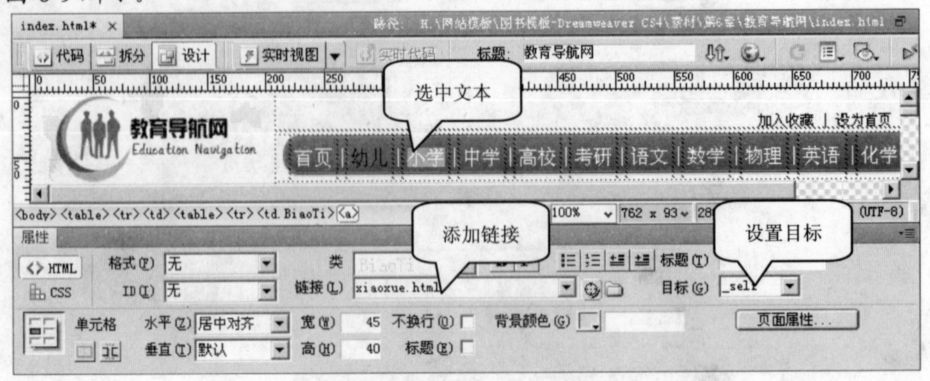

图6-9 给“小学”添加超链接

二、 创建外部链接

在设计网页时，有一些知识点也需要链接到其他站点的网页，从而需要为网页创建外部链接。下面将介绍为文本创建外部链接的操作方法。

1. 选中“门户”栏目后面的文本“搜狐”，然后打开【属性】面板，如图 6-10 所示。

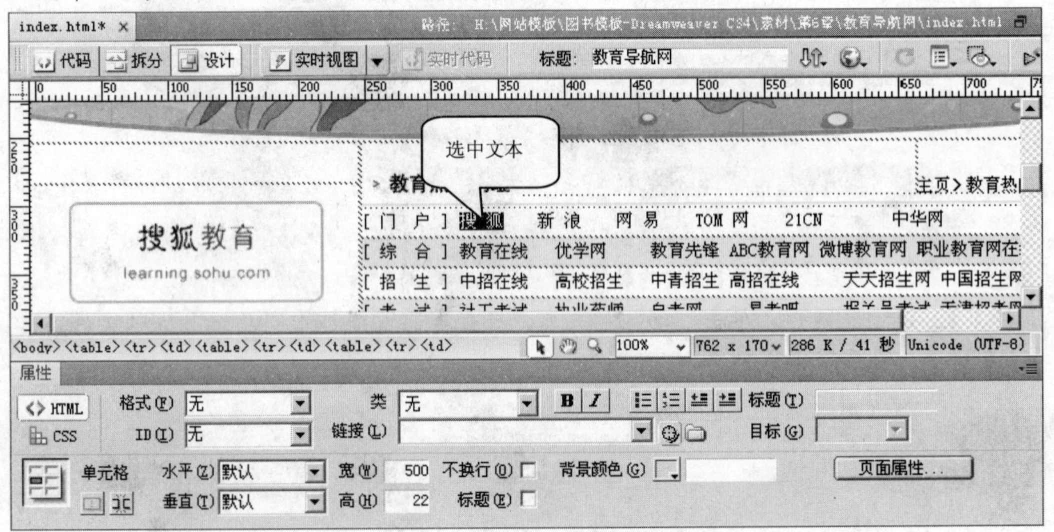

图6-10 选中创建链接的文本

2. 在【链接】文本框中输入“http://www.sohu.com”，并在【目标】下拉列表框中选择【_blank】选项，如图 6-11 所示。

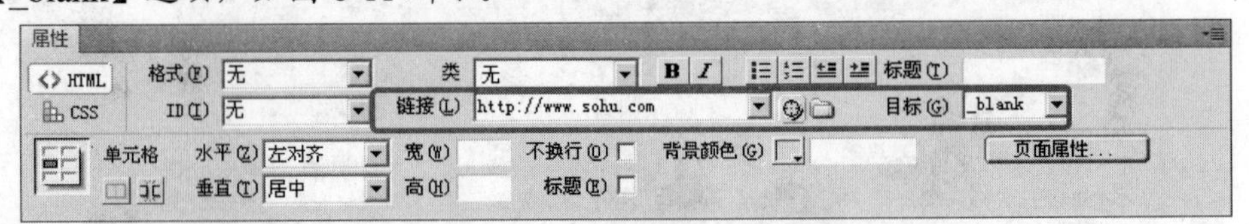

图6-11 设置链接属性

3. 按 F12 键预览网页，单击“搜狐”文本，可在新窗口打开“搜狐网”，如图 6-12 所示。

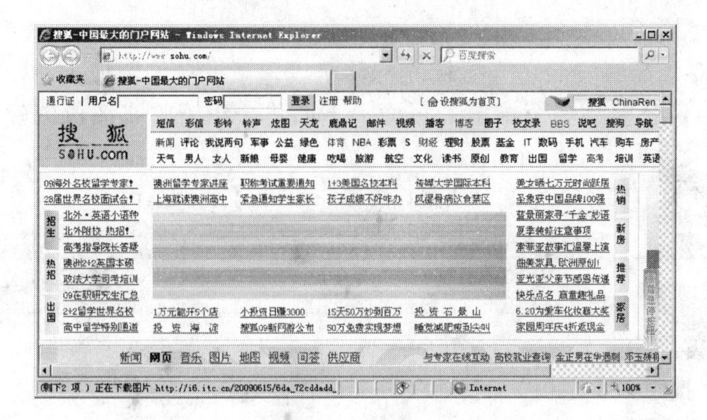

图6-12　搜狐网

4.　用同样的方法给“新浪”创建链接设置，如图 6-13 所示。

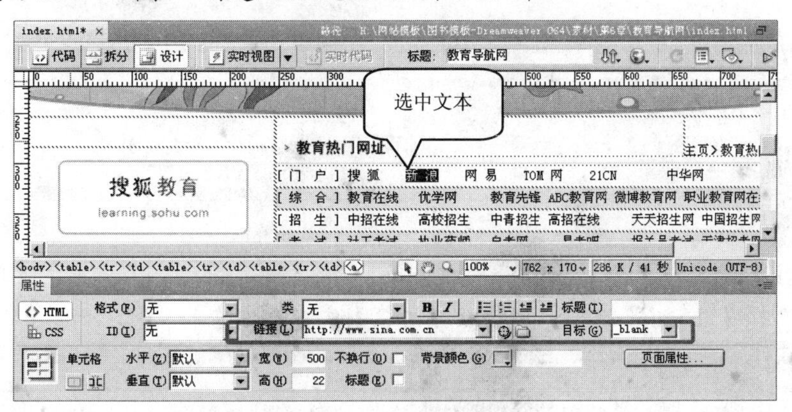

图6-13　为“新浪”创建链接

6.2.2　创建图像链接

图像是网页设计中的重要元素，为其添加超链接也是网页设计中最基础的操作之一。图像的超链接包括为整张图像创建链接和在图像上创建热区两种方式。下面以为“教育导航网”首页的左侧栏目添加超链接为例来讲解创建图像链接的操作方法，设计效果如图 6-14 所示。

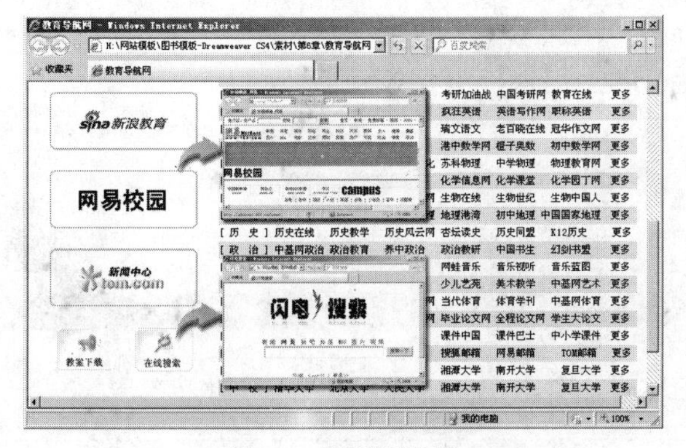

图6-14　图像链接效果

一、 为整张图像创建链接

为整张图像添加超链接后，当鼠标光标移至设置了链接的图像上时，鼠标光标会变成“手型”，单击图像就会跳转至指定的页面。下面将介绍为整张图像创建超链接的操作方法。

1. 选中左侧栏目的“搜狐教育”的Logo图像，打开【属性】面板，如图6-15所示。

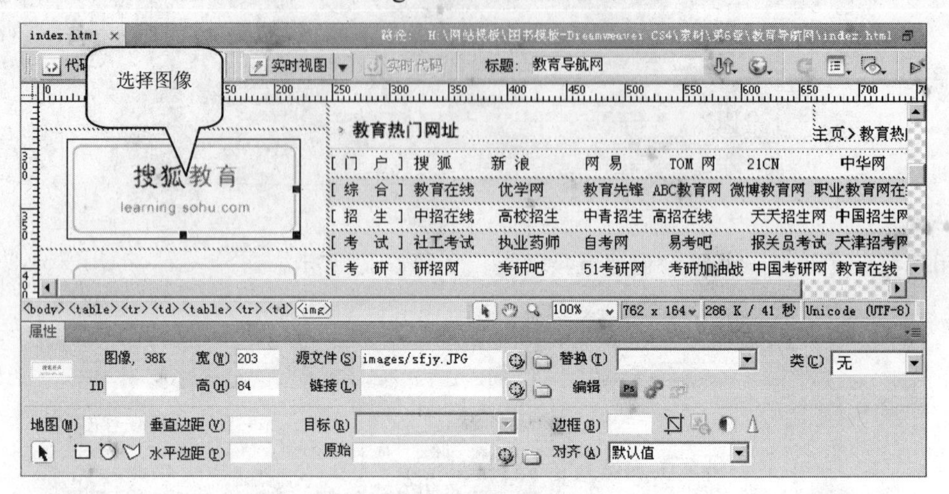

图6-15 选择链接图像

2. 在【链接】文本框中输入网站的网址“http://learning.sohu.com”，并在【目标】下拉列表框中选择【_blank】选项，然后在【边框】文本框中输入“0”，如图6-16所示。

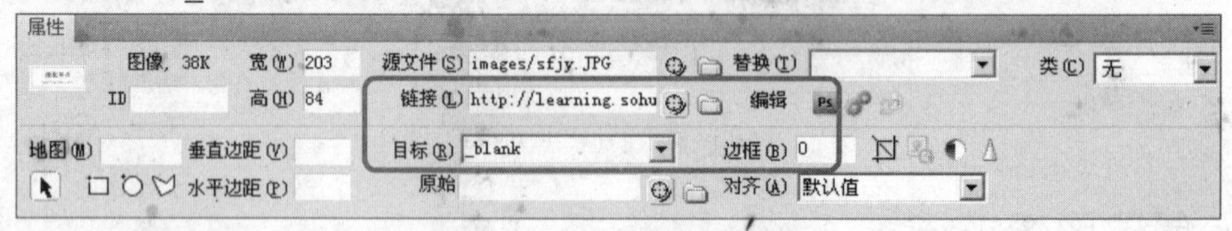

图6-16 设置属性

3. 按 F12 键预览网页，单击设置链接的Logo图像，就会打开“搜狐教育”网，如图6-17所示。

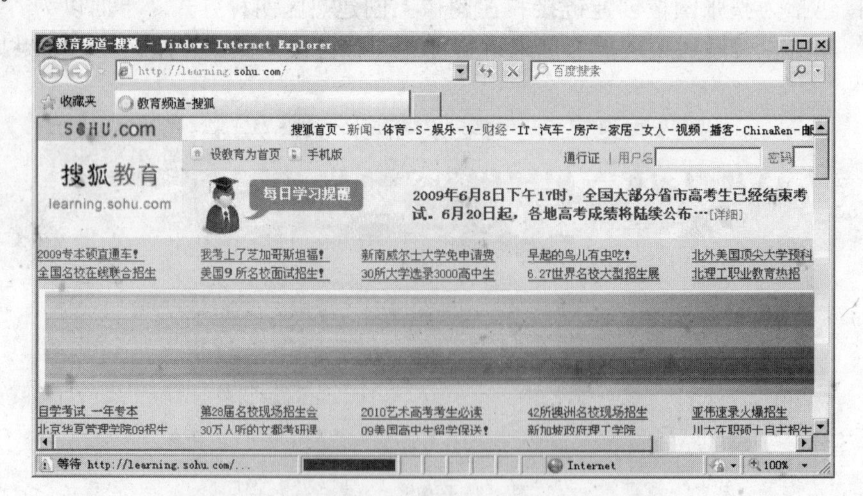

图6-17 “搜狐教育”网

4.　用同样的方法分别为“新浪教育”创建链接，网址为“http://edu.sina.com.cn”，为“网易校园”创建链接，网址为“http://education.163.com”，为“新闻中心”创建链接，网址为“http://www.tom.com”，如图 6-18 所示。

图6-18　“新闻中心”链接设置

二、 创建热区

在 Dreamweaver CS4 中，除了为整张图像创建超链接外，还可以在一张图像上创建多个链接区域，这些区域可以是矩形、圆形或者多边形，这些链接区域就叫做热区。当单击图像上的热区时，就会跳转到热区所链接的页面上。下面将介绍创建热区的操作方法。

1.　选中网页左侧栏目最后一张图像，然后打开【属性】面板，如图 6-19 所示。

图6-19　选中创建链接的图像

2.　单击“矩形热点工具”按钮□，当鼠标指针变成十字形状时，拖动鼠标指针，在图像中绘制一个矩形，将“在线搜索”覆盖，如图 6-20 所示。

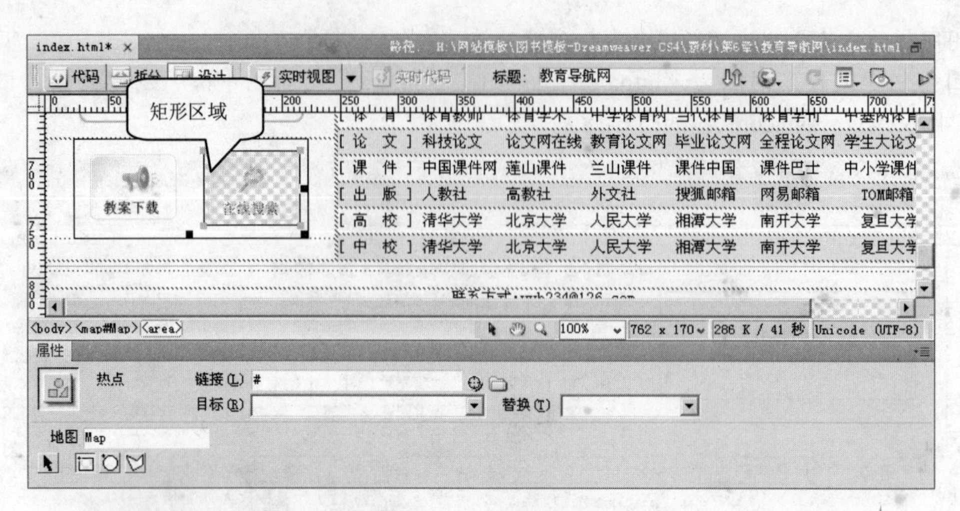

图6-20　绘制热区域

3. 单击【链接】文本框后面的按钮，然后将附盘文件“素材\第 6 章\教育导航网\sousuo.html”，并设置【目标】为“_blank”，如图 6-21 所示。

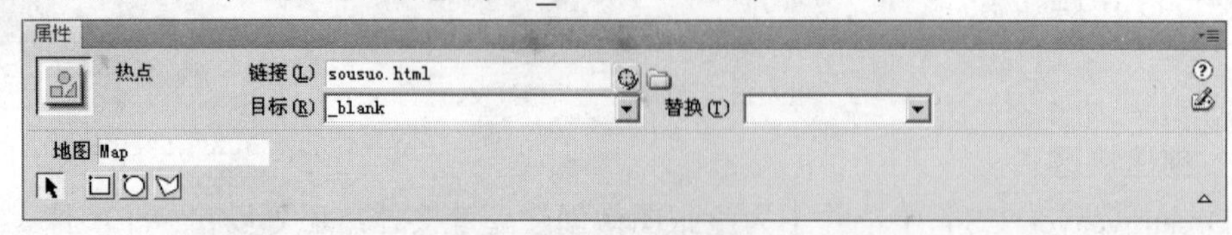

图6-21　设置热区域属性

4. 按F12键预览网页，单击图像的热区域，就会打开“搜索”网，如图 6-22 所示。

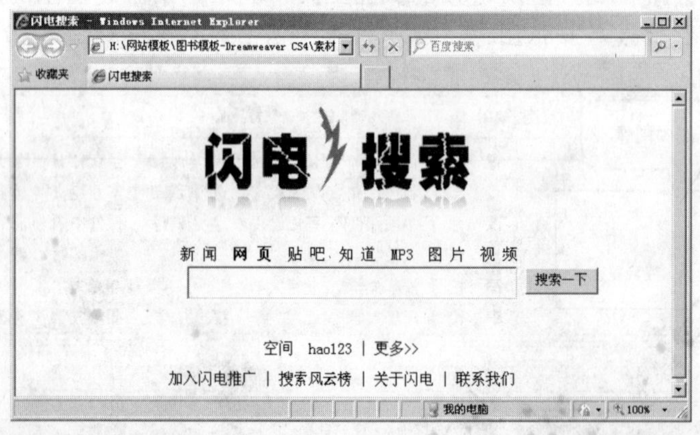

图6-22　搜索网

6.2.3 创建空链接

空链接是指未指定目标端点的链接。空链接一般为页面上的对象或文字附加行为时使用，使其在鼠标指针滑过仅会改变鼠标样式，但按下后不会开启网页。下面以为“教育导航网”首页的导航栏其他文本添加空链接为例讲解创建空链接的操作方法，设计效果如图 6-23 所示。

图6-23　空链接效果

1. 选中导航栏中“中学”文本，然后打开【属性】面板，如图 6-24 所示。

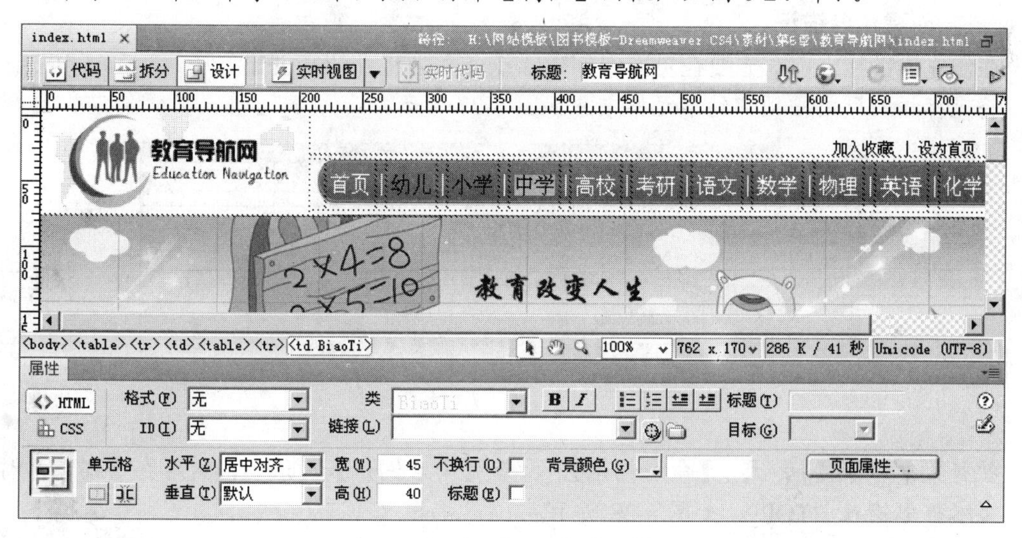

图6-24　选中创建链接的文本

2. 在【链接】文本框中输入“JavaScrip: ;”，从而为选中的文本创建空链接，如图 6-25 所示。

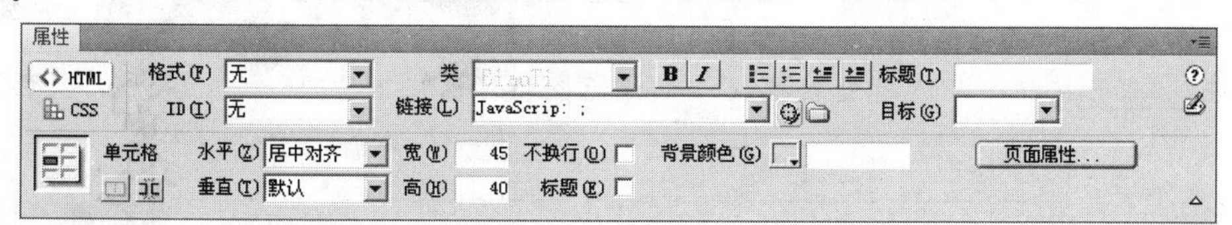

图6-25　输入脚本

3. 按 F12 键预览网页，单击创建的空链接文本，能显示文本链接样式，但不会跳转到别的页面。
4. 用同样的方法，给其他的标题文本都创建空链接。

6.2.4 创建锚链接

当用户浏览一个内容较多的网页时，查找信息会浪费大量的时间，就可以使用锚链接来定位文档中的内容。创建锚链接时先在文档中链接目标端点创建命名锚记，然后在源端位置创建链接命名锚记。下面将以实现单击页面底部的“返回顶部”文本就可以将显示内容显示到页面顶部，设计效果如图 6-26 所示。

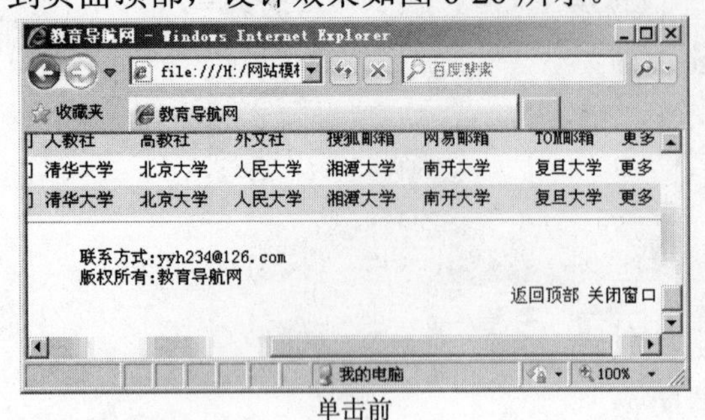

单击前

单击后

图6-26 锚链接效果

一、 创建命名锚记

在创建锚链接之前，先要在页面中创建锚点。下面将介绍其创建方法。

1. 将光标插入到文档顶部的单元格中，如图 6-27 所示。

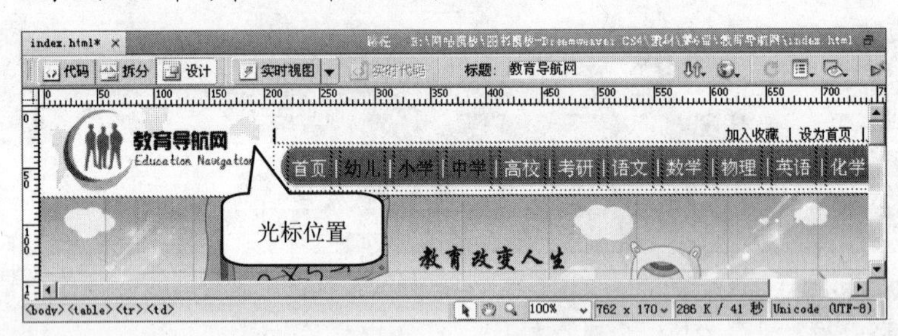

图6-27 在目标端点插入光标

2. 执行菜单命令【插入】/【命名锚记】，打开【命名锚记】对话框，然后在【锚记名称】文本框中输入“TOP”，如图 6-28 所示。

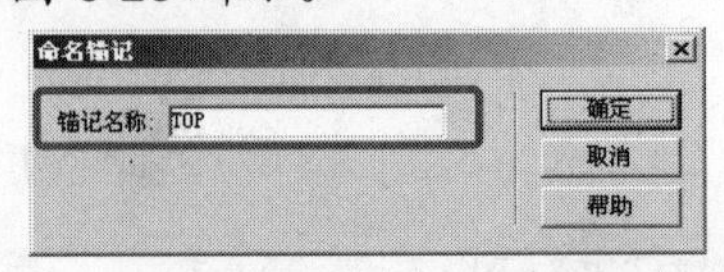

图6-28 【命名锚记】对话框

3. 单击 确定 按钮，在光标处就插入一个锚记图标，如图 6-29 所示。

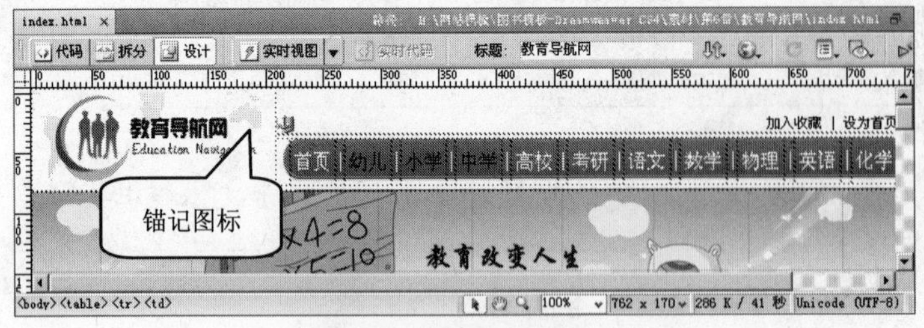

图6-29 插入锚记图标

二、 链接命名锚记

命名锚记的链接方法与普通的链接格式有所区别，它分为两种情况，一是当命名锚记在同页面中时，输入格式为“#命名锚记名称”，例如“#TOP”；一是当命名锚记在同一站点的不同页面中时，输入格式为“文件名#命名锚记名称”，例如“lianxiwomen.html#TOP”。下面将具体介绍链接命名锚记的操作方法。

1. 选择文档底部的“返回顶部”文本，然后在【属性】面板中的在【链接】文本框中输入“#TOP”，如图 6-30 所示。

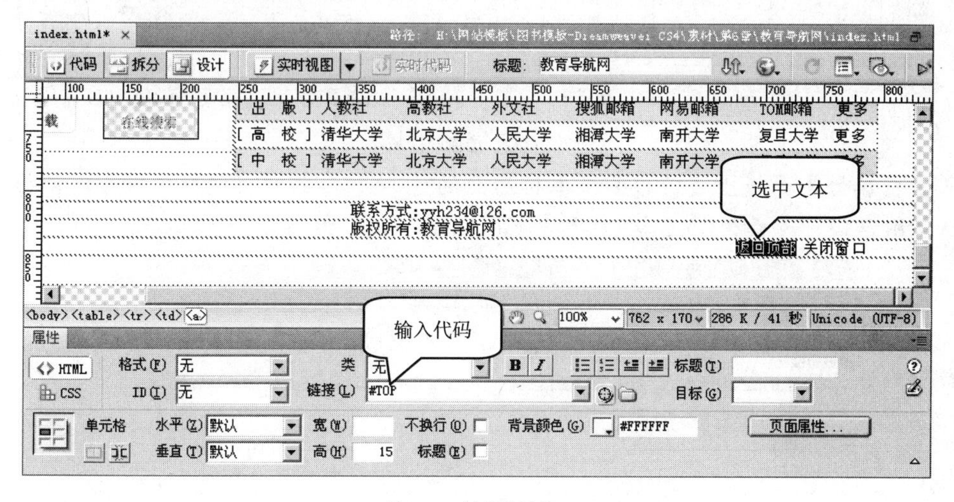

图6-30　创建锚链接

2. 按F12键预览网页，单击效果参见图 6-26。

6.2.5　创建下载链接

为了让资源共享，网页中经常会有下载链接，单击创建下载链接的元素后，就可以下载相应的链接资源。下面将介绍创建下载链接的操作方法，设计效果如图 6-31 所示。

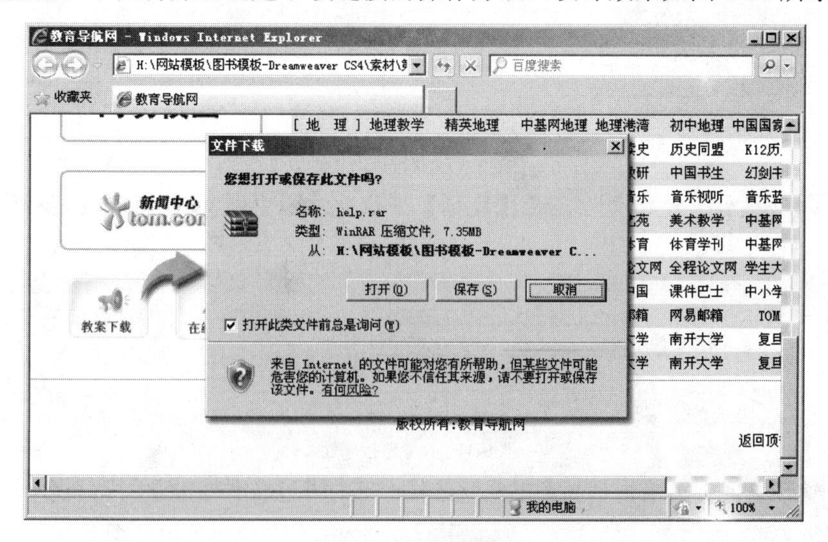

图6-31　下载链接效果

1. 选中文档中左侧最底部的图像，然后选择【属性】面板中的“矩形热点工具”，在图像左边绘制热区域，如图 6-32 所示。

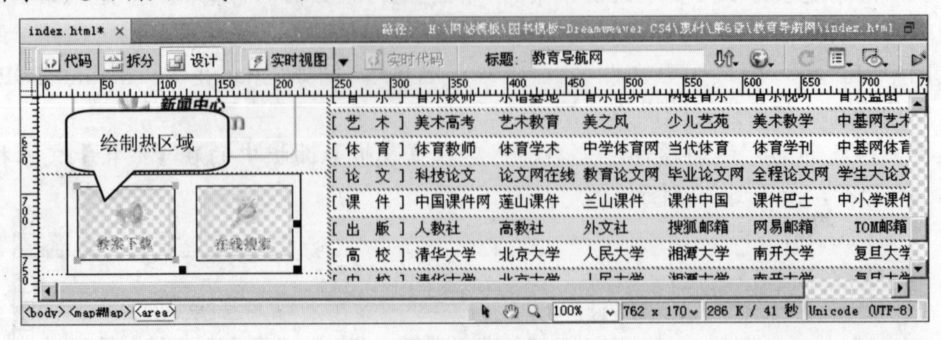

图6-32 绘制热区域

2. 单击【属性】面板上【链接】文本框后面的按钮，打开【选择文件】对话框，然后选择附盘文件“素材\第 6 章\教育导航网\help.rar”，如图 6-33 所示。

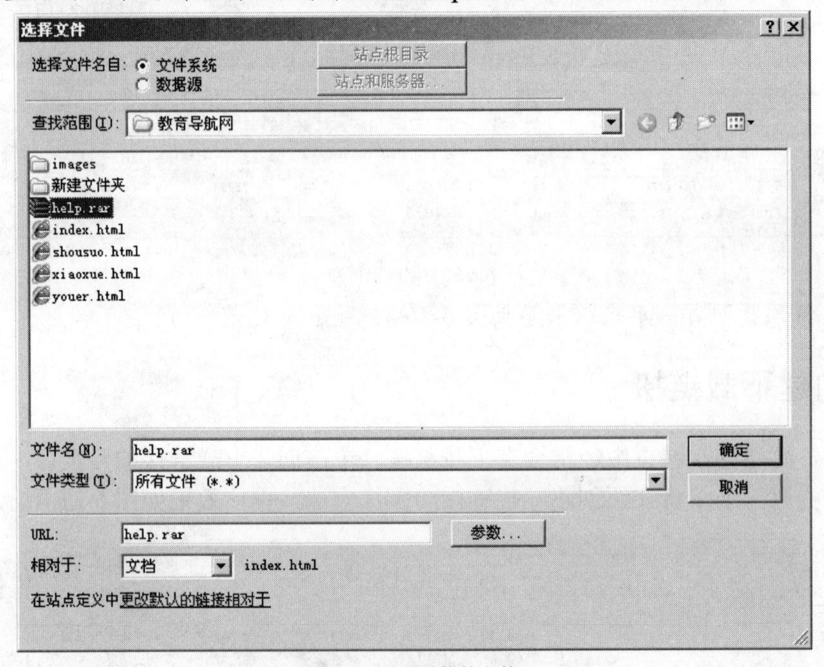

图6-33 选择链接的文件

3. 单击确定按钮，返回文档。在【目标】下拉列表框中选择【_blank】选项，如图 6-34 所示。

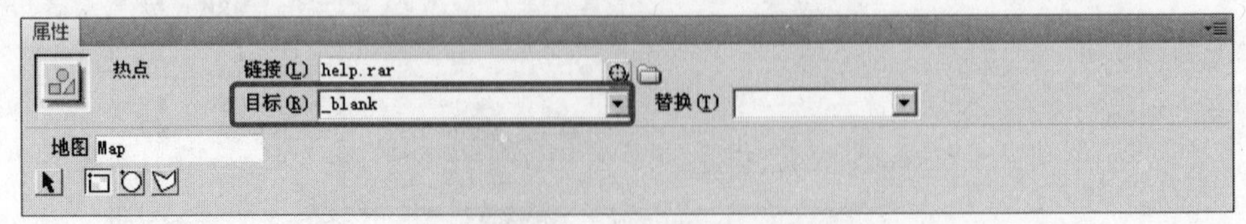

图6-34 设置链接属性

4. 按F12键预览网页，单击“教案下载”链接，可打开【文件下载】对话框，参见图 6-31。

6.2.6 创建电子邮件链接

在制作网页时，通常少不了要制作电子邮件链接，以方便浏览者给站点方发送邮件。它是一种特殊的链接，单击之后会自动启动电脑中的 Outlook Express 或其他 E-mail 程序，允许书写电子邮件，并将其发送到指定位置。下面将介绍创建电子邮件链接的操作方法，设计效果如图 6-35 所示。

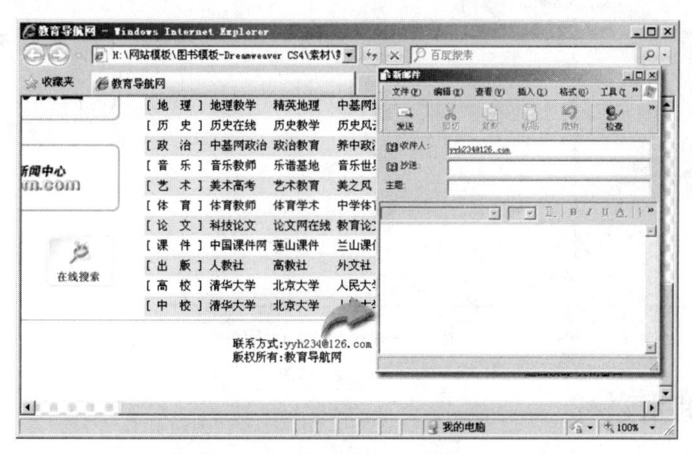

图6-35　电子邮件效果

1. 选择文档底部的“yyh234@126.com”文本，打开【属性】面板，如图 6-36 所示。

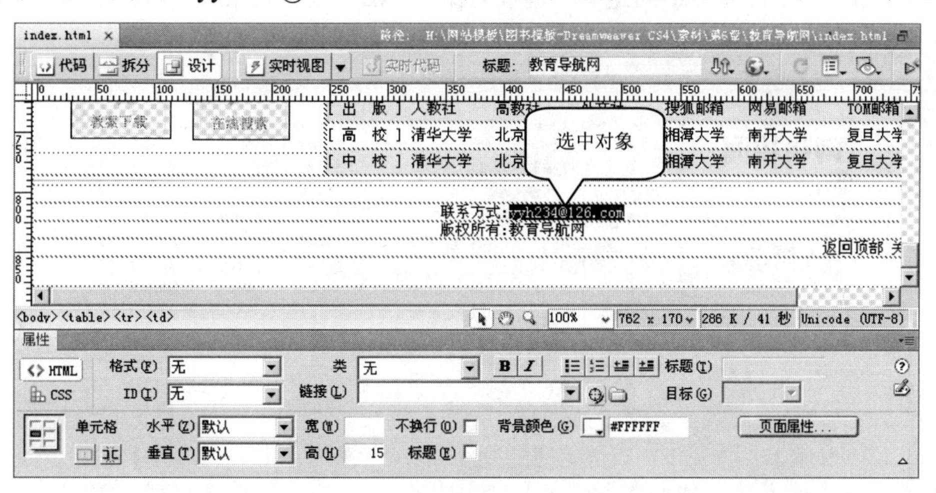

图6-36　选择链接对象

2. 在【属性】面板的【链接】文本框中输入“mailto:yyh234@126.com”，即可创建一个电子邮件链接，如图 6-37 所示。

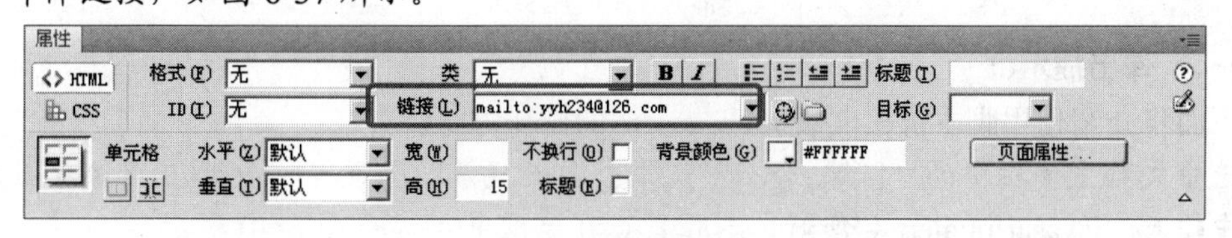

图6-37　设置链接属性

3. 按F12键预览网页，单击邮件链接将弹出电子邮件发送窗口，如图 6-38 所示。

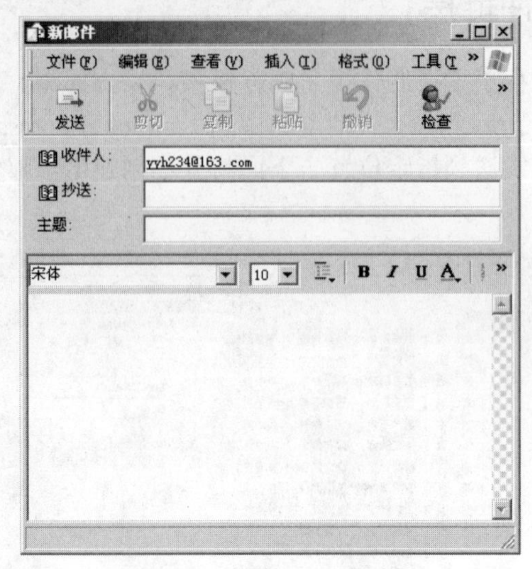

图6-38　电子邮件发送窗口

6.2.7　创建脚本链接

在超级链接中还可以直接调用 JavaScript 语句，执行相应的程序，以实现弹出提示框、关闭窗口等事件。下面将介绍创建脚本链接的操作方法，设计效果如图 6-39 所示。

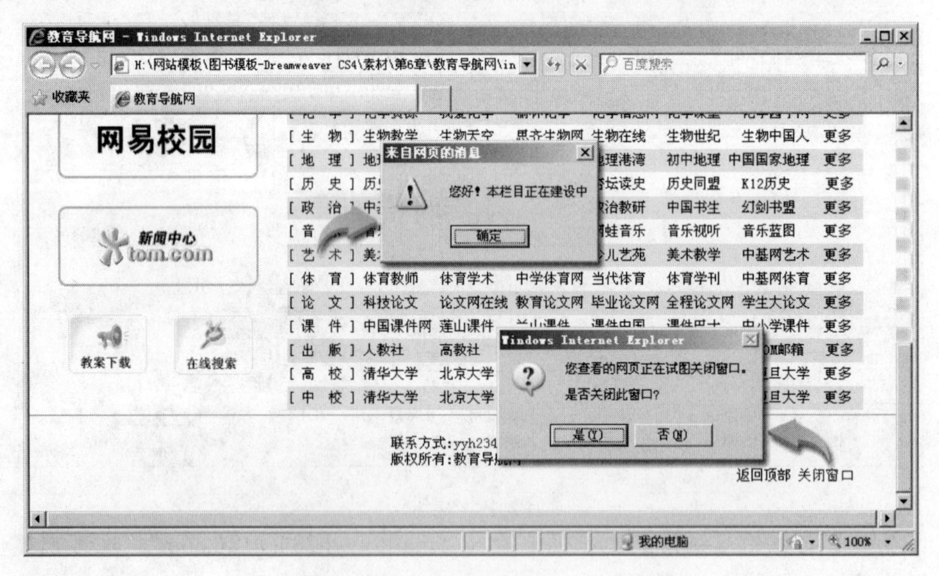

图6-39　脚本链接效果

一、弹出提示框

下面将介绍使用脚本链接实现弹出提示框的操作方法。

1. 选中文档主体栏中的“[综 合]”文本，打开【属性】面板，然后在【链接】文本框中输入“javascript:alert ('您好！本栏目正在建设中')”，如图 6-40 所示。

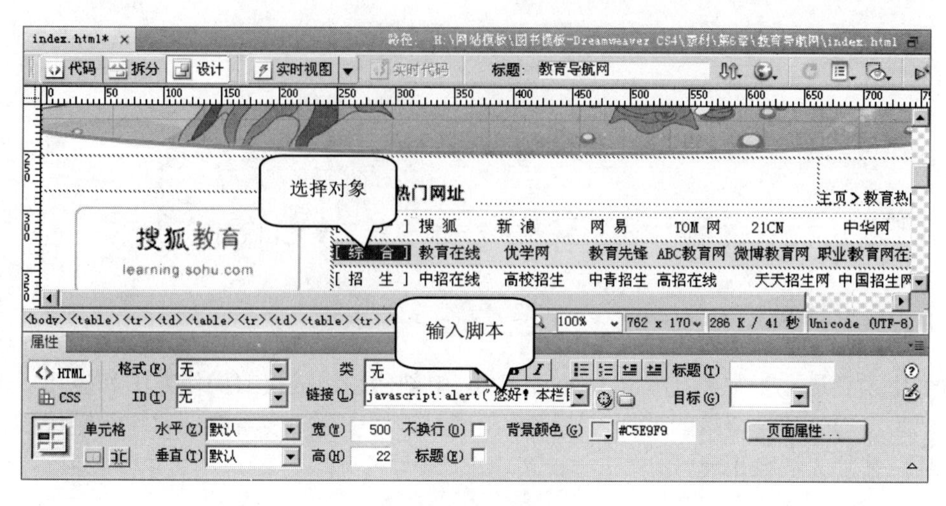

图6-40　设置脚本链接

2. 按F12键预览网页，单击“[综　合]”链接时会弹出如图 6-41 所示的提示窗口。

图6-41　弹出的提示窗口

3. 用同样的方法，给其他栏目标题都输入脚本链接。

二、　关闭窗口

为了方便用户操作，特设置关闭窗口链接，用户单击链接就可以关闭当前网页。下面将介绍使用脚本链接实现关闭窗口的操作方法，设计效果参见图 6-39。

1. 选中文档底部的“关闭窗口”文本，打开【属性】面板，然后在【链接】文本框中输入“javascript:window.close( )”，如图 6-42 所示。

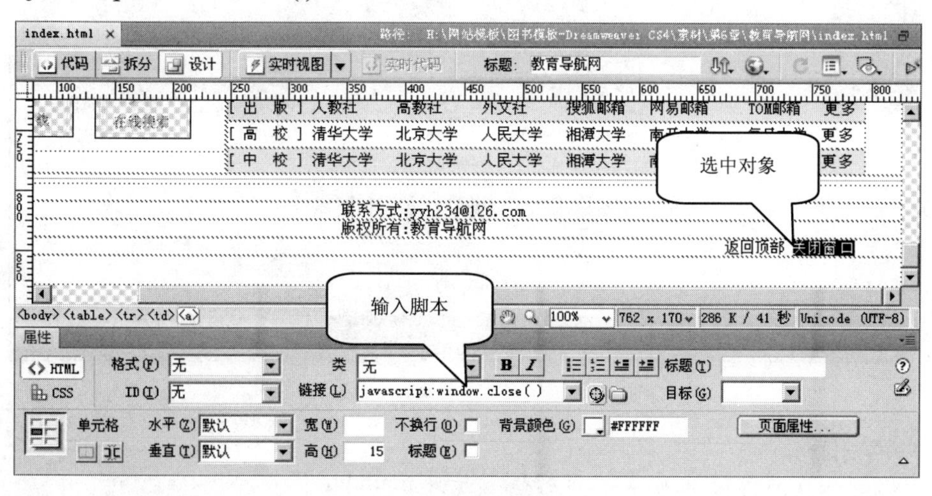

图6-42　设置脚本链接

2. 按F12键预览网页，单击“关闭窗口”链接时会弹出如图 6-43 所示的提示窗口，单击是(Y)按钮将关闭该网页。

图6-43 提示窗口

3. 至此，整个网页设计完成，按F12键预览网页，效果参见图 6-1。

6.3 拓展训练

为了让读者进一步掌握 Dreamweaver CS4 中创建超级链接的操作方法和技巧，下面将介绍两个为页面创建超链接的过程，让读者在练习过程中进一步掌握创建超级链接的操作方法和技巧，并能灵活运用。

6.3.1 设计“七星科技”引导页

本训练将讲解为“七星科技”引导页添加图像热点和文本链接的操作过程，让读者掌握添加相关链接的操作方法，网页设计效果如图 6-44 所示。

图6-44 “七星科技”引导页

【训练步骤】

1. 打开附盘文件“素材\第 6 章\七星科技引导页\main.html”。
2. 选中“banner”图像，然后绘制 3 个矩形热区域。
3. 选择“指针热点工具”按钮，分别选中热区域并设置超链接，如图 6-45 所示。

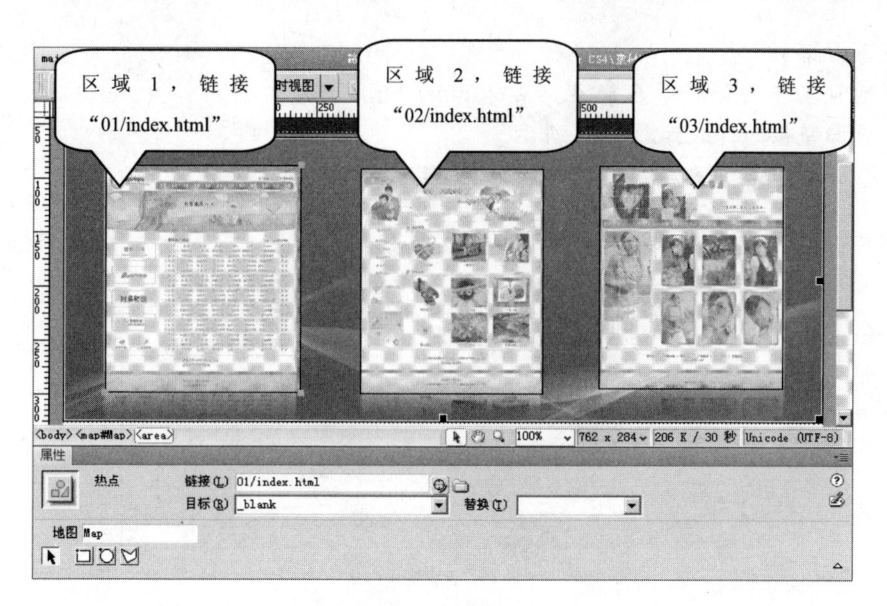

图6-45　创建热区域

4. 为“怀旧版”文本创建超链接为“old/old-index.html”，“新版本”文本创建超链接为“new/index.html”。
5. 至此，“七星科技”引导页设计完成，按F12键预览网页，效果参见图 6-44。

6.3.2　设计“生活百味”首页

本训练将讲解在“生活百味”首页上添加文本链接、图像链接、锚链接、电子邮件链接、脚本链接等的操作过程，让读者进一步熟悉添加超级链接的相关操作，网页效果如图 6-46 所示。

图6-46　“生活百味”首页

【训练步骤】

1. 打开附盘文件“素材\第 6 章\生活百味\index.html”。
2. 设置页面链接的样式如图 6-47 所示。

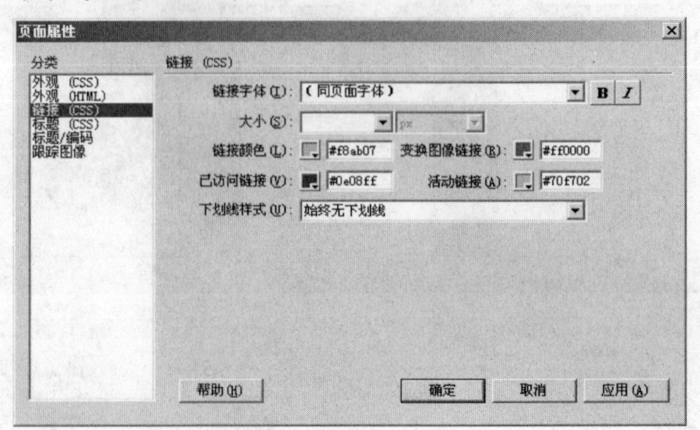

图6-47 设置链接样式

3. 给文档中导航栏的“餐 饮”、“休 闲”、“购 物”、“健 身”“旅 游”、“房 产”、“数码”、“花 卉”创建空链接。
4. 在文档主体上方的单元格中创建一个名为“Body”的命名锚记，如图 6-48 所示。

图6-48 创建命名锚记

5. 为文档顶部的“查看中心内容”创建锚链接“#Body”。
6. 为文档右侧栏目的图像依次创建链接“http://club.sohu.com/map/life_club_map.htm”、“http://life.sina.com.cn/other/city”、“http://life.news.tom.com”。
7. 为文档底部的“联系方式：yyh234@126.com”文本创建电子邮件链接。
8. 为文档底部的“关闭窗口”文本创建脚本链接，如图 6-49 所示。

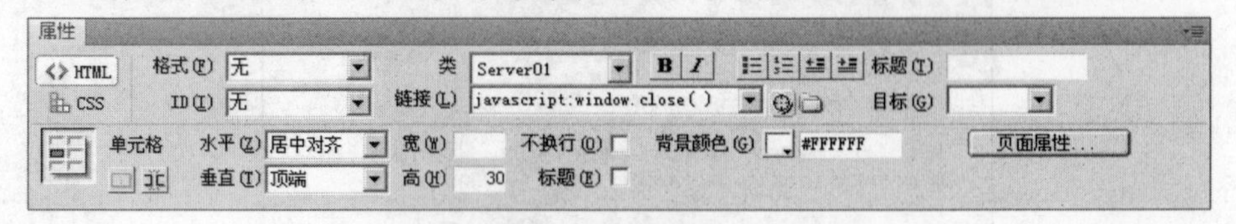

图6-49 创建脚本链接

9. 至此，网页超链接创建完成，按 F12 键预览网页，效果参见图 6-46。

6.4 小结

超链接的应用非常广泛，熟练地应用超链接是设计网页的基本要求。通过本章的学习，读者可以掌握设置页面链接样式和创建各种超链接的操作方法，并能灵活地运用它们为网页中的各种元素创建超链接。

6.5 习题

一、 问答题

1. 页面链接样式主要包括哪些方面？
2. 超级链接的主要包括哪些类型？
3. 文本链接的类型有哪些？
4. 创建锚链接的操作步骤有哪些？

二、操作题

打开附盘文件“练习\第 6 章\图像世界\index.html”，并为其添加相对应的超链接，网页效果如图 6-50 所示。

图6-50　“图像世界”页面

【步骤提示】

1. 打开附盘文件“练习\第 6 章\素材\index.html”。
2. 为 6 张图像分别创建 01.html ~ 06.html 链接。
3. 为“关闭窗口”添加脚本链接。

第7章　应用表格——设计“天使电脑城”网页

表格（Table）是用于在网页上显示表格式数据以及对文本和图像进行布局的强有力工具，它利用行、列、单元格来定位和排列页面中的各种对象，从而使页面更加有条理，更加美观。本章将以设计“天使电脑城”网页为例来讲解使用表格布局网页的操作方法，案例设计效果如图 7-1 所示。

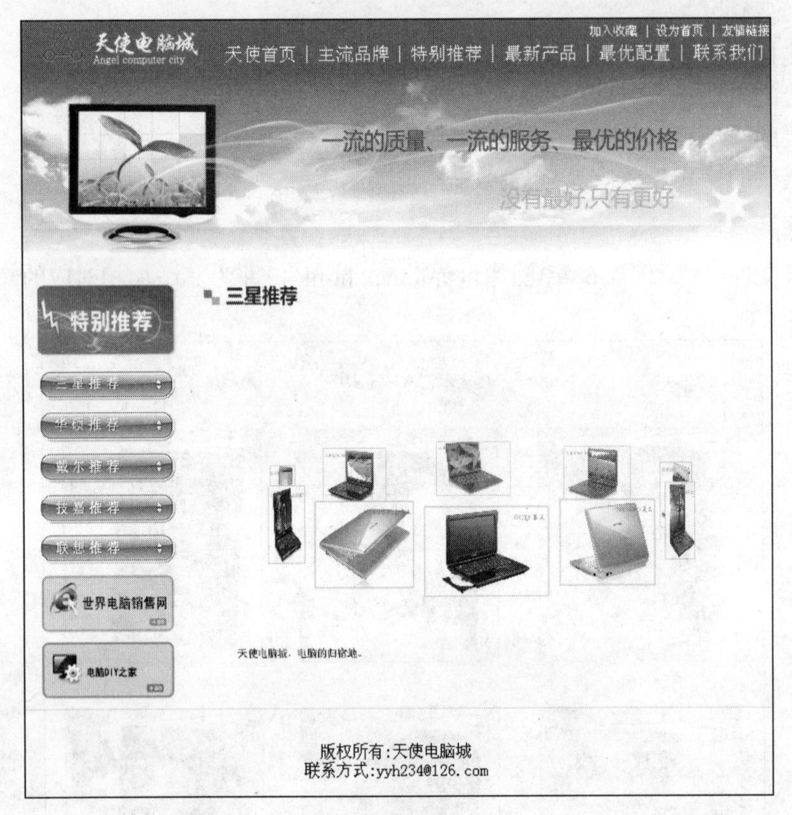

图7-1　“天使电脑城”网页

【学习目标】

- 熟悉表格的基本概念。
- 掌握用表格布局网页的操作方法。
- 掌握设置表格属性的操作方法。
- 掌握设置单元格属性的操作方法。
- 掌握设计不规则表格的操作方法。
- 掌握向表格中插入内容的操作方法。

7.1 创建表格

表格通常由标题、行、列、单元格、边框组成，如图 7-2 所示。在 Dreamweaver CS4 中，对表格的基本操作包括插入表格、插入嵌套表格、设置表格和单元格的属性、添加和删除行与列、单元格的拆分与合并等。

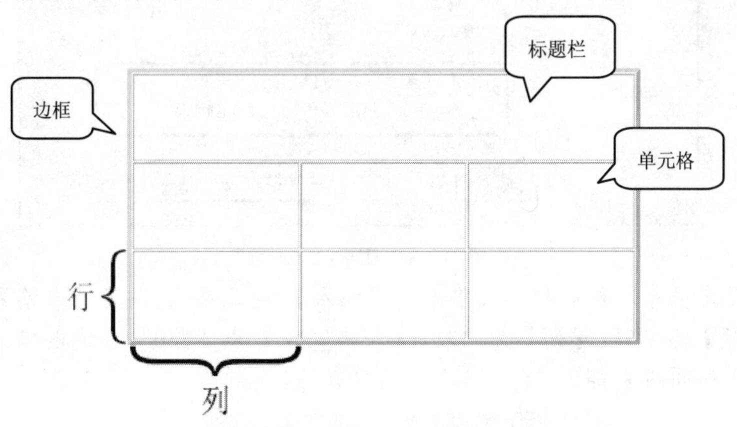

图7-2　表格的组成

根据图 7-1 所示的案例效果图分析可知，网页的布局结构图如图 7-3 所示，下面将根据布局结构图，使用表格布局“天使电脑城”网页。

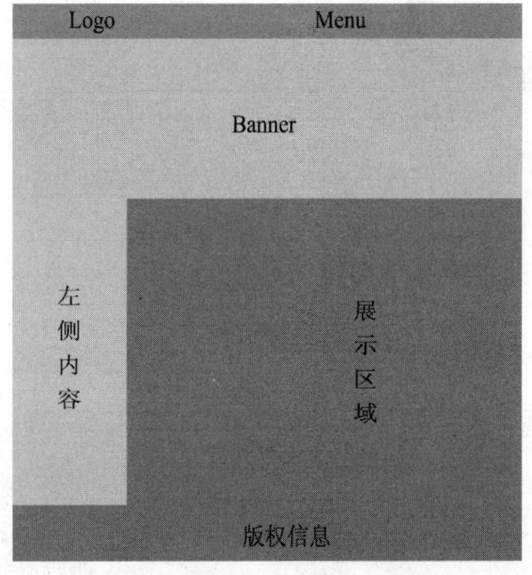

图7-3　“天使电脑城”网页布局图

7.1.1 插入表格

在 Dreamweaver CS4 中，不仅可以通过菜单命令插入表格，还可以通过【插入】面板的 表格 按钮插入表格。下面将介绍插入表格的操作方法。

1. 运行 Dreamweaver CS4，新建一个空白文档，并命名为“TeBieTuiJian.html”，然后设置页面属性，如图 7-4 所示。

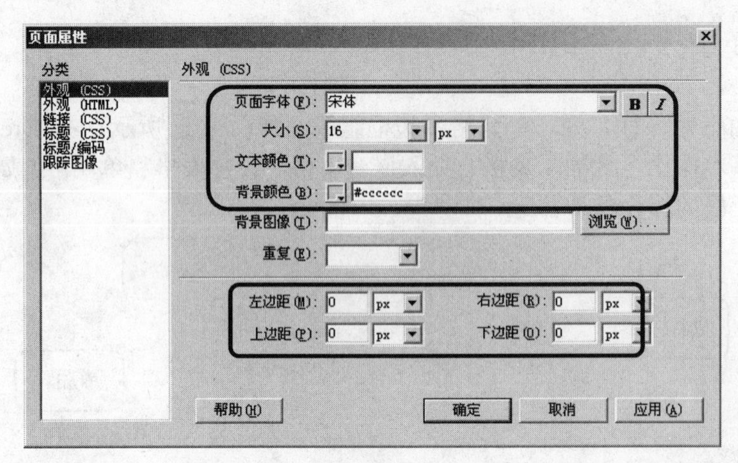

图7-4 【页面属性】对话框

2. 将光标置于文档中，然后执行菜单命令【插入】/【表格】，打开【表格】对话框，然后设置【行数】为“1”、【列】为“2”、【表格宽度】为“750”，【边框粗细】、【单元格边距】、【单元格间距】都为“0”，如图 7-5 所示。

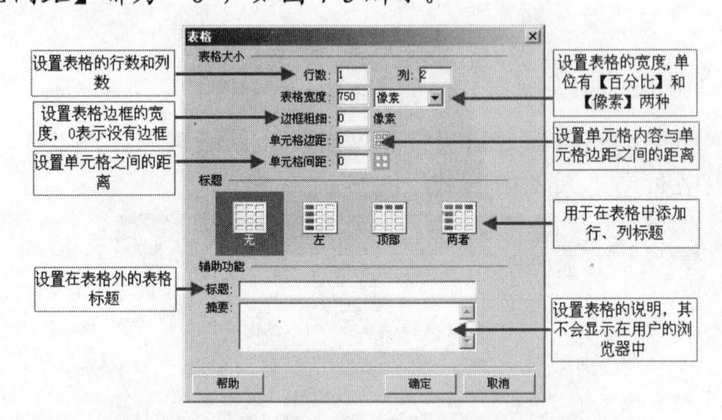

图7-5 设置插入表格的参数

3. 单击 确定 按钮，即可在文档中插入一个 1 行 2 列、无边框、无边距的表格，如图 7-6 所示。

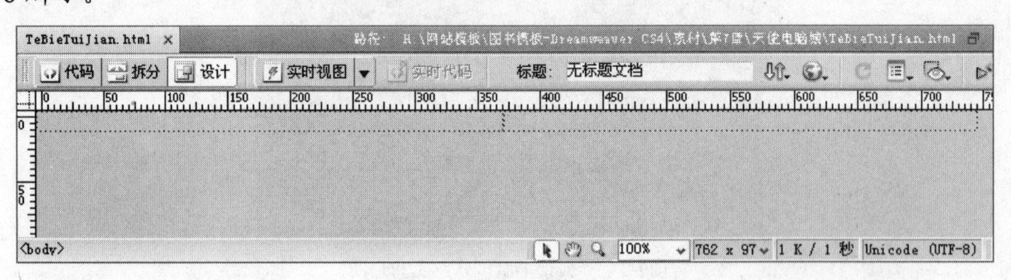

图7-6 插入无边框表格

7.1.2 设置表格属性

当表格插入到文档后，可能会因为网页布局或设计的需要而对表格的属性进行修改。在 Dreamweaver CS4 中可以通过【属性】面板对表格的属性进行修改，下面将介绍修改表格属性的操作方法。

1. 将鼠标指针移到表格的边框上，当鼠标光标变为如图 7-7 所示的双向箭头形状时单击鼠标左键，即可选中表格，如图 7-8 所示。

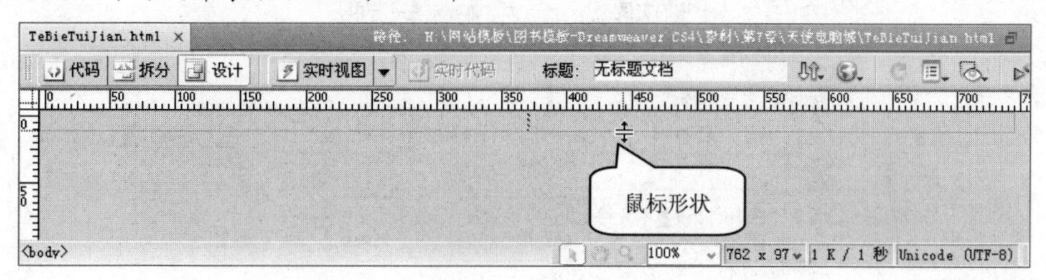

图7-7　鼠标形状

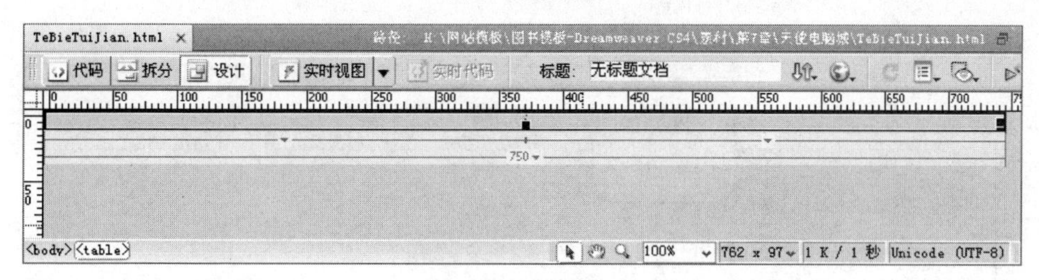

图7-8　选中表格

要点提示　表格选中后会在表格的边框上出现 3 个黑色小方块，将鼠标指针移动到方块上，当鼠标指针变为↕形状时，拖动鼠标可改变表格的大小。

2. 打开【属性】面板，设置【对齐】为“居中对齐”，如图 7-9 所示。

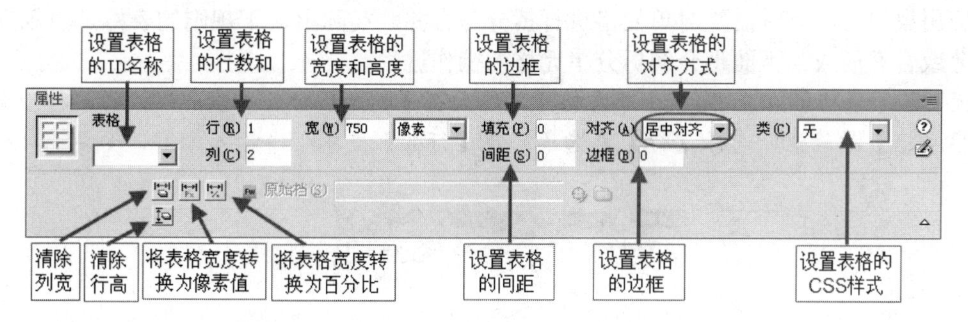

图7-9　设置表格属性

7.1.3　设置单元格属性

单元格是显示表格具体内容的基本单位。一个表格由若干个单元格组成。设置单元格的属性主要是设置单元格中内容的对齐方式、单元格宽度、高度以及背景颜色等。下边将介绍设置单元格属性的操作方法。

1. 将光标置于表格第 1 行第 1 个单元格中，即可打开该单元格的【属性】面板。
2. 在【属性】面板中设置【水平】为“居中对齐”、【垂直】为“居中”、【宽】为“200”、【高】为“50”、【背景颜色】为“#2b629a”，如图 7-10 所示。设置后的单元格效果如图 7-11 所示。

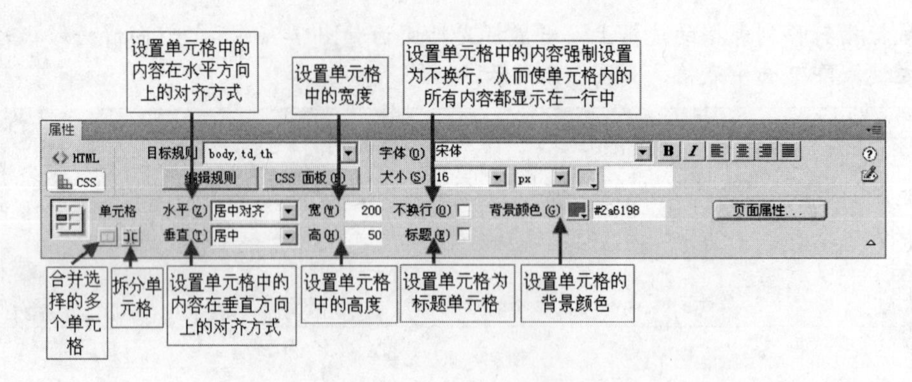

图7-10　设置单元格属性

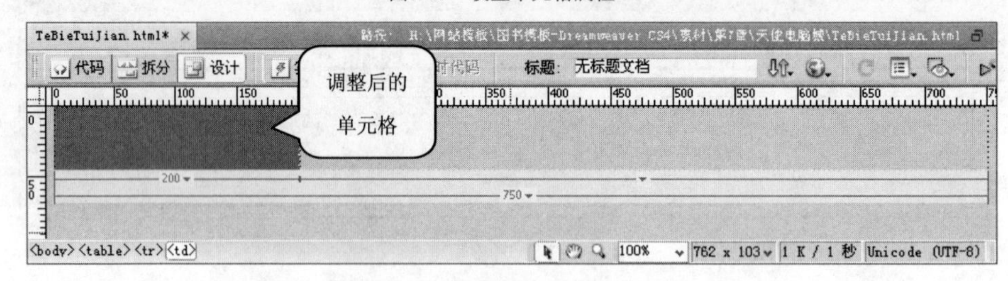

图7-11　调整属性后的单元格

7.1.4 拆分单元格

在应用表格时，有时需要对单元格进行拆分与合并。实际上，不规则的表格是由规则的表格拆分或合并而成。下面将介绍拆分单元格的操作过程。

1. 将光标置于表格第 1 行第 2 个单元格中，然后在【属性】面板中单击按钮，打开【拆分单元格】对话框，选择【行】单选项，在【行数】文本框中输入“2”，如图 7-12 所示。

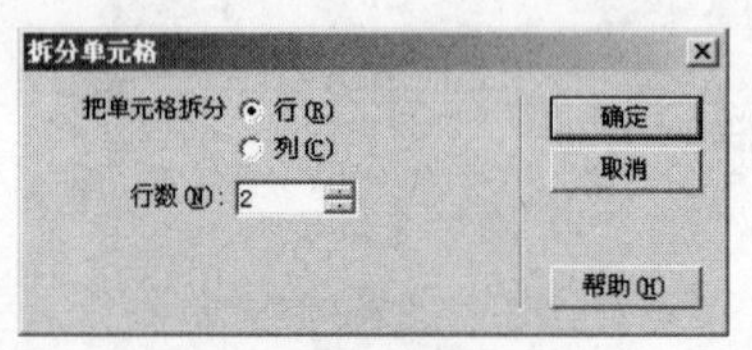

图7-12　【拆分单元格】对话框

2. 单击 确定 按钮，即可将选择的单元格拆分两行，如图 7-13 所示。

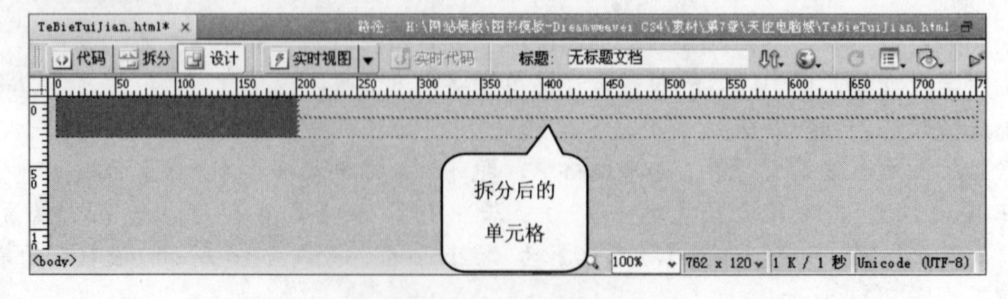

图7-13　拆分单元格

3. 将光标置于拆分后上边的单元格中，在【属性】面板中设置【高】为“20”、【背景颜色】为“#2b629a”。

4. 在【属性】面板中设置【高】为“30”、【背景颜色】为“#2b629a”，此时的表格如图 7-14 所示。

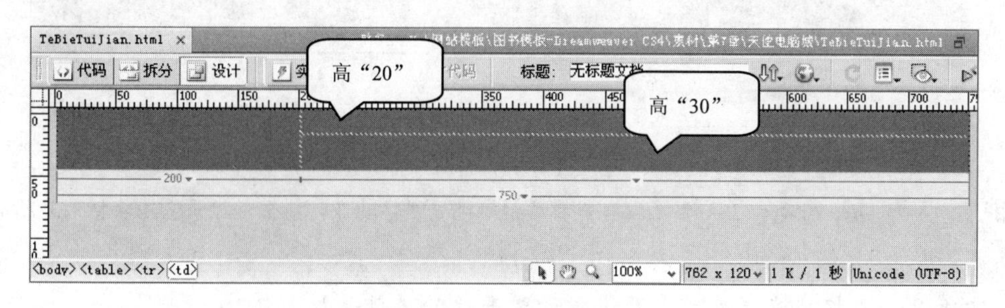

图7-14　设置后的表格

【知识链接】——合并单元格

合并单元格是指将多个连续的单元格合并成一个单元格。将光标置于一个单元格中，然后按住鼠标左键不放移动鼠标指针，从而连续选择鼠标指针经过的单元格，如图 7-15 所示，然后单击【属性】面板中的按钮，即可将选中的单元格合并成一个单元格，如图 7-16 所示。

图7-15　选中连续的单元格

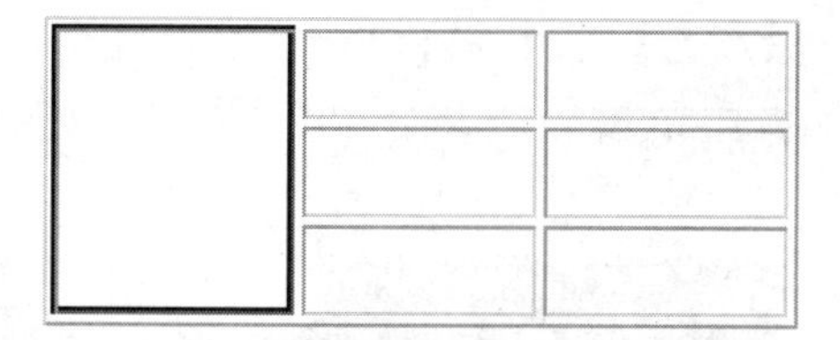

图7-16　合并单元格

7.1.5 其他操作

除上面讲解的对表格的操作之外，Dreamweaver CS4 还提供了许多的操作，如在表格的下边插入表格，下面将继续布局“天使电脑城”网页为例来讲解一些常用操作。

1. 将光标置于表格的任意单元格中，然后单击文档左下角的“<table>”标签，从而选中整个表格，如图 7-17 所示。

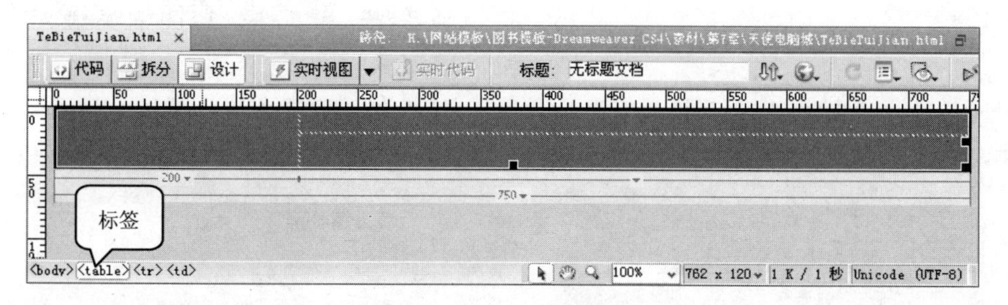

图7-17　通过标签选择表格

2. 单击【插入】面板“常用”类中的 表格 按钮，打开【表格】对话框，单击 确定 按钮即可在选中表格的下方插入一个 1 行 2 列的表格，如图 7-18 所示。

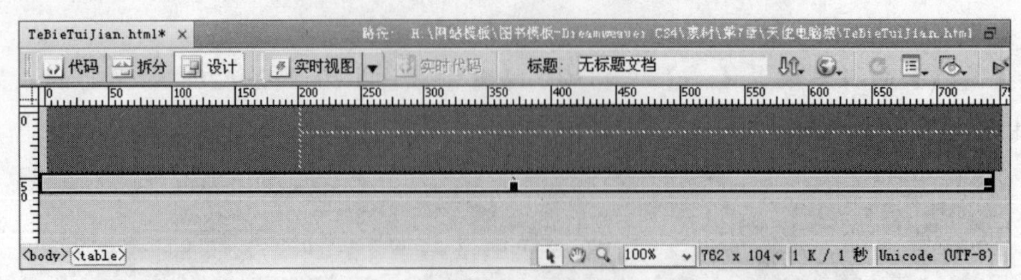

图7-18　插入第 2 个表格

要点提示　因为 Dreaweaver CS4 为【表格】对话框提供了记忆功能，能自动记录上一次插入表格时设置的参数，所以此时插入的是一个 1 行 2 列的表格。

3.　选中第 2 个表格，在【属性】面板中设置表格的属性，如图 7-19 所示。

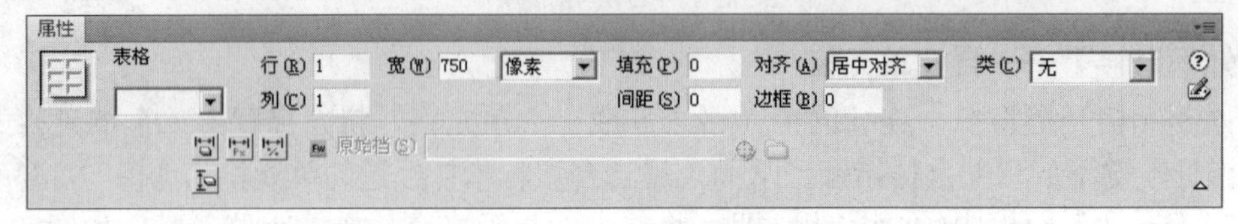

图7-19　第 2 个表格的属性

4.　将光标置于第 2 个表格的单元格中，然后在【属性】面板中设置【高】为“200”、【背景颜色】为“#FFFFFF”，单元格效果如图 7-20 所示。

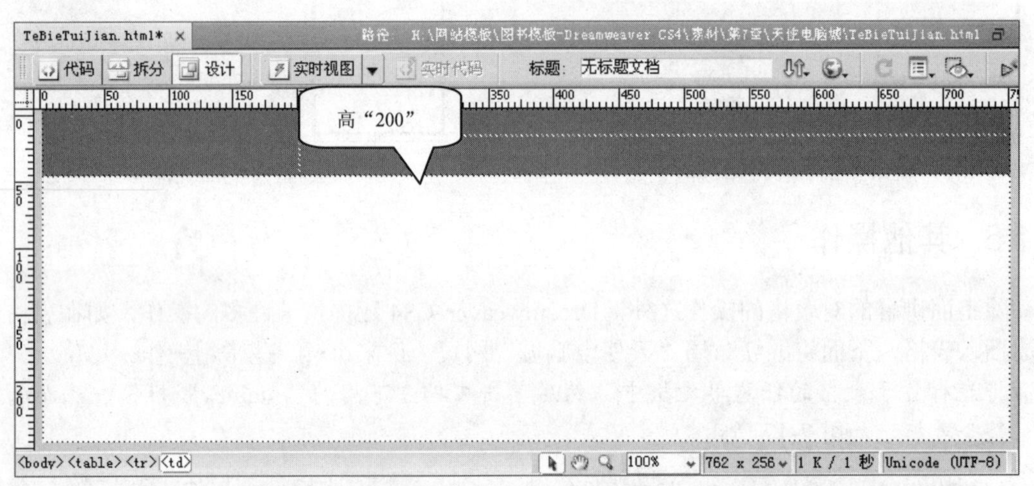

图7-20　调整后的单元格效果

5.　用同样的方法在第 2 个表格的下面插入第 3 个表格，设置表格的属性，如图 7-21 所示。

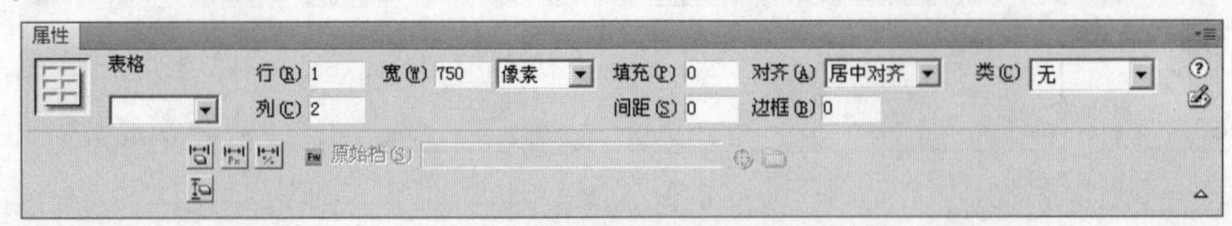

图7-21　第 3 个表格的属性

6.　将光标置于第 3 个表格第 1 个单元格中，然后在【属性】面板中设置【宽】为“170”、【高】为“420”、【背景颜色】为“#FFFFFF”，表格效果如图 7-22 所示。

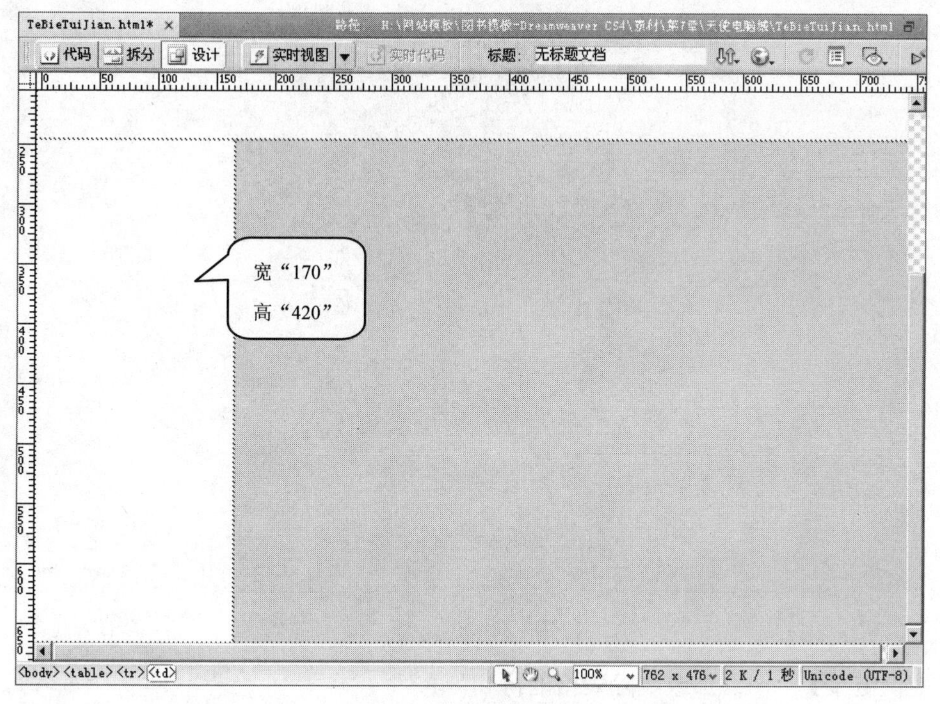

图7-22　单元格设置效果

7. 设置第 3 个表格的第 2 个单元格的【背景颜色】为“#FFFFFF”。
8. 用同样的方法在第 3 个表格的下面插入第 4 个表格，设置表格的属性，如图 7-23 所示。

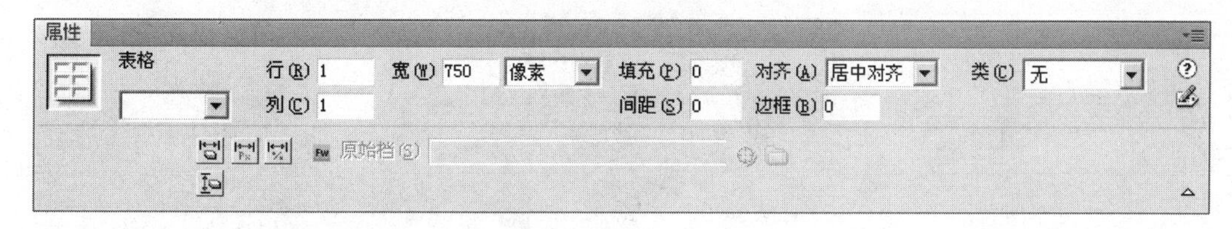

图7-23　第 4 个表格的属性

9. 设置第 4 个表格的单元格的【高】为“80”、【背景颜色】为“#FFFFFF”，效果如图 7-24 所示。

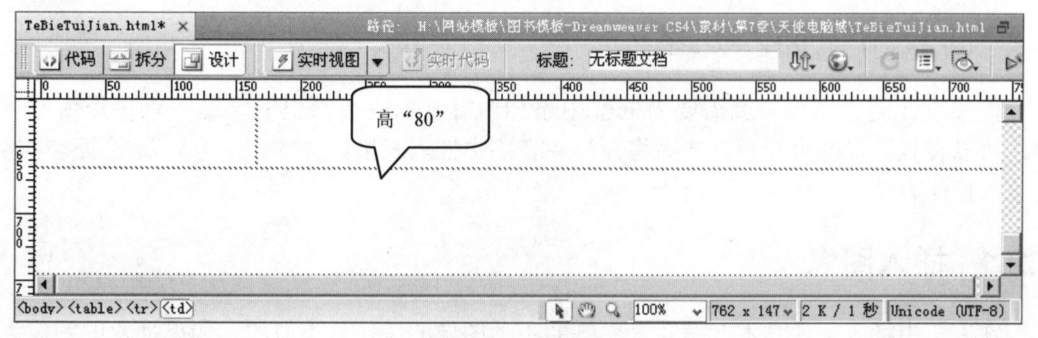

图7-24　第 4 个表格效果

10. 至此，网页布局框架基本完成，效果如图 7-25 所示。

图7-25　布局框架

【知识链接】——添加或删除表格的行和列

在表格中添加行或列是表格经常用到的基本操作之一。将光标置于要添加行或位置的表格内，如图 7-26 所示，然后执行菜单命令【修改】/【表格】/【插入行或列】，打开【插入行或列】对话框，对参数进行设置后就可以插入行或列，如图 7-27 所示，效果如图 7-28 所示。

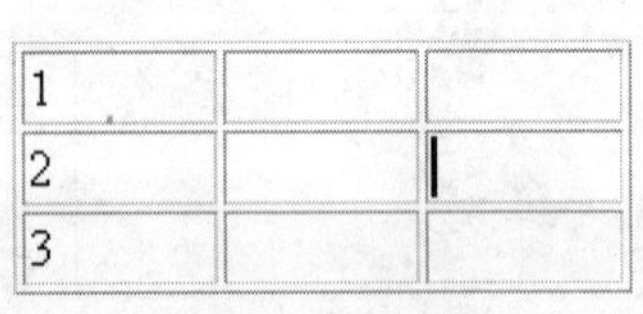

图7-26　放置光标

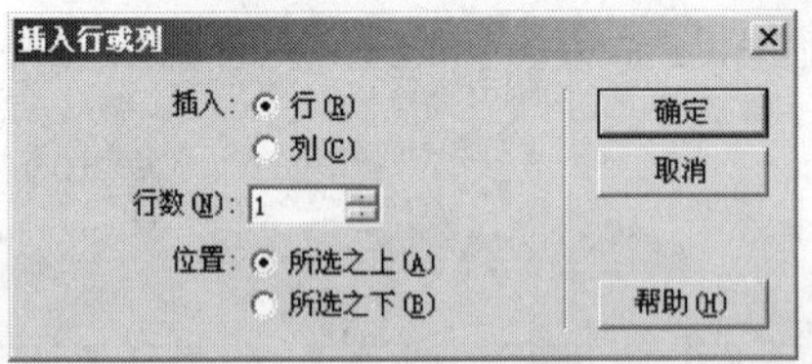

图7-27　参数设置

图7-28　插入行效果

将光标置于要删除的行的单元格中，然后执行菜单命令【修改】/【表格】/【删除行】，即可将光标所在的行删除。删除列的操作类似。

7.2　向表格中插入元素

框架设计完成之后，就需要向框架中添加内容，以完成网页的设计。表格作为一种容器，可以装载许多网页元素。下面将介绍在表格中插入表格、文本、图像以及多媒体等网页元素的操作方法。

7.2.1　插入图像

在表格中插入图像与本书第 4 章讲解的添加图像的操作是类似的。如果插入的图像大于单元格设置的大小时，单元格会自动调整大小，以容纳整个图像。下面将介绍向表格中插入网页 Logo 图像的操作方法，效果如图 7-29 所示。

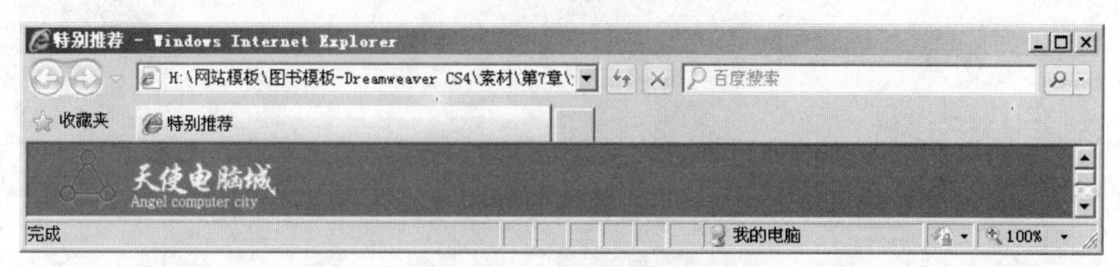

图7-29　插入 Logo 图像

1. 将光标置于第 1 个表格的第 1 列第 1 个单元格中，如图 7-30 所示。

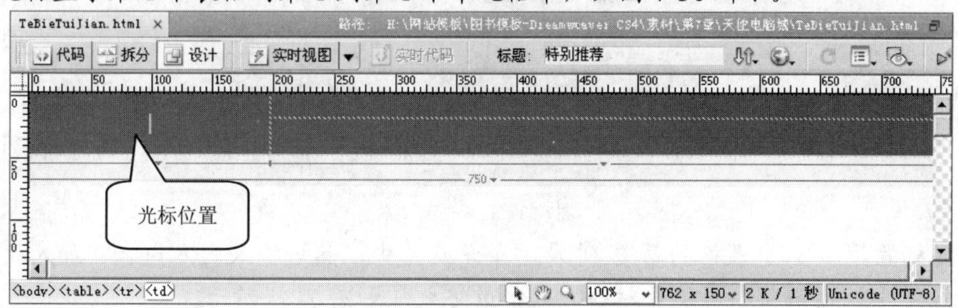

图7-30　放置光标

2. 在【插入】面板中单击 图像：图像 按钮，弹出【选择图像源文件】对话框，选择附盘文件“素材\第 7 章\天使电脑城\image\logo.png”，如图 7-31 所示。

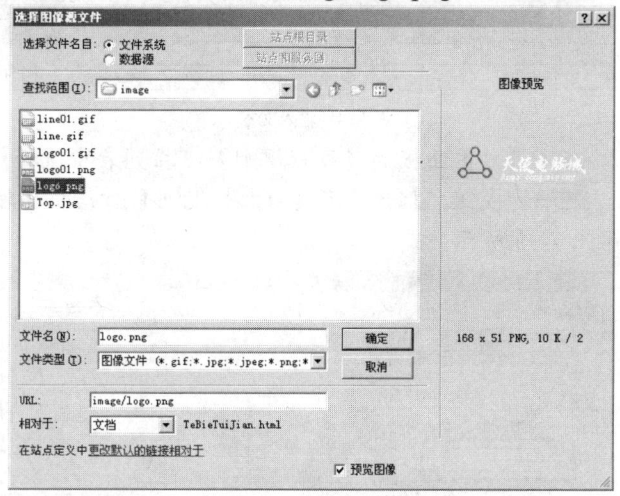

图7-31　选择图像文件

3. 单击 确定 按钮，即可将图像插入到单元格中，效果如图 7-32 所示。

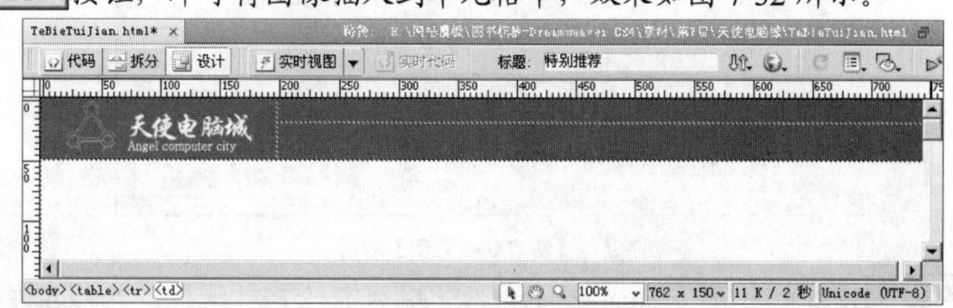

图7-32　插入 logo 图像

4. 按 F12 键预览网页，效果参见图 7-29。

7.2.2 插入文本

在表格中插入文本，可以通过键盘直接在单元格中输入文字，也可以通过复制其他文档的文本然后粘贴到单元格中。下面将介绍在表格中插入文本的操行方法，效果如图 7-33 所示。

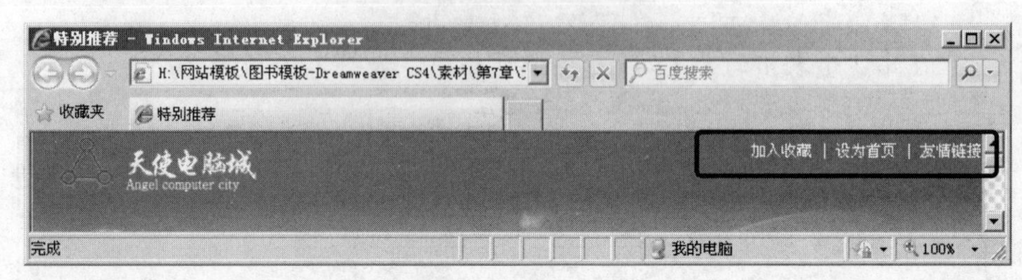

图7-33　设置顶部文本

1. 将光标置于第 1 个表格的第 2 列第 1 个单元格中，然后输入文本内容“加入收藏 | 设为首页 | 友情链接”并调整对齐方式，最终效果如图 7-34 所示。

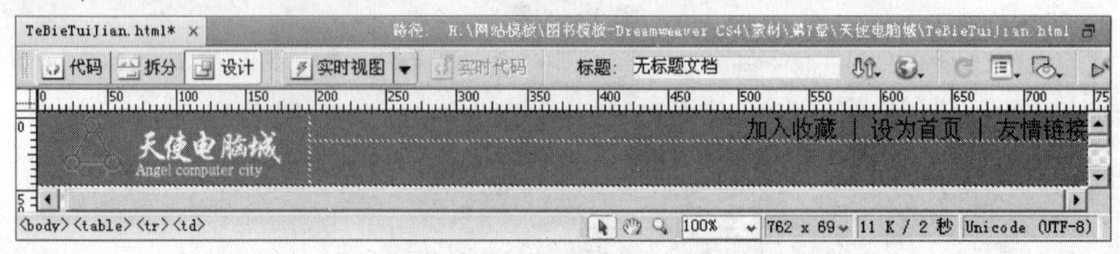

图7-34　输入文本

2. 选中输入的文本，在【属性】面板的【目标规则】下拉列表中选择“<新 CSS 规则>”选项，然后单击 编辑规则 按钮，打开【新建 CSS 规则】对话框，输入【选择器名称】为“.Header”，如图 7-35 所示。

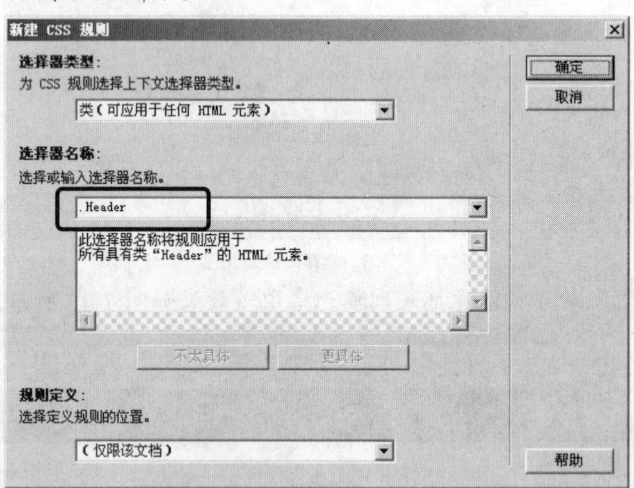

图7-35　【新建 CSS 规则】对话框

3. 单击 确定 按钮，打开【.Header 的 CSS 规则定义】对话框，然后在左侧选择【类型】选项，设置【Font-family】为“宋体”、【Font-size】为“12”、【Color】为“白色”，如图 7-36 所示。

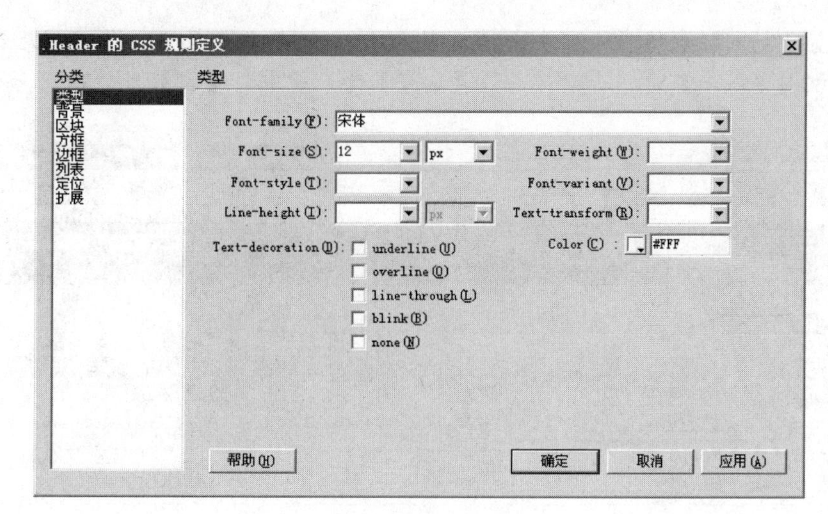

图7-36　设置 CSS 规则

4. 单击 确定 按钮完成 CSS 定义，文字的效果如图 7-37 所示。

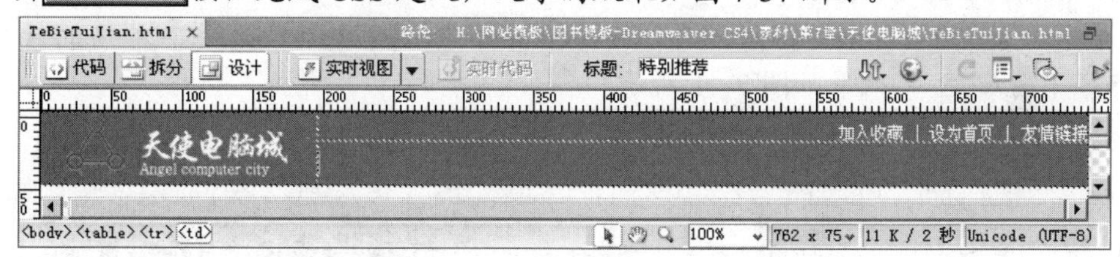

图7-37　设置属性后的文本

5. 按 F12 键预览网页，效果参见图 7-33。

7.2.3　插入表格

在表格中插入新的表格，称为表格的嵌套，用这种方式可以创建出复杂的表格，是网页布局常用的方法之一。下面将介绍在表格中插入表格来制作导航栏的操作方法。效果如图 7-38 所示。

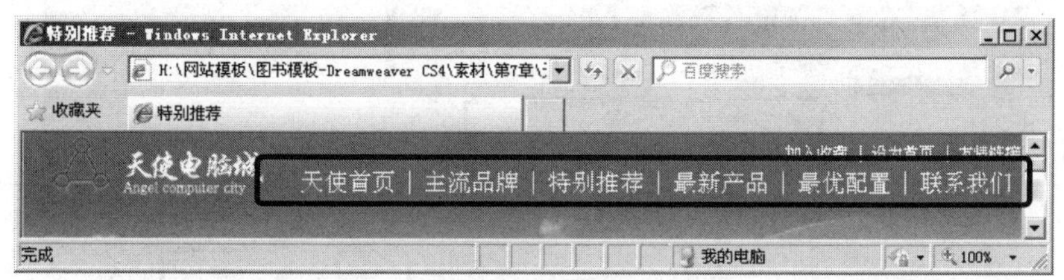

图7-38　制作导航栏

1. 将光标置于第 1 个表格的第 2 列第 2 个单元格中，然后在【插入】面板的单击 表格 按钮，插入一个 1 行 11 列的表格，并设置属性，如图 7-39 所示。

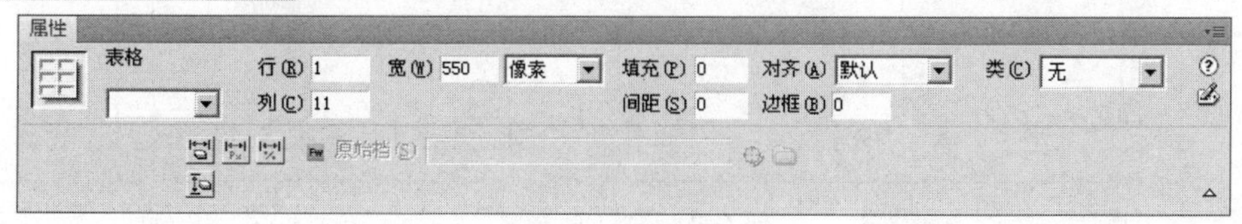

图7-39　表格的参数设置

2. 将光标置于插入的表格内，单击文档左下角的“<tr>”标签选中该行，然后在【属性】面板中设置【水平】为“居中对齐”，【垂直】为“居中”，【高】为“30”，如图 7-40 所示。

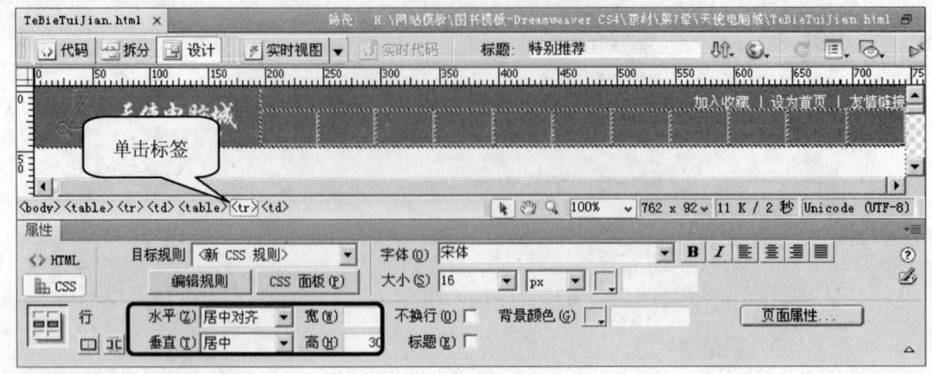

图7-40　设置行高后的表格

3. 设置奇数单元格的【宽】为“85”，并依次输入文本“天使首页”、“主流品牌”、“特别推荐”、“最新产品”、“最优配置”、“联系我们”，然后设置偶数单元格的【宽】为“8”并输入“|”，效果如图 7-41 所示。

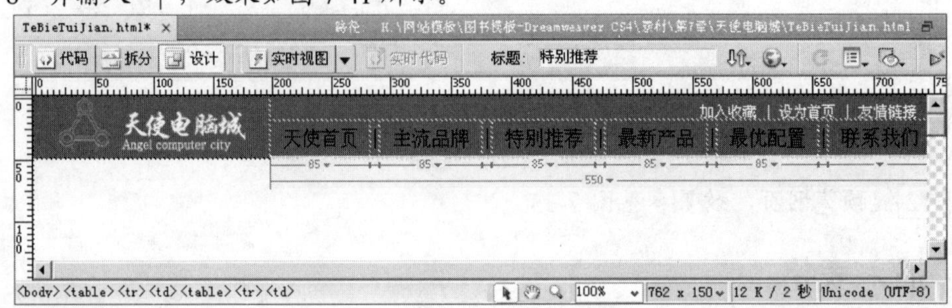

图7-41　设置单元格属性后的表格

4. 选中文本“天使首页”，然后新建一个名为“.Header02”的 CSS 规则，设置属性，如图 7-42 所示，效果如图 7-43 所示。

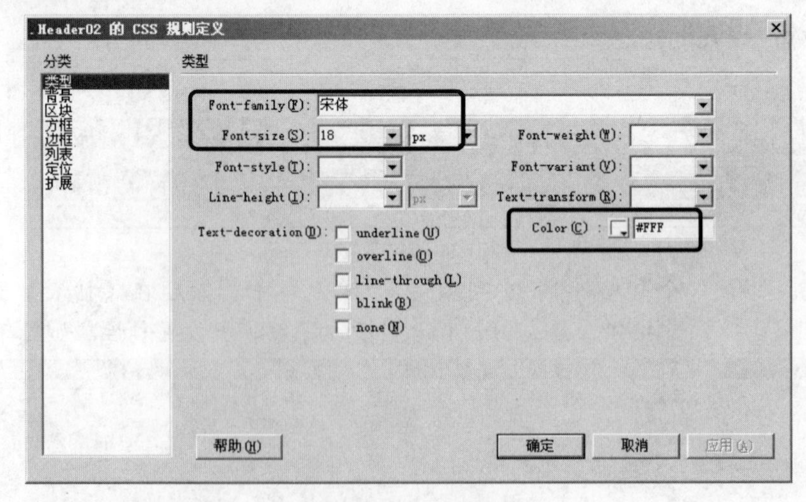

图7-42　编辑 CSS 规则

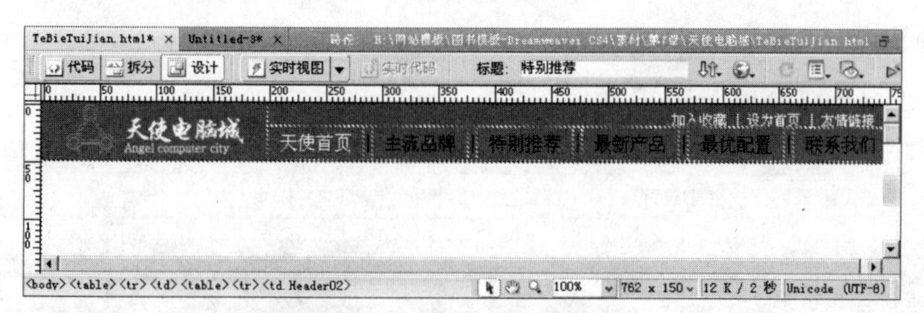

图7-43 设置文本的属性

5. 选中第 2 个单元格中的文本内容，然后在【属性】面板的【目标规则】下拉列表框中选择“.Header02”选项，如图 7-44 所示。

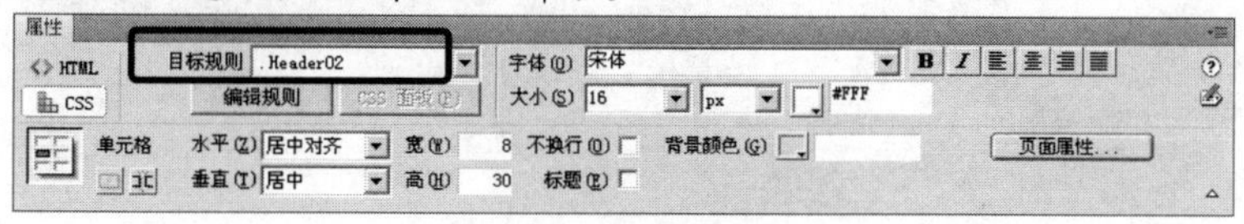

图7-44 应用规则

6. 用同样的方法给其他单元格应用“Header02”CSS 规则，最终效果如图 7-45 所示。

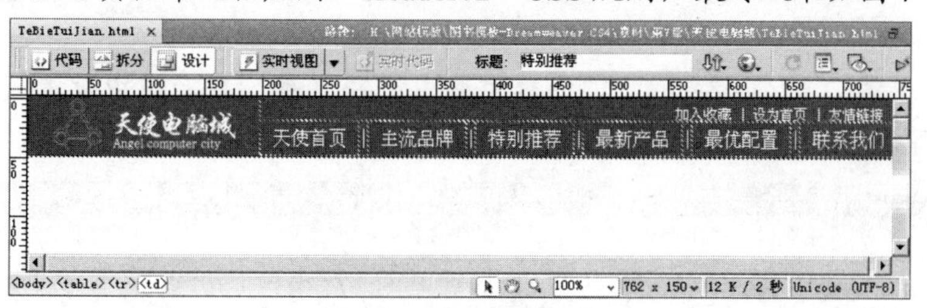

图7-45 调整文本后的效果

7.2.4 插入多媒体

多媒体是网页的重要元素之一，掌握在表格中插入多媒体的操作方法是非常必要的。下面将介绍在表格中插入多媒体以及完成网页其他元素设置的操作过程，效果如图 7-46 所示。

图7-46 插入多媒体

1. 将光标置于第 2 个表格的单元格中，然后插入附盘文件“素材\第 7 章\天使电脑城\image\banner.jpg”，如图 7-47 所示。

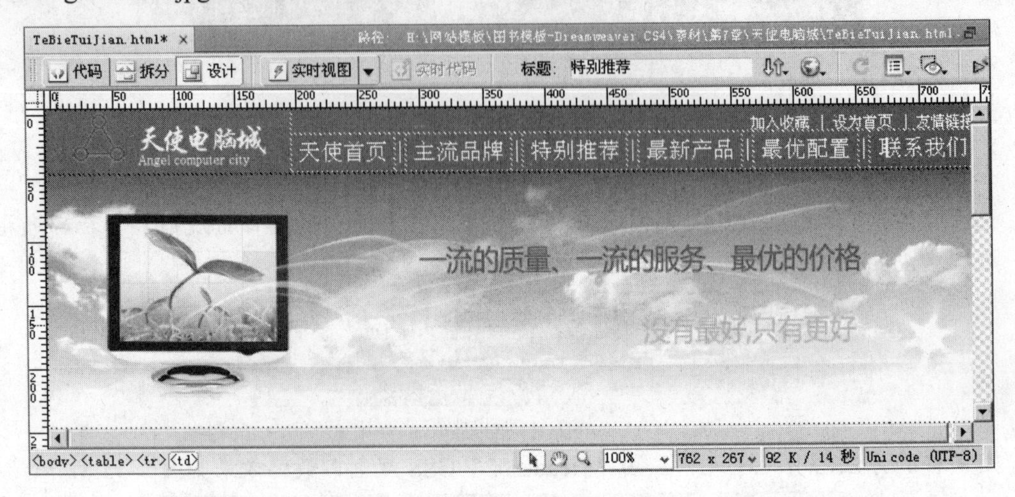

图7-47　插入 banner

2. 将光标置于第 3 个表格的第 1 个单元格中，并【属性】面板中设置【垂直】为“顶端”，然后插入一个 8 行 1 列的表格，设置表格属性，如图 7-48 所示。

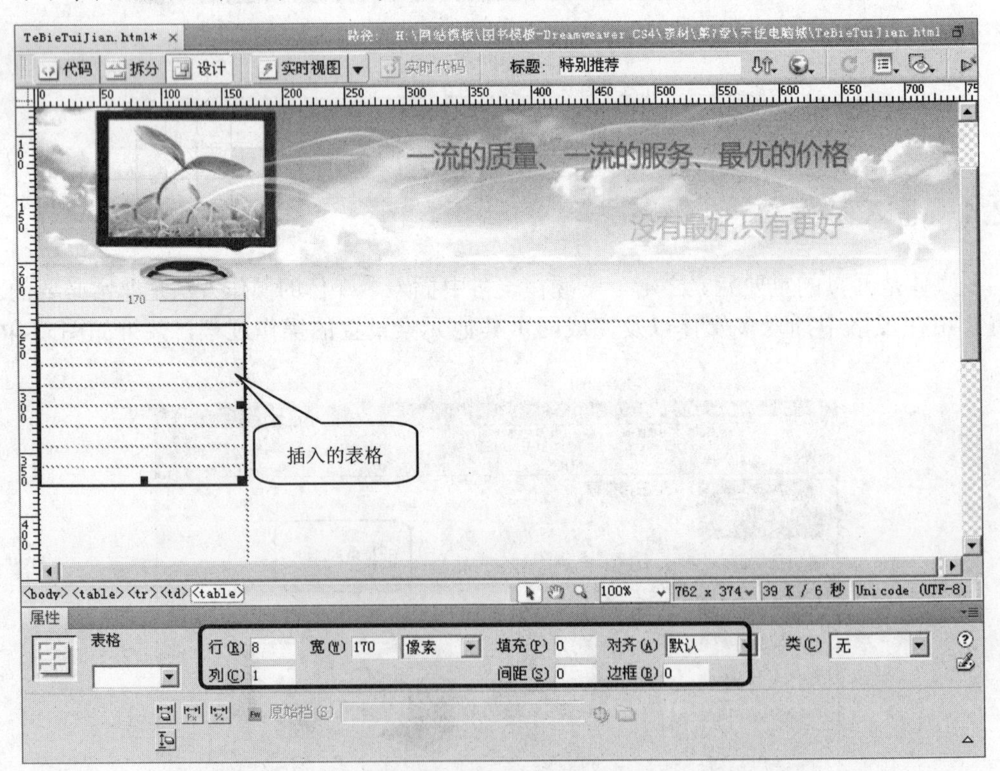

图7-48　插入表格的属性

3. 设置第 1 行的单元格的【水平】为“居中对齐”、【垂直】为“居中”、【高】为“85”，然后插入附盘文件“素材\第 7 章\天使电脑城\menu\01.png”，如图 7-49 所示。

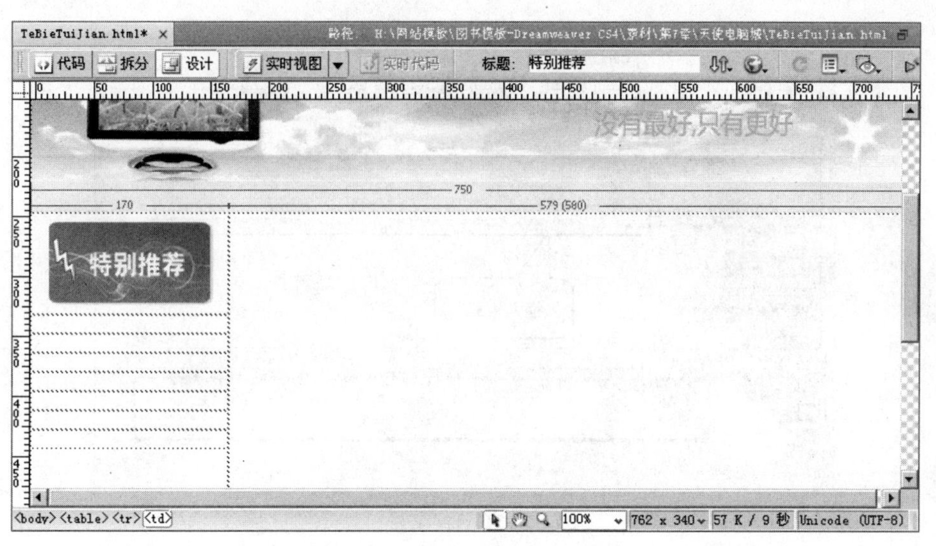

图7-49　设置第 1 行单元格的内容

4. 将光标置于第 2 行的单元格中，按 Shift 键同时单击第 6 行的单元格，从而选中从第 2 行到第 6 行之间的所有单元格，然后在【属性】面板中设置【水平】为“居中对齐”，【垂直】为“居中”，【高】为“40”，效果如图 7-50 所示。
5. 依次将附盘文件夹“素材\第 7 章\天使电脑城\menu”下的“02.png”至“06.png”的图像文件插入到对应的行中，效果如图 7-51 所示。
6. 设置第 7 行和第 8 行单元格的【水平】为“居中对齐”、【垂直】为“居中”、【高】为“65”，然后分别插入“07.png”和“08.png”的图像文件，效果如图 7-52 所示。

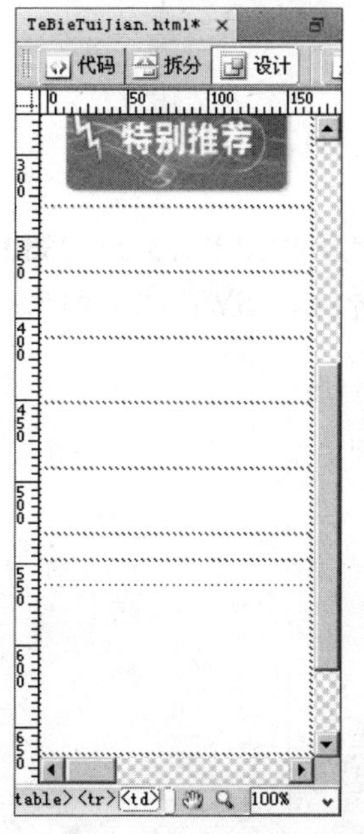

图7-50　设置单元格属性

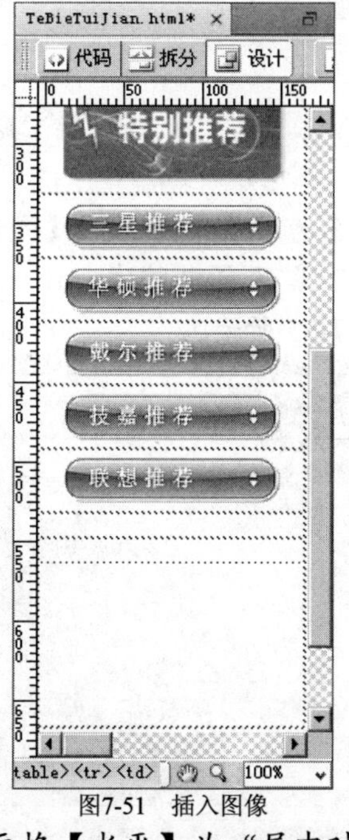

图7-51　插入图像

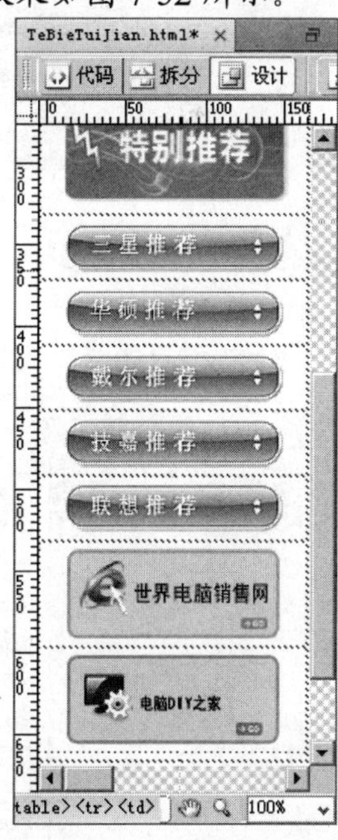

图7-52　最后两行的效果

7. 设置第 3 个表格的第 2 个单元格【水平】为“居中对齐”，【垂直】为“顶端”，然后插入一个 2 行 1 列的表格，表格属性如图 7-53 所示。

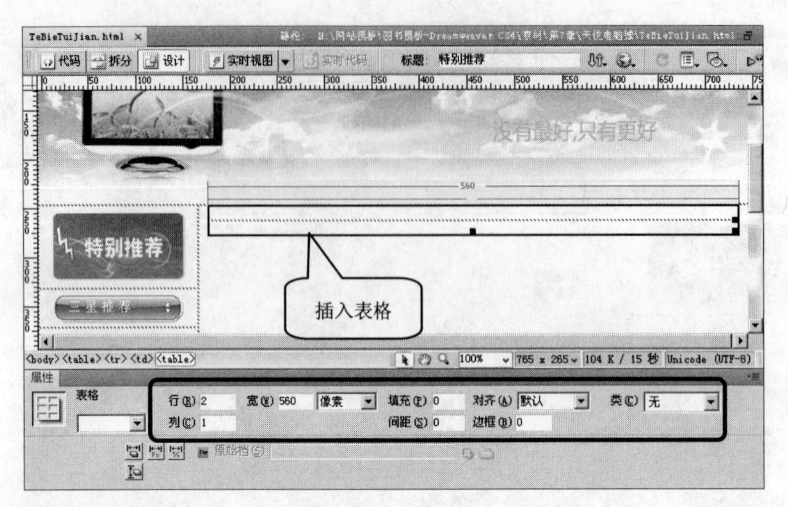

图7-53　插入表格

8. 设置第 1 行的单元格的【水平】为“左对齐”,【高】为“40”，然后插入附盘文件“素材\第 7 章\天使电脑城\sxtj\ICO.png”，如图 7-54 所示。

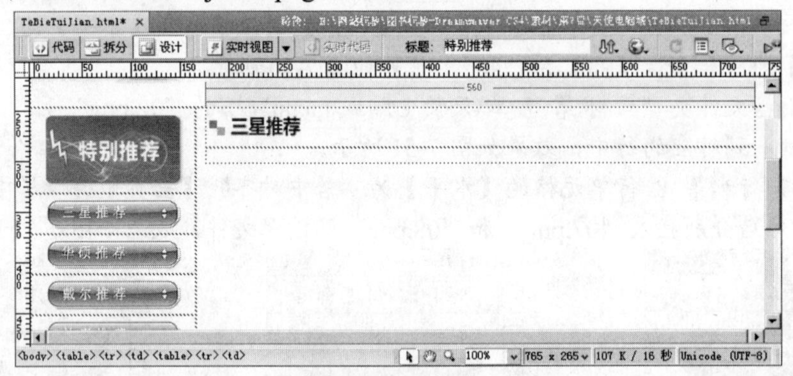

图7-54　设置第 1 行的内容

9. 设置第 2 行单元格的【水平】为“居中对齐”、【垂直】为“居中”、【高】为“380”，然后插入附盘文件“素材\第 7 章\天使电脑城\sxtj\sx.swf”，并调整 SWF 文件的大小为“500px × 350px”，效果如图 7-55 所示。

图7-55　插入 SWF 文件

10. 将光标置于底部表格的第 1 行单元格内，然后将其拆分为 4 行。

11. 设置第 1 行单元格的【垂直】为“居中”、【高】为“10”，然后插入附盘文件“素材\第 7 章\天使电脑城\ image\line01.gif”。
12. 设置第 2 行单元格的【水平】为“居中对齐”、【垂直】为“底部”、【高】为“40”，然后输入文本“版权所有：天使电脑城”。
13. 设置第 3 行单元格的【水平】为“居中对齐”、【高】为“20”，然后输入文本“联系方式：yyh234@126.com”。
14. 设置第 4 行单元格的【高】为“10”，最终效果如图 7-56 所示。

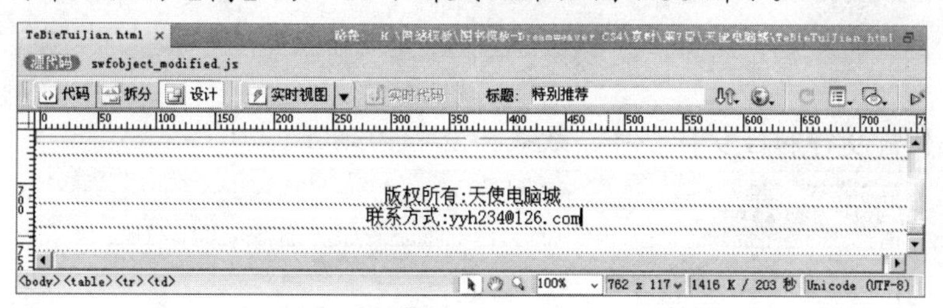

图7-56　版权信息

15. 至此，网页设计完成，按F12键预览网页，效果参见图 7-1。

7.3 拓展训练

为了让读者进一步掌握 Dreamweaver CS4 中对创建和编辑站点的操作方法与技巧，下面将介绍两个站点的创建过程，让读者在练习过程中进一步掌握相关知识。

7.3.1 设计“数码宝贝简介”网页

本训练将讲解设计“数码宝贝简介”网页的过程，效果如图 7-57 所示。通过该训练的学习，读者可以自己动手练习创建表格并设置表格属性的操作方法。

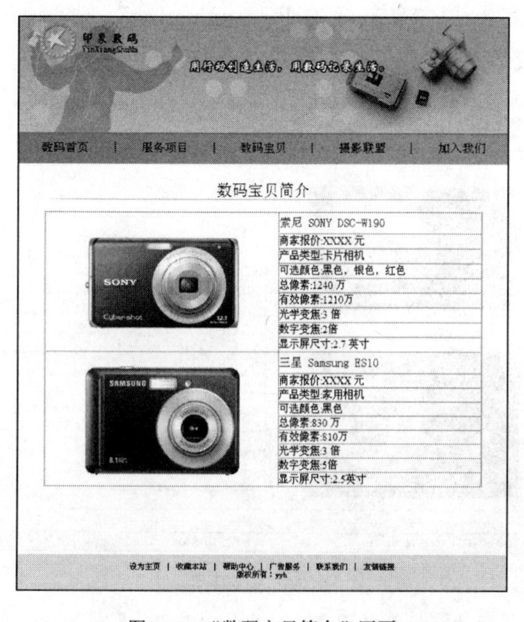

图7-57　“数码宝贝简介”网页

【训练步骤】

1. 打开附盘文件“素材\第 7 章\印象数码\ ShuMaBaoBei.html”。
2. 在文本“数码宝贝简介”下边的空白单元格中插入一个 18 行 2 列的表格，表格参数设置如图 7-58 所示。

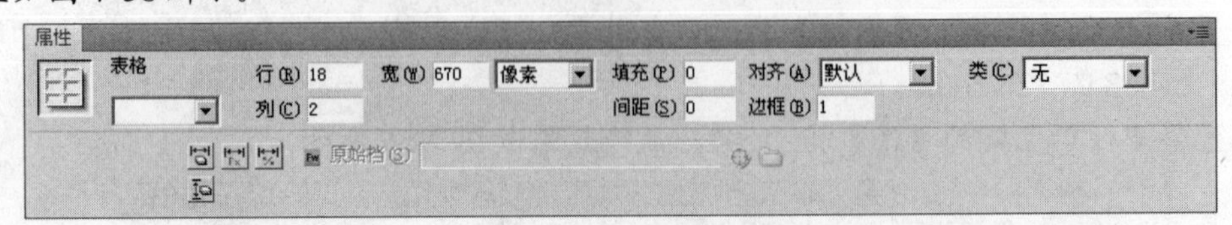

图7-58 表格属性

3. 将表格左侧前 9 行和后 9 行合并，效果如图 7-59 所示。

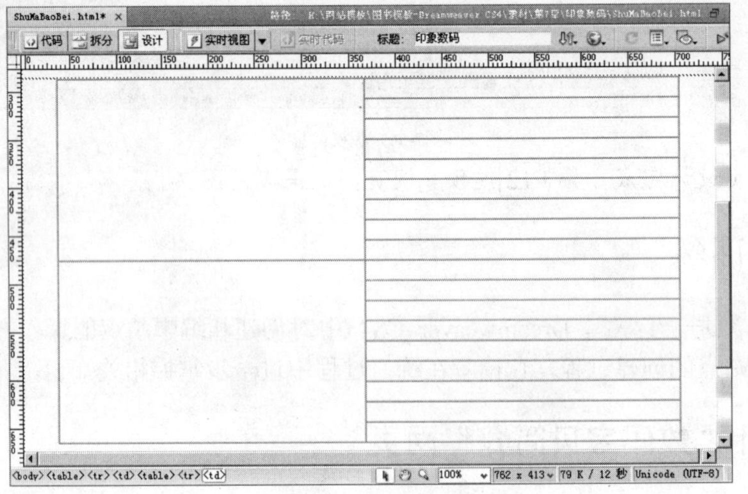

图7-59 合并单元格

4. 设置第 1 列第 1 个单元格【水平】为“居中对齐”、【宽】为“335”，然后插入本书附带光盘中的“素材\第 7 章\印象数码\Baby\sanxing.jpg”文件，用同样的方法设置第 1 列第 2 个单元格，最终效果如图 7-60 所示。

图7-60 插入图像

5. 设置第 2 列第 1 个单元格的【水平】为“左对齐”、【高】为“30”，然后输入文本“索尼 SONY DSC-W190”，并应用“.BiaoTi”规则。

6. 设置第 2 列第 2 至第 9 个单元格的【水平】为“左对齐”，然后输入产品信息。
7. 用同样的方法设置第 2 列的其他单元格，最终效果如图 7-61 所示。

图7-61　设置第 2 列单元格的内容

8. 至此，“数码宝贝简介”网页设计完成，按 F12 键浏览网页，效果参见图 7-57。

7.3.2 设计“虫虫社区”网页

本训练将讲解设计“虫虫社区”网页的过程，效果如图 7-62 所示。通过该训练的学习，读者可以进一步掌握创建表格、设置表格以及为表格添加背景图像的操作步骤。

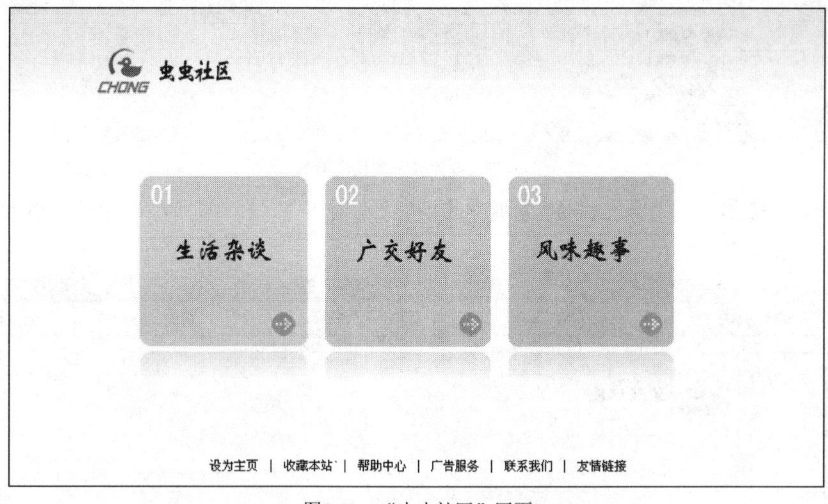

图7-62　“虫虫社区”网页

【训练步骤】

1. 打开本盘文件“素材\第 7 章\虫虫社区\index.html”，该文件是空白文档。
2. 在文档中插入一个 1 行 1 列的表格，表格参数如图 7-63 所示，然后设置单元格的【水平】为“居中对齐”、【垂直】为“顶部”、【高】为“457”。

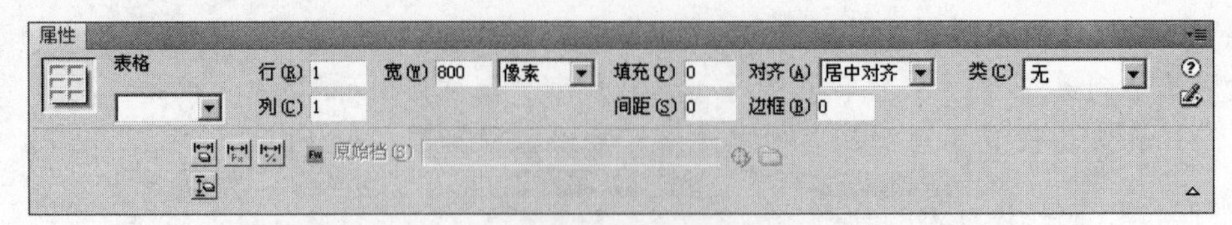

图7-63 表格属性

3. 按住 Ctrl 键同时用鼠标左键单击单元格，从而选中单元格，然后单击【属性】面板中的快速标签编辑器按钮，在打开的编辑标签窗口中输入代码“background="images/bg.jpg"”，如图 7-64 所示。

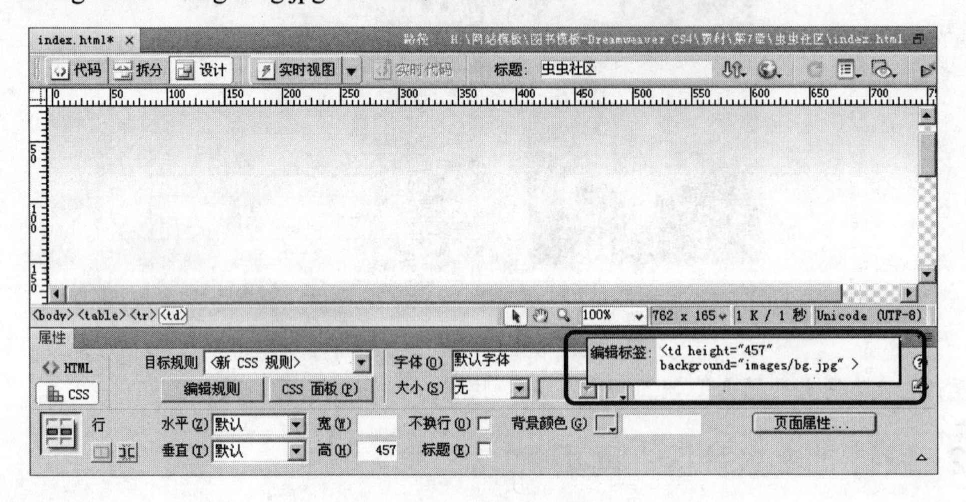

图7-64 添加渐变背景图像

4. 在单元格内插入一个 3 行 1 列的表格，表格参数如图 7-65 所示。

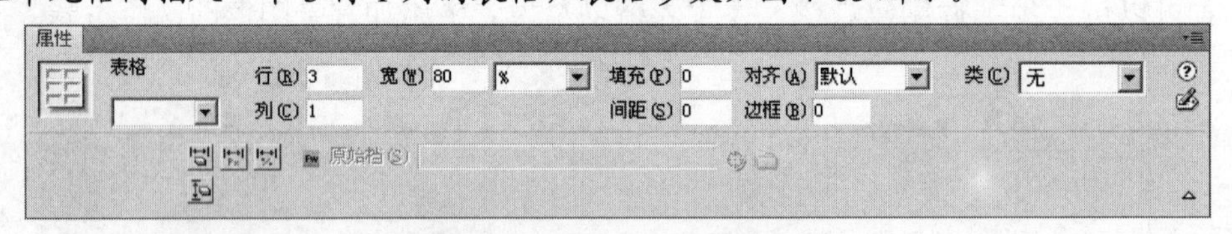

图7-65 设置嵌套表格的参数

5. 设置嵌套表格第 1 行单元格的【水平】为“左对齐”、【高】为“120”，然后插入 Logo 图像，如图 7-66 所示。

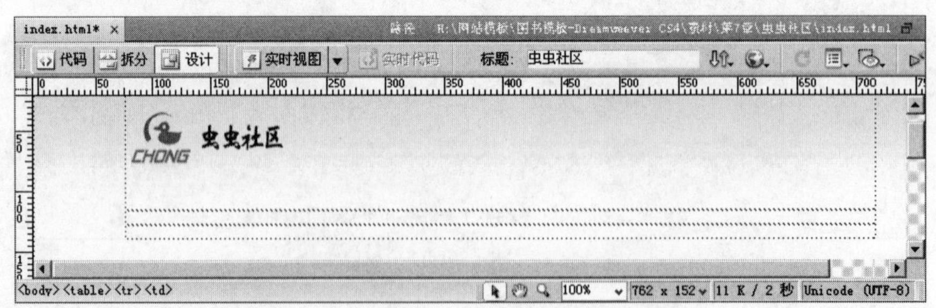

图7-66 插入 Logo 图像

6. 设置嵌套表格第 2 行单元格的【高】为“300”，然后将其拆分为 5 列。

7. 设置第 1 列的【宽】为“80”、第 2、3、4 列的【水平】为“居中对齐”、【宽】为“200”，然后分别插入图像“01.png”、“02.png”、“03.png”，如图 7-67 所示。

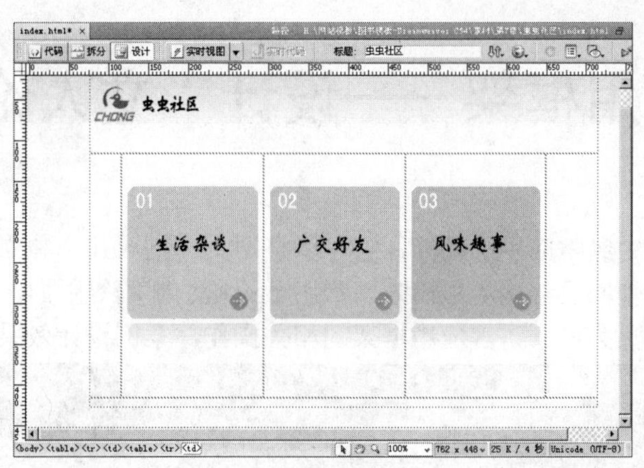

图7-67　设置第 2 行的元素

8. 设置嵌套表格第 3 行单元格的【水平】为“居中对齐”、【高】为“35”，然后输入文本“设为主页 ｜ 收藏本站 ｜ 帮助中心 ｜ 广告服务 ｜ 联系我们 ｜ 友情链接”。
9. 至此，“虫虫社区”网页设计完成，按 F12 键浏览网页，效果参见图 7-62。

7.4 小结

本章讲解了运用表格布局网页的基本操作过程和 Dreamweaver CS4 中应用表格的相关操作。通过本章的学习，读者可以掌握创建表格、设置表格属性以及设置单元格的操行方法并运用表格进行网页布局。

7.5 习题

一、问答题

1. 表格的主要用途有哪些？
2. 表格的组成部分有哪些？
3. 本章讲解了几种插入表格的方法？简单介绍其操作过程。
4. 向表格中插入的元素有哪些？

二、操作题

制作如图 7-68 所示的表格。

<table>
<tr><td colspan="7">个人简介</td></tr>
<tr><td>姓　　名</td><td></td><td>性　别</td><td></td><td>出生年月</td><td></td><td rowspan="5">照片</td></tr>
<tr><td>毕业学校</td><td colspan="3"></td><td>所学专业</td><td></td></tr>
<tr><td>毕业时间</td><td colspan="3"></td><td>学历学位</td><td></td></tr>
<tr><td>籍　　贯</td><td colspan="5"></td></tr>
<tr><td>住　　址</td><td colspan="5"></td></tr>
</table>

图7-68　个人简介

【步骤提示】

1. 创建一个 6 行 3 列的表格。
2. 对单元格进行拆分与合并。
3. 设置单元格宽度和高度并输入内容。

第8章　应用框架——设计“文人论坛”网页

框架是网页设计中经常应用的功能，它可以将网页分割成几个独立的区域，每个区域可以显示独立的内容，使网页结构更加清晰，常用于论坛、邮箱等页面。本章将以应用框架来设计“文人论坛”网页为例来讲解应用框架的相关操作。案例设计效果如图 8-1 所示。

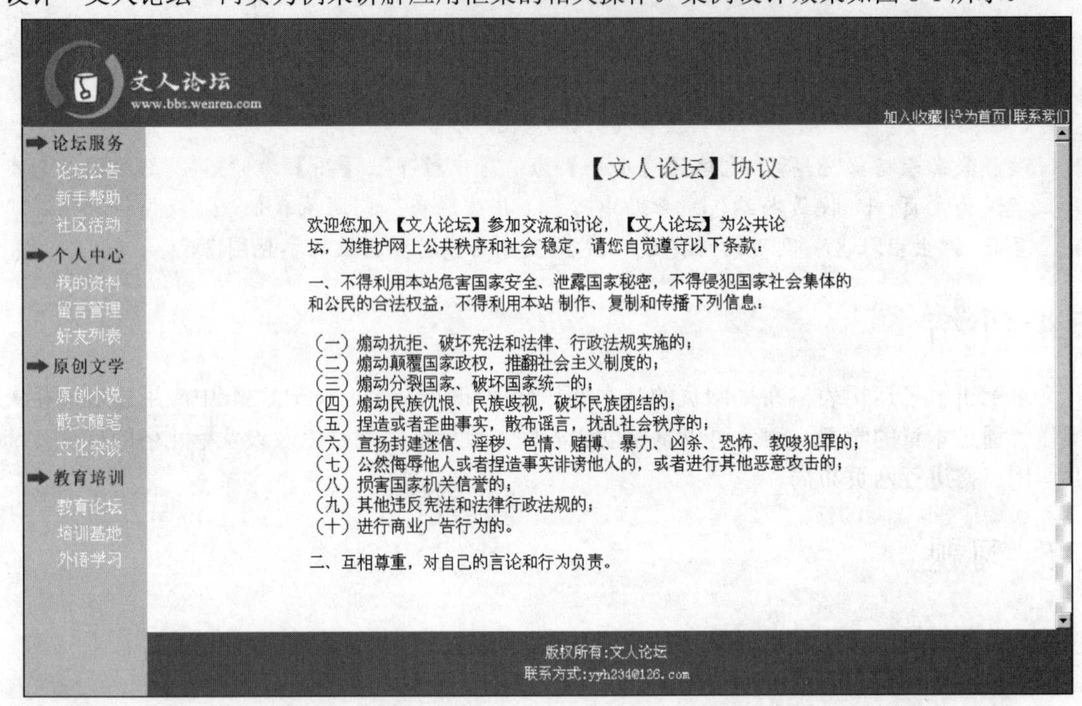

图8-1　“文人论坛”网页

【学习目标】

- 熟悉框架的基础知识。
- 掌握创建框架的操作方法。
- 掌握拆分、添加和删除框架的操作方法。
- 掌握设置框架属性的操作方法。
- 掌握设置框架集属性的操作方法。
- 掌握创建框架中的链接的操作方法。
- 掌握在网页中创建嵌入式框架的操作方法。

8.1　认识框架

在开始案例设计之前，先认识框架的相关知识，有助于快速高效地创建框架性网页。

8.1.1　认识框架和框架集

框架是一种特殊的网页形式，它包括框架集（Frameset）和框架（Frame）两个部分，主要应用于各种论坛和电子邮箱页面，如图 8-2 所示。

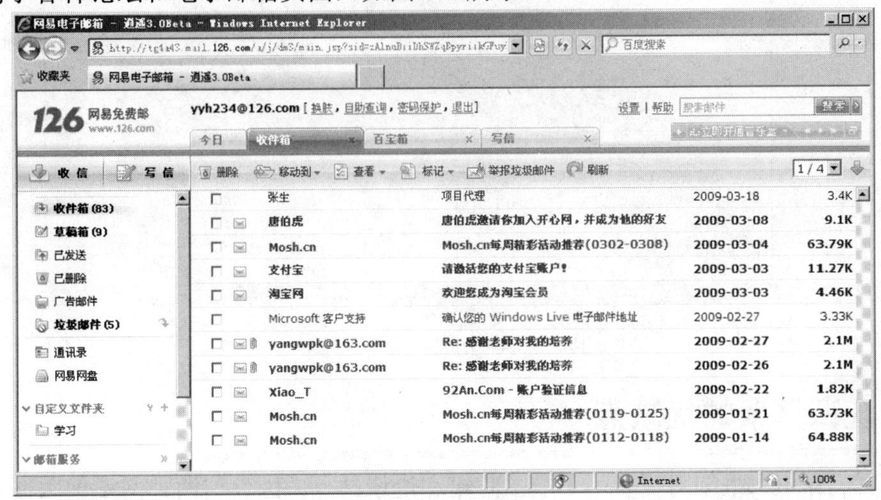

图8-2　网易 126 邮箱

一、　框架集

框架集是多个框架的集合，它实际上是一个 HTML 文件。框架是定义一组框架的布局和属性，包括框架的数目、大小和位置以及最初在每个框架中显示的页面的 URL。它本身不包含要在浏览器中显示的 HTML 内容，只是向浏览器提供应如何显示一组框架以及在这些框架中应显示哪些文档的有关信息。图 8-3 所示为一个没有框架文档的框架集。

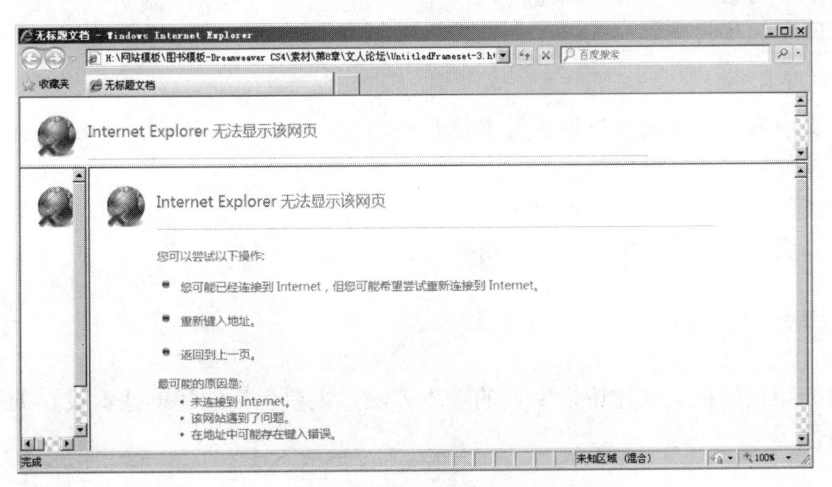

图8-3　没有框架文档的框架集

二、　框架

框架是框架集中所要载入的文档，它实际上就是单独的网页文件。只有在框架页面创建好后，在浏览器中浏览时才能正常显示框架集。图 8-4 所示为框架集中的框架。

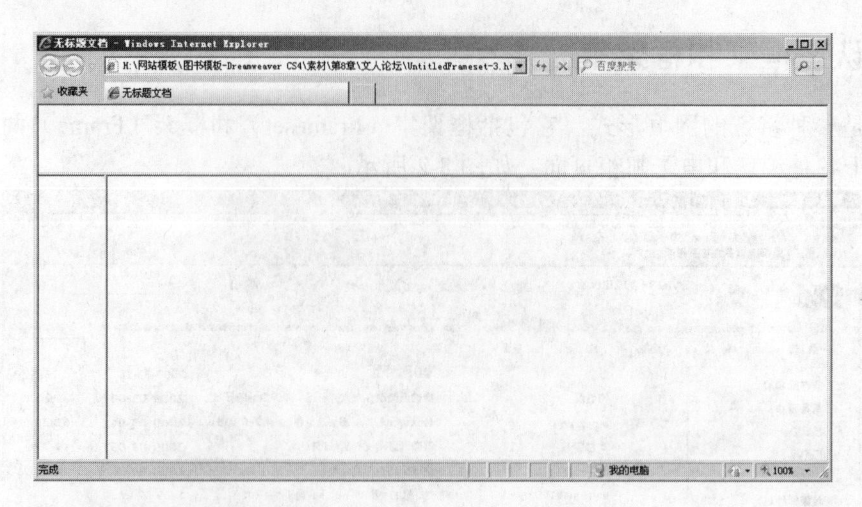

图8-4　添加了框架的框架集网页

8.1.2　认识框架的优缺点

在网页制作中，框架网页多用于电子邮箱和论坛站点，因为这两种网站使用框架网页会更加方便用户操作。但在其他类型的网页中并不一定适用框架网页。同普通网页相比，框架的优缺点如下。

一、　优点

- 网页结构清晰，易于维护和更新。
- 方便用户浏览网页。
- 采用滚动条，可节省页面空间。
- 使网页风格保持统一。

二、　缺点

- 网页内容无法被大多数搜索引擎搜索到。
- 不被低版本浏览器支持。
- 样式陈旧，无法满足个性化设置。
- 难以实现不同框架中各元素的精确对齐。

8.2　创建框架

本节将介绍使用框架创建论坛网页的基本方法，主要包括创建框架、设置框架属性、设置框架集属性。

8.2.1　创建框架

在创建框架网页时，需要先创建一个框架集文件，然后给框架集中的框架添加一个网页文档。Dreamweaver CS4 提供了 15 种框架类型，极大地简化网页设计的工作流程。下面将以创建“文人论坛”网页框架为例来讲解创建框架的操作方法和技巧。设计效果如图 8-5 所示。

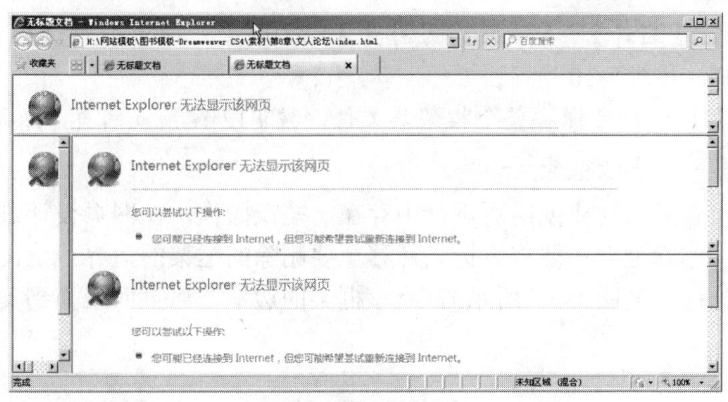

图8-5　创建框架

1. 执行菜单命令【文件】/【新建】，打开【新建文档】对话框，选择【示例中的页】/【框架页】/【上方固定，左侧嵌套】选项，如图 8-6 所示。
2. 单击 创建(R) 按钮，将弹出【框架标签辅助功能属性】对话框，这里保持默认设置，如图 8-7 所示。

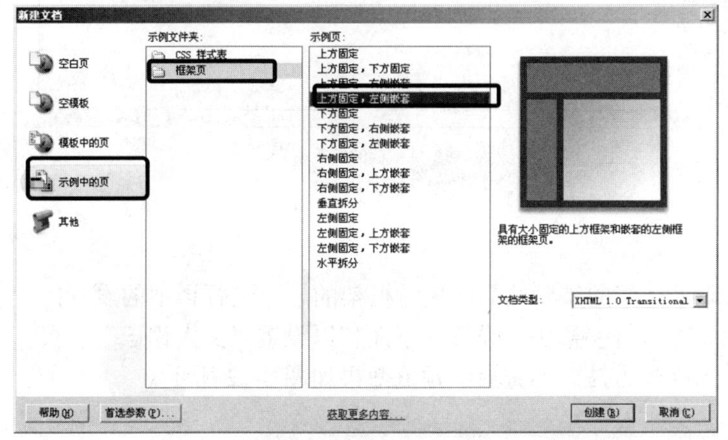

图8-6　选择创建框架类型

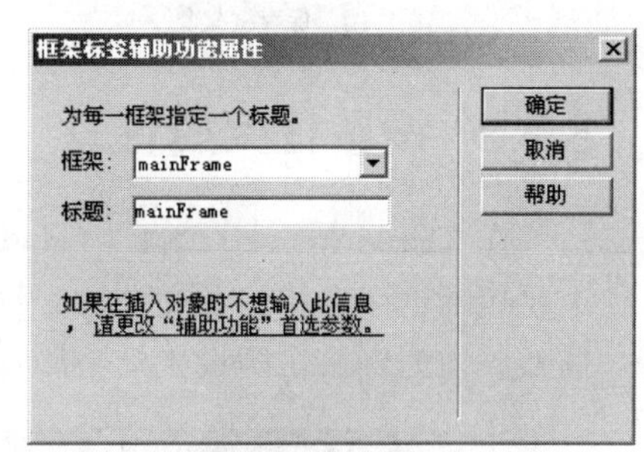

图8-7　【框架标签辅助功能属性】对话框

要点提示：在【框架】下拉列表中有“mainFrame”、“topFrame”和“leftFrame”3 个框架选项，每选择其中一个框架，就可以在其下面的【标题】文本框中为框架指定一个标题名称。

3. 单击 确定 按钮，即可创建一个预定义框架集，如图 8-8 所示。
4. 将光标置于右下侧的框架内，然后执行菜单命令【修改】/【框架集】/【拆分上框架】，将该框架拆分上下两个框架，如图 8-9 所示。

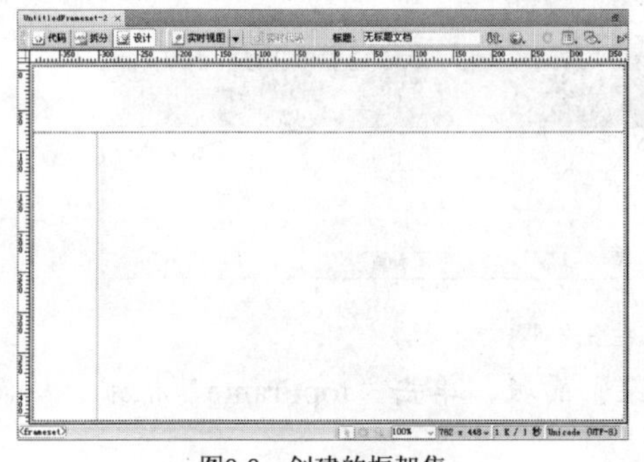

图8-8　创建的框架集

图8-9　拆分框架

5. 执行菜单命令【文件】/【框架集另存为】，打开【另存为】对话框，输入文件名为“index.html”，如图 8-10 所示。
6. 单击 保存(S) 按钮，即可保存整个框架集文件。按 F12 键预览网页，效果参见图 8-5。

【知识链接】——删除框架

为了满足网页布局的需要或网页设计中存在一些误操作，在网页设计过程中可能会删除一些多余的框架。删除框架只要将鼠标光标移至要删除的框架的边界线上，当鼠标变为双向箭头时拖动鼠标光标（如图 8-11 所示），将该框架的边框拖离页面或拖到父框架的边框上即可。

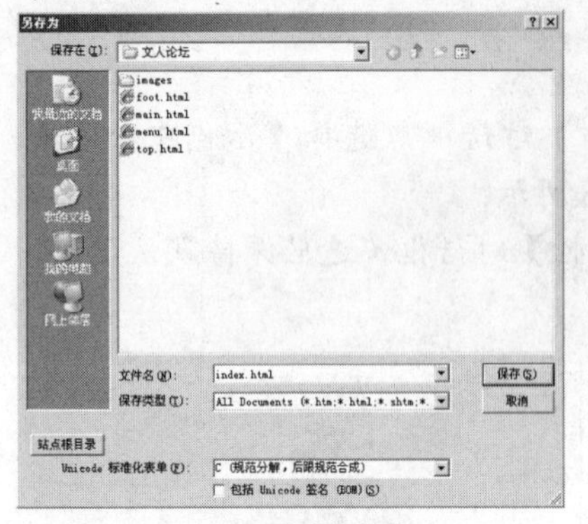

图8-10　保存框架集

图8-11　拖动框架边框

8.2.2 设置框架属性

在 Dreamweaver CS4 中可以通过框架的【属性】面板对框架的属性进行详细的设置，主要包括框架名称、源文件、滚动、边框等参数进行设置。下面将以设置“文人论坛”网页框架属性为例来讲解设置框架属性的操作方法。设置后的预览效果如图 8-12 所示。

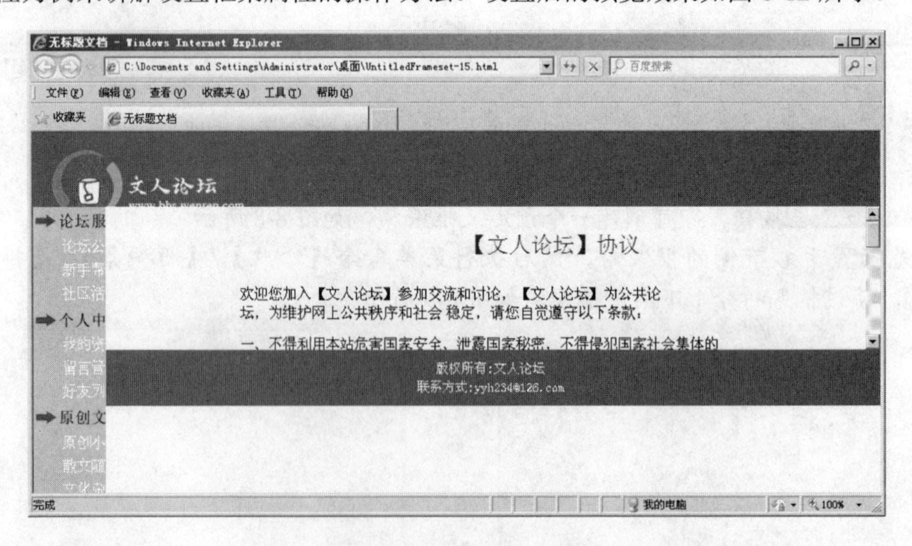

图8-12　设置框架属性后的网页

1. 执行菜单命令【窗口】/【框架】，打开【框架】面板，单击“topFrame”框架，从而选中该框架，如图 8-13 所示。

2. 单击【属性】面板中【源文件】文本框右侧的按钮，然后选择附盘文件“素材\第 8 章\文人论坛\top.html”，并设置【滚动】为“否”，选择【不能调整大小】复选项，结果如图 8-14 所示。此时的文档效果如图 8-15 所示。

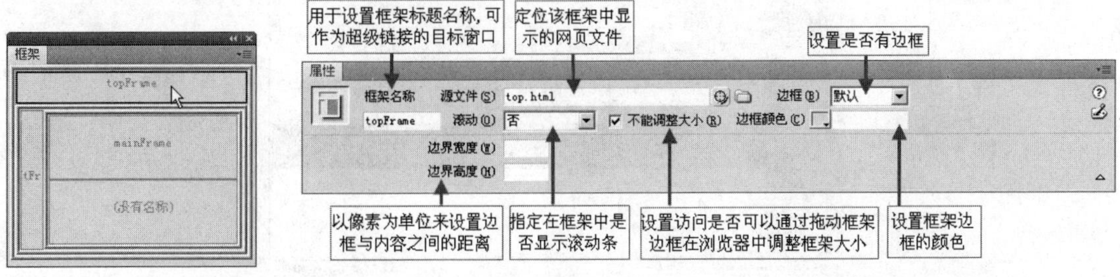

图8-13　单击选中框架　　　　图8-14　设置“TopFrame”框架属性

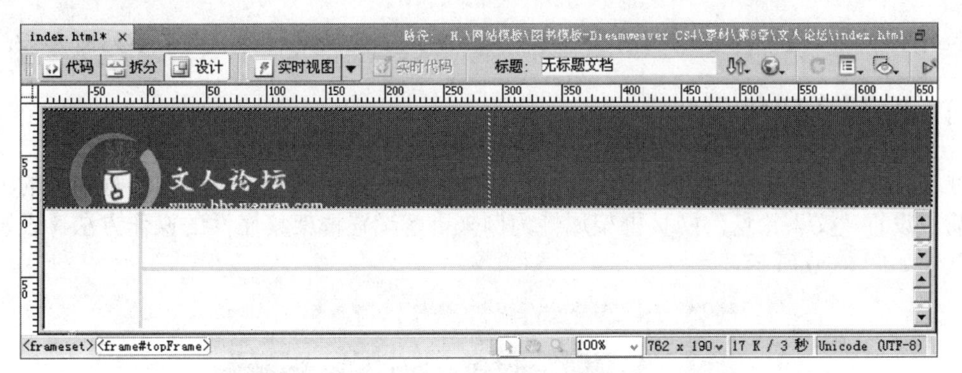

图8-15　框架定位的网页文件

3. 在【框架】面板中单击“leftFrame”框架，然后在【属性】面板中设置相关参数，如图 8-16 所示。

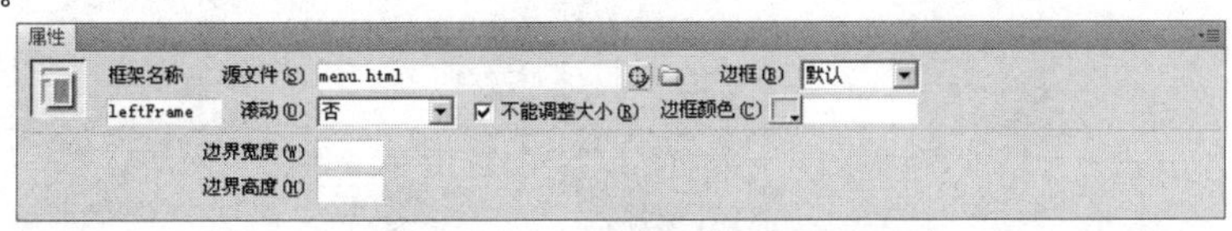

图8-16　设置“leftFrame”框架属性

4. 在【框架】面板中用鼠标单击“mainFrame”框架，然后在【属性】面板中设置相关参数，如图 8-17 所示。

图8-17　设置“mainFrame”框架属性

5. 在【框架】面板中用鼠标单击“(没有名称)”框架，然后在【属性】面板中设置相关参数，如图 8-18 所示。此时的文档效果如图 8-19 所示。

图8-18　设置“(没有名称)”框架属性

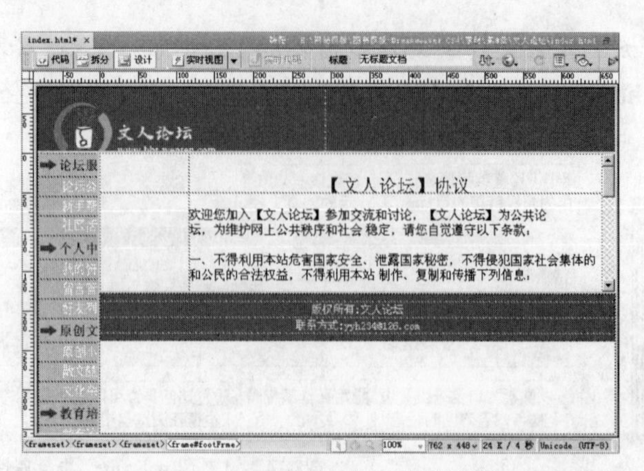

图8-19　给整个框架添加网页后的效果

6. 执行菜单命令【文件】/【保存全部】，然后按F12键预览网页，效果参见图 8-12。

8.2.3 设置框架集属性

在【属性】面板中可以方便地设置框架集的边框宽度和颜色，设置框架行和列的大小。下面将以设置“文人论坛”网页框架属性为例来讲解设置框架集属性的操作方法，设置后的预览效果如图 8-20 所示。

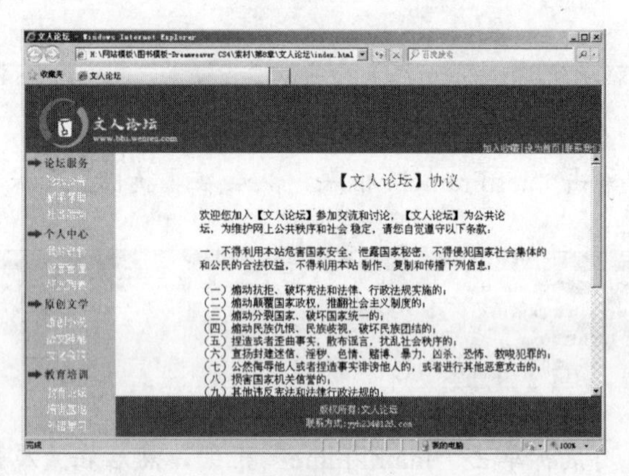

图8-20　设置框架集属性后的预览效果

1. 打开【框架】面板，然后用鼠标单击框架集的边框从而将整个框架集选中，如图 8-21 所示。
2. 在【属性】面板中设置【边框】为“否”、【行】的【值】为“100”、【单位】为“像素”，如图 8-22 所示。此时文档效果如图 8-23 所示。

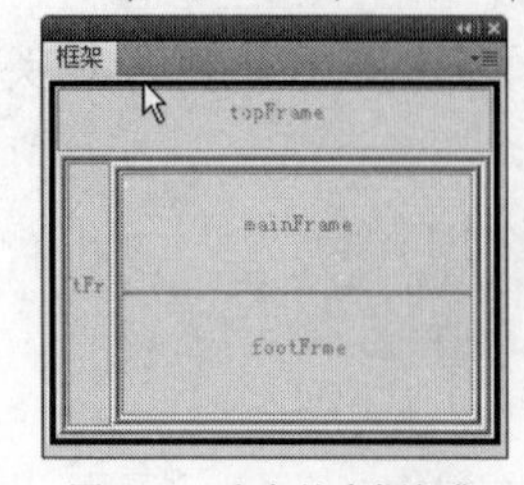

图8-21　选中整个框架集

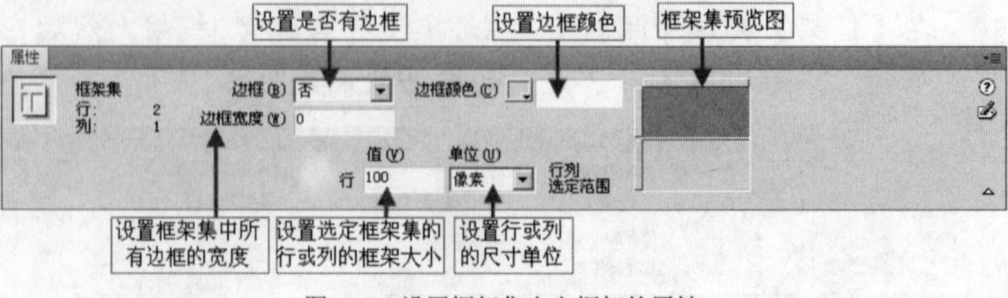

图8-22　设置框架集上方框架的属性

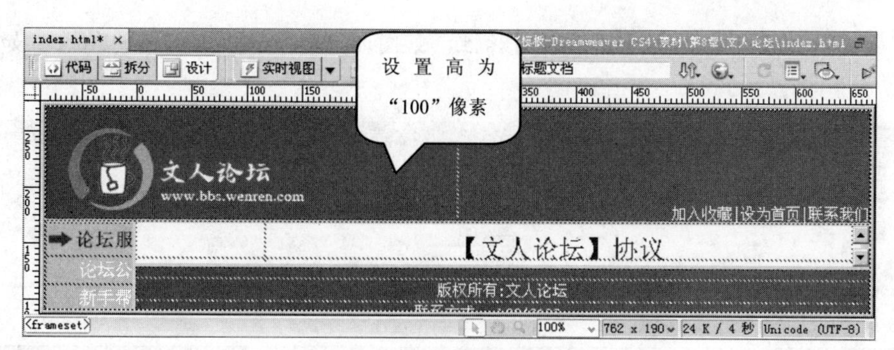

图8-23　设置高度后的框架效果

3. 再在【属性】面板中单击框架集预览图底部，设置的参数如图 8-24 所示。

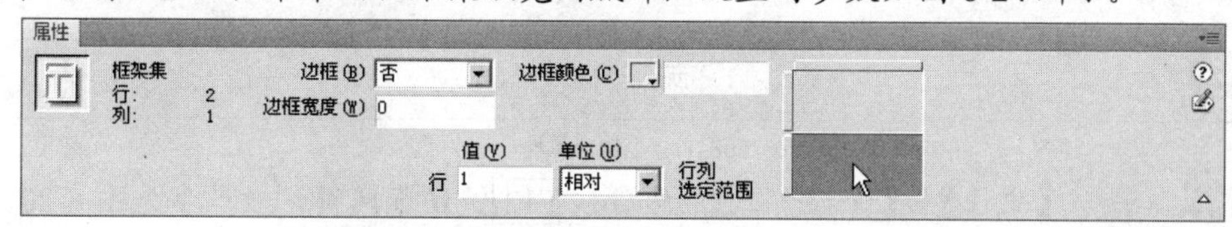

图8-24　设置框架集下方框架的属性

要点提示　在设置行或列的尺寸单位时，有【像素】、【百分比】和【相对】3 个选项，其中【像素】是将选定列或行的大小设置为一个绝对值，对于应始终保持相同大小的框架（例如导航条），可选择此选项。【百分比】是指选定列或行应为相当于其框架集的总宽度或总高度的一个百分比。以“百分比”为单位的框架分配空间在以“像素”为单位的框架之后，但在以“相对”为单位的框架之前。【相对】是指在为像素和百分比框架分配空间后，为选定列或行分配其余可用空间；剩余空间在大小设置为“相对”的框架之间按比例划分。

4. 在【框架】面板中单击第 2 层框架集的边框，从而将第 2 层框架集选中，如图 8-25 所示。
5. 在【属性】面板中分别设置左框架的属性，如图 8-26 所示；右框架的属性，如图 8-27 所示。

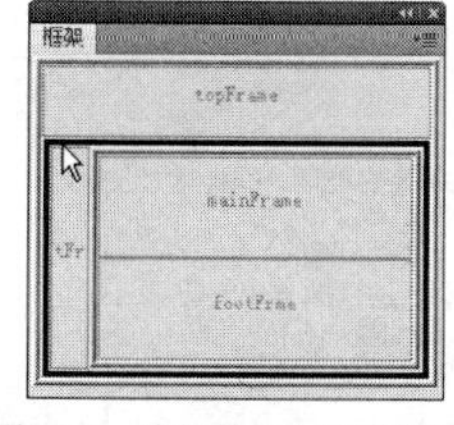

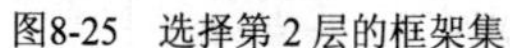

图8-25　选择第 2 层的框架集

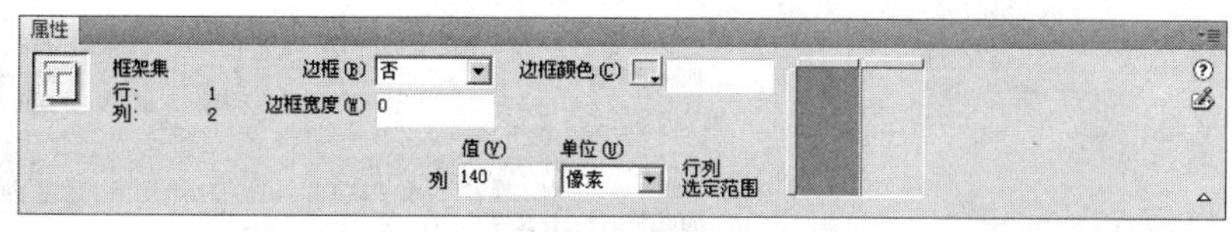

图8-26　左框架属性

6. 在【框架】面板中用鼠标单击第 3 层框架集的边框，从而将第 2 层框架集选中，如图 8-28 所示。

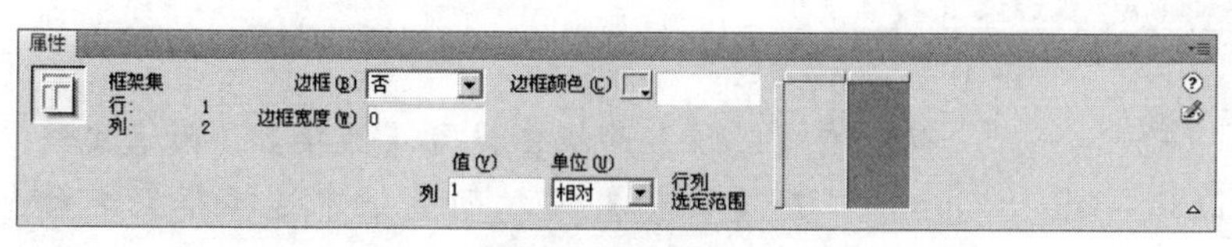

图8-27　右框架属性

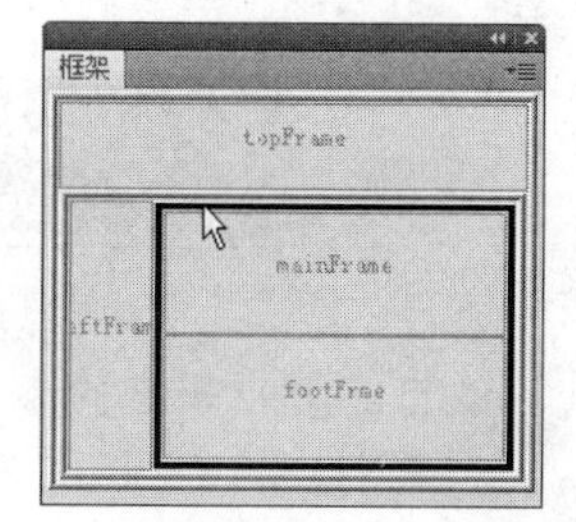

图8-28　选择第 3 层的框架集

7. 在【属性】面板中分别设置下框架的属性，如图 8-29 所示；上框架的属性，如图 8-30 所示。

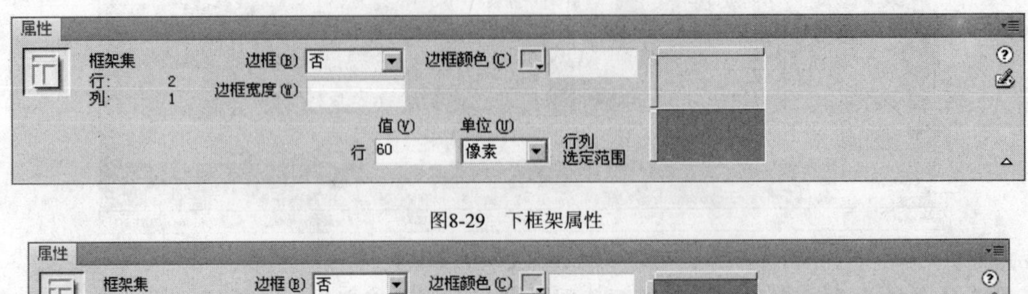

图8-29 下框架属性

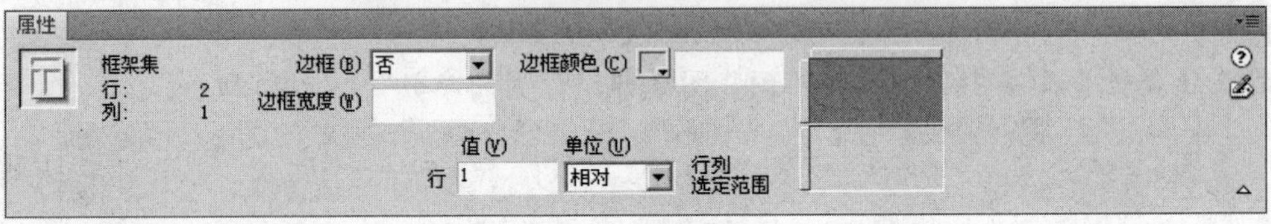

属性
框架集
行: 2
列: 1
边框(B) 否
边框颜色(C)
边框宽度(W)
值(V)
单位(U)
行 1
相对
行列
选定范围

图8-30 上框架属性

8. 执行菜单命令【文件】/【保存全部】，然后按 F12 键预览网页，效果参见图 8-20。

8.3 创建框架中的链接

框架设计完成之后，就需要给框架中的内容设置链接。下面将以为“文人论坛”网页的左侧栏目创建链接为例来讲解创建框架中的链接的操作方法，设置后的预览效果，如图 8-31 所示。

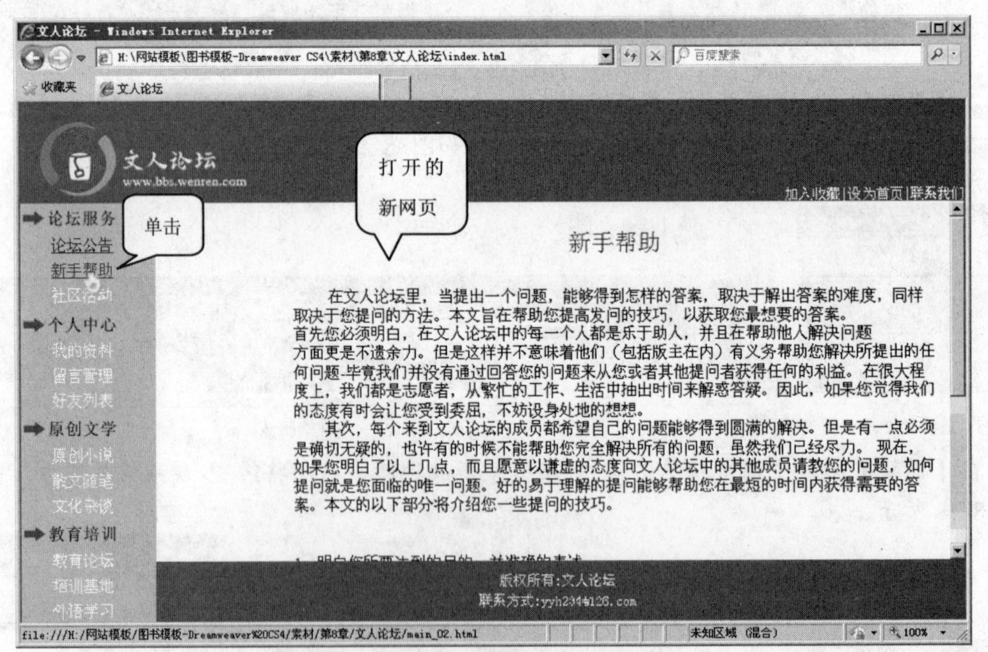

图8-31 设置链接效果

1. 选中左侧框架中的文本“论坛公告”，然后在【属性】面板中设置【链接】为附盘文件“素材\第 8 章\文人论坛\main_01.html”，在【目标】下拉列表框中选择框架名称“mainFrame”，如图 8-32 所示。

图8-32　设置“论坛公告”的链接参数

2. 选中左侧框架中的文本“新手帮助”，然后在【属性】面板中设置链接参数，如图 8-33 所示。

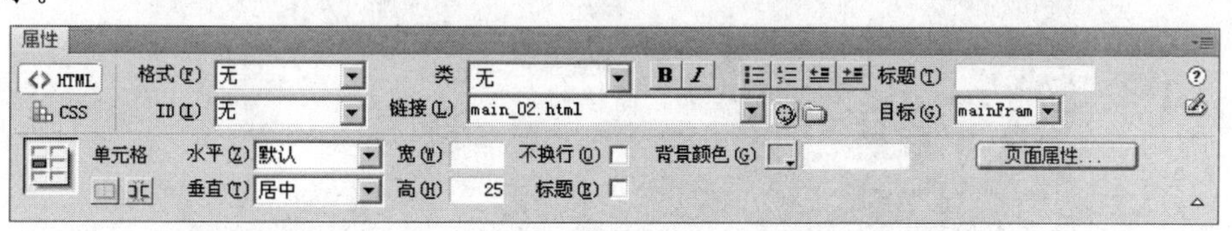

图8-33　设置“新手帮助”的链接参数

3. 执行菜单命令【文件】/【保存全部】，然后按 F12 键预览网页，效果参见图 8-31。

8.4 拓展训练

为了让读者进一步掌握 Dreamweaver CS4 中对框架的操作方法和技巧，下面将介绍两个案例的制作过程，让读者在制作过程中认真领会其中的知识。

8.4.1 设计“在线课程”网页

本训练将讲解设计“在线课程”网页的过程，效果如图 8-34 所示。通过该训练的学习，读者可以自己动手掌握运用框架的布局网页的操行过程和技巧。

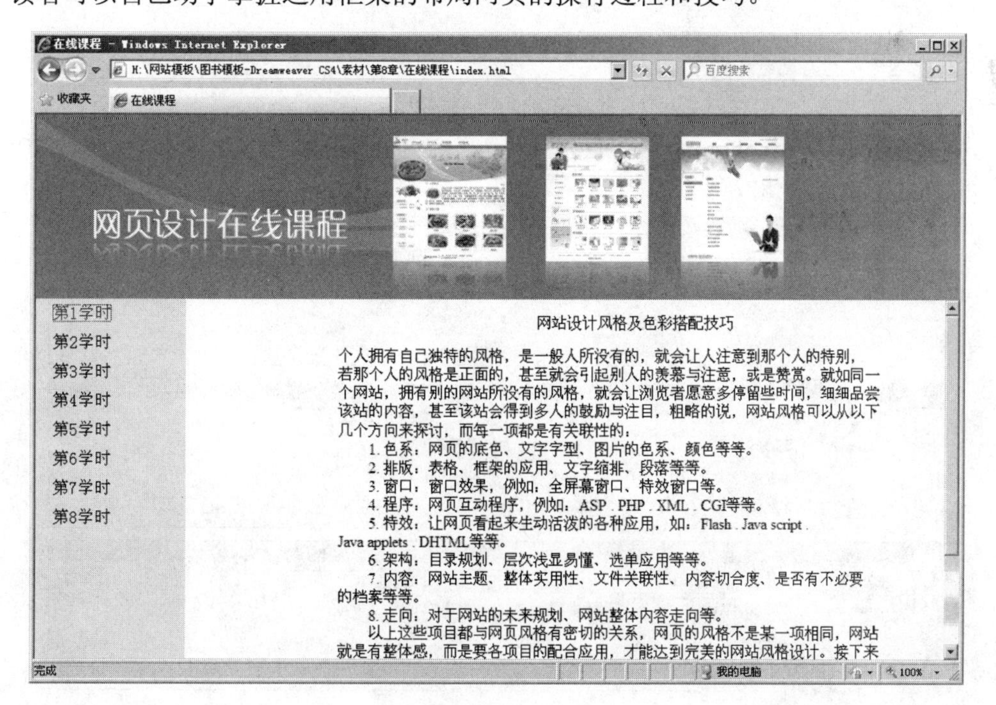

图8-34　“在线课程”网页

【训练步骤】

1. 创建一个“上方固定，左侧嵌套”的框架结构。
2. 新建一个空白文档并保存为“top.html”，然后插入一个 1 行 1 列的表格，设置表格宽度为“100%”并将附盘文件“素材\第 8 章\在线课程\images\logo.jpg”插入单元格内，如图 8-35 所示。

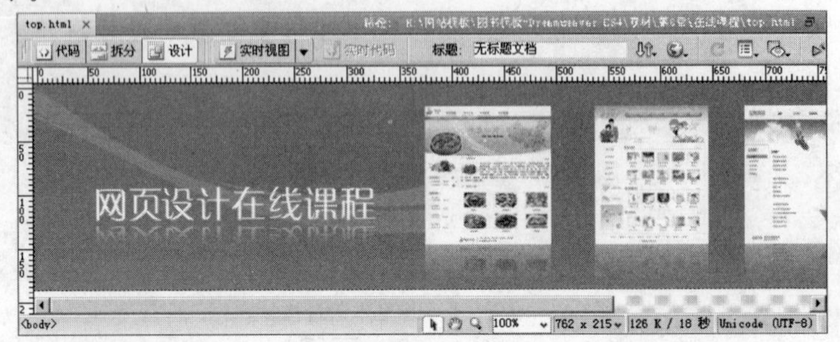

图8-35　设计“top.html”

3. 新建一个空白文档并保存为“left.html”，设置文档的【背景颜色】为“#e3e3e3”，然后插入一个 8 行 1 列的表格，设置表格宽度为“100%”并设置单元格高度和输入文本，如图 8-36 所示。

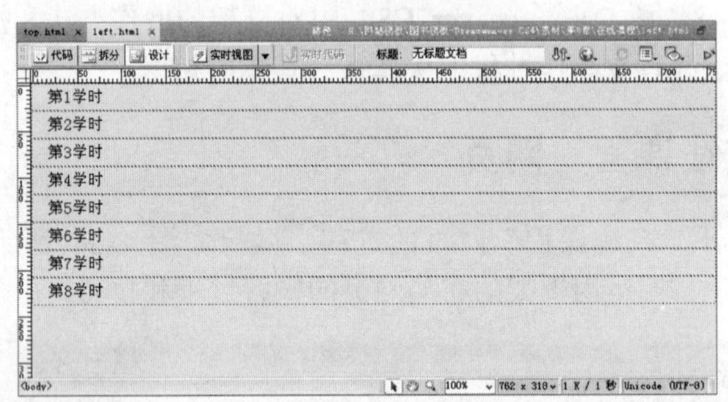

图8-36　设计“left.html”

4. 分别设置框架“topFrame”、“leftFrame”、“mainFrame”的属性如图 8-37 所示。“main.html”位于附盘中。

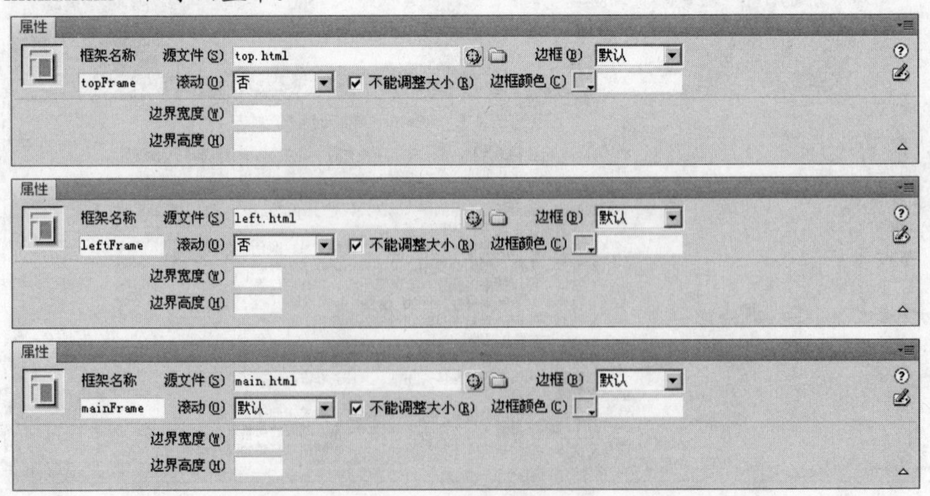

图8-37　设置框架参数

5. 设置整个框架集上边行的高度为“190 像素”，设置第 2 层框架集左边列的宽度为“160 像素”。最终文档效果，如图 8-38 所示。

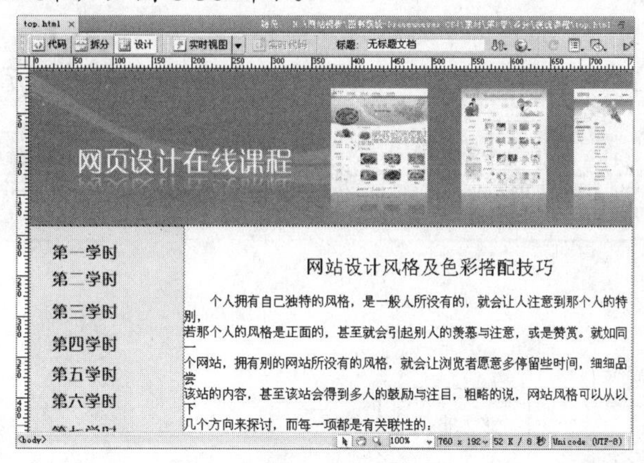

图8-38　文档效果

6. 为左侧框架中的文本“第 1 学时”设置链接文件为“main_01.html”。
7. 至此，“在线课程”网页设计完成，保存全部文件，按F12键预览网页，效果参见图 8-34。

8.4.2 设计“名车在线”网页

嵌入式框架（iframe）也是框架的一种形式，它可以嵌入到网页中的任意部分，从而使其广泛应该于网页设计。本训练将讲解设计“名车在线”网页的过程，效果如图 8-39 所示。通过该训练的学习，读者可以掌握嵌入式框架的使用方法和技巧。

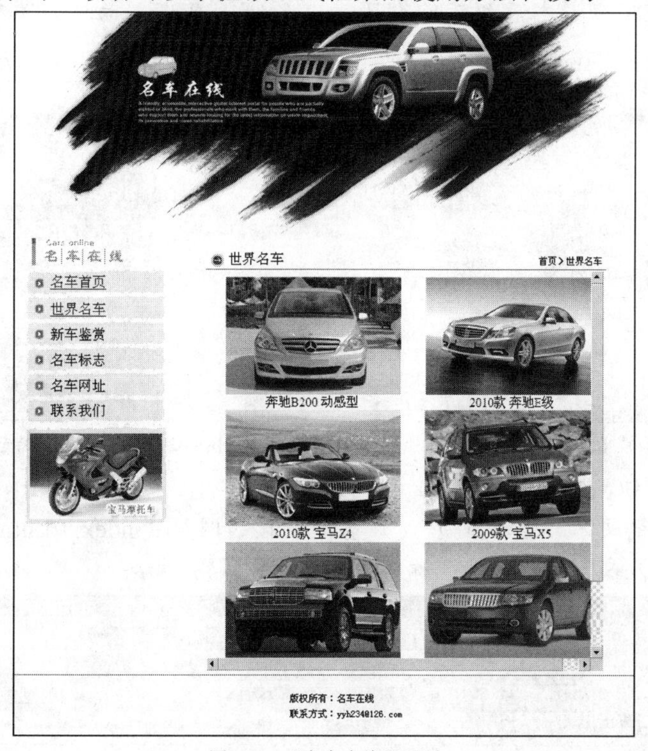

图8-39　“名车在线”网页

【训练步骤】

1. 打开附盘文件“素材\第 8 章\名车在线\index.html”。
2. 将光标置于文档的正文的空白单元格内，然后执行菜单命令【插入】/【HTML】/【框架】/【IFRAME】，在表格中插入一个嵌入式框架，如图 8-40 所示。

图8-40　插入嵌入框架

3. 选中插入后的框架，执行菜单命令【修改】/【编辑标签】，打开【标签编辑器-iframe】对话框，然后设置嵌入式框架的源文件、名称、宽度、高度、滚动、显示边框等参数，如图 8-41 所示。
4. 选择【浏览器特定的】选项，选择【允许透明】复选项，如图 8-42 所示。

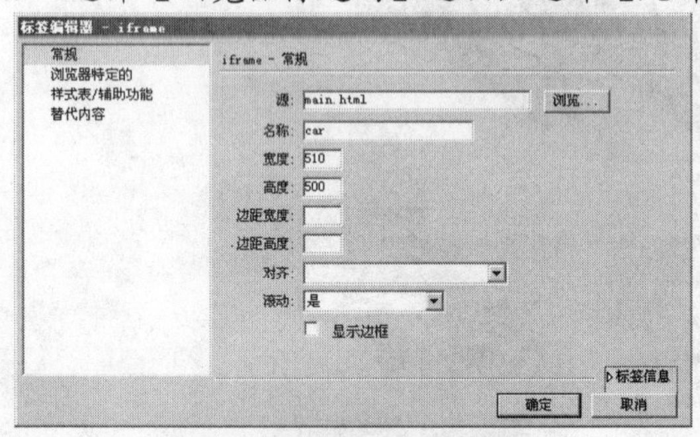

图8-41　设置【常规】选项参数

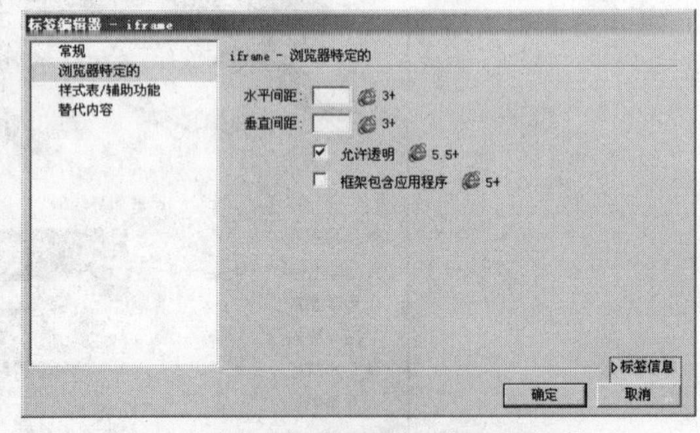

图8-42　设置【浏览器特定的】选项参数

5. 单击 确定 按钮，完成参数设置。
6. 选中文档左侧的文本“名车首页”，设置超链接的网页“index_01.html”，在【目标】下拉列表框中输入嵌入式框架的名称“car”，如图 8-43 所示。

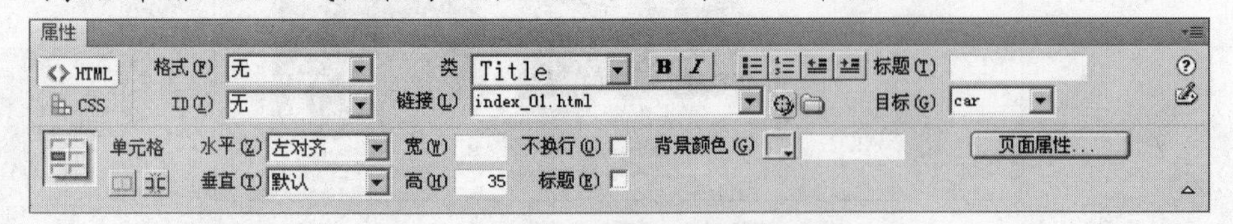

图8-43　链接参数设置

7. 选中文档左侧的文本“世界名车”，设置超链接的网页“main.html”，在【目标】下拉列表框中输入嵌入式框架的名称“car”。
8. 至此，“名车在线”网页设计完成，按 F12 键预览网页，效果参见图 8-39。

8.5　小结

本章主要介绍了如何创建框架、设置框架属性以及插入嵌入框架的操作方法，通过本章的学习，读者应该能够熟练运用 Dreamweaver CS4 中的框架进行网页制作。

8.6　习题

一、问答题

1. 什么是框架？
2. 什么是框架集？
3. 使用框架布局网页的优势在哪些方面？
4. 在框架中创建链接与普通链接有什么区别？

二、操作题

应用框架设计“向上论坛”网页，效果如图 8-44 所示。

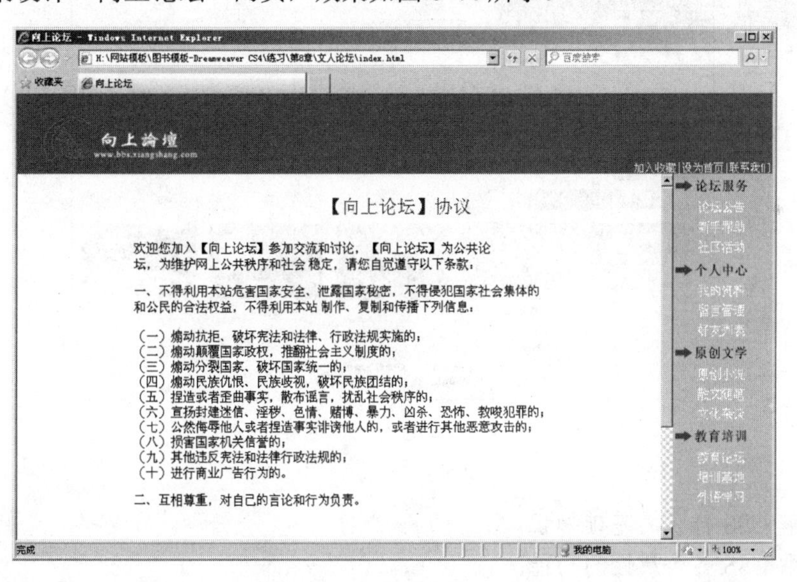

图8-44　向上论坛

【步骤提示】

1. 创建一个“上方固定，右侧嵌套”的框架结构。
2. 为各个框架添加对应的网页，并设置框架属性，网页位于附盘文件“练习\第 8 章\素材”文件夹中。
3. 设置框架集的属性，使网页都能正常显示。
4. 保存全部内容。

第9章　应用 CSS——设计“建筑公司”首页

CSS 样式表是在网页制作过程中普遍用到的技术，采用了 CSS 技术控制网页，设计者会更轻松有效地对页面的整体布局、颜色、字体、链接、背景以及同一页面的不同部分、不同页面的外观和格式等效果实现更加精确的控制。本章将以添加“建筑公司”首页 CSS 为例来讲解 CSS 样式表的相关操作方法，案例效果如图 9-1 所示。

图9-1　“建筑公司”首页

【学习目标】

- 了解 CSS 样式的基础知识。
- 熟悉 CSS 各个属性的功能。
- 掌握标签类型 CSS 样式的创建和应用方法。
- 掌握类类型 CSS 样式的创建和应用方法。
- 掌握复合内容类型 CSS 样式的创建和应用方法。
- 掌握 ID 类型 CSS 样式的创建和应用方法。
- 掌握 CSS 文件的创建和使用方法。

9.1 认识 CSS

CSS 是 Cascading Style Sheets 的简称，中文名为“层叠样式表”。CSS 技术经过不断的升级和完善，在目前的网页设计中几乎无处不在，它不仅简化了 HTML 中各种繁琐的标签，而且扩展了标签原有的功能，能够实现更多的效果。

9.1.1 认识 CSS 的优点

CSS 语言是一种标记语言，使用文本方式编写，不需要编译，直接由浏览器解释执行。CSS 作为网页设计中的一种重要技术，具有以下优点。

(1) 表现和内容相分离。

将网页的内容与外观设计分开，HTML 文件中只存放文本信息，这样的页面对搜索引擎更加友好。

(2) 提高页面浏览速度。

对于同一个页面效果，使用 CSS 要比传统的 Web 设计方法至少节约一半以上的文件大小，页面下载速度更快，而且浏览器也不用去编译大量冗长的标签，从而提高浏览速度。

(3) 易于维护和修改。

通过使用 CSS，将页面的设计部分放在一个独立的样式文件中，只需简单修改 CSS 文件中的参数就可以重新设计整个网站的页面效果。

9.1.2 认识 CSS 的分类

CSS 的定义是由 3 个部分构成：选择器（Selector）、属性（Property）和取值（Value）。语法规则为 selector {property：value}。

选择器就是样式的名称，包括类样式、标签样式、ID 样式和复合内容样式 4 种，如图 9-2 所示。

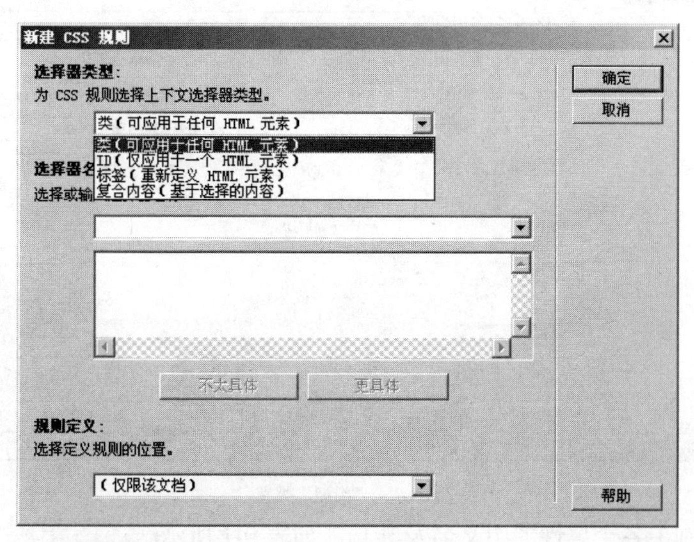

图9-2　选择器选项

(1) 类样式。

由用户自定义的 CSS 样式，能够应用到网页中的任何标签上。类样式的定义以句点（.）开头，例如".myStyle {color:red}"。

使用时通过在标签中指定 class 属性，例如"<p class="myStyle">文字</p>"。

(2) 标签样式。

对现有的 HTML 标签进行重新定义，当创建或改变该样式时，所有应用了该样式的格式都会自动更新。例如创建一个标签样式"h1 {font-size:18px}"，则所有用"h1"标签进行格式化的文本都将被立即更新。

(3) ID 样式。

可以定义含有特定 ID 属性的标签，例如"#myStyle"表示属性值中有"ID="myStyle""的标签。

(4) 复合内容样式。

定义同时影响两个或多个标签、类或 ID 的复合规则，例如"a:hover"就是定义鼠标放上链接元素的状态。

9.1.3 认识 CSS 的属性

在【CSS 规则定义】对话框的【分类】列表框中，共有类型、背景、区块、方框、边框、列表、定位、扩展等 8 大类。可以定义 CSS 规则的属性，如文本字体、背景图像和颜色、间距和布局属性以及列表元素外观。

一、 类型属性

使用【.css 的 CSS 规则定义】对话框中的"类型"类别可以定义 CSS 样式的基本字体和类型设置，包括文字的字体、大小、样式、颜色等属性，如图 9-3 所示。

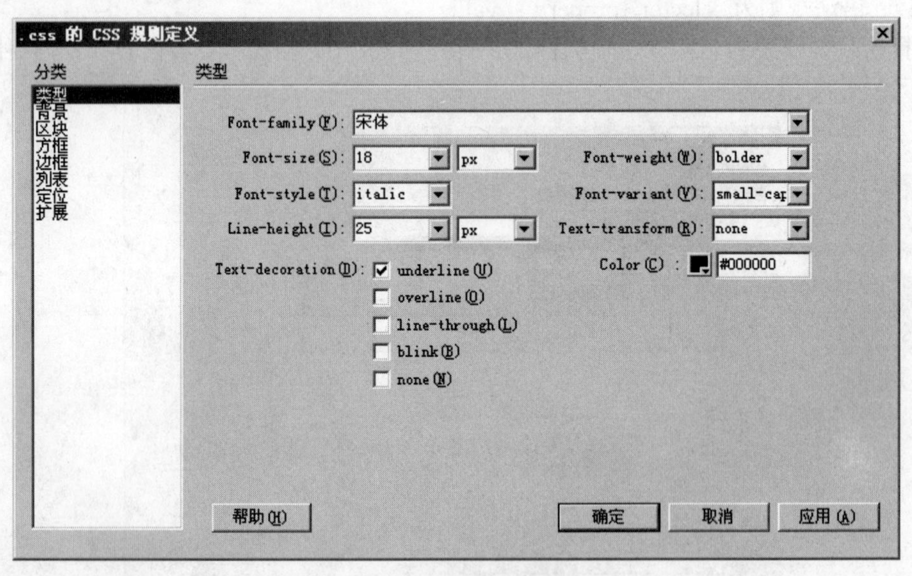

图9-3 "类型"类别

"类型"类别中各个属性的中文名及其功能如表 9-1 所示。

表 9-1　　　　“类型”类别各个属性的中文名及其功能

属性名	中文名	功能
Font-family	字体	用于指定文本的字体
Font-size	字体大小	设置字体的大小，支持 9 种度量单位，常用单位是“px（像素）”
Font-weight	粗细	用于设置字体的粗细效果，有【normal】（正常）、【bold】（粗体）、【bolder】（特粗）、【lighter】（细体）及 9 组具体粗细值等 13 种选项
Font-style	字体样式	用于设置字体的风格，有【normal】（正常）、【italic】（斜体）、【oblique】（偏斜体）3 个选项
Font-varian	变体	可以将正常文字缩小一半后大写显示
Line-height	行高	用于设置行的高度，有【normal】（正常）和【(值)】两个选项
Text-transform	大小写	用于控制字母的大小写，有【capitalize】（首字母大写）、【uppercase】（大写）、【lowercase】（小写）、【none】（无）4 个选项
Text-decoration	修饰	用于控制文本的显示形态，有“underline（下划线）”、“overline（上划线）”、“line-through（删除线）”、“blink（文本闪烁）”、“none（无）”5 种修饰方式可供选择
Color	颜色	用于设置文本的颜色

二、 背景属性

使用【.css 的 CSS 规则定义】对话框的“背景”类别可以设置 CSS 样式的背景设置。可以对网页中的任何元素设置背景属性。例如，创建一个样式，将背景颜色或背景图像添加到任何页面元素中，比如在文本、表格、页面等的后面。还可以设置背景图像的位置等，如图 9-4 所示。

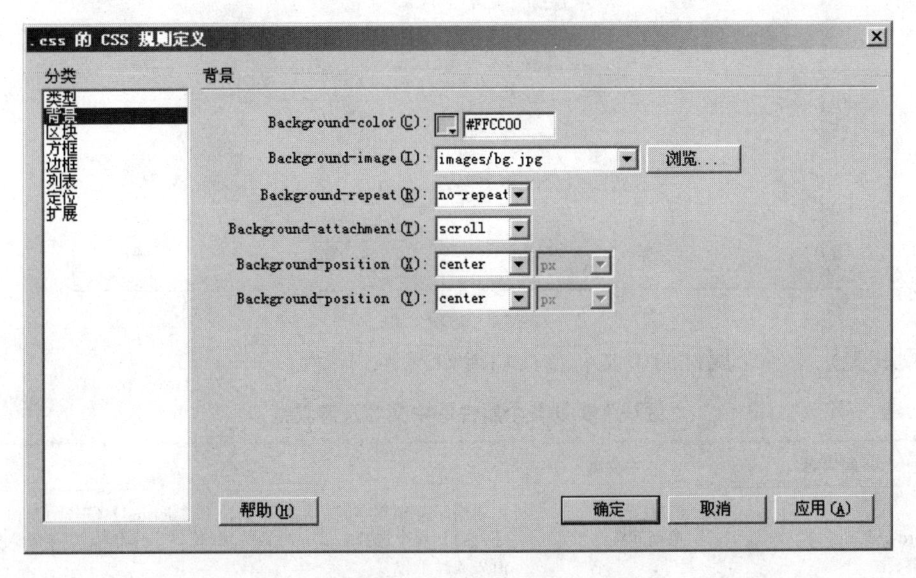

图9-4　“背景”类别

“背景”类别中各个属性的中文名及其功能如表 9-2 所示。

表 9-2　　　　　　　　“背景”类别各个属性的中文名及其功能

属性名	中文名	功能
Background-color	背景颜色	设置元素的背景颜色
Background-image	背景图像	设置元素的背景图像
Background repeat	重复	确定是否以及如何重复背景图像，有 【no-repeat】(不重复，只在元素开始处显示一次图像)、【Repeat】(重复，在元素的后面水平和垂直平铺图像)、【repeat-X】(横向重复，图像沿水平方向平铺)”、【repeat-Y】(纵向重复，沿图像垂直方向平铺) 4 个选项
Background attachment	附加	用于控制背景图像是否会随页面的滚动而一起滚动，有【fixed】(固定，文字滚动时背景图像保持固定)、【scroll】(滚动，背景图像随文字内容一起滚动) 两个选项
Background position（X）	水平位置	指定背景图像相对于元素的初始位置。这可用于将背景图像与页面水平（X）对齐
Background position （Y）	垂直位置	指定背景图像相对于元素的初始位置。这可用于将背景图像与页面中心垂直（Y）对齐

三、 区块属性

使用【.css 的 CSS 规则定义】对话框的“区块”类别可以设置标签和属性的间距和对齐方式，如图 9-5 所示。

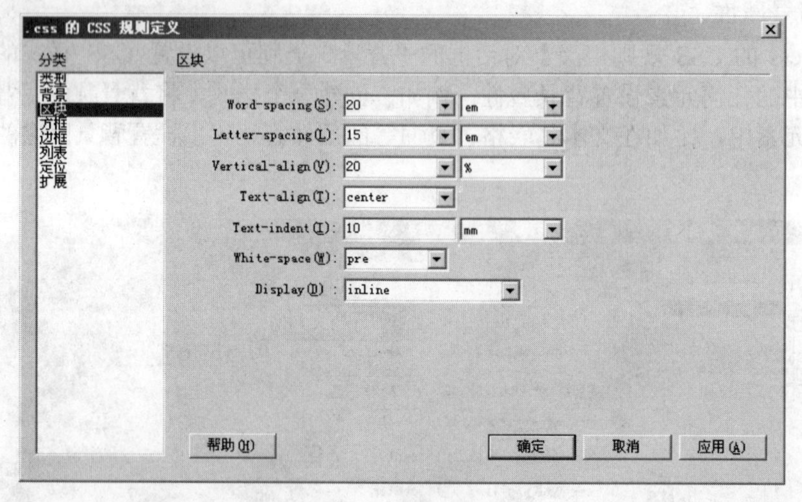

图9-5　“区块”类别

“区块”类别中各个属性的中文名及其功能如表 9-3 所示。

表 9-3　　　　　　　　“区块”类别各个属性的中文名及其功能

属性名	中文名	功能
Word-spacing	单词间距	主要用于控制文字间相隔的距离，有【normal】(正常)”和【(值)】两个选择方式。当选择“(值)”选项时，需要输入数值后选择单位
Letter-spacing	字母间距	其作用与单词间距类似，也有【normal】(正常) 和【(值)】两种选择方式

续表

属性名	中文名	功能
Vertical-align	垂直对齐	用于控制文字或图像相对于其母体元素的垂直位置。该属性有【baseline】（基线，将元素的基准线同母体元素的基准线对齐）、【sub】（下标，将元素以下标的形式显示）、【super】（上标，将元素以上标的形式显示）、【top】（顶部，将元素顶部同最高的母体元素对齐）、【text-top】（文本顶对齐，将元素的顶部同母体元素文字的顶部对齐）、【middle】（中线对齐，将元素的中点同母体元素的中点对齐）、【bottom】（底部，将元素的底部同最低的母体元素对齐）、【text-bottom】（文本底对齐，将元素的底部同母体元素文字的底部对齐）、【（值）】9 个选项
Text-align	文本对齐	用于设置块的水平对齐方式，有【left】（左对齐）、【right】（右对齐）、【center】（居中对齐）和【justify】（两端对齐）4 个选项
Text-indent	文字缩进	用于控制块的缩进程度
White-space	空格	在 HTML 中，空格会被省略，在一个段落的开头无论输入多少个空格都无效。要输入空格有两个方法，一是直接输入空格的代码“ ”，二是使用“<pre>”标签。在 CSS 中则使用属性【white-space】控制空格的输入。该属性有【normal】（正常）、【pre】（保留）和【nowrap】（不换行）3 个选项
Display	显示	用于设置该区块的显示方式，共有【none】（无）、【inline】（内嵌）、【block】（块）、【list-item】（列表项）、【run-in】（追加部分）、【inline-block】（内嵌块）、【compact】（紧凑）、【marker】（表记）、【table】（表格）、【inline-table】（内嵌表格）、【table-row-group】（表格行组）”、【table-header-group】（表格标题组）、【table-footer-group】（表格注脚组）、【table-row】（表格行）、【table-column-group】（表格列组）、【table-column】（表格列）、【table-cell】（表格单元格）、【table-caption】（表格标题）、【inherit】（继承）19 种

四、 方框属性

使用【.css 的 CSS 规则定义】对话框的“方框”类别可以为用于控制元素在页面上的放置方式的标签和属性定义设置。它可以在应用填充和边距设置时将设置应用于元素的各个边，也可以使用“全部相同”设置将相同的设置应用于元素的所有边，如图 9-6 所示。

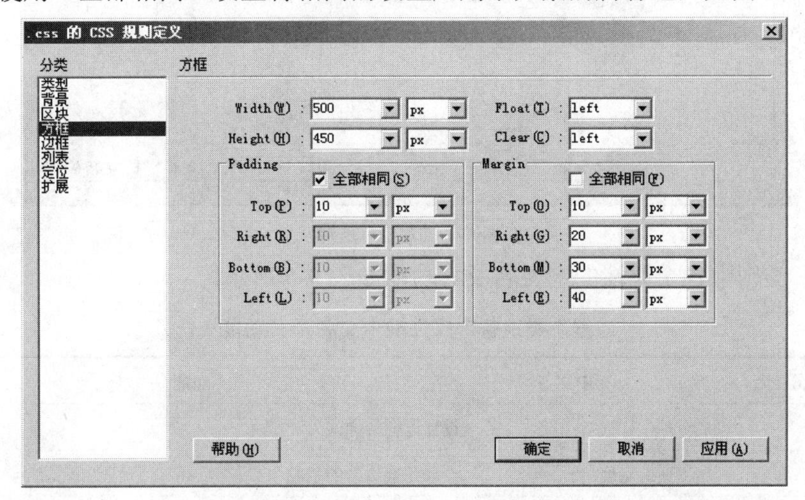

图9-6 “方框”类别

“方框”类别中各个属性的中文名及其功能如表 9-4 所示。

表 9-4　　“方框”类别各个属性的中文名及其功能

属性名	中文名	功能
Width	宽	设置元素宽度
Height	高	设置元素高度
Float	浮动	设置其他元素（如文本、AP Div、表格等）在围绕元素的哪个边浮动。有【normal】（正常）、【left（左）】、【right】（右）3 个选项。
Clear	清除	定义不允许浮动的边框
Padding	填充	指定元素内容与元素边框之间的间距（如果没有边框，则为边距），其中包含【padding-top】（控制上留白的宽度）、【padding-right】（控制右留白的宽度）、【padding-bottom】（控制下留白宽度）、【padding-left】控制左留白的宽度 4 个属性
Margin	边距	指定一个元素的边框与另一个元素之间的间距（如果没有边框，则为填充）。其中包含 4 个属性有【margin-top】（控制上边距的宽度）”、【margin-right】（控制右边距的宽度）、【margin-bottom】（控制下边距的宽度）、【margin-left】（控制左边距的宽度）

五、 边框属性

使用【.css 的 CSS 规则定义】对话框的“边框”类别可以设置元素周围的边框的设置（如宽度、颜色和样式），如图 9-7 所示。

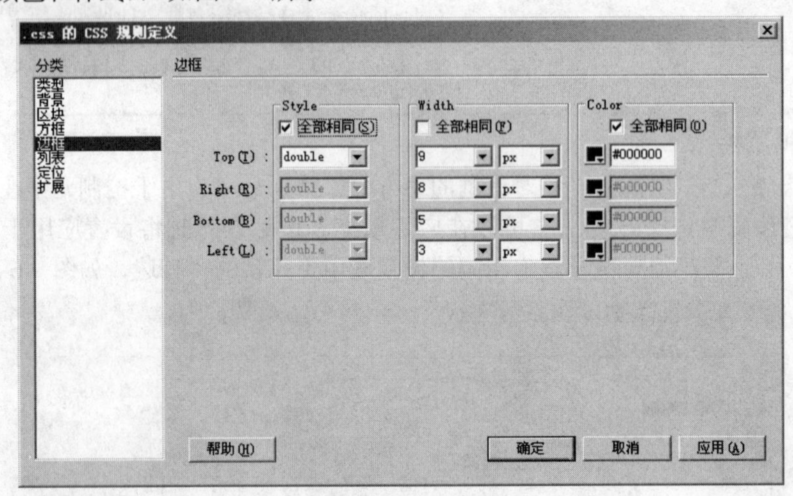

图9-7　“边框”类别

“边框”类别中各个属性的中文名及其功能如表 9-5 所示。

表 9-5　　“边框”类别各个属性的中文名及其功能

属性名	中文名	功能
Style	样式	设置边框的样式外观
Width	宽度	设置元素边框的粗细
Color	颜色	设置边框的颜色

六、 列表属性

【.css 的 CSS 规则定义】对话框的“列表”类别为列表标签设置列表属性，如项目符号大小和类型，如图 9-8 所示。

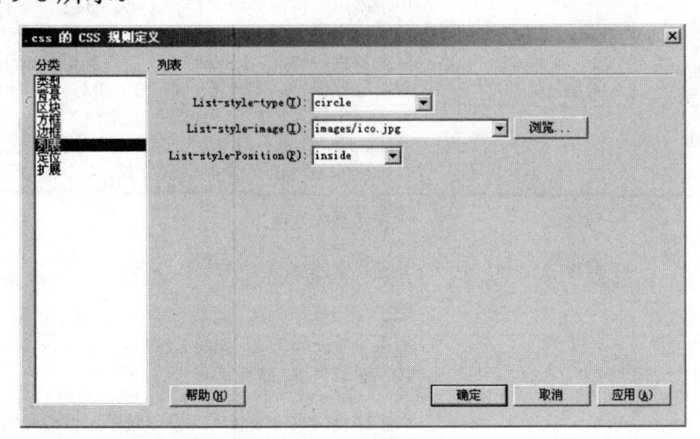

图9-8　“列表”类别

“列表”类别中各个属性的中文名及其功能如表 9-6 所示。

表 9-6　　“列表”类别各个属性的中文名及其功能

属性名	中文名	功能
List-style-type	类型	设置项目符号或编号的外观。共有“disc（圆点）”、“circle（圆圈）”、“square（方形）”、“decimal（数字）”、“lower-roman（小写罗马数字）”、“upper-roman（大写罗马数字）”、“lower-alpha（小写字母）”和“upper－alpha（大写字母）”等 8 种
List-style-image	项目图像	为项目符号指定自定义图像。单击“浏览”（Windows）或“选择”（Macintosh）通过浏览选择图像，或键入图像的路径
List-style-position	颜色	设置列表项文本是否换行并缩进（外部）或者文本是否换行到左边距（内部）

七、 定位属性

【.css 的 CSS 规则定义】对话框的“定位”类别是确定与选定的 CSS 样式相关的内容在页面上的定位方式。如图 9-9 所示。

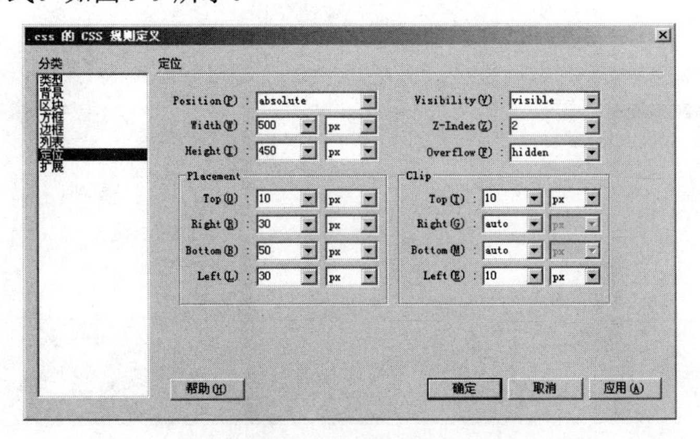

图9-9　“定位”类别

“定位”类别中各个属性的中文名及其功能如表 9-7 所示。

表 9-7　　　　　　　　　　“定位”类别各个属性的中文名及其功能

属性名	中文名	功能
Position	类型	用于确定定位的类型，共有【absolute】(绝对，使用【定位】文本框中输入的、相对于最近的绝对或相对定位上级元素的坐标来放置内容)”、【fixed】(固定，当用户滚动页面时，内容将在此位置保持固定)、【relative】(相对，使用【定位】文本框中输入的坐标（相对于浏览器的左上角）来放置内容）和【static】(静态，将内容放在其在文本流中的位置。这是所有可定位的 HTML 元素的默认位置）4 个选项
Width	宽度	设置元素的宽度
Height	高度	设置元素的高度
Visibility	可见性	确定内容的初始显示条件。有【inherit】(继承，继承内容父级的可见性属性)、【visible】(可见，显示内容)、【hidden】(隐藏，隐藏内容）3 个选项
Z-Index	Z 轴	用于控制网页中块元素的叠放顺序，可为元素设置重叠效果。该属性的参数值使用纯整数，值为 0 时，元素在最下层，适用于绝对定位或相对定位的元素
overflow	溢出	确定当容器（如 DIV 或 P）的内容超出容器的显示范围时的处理方式，【visible】(可见，将增加容器的大小以使其所有内容都可见)、【hidden】(隐藏，保持容器的大小并剪辑任何超出的内容)、【scroll】(滚动，将在容器中添加滚动条，而不论内容是否超出容器的大小、【auto】(自动，将使滚动条仅在容器的内容超出容器的边界时才出现）4 个选项
Placement	位置	指定内容块的位置
clip	剪辑	定义内容的可见部分。如果指定了剪辑区域，可以通过脚本语言（如 JavaScript）访问它，并操作属性以创建像擦除这样的特殊效果

八、 扩展属性

【.css 的 CSS 规则定义】对话框的“扩展”类别可以设置网页的分页、滤镜和光标形状，如图 9-10 所示。

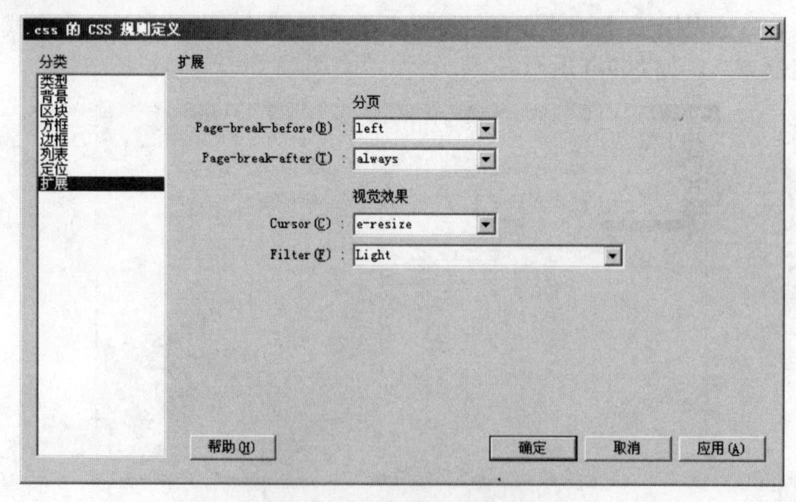

图9-10　“扩展”类别

“扩展”类别中各个属性的中文名及其功能如表 9-8 所示。

表 9-8　　“扩展”类别各个属性的中文名及其功能

属性名	中文名	功能
Page-break-before	分页之前	在分页代码之前打印
Page-break-after	分页之后	在分页代码之后打印
Cusor	光标	可以指定在某个元素上要使用的光标形状，共有 15 种选择方式，分别代表鼠标在 Windows 操作系统中的各种形状
Fiter	滤镜	可以为网页中元素施加各种奇妙的滤镜效果，共包含有 16 种滤镜

9.1.4　认识 CSS 的应用

在网页设计过程中使用 CSS 样式表，主要有以下两种方式。

(1)　内部 CSS 样式表。

存在于 HTML 文件中，并只针对当前页面进行样式应用的方法。一般存在于文档 head 部分的 style 标签内。

(2)　外部 CSS 样式表。

以扩展名为.css 的文件形式存在，作为共享的样式表文件，可以被多个页面同时使用。从而有效地减小页面文件的大小并保证站点的所有页面效果的一致性。通过修改样式表文件，可达到网站快速改版的目的。

9.2　应用 CSS 样式表

不同的 CSS 样式，应用的方式也不同。对于标签、复合内容、ID 创建后会自动应用到对应的文档相对应的元素中；而类样式则需要先创建样式，再将样式添加到元素上。

9.2.1　应用标签样式

标签样式主要用于重新定义特定 HTML 标签的默认格式，修改之后，它会自动应用到文档之中。下面介绍创建“body”标签样式来修改“建筑公司”首页的页边距、文字的属性的方法，修改后的效果如图 9-11 所示。

图9-11　创建“body”标签样式后的网页

1. 打开附盘文件“素材\第 9 章\建筑公司\index.html”。
2. 执行菜单命令【窗口】/【CSS 样式】，打开【CSS 样式】面板，如图 9-12 所示。

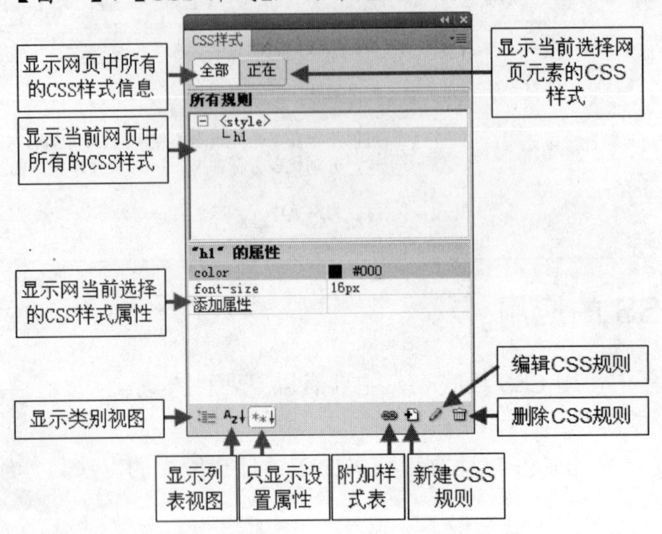

图9-12 【CSS 样式】面板

3. 单击面板底部的按钮，打开【新建 CSS 规则】对话框，在【选择器类型】的下拉列表中选择【标签（重新定义 HTML 元素）】选项，在【选择器名称】下拉列表中选择【body】选项，在【规则定义】的下拉列表中选择【(仅限该文档)】选项，如图 9-13 所示。

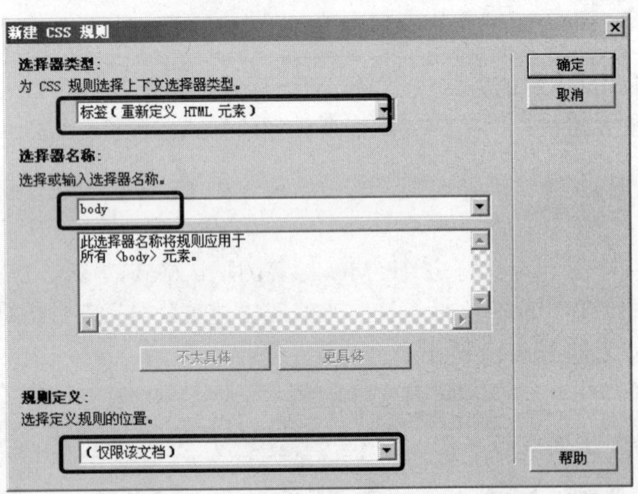

图9-13 【新建 CSS 规则】对话框

4. 单击 确定 按钮，打开【body 的 CSS 规则定义】对话框，然后选择【分类】列表框中的【类型】选项，设置【Font-family】为“宋体”、【Font-size】为“15px”、【Line-height】为“18px”，【Color】为“#000000”，如图 9-14 所示。
5. 选择左侧【分类】列表框中的【背景】选项，然后设置【Background-color】为“#999999”，如图 9-15 所示。

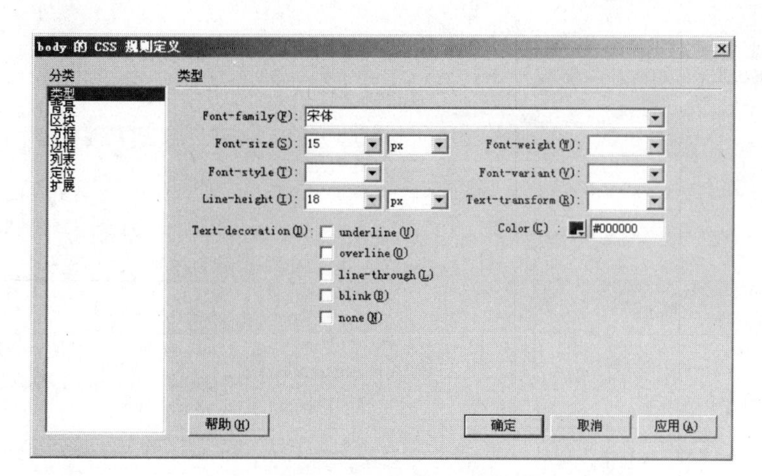

图9-14　设置“类型”属性

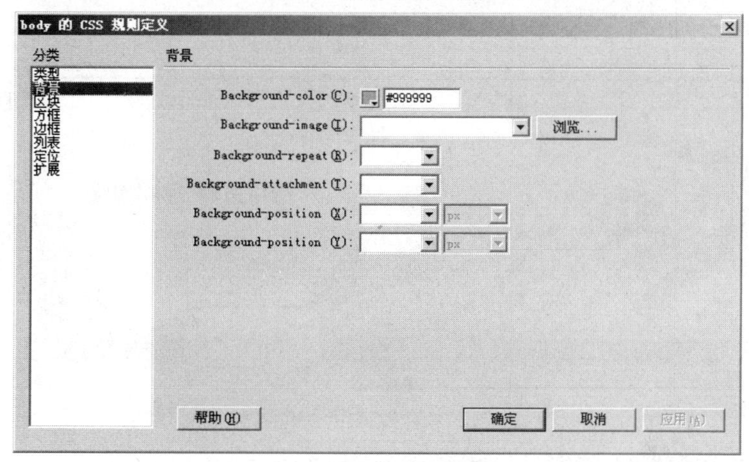

图9-15　设置“背景”属性

6. 选择左侧【分类】列表中的【方框】选项，然后在【Margin】选项中选择【全部相同】复选项，并在【上】文本框中输入“0”，如图 9-16 所示。

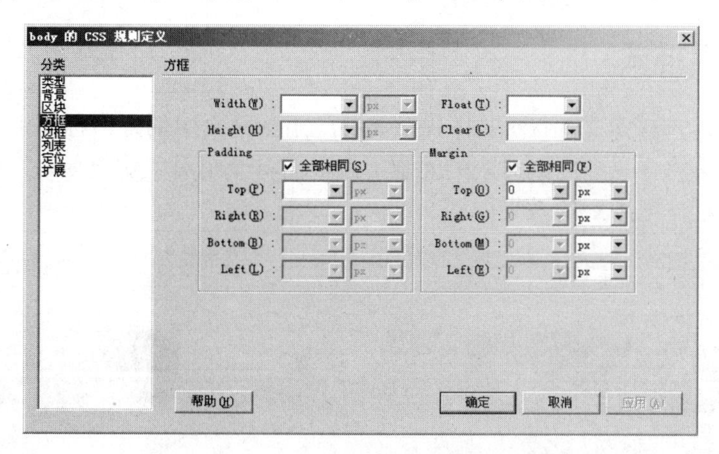

图9-16　设置“方框”属性

7. 单击 确定 按钮完成“body”的 CSS 规则定义，如图 9-17 所示，生成的代码如图 9-18 所示。同时“body”规则已经自动应用到文档中，文档中的字体格式以及文档背景都已经发生改变，如图 9-19 所示。

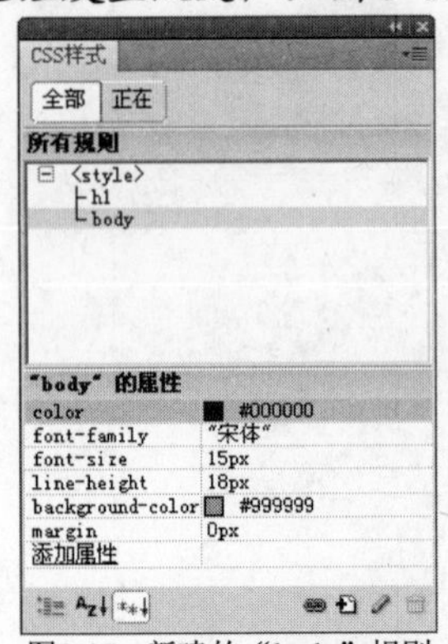

图9-17 新建的“body”规则

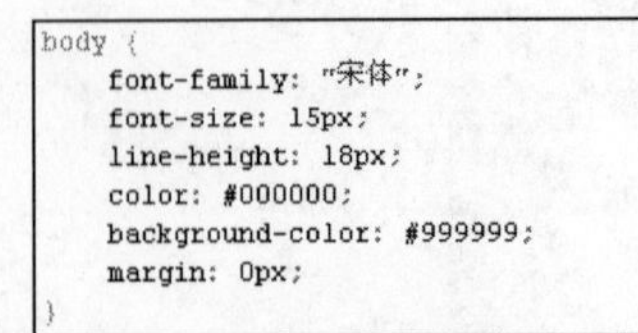

```
body {
    font-family: "宋体";
    font-size: 15px;
    line-height: 18px;
    color: #000000;
    background-color: #999999;
    margin: 0px;
}
```

图9-18 “body”规则的属性代码

8. 按F12键预览网页，效果参见图 9-11。

图9-19 自动应用“body”规则后的文档效果

9.2.2 应用类样式

类样式是由用户自定义的 CSS 样式，能够应用到网页中的任何标签上。应用该样式需要先创建样式，再将样式应用到对应的元素上。下面将介绍对“建筑公司”首页导航条应用类样式的操作过程，应用后的效果如图 9-20 所示。

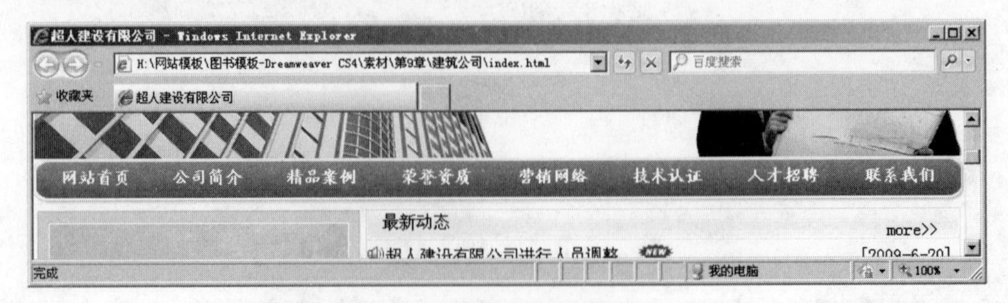

图9-20 应用样式后的导航条

一、 创建“类”样式

1. 在【CSS 样式】面板中单击按钮，打开【新建 CSS 规则】对话框，在【选择器类型】的下拉列表中选择【类（可应用于任何 HTML 元素）】选项；在【选择器名称】下拉列表中输入“DaoHang”，在【规则定义】下拉列表中选择【(新建样式表文件)】选项，如图 9-21 所示。
2. 单击 确定 按钮，打开【将样式表文件另存为】对话框，选择文件保存位置，并在【文件名】文本框中输入“all.css”，如图 9-22 所示。

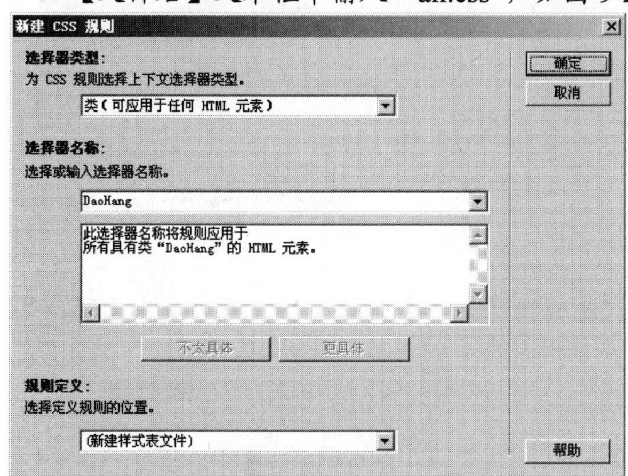

图9-21　【新建 CSS 规则】对话框

图9-22　【将样式表文件另存为】对话框

> 要点提示　在定义“body”的 CSS 规则时，将代码保存到了文档中使其只本文档起作用，以免影响其他文档，此处使用样式表文件可以让多个网页引用定义好的规则，而且方便后期编辑和维护。

3. 单击 保存(S) 按钮，保存样式表文件，并打开【.DaoHang 的 CSS 规则定义（在 all.css 中）】，然后在“类型”分类中设置【Font-family】为“楷体_GB2312”、【Font-size】为“16 px”、【Font-weight】为“bolder”、【Color】为“#FFFFFF”，如图 9-23 所示。

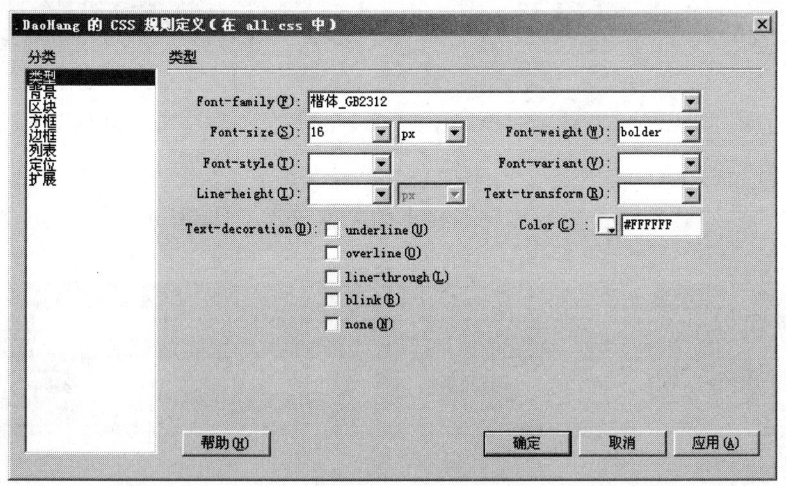

图9-23　设置“类型”分类参数

4. 选择“区块”分类，并设置【Text-align】为“center”，如图 9-24 所示。
5. 单击 确定 按钮完成“DaoHang”的 CSS 规则定义，如图 9-25 所示。

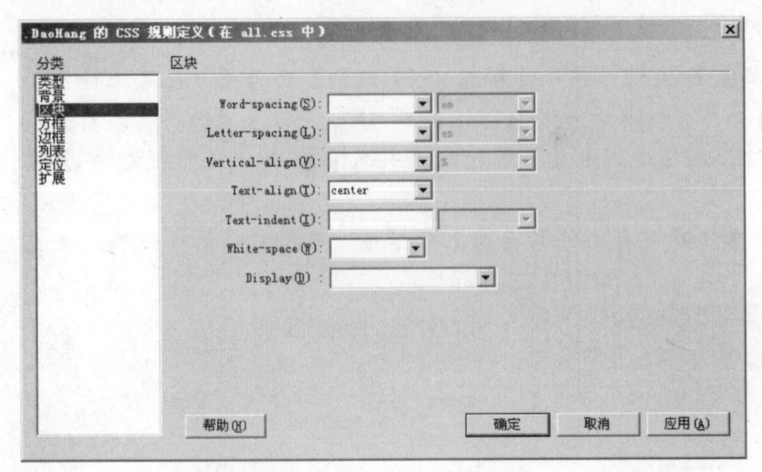

图9-24　设置“区块”分类参数

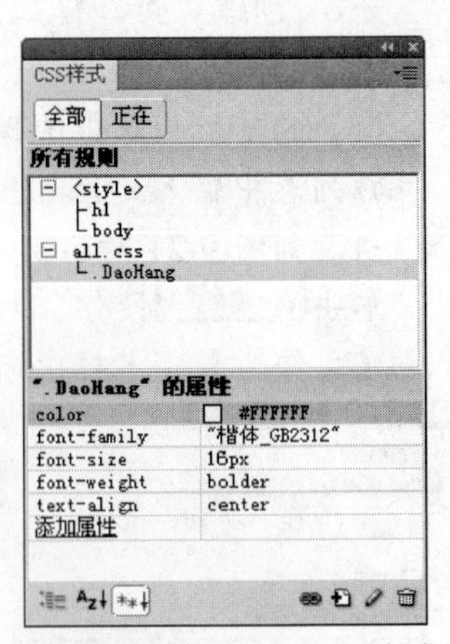

图9-25　新建的“.DaoHang”新式

二、　应用类样式

1. 选中网页导航条中的文本“网站首页”，然后在【属性】面板中的【目标规则】下拉列表中选择“.DaoHang”，如图 9-26 所示。应用样式后的文本如图 9-27 所示。

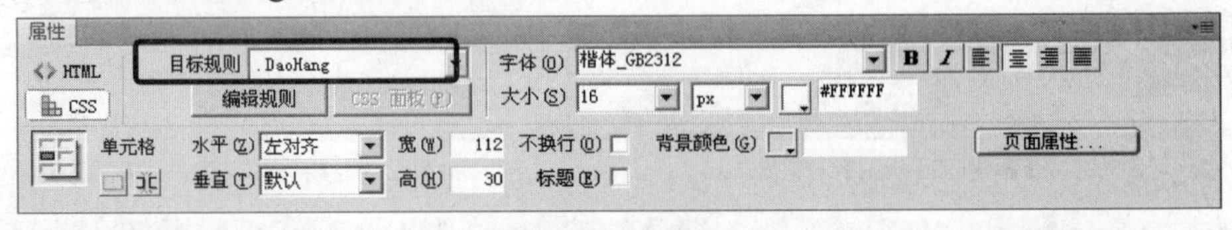

图9-26　应用样式

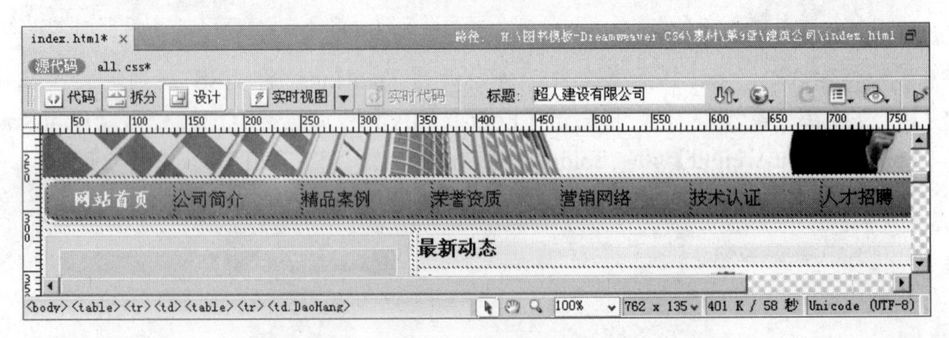

图9-27　应用后的效果

2. 使用同样的方法对导航条中其他单元格中的文本应用“DaoHang”样式，效果如图 9-28 所示。

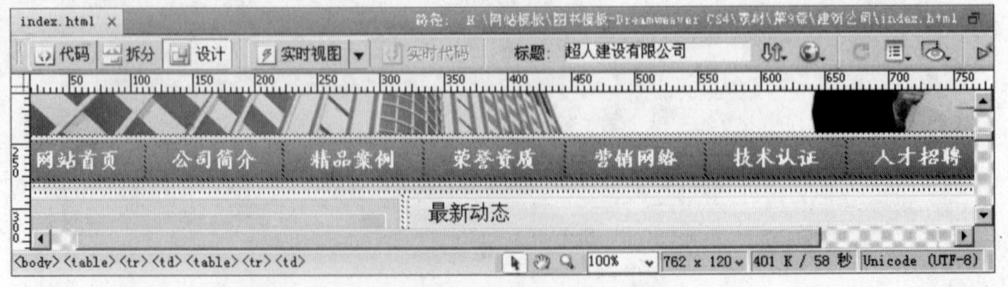

图9-28　应用样式后的导航条

3. 按 F12 键预览网页，效果参见图 9-20。

9.2.3 应用复合内容样式

复合内容样式可同时影响两个或多个标签、类或ID的复合规则。下面将以为“建筑公司”首页的导航条添加鼠标经过特效CSS为例，设计效果如图9-29所示。

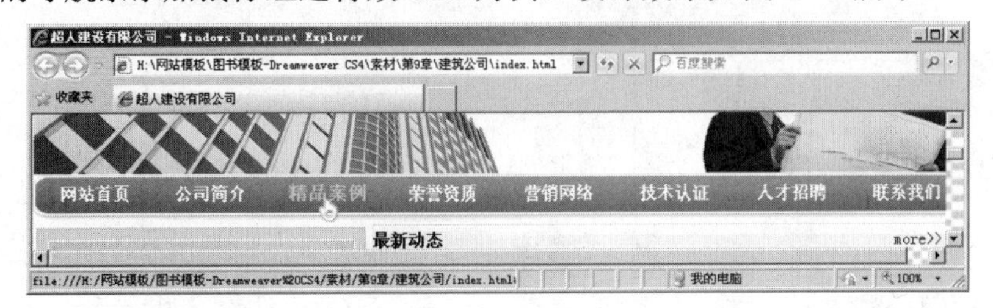

图9-29　鼠标经过效果

1. 选中网页导航条中的文本“网站首页”，然后在【属性】面板中的【链接】文本框中输入“#”，如图9-30所示，为选中的文本创建空链接。

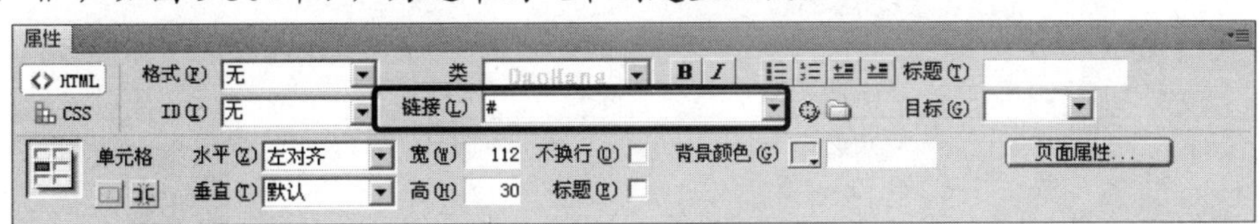

图9-30　为文本创建空链接

2. 用同样的方法为导航条其他文本添加空链接，效果如图9-31所示。

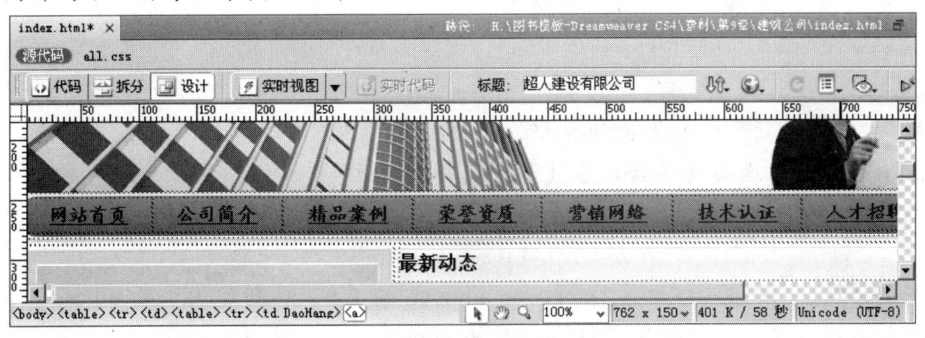

图9-31　创建空链接后的效果

3. 在【CSS样式】面板中单击按钮，打开【新建CSS规则】对话框，在【选择器类型】下拉列表中选择【复合内容（基于选择的内容）】选项，在【选择器名称】文本框中输入“.DaoHang a”，在【规则定义】的下拉列表框中选择【all.css】选项，如图9-32所示。

要点提示　a（a:link）表示初始状态的链接，a:visited表示已经访问过的链接，a:hover表示鼠标放上时的形状，a:active表示鼠标点击时的状态。

4. 单击 确定 按钮，打开【.DaoHang a的CSS规则定义（在all.css中）】对话框，然后在“类型”分类中设置【Font-family】为“楷体_GB2312”、【Font-size】为“16px”、【Font-weight】为“bolder”、【Color】为“#FFFFFF”，在【Text-decoration】中勾选“none”复选项，如图9-33所示。

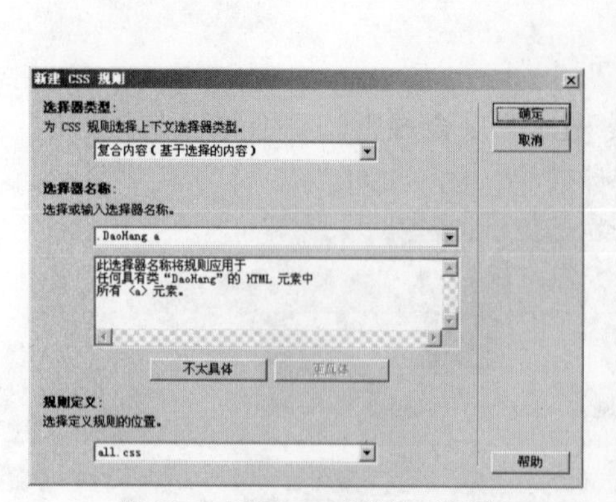

图9-32 【新建 CSS 规则】对话框

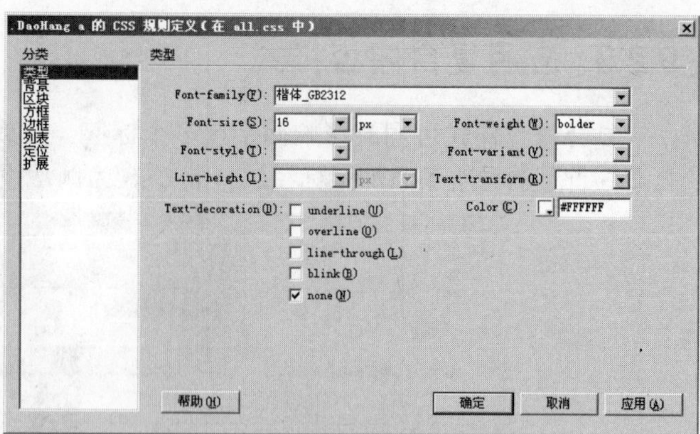

图9-33 设置“类型”分类属性

5. 单击 确定 按钮，完成“.DaoHang a”样式的创建，它会跟随“.DaoHang”样式而产生效果，此时的导航条如图 9-34 所示。

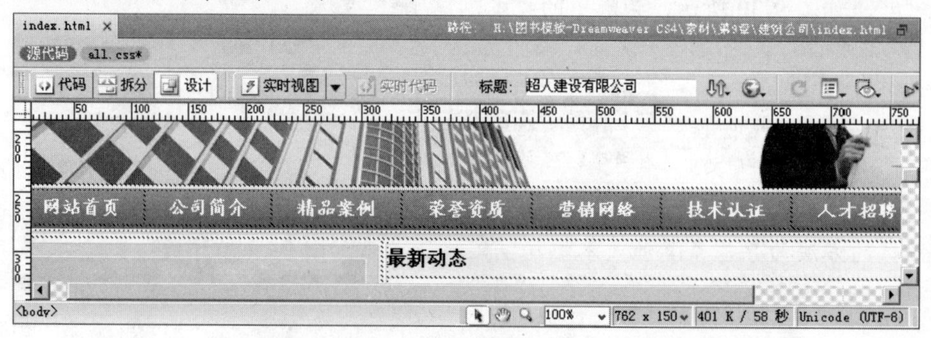

图9-34 导航条应用“.DaoHang a”样式后的效果

6. 在【CSS 样式】面板中单击 按钮，打开【新建 CSS 规则】对话框，在【选择器类型】下拉列表中选择【复合内容（基于选择的内容）】选项，在【选择器名称】文本框中输入“.DaoHang a:hover”，在【规则定义】下拉列表中选择“all.css”，如图 9-35 所示。
7. 单击 确定 按钮，打开【.DaoHang a:hover 的 CSS 规则定义（在 all.css 中）】对话框，然后设置“类型”分类参数，如图 9-36 所示。

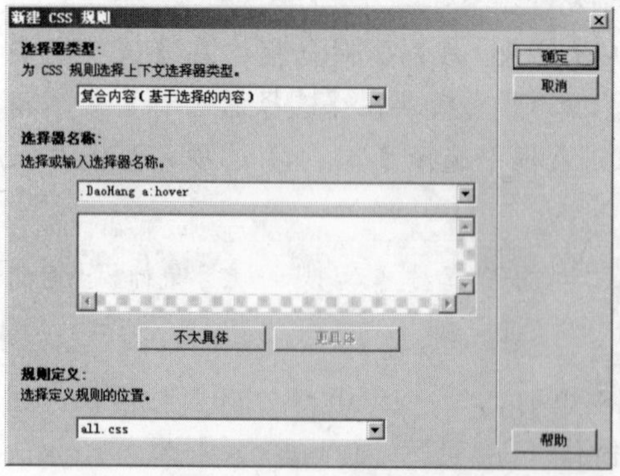

图9-35 【新建 CSS 规则】对话框

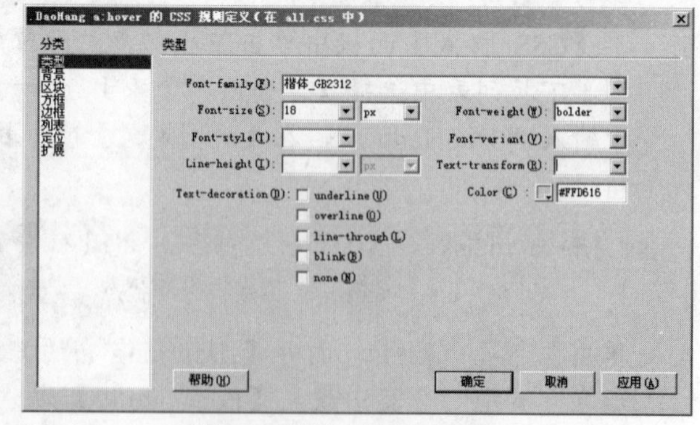

图9-36 设置“类型”分类属性

8. 单击 确定 按钮，完成“.DaoHang a:hover”样式的创建。按 F12 键预览网页，当鼠标经过导航条的文字时，文字的颜色和大小都会改变，效果参见图 9-29。

9.2.4 应用 ID 样式

ID 样式可以定义含有特定 ID 属性的标签，应用该样式时 ID 名必须是惟一的。下面将介绍为“建筑公司”首页的最新动态栏目添加 CSS 的操作过程，应用后的效果如图 9-37 所示。

图9-37　鼠标经过效果

1. 为文本“最新动态”下边的每一行中的内容创建空链接，效果如图 9-38 所示。

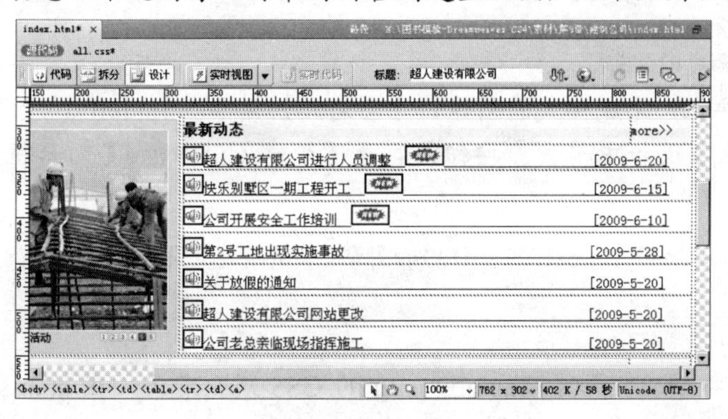

图9-38　创建空链接

2. 将光标置于文本“最新动态”所在的单元格中，单击文档左下角的“<table>”标签选中表格，然后在【属性】面板中的【表格】下面的文本框中输入“TableID”，如图 9-39 所示。

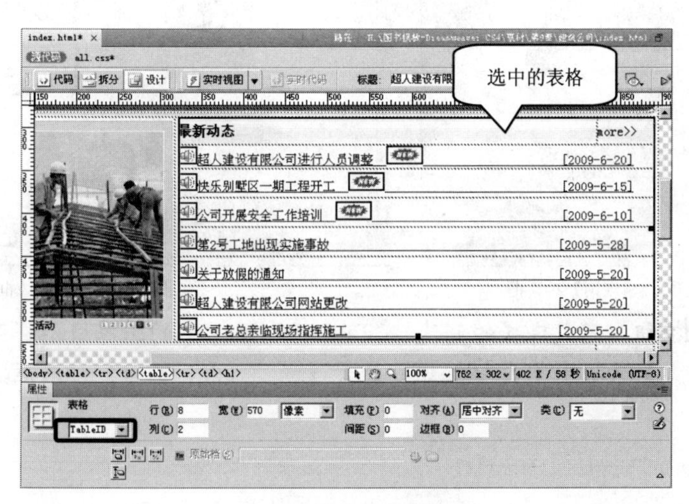

图9-39　为表格创建 ID

3. 在【CSS 样式】面板中单击按钮，打开【新建 CSS 规则】对话框，在【选择器类型】下拉列表中选择【ID（仅应用于一个 HTML 元素）】选项，在【选择器名称】文本框中输入“#TableID”，在【规则定义】下拉列表中选择【all.css】选项，如图 9-40 所示。
4. 单击 确定 按钮，打开【#TableID 的 CSS 规则定义（在 all.css 中）】对话框，然后设置“类型”分类参数，如图 9-41 所示。

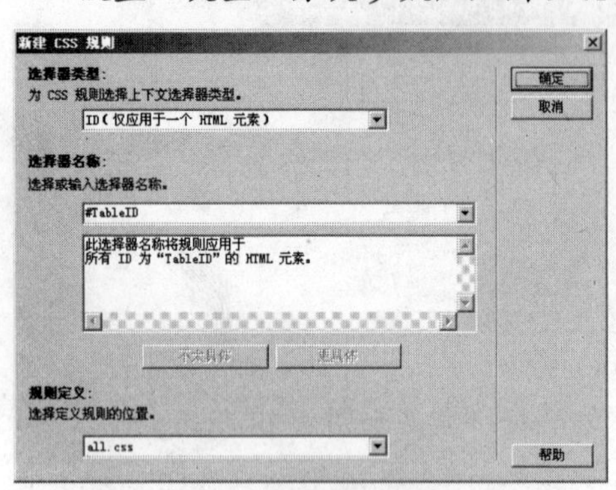

图9-40 新建 ID 类样式

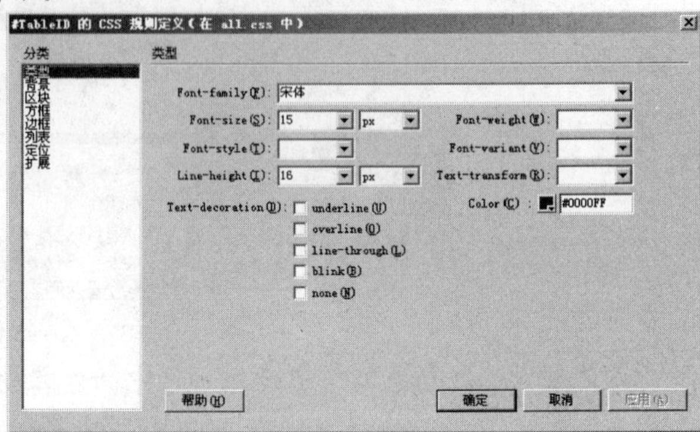

图9-41 设置文本样式

5. 单击 确定 按钮，完成样式的创建，它会自动应用于“TableID”元素中文本。
6. 在【CSS 样式】面板中单击按钮，打开【新建 CSS 规则】对话框，参数的设置如图 9-42 所示。

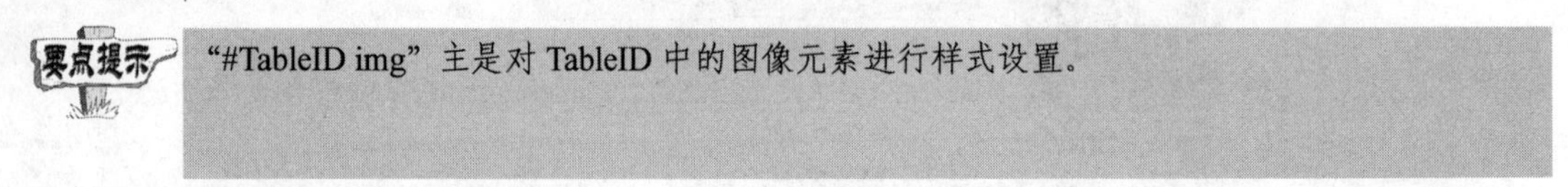

要点提示 “#TableID img”主是对 TableID 中的图像元素进行样式设置。

7. 单击 确定 按钮，打开【#TableID img 的 CSS 规则定义（在 all.css 中）】对话框，然后设置“边框”分类参数，如图 9-43 所示。

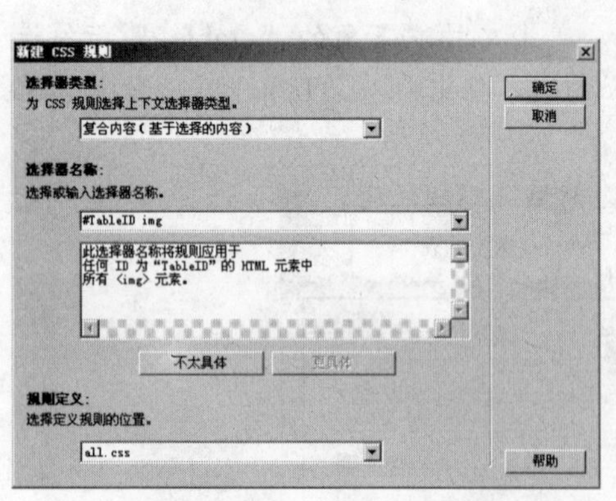

图9-42 【新建 CSS 规则】对话框

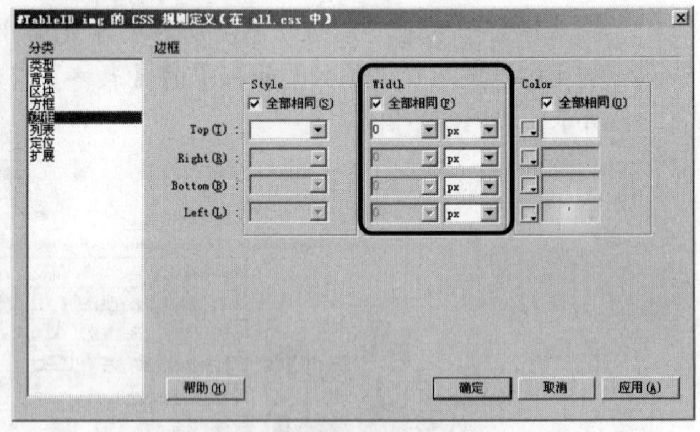

图9-43 设置图像的边框大小

8. 单击按钮，完成样式的创建。“TableID”元素中的图像边框将变为“0”。
9. 在【CSS 样式】面板中单击按钮，打开【新建 CSS 规则】对话框，参数的设置如图 9-44 所示。

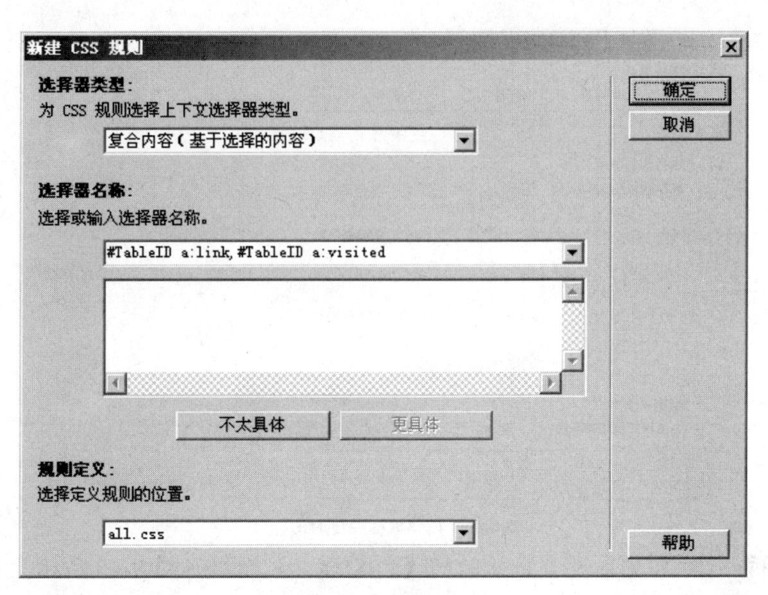

图9-44　新建相同样式

要点提示　“#TableID a:link,#TableID a:visited”是将“TableID”元素中初始状态的链接和鼠标点击时的状态设置为同效果。

10. 单击 确定 按钮，打开【#TableID a:link,#TableID a:visited 的 CSS 规则定义（在 all.css 中）】对话框，然后设置“类型”分类参数，如图 9-45 所示。

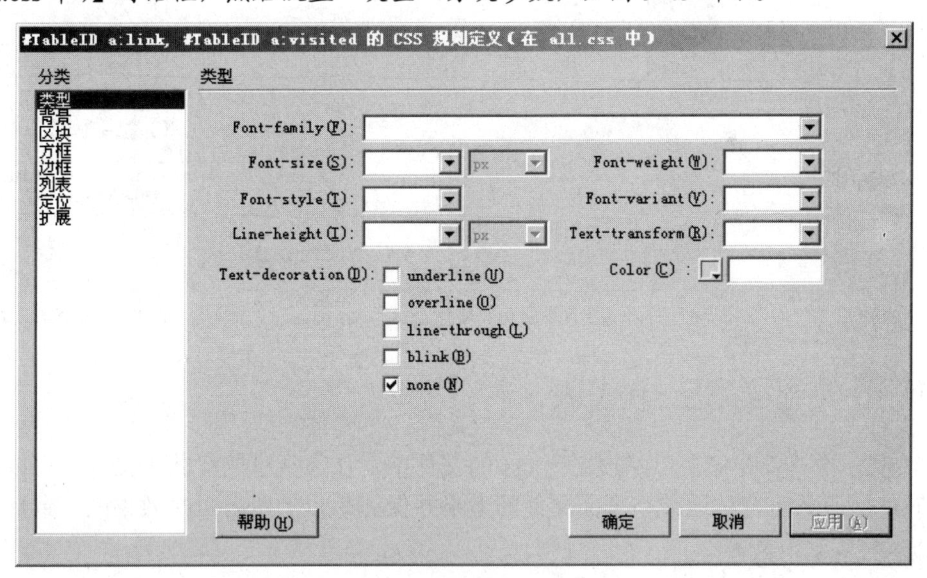

图9-45　设置链接无下划线

11. 在【CSS 样式】面板中单击按钮，打开【新建 CSS 规则】对话框，参数设置如图 9-46 所示。

12. 单击 确定 按钮，打开【#TableID a:hover 的 CSS 规则定义（在 all.css 中）】对话框，然后设置“背景”分类参数，如图 9-47 所示。

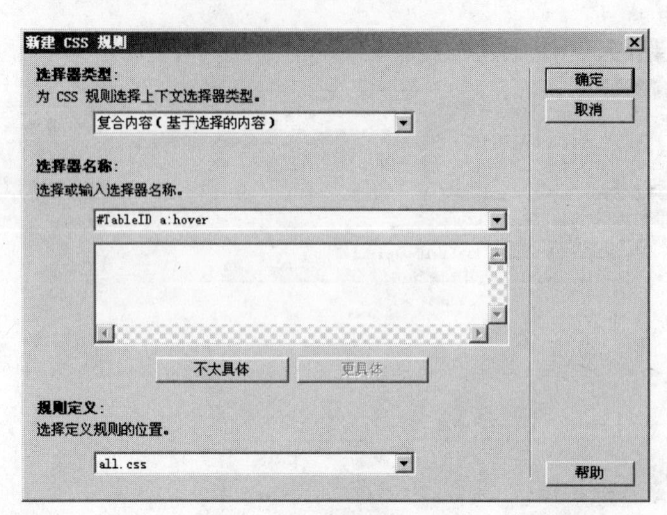

图9-46　创建鼠标经过时的样式

13. 单击 确定 按钮完成设置，此时的【CSS 样式】面板如图 9-48 所示。按 F12 键预览网页，当鼠标经过新闻标题文本时，文本背景会发生改变，参见图 9-37。

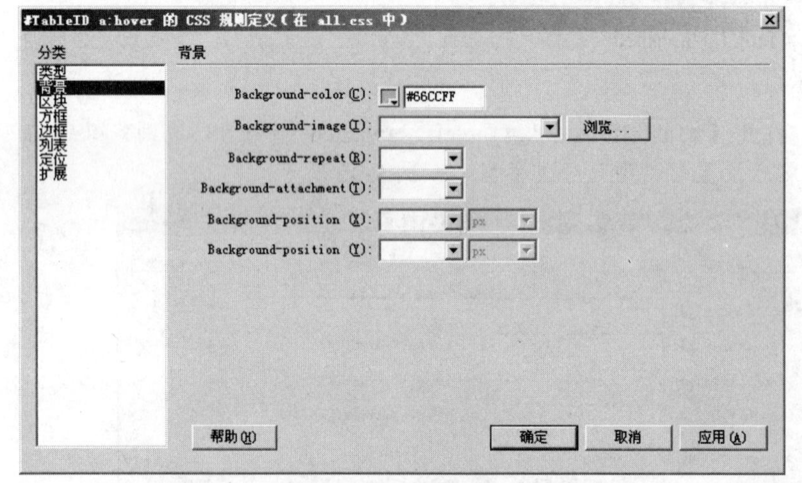

图9-47　设置文本背景色

图9-48　【CSS 样式】面板

9.3 应用外部 CSS 样式表

外部 CSS 样式表存储在以扩展名为.css 的文件中，作为共享的样式表文件，可以被多个页面同时使用。从而有效地减小页面文件的大小并保证站点的所有页面效果的一致性。

9.3.1 创建 CSS 文件

在 Dreamweaver CS4 中除了在“应用类样式”时讲解的在【新建 CSS 规则】对话框中创建 CSS 样式表文件外，还可以通过菜单命令直接创建，用菜单创建后的样式表文件需要链接到当前文档才能使用。下面将介绍创建 CSS 文件的操作过程

1. 执行菜单命令【文件】/【新建】，打开【新建文档】对话框，然后在左边选择【空白页】选项，在【页面类型】列表框中选择【CSS】选项，如图 9-49 所示。

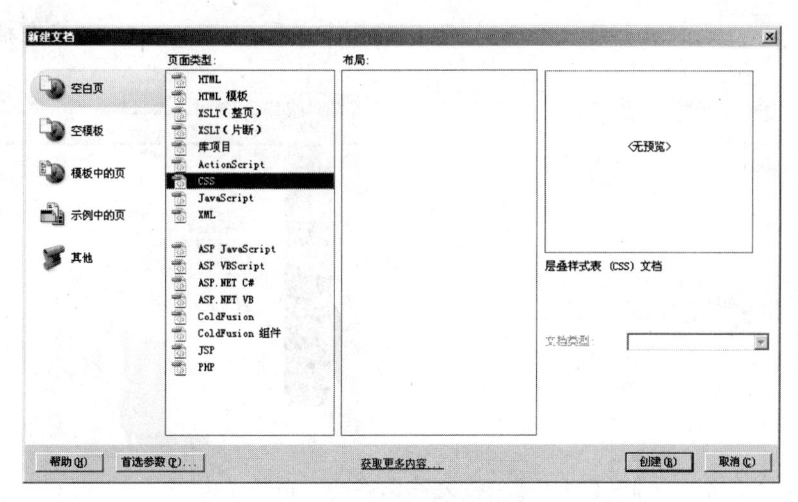

图9-49　【新建文档】对话框

2. 单击 创建(R) 按钮，新建一个空白样式表文件，如图 9-50 所示。
3. 单击【CSS 样式】面板底部的按钮，打开【新建 CSS 规则】对话框，参数的设置如图 9-51 所示。

图9-50　新建 CSS 文件

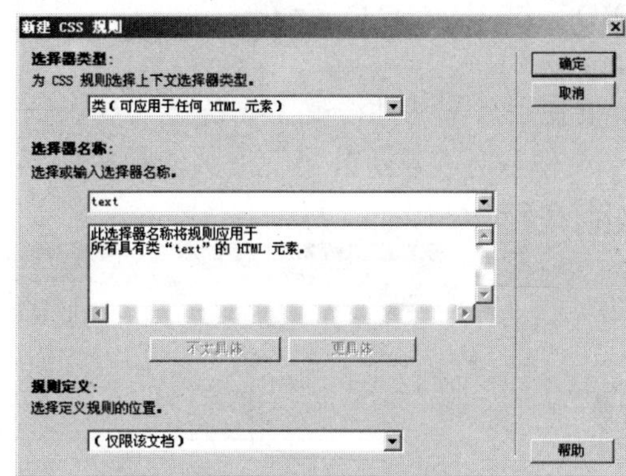

图9-51　新建 CSS 规则

4. 单击 确定 按钮，打开【.text 的 CSS 规则定义】对话框，然后设置“类型”分类参数，如图 9-52 所示。

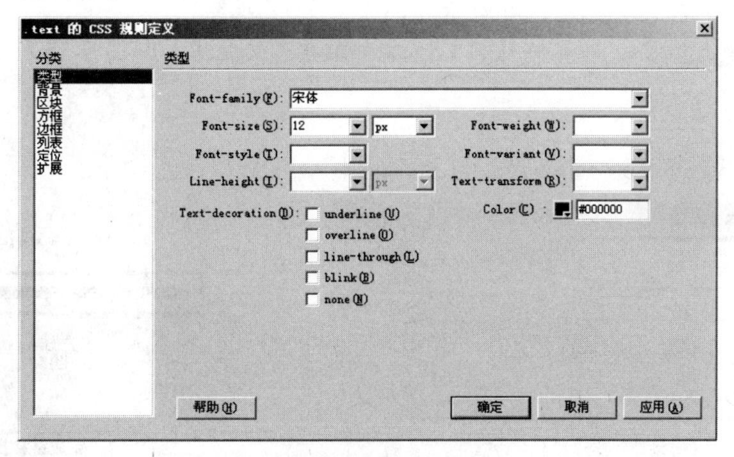

图9-52　设置文本的属性

5. 单击 确定 按钮，创建一个新的 CSS 规则，如图 9-53 所示，并在文档窗口中生成属性代码，如图 9-54 所示。

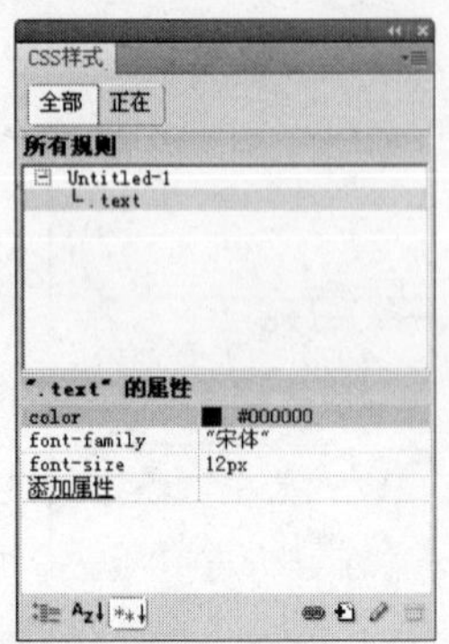

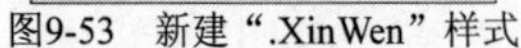

图9-53 新建".XinWen"样式

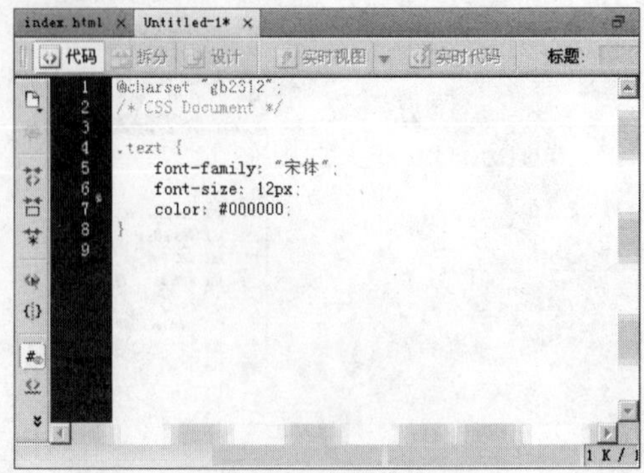

图9-54 规则代码

6. 执行菜单命令【文件】/【保存】，将文件保存为"main.css"。

要点提示 最好在站点目录下新建一个文件夹命名为"CSS"，专门用于存放网站所有的 CSS 文件，这样便于管理。

9.3.2 使用 CSS 文件

要使用外部文件，就需要链接或导入到要应用 CSS 的文档中。下面就将介绍链接外部 CSS 文件并对"建筑公司"首页的版权信息应用外部文件中 CSS 规则的操作方法，应用效果如图 9-55 所示。

图9-55 应用外部 CSS 样式表

1. 切换到"index.html"文件，单击【CSS 样式】面板底部的按钮，打开【链接外部样式表】对话框，然后单击 浏览... 按钮，选择上面操作创建的"main.css"文件，并选择【链接】单选项，如图 9-56 所示。
2. 单击 确定 按钮，即可将外部 CSS 文件链接到文档中，如图 9-57 所示。

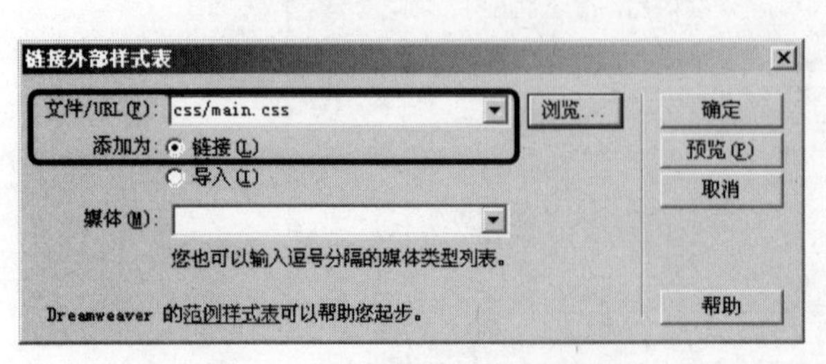

图9-56 【链接外部样式表】对话框

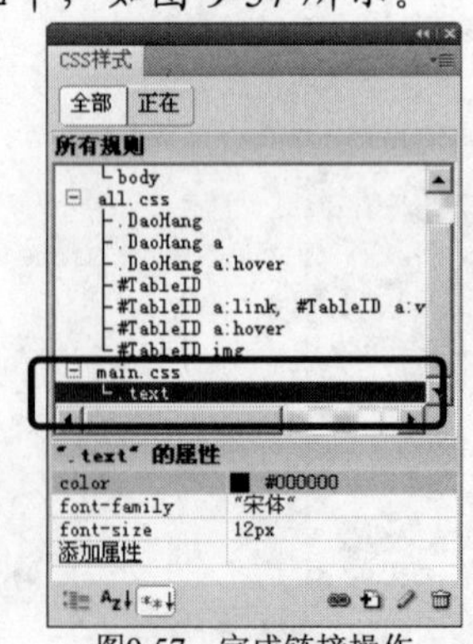

图9-57 完成链接操作

3. 分别选中文档底部的版权信息文本，然后在【属性】面板的【目标规则】下拉列表中选择“text”，对选中的内容应用规则，如图 9-58 所示。

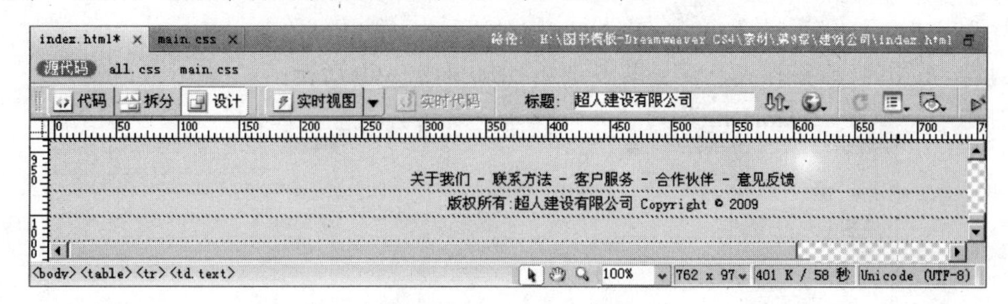

图9-58　设置版权信息文本样式

要点提示　在【新建 CSS 规则】对话框的【规则定义】下拉列表中选择“main.css”即可在外部样式表文件中插入新的样式。

4.　至此，整个网页设计完成，按 F12 键预览网页，效果参见图 9-1。

9.4 拓展训练

为了让读者进一步掌握创建和使用 Dreamweaver CS4 中 CSS 样式表的方法，下面将介绍为两个页面添加 CSS 样式调整页面显示效果的制作过程，让读者在练习过程中进一步掌握 CSS 的相关知识。

9.4.1 设计“6FANG 科技有限公司”网页

本训练将讲解为“6FANG 科技有限公司”网页添加 CSS 样式的操作过程，添加后的效果如图 9-59 所示。通过该训练的学习，读者可以自己动手练习创建和使用 CSS 样式的基本方法。

图9-59　“6FANG 科技有限公司”网页

【训练步骤】

1. 打开附盘文件“素材\第 9 章\6FANG 科技公司\lxwm.html”。
2. 创建“body”标签样式，设置其各个属性值如图 9-60 所示。
3. 创建一个名为“.DaoHang”的“类”样式，设置其各个属性值，如图 9-61 所示。

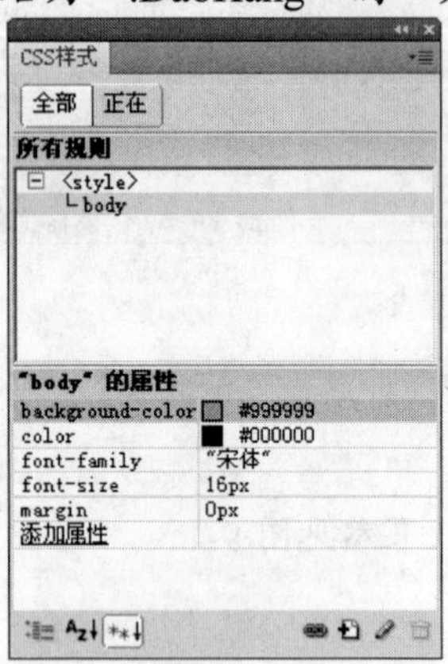

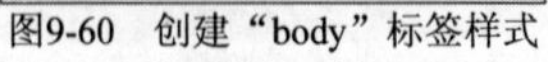
图9-60 创建“body”标签样式

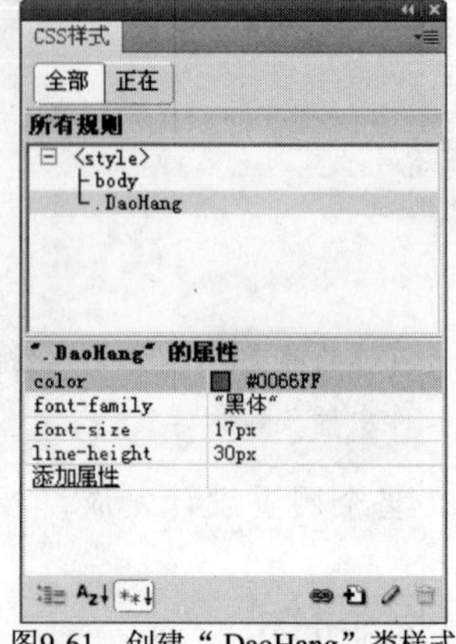

图9-61 创建“.DaoHang”类样式

4. 对导航条文本“公司首页 | 公司简介 | 精品案例 | 联系我们 | 友情链接”应用“.DaoHang”样式，完成后效果如图 9-62 所示。

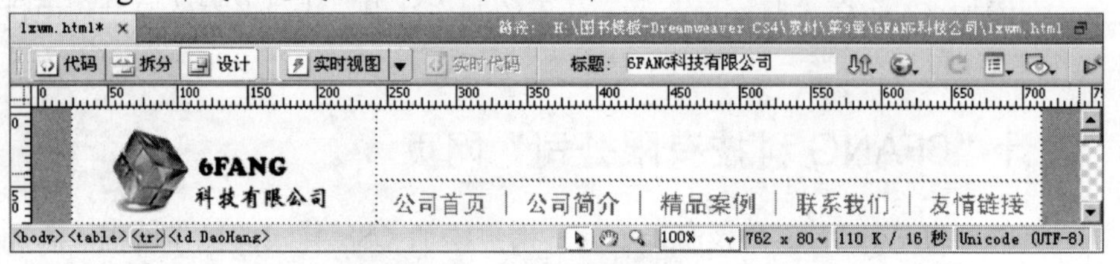

图9-62 应用样式后的导航条

5. 创建一个名为“.text”的“类”样式，设置其各个属性值，如图 9-63 所示。
6. 创建一个名为“.text1”的“类”样式，设置其各个属性值，如图 9-64 所示。

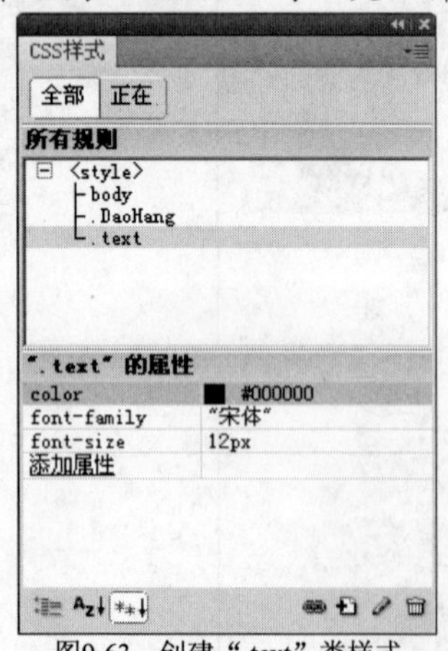

图9-63 创建“.text”类样式

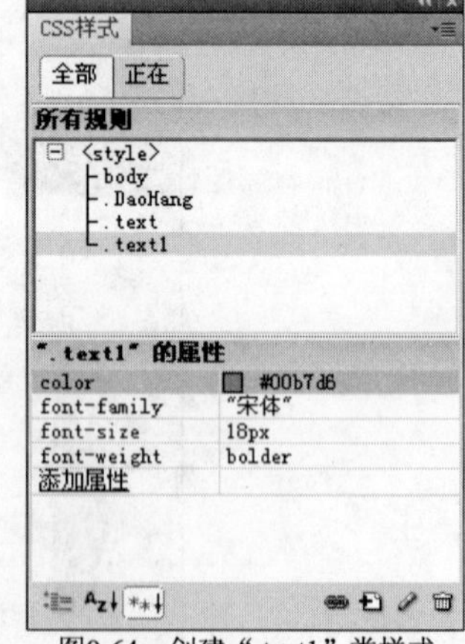

图9-64 创建“.text1”类样式

7. 分别对标题文本“首页>> 联系我们”和底部的版权信息文本应用“.text”样式。
8. 分别对文本“华友世纪通讯有限公司”、“宣传部”、“合作部”应用“.text1”样式。此时的文档效果如图 9-65 所示。

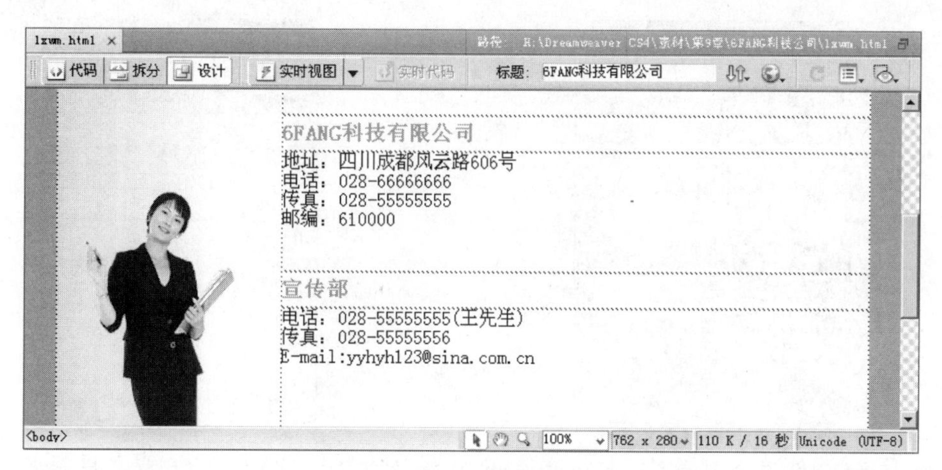

图9-65　应用样式后的文档

9.　至此，网页设计完成，按F12键预览网页，效果参见图 9-59。

9.4.2　设计“美丽仙岛”网页

本训练将讲解为“美丽仙岛”网页添加 CSS 样式的操作过程，设计效果如图 9-66 所示。通过该训练的学习，读者可以进一步熟悉 CSS 样式的属性设置的相关操作。

图9-66　“美丽仙岛”网页

【训练步骤】

1.　打开附盘文件“素材\第 9 章\美丽仙岛\xdjj.html”。
2.　创建“body”标签样式，设置其各个属性值，如图 9-67 所示。
3.　创建一个名为“.DaoHang”的“类”样式，设置其各个属性值，如图 9-68 所示。

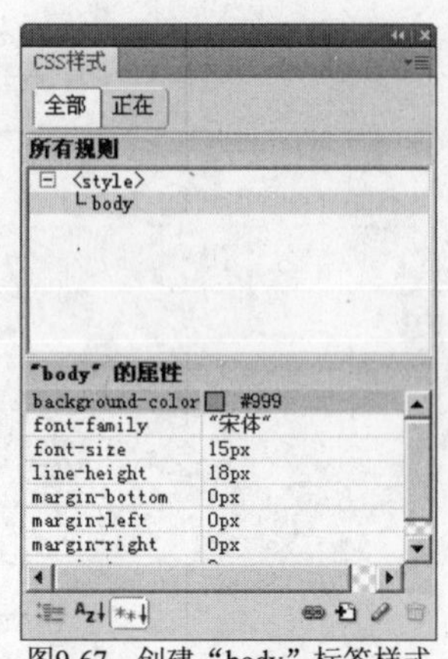

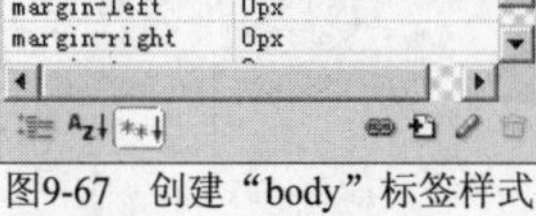

图9-67　创建“body”标签样式

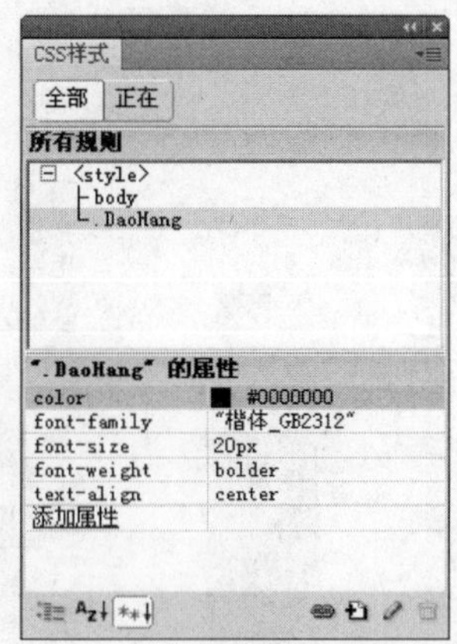

图9-68　创建“.DaoHang”类样式

4. 对导航条文本“公司首页 | 公司简介 | 精品案例 | 联系我们 | 友情链接”应用“.DaoHang”样式，结果如图 9-69 所示。

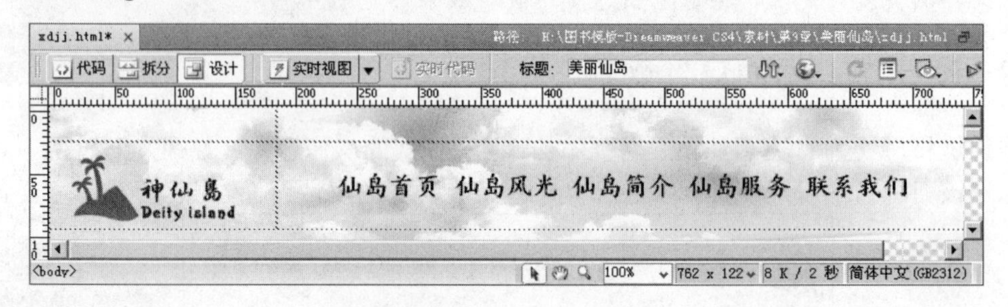

图9-69　对导航条应用样式后的效果

5. 将光标置于左侧栏目的单元格中，然后选中文档左下角的“<td>”标签，并在【属性】面板中设置单元格 ID 为“Title”，如图 9-70 所示。

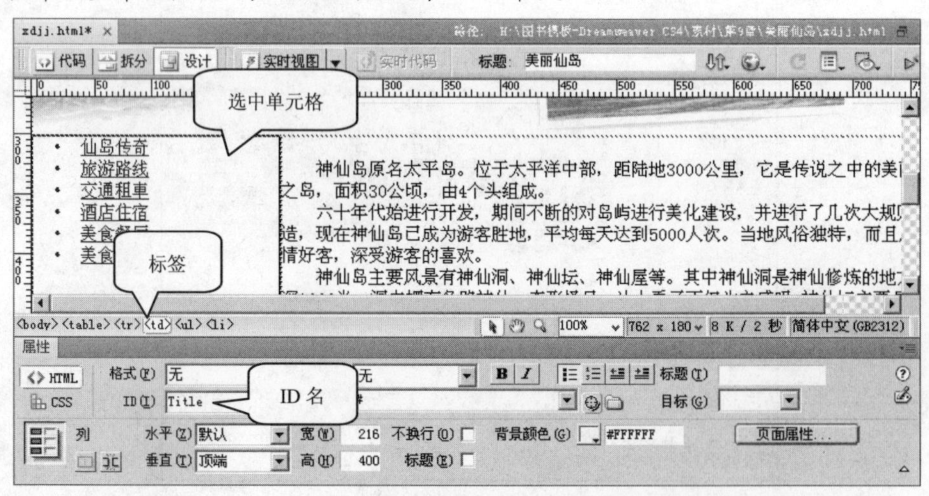

图9-70　设置单元格 ID

6. 创建一个名为“#Title”的“ID”样式，设置其各个属性值，如图 9-71 所示（“background-image”为附盘文件“素材\第 9 章\美丽仙岛\images\Sever_bg.jpg”）。

7. 创建一个名为“#Title ul li”的“复合内容”样式，设置其各个属性值，如图 9-72 所示。

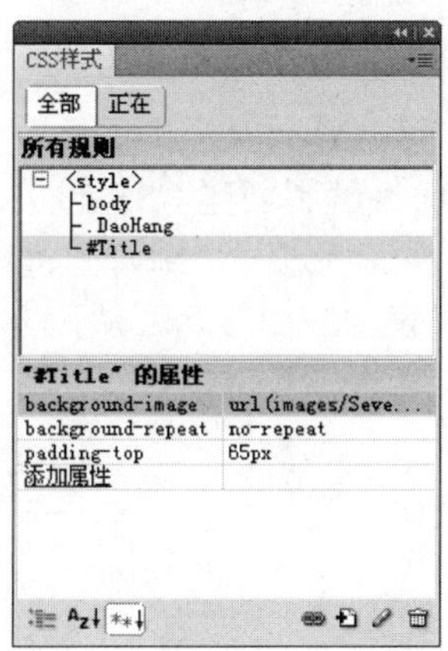

图9-71　创建“#Title”ID 样式

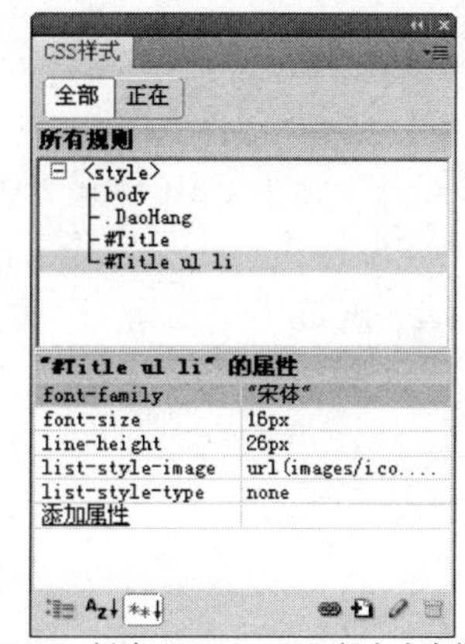

图9-72　创建“#Title ul li”复合内容样式

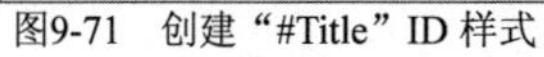

8. 创建一个名为“#Title ul li a”的“复合内容”样式，设置其各个属性值，如图 9-73 所示。
9. 创建一个名为“#Title ul li a:hover”的“复合内容”样式，设置其各个属性值，如图 9-74 所示。此时的文档效果如图 9-75 所示。

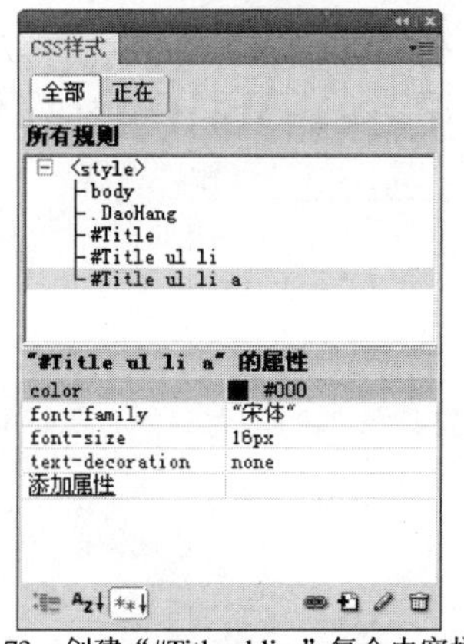

图9-73　创建“#Title ul li a”复合内容样式

图9-74　创建“#Title ul li a:hover”复合内容样式

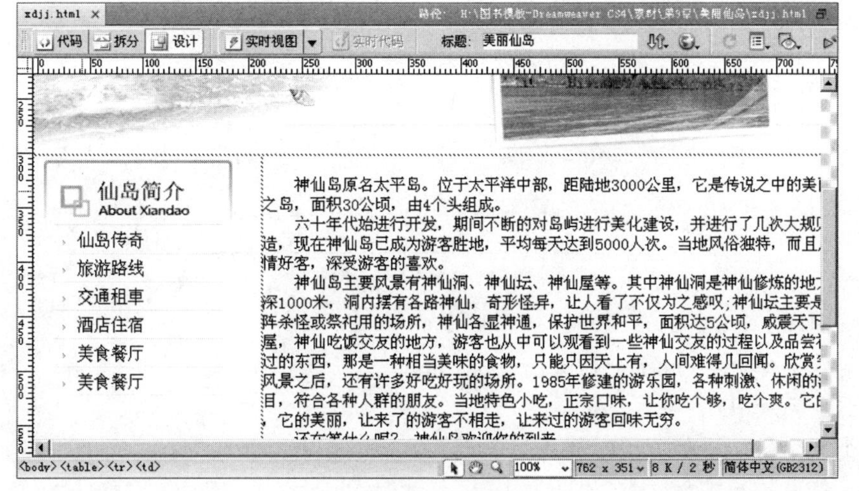

图9-75　应用样式后的文档

10. 至此，“美丽仙岛”网页设计完成，按F12键预览网页，结果参见图 9-66。

9.5 小结

本章首先介绍了 CSS 样式表的相关理论知识，进而讲解了创建 CSS 样式、修改 CSS 样式和应用 CSS 样式的相关操作方法，最后通过两个拓展训练进一步练习创建和使用 CSS 样式表的方法。通过本章的学习，读者可掌握 CSS 样式表的应用技巧，从而方便快捷地使用 CSS 样式设计网站的页面效果。

9.6 习题

一、问答题

1. CSS 样式表有哪些优点？
2. CSS 样式的分为几类？
3. CSS 属性有几大类？简述每一类的主要功能。
4. CSS 的应用方式主要有哪两类？

二、操作题

应用 CSS 样式表的相关知识为“个人写真”网页添加 CSS 样式，设计效果如图 9-76 所示。

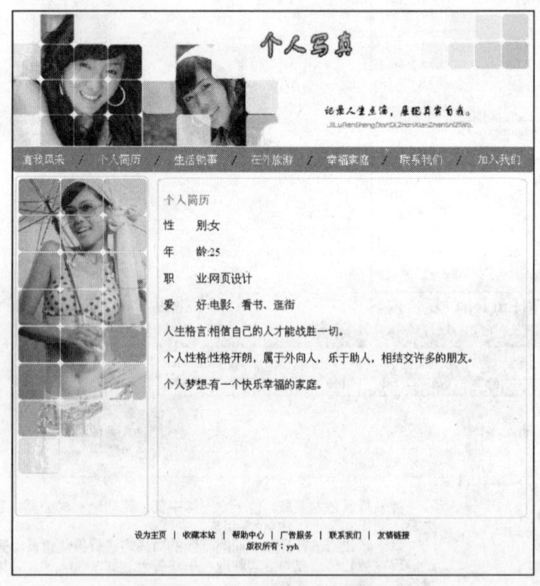

图9-76　“个人写真”网页

【步骤提示】

1. 打开附盘文件“练习\第 9 章\素材\index.html”。
2. 为导航条添加 ID 类样式。
3. 为“个人简历”添加“类”样式。
4. 为版权信息脚本添加“类”样式。

第10章 应用AP Div——设计“自然写真”网页

AP Div 是网页设计中的一个重要元素，它可以随意放置在页面的任意位置，不受任何限制，同时它也作为网页布局的容器。AP Div 可以包含文本、图像、媒体、表格等一切可以放置到 HTML 中的元素，甚至可以在 AP Div 内放置 AP Div。本章将通过设计“自然写真”网页来讲解使用 AP Div 布局网页的基本操作，案例设计效果如图 10-1 所示。

图10-1 “自然写真”网页效果

【学习目标】

- 了解 AP Div 与 Div 标签的区别。
- 掌握使用 AP Div 布局的基本操作方法。
- 掌握创建 AP Div 的操作方法。
- 掌握设置 AP Div 属性的操作方法。
- 掌握向 AP Div 内插入内容的操作方法。
- 熟悉【AP 元素】面板管理 AP Div 的基本操作方法。

10.1 创建 AP Div

在 Dreamweaver CS4 中，AP Div 又称为 AP 元素或 CSS-P 元素。AP Div 的创建可以直接通过创建 AP Div 或插入 Div 标签来实现，同时还可以在 AP Div 内创建嵌套 AP Div。

根据图 10-1 所示的案例效果图分析可知，网页的布局结构图如图 10-2 所示，下面将根据布局结构图（黑色边框所包含区域为 back），使用 AP Div 布局“自然写真”网页。

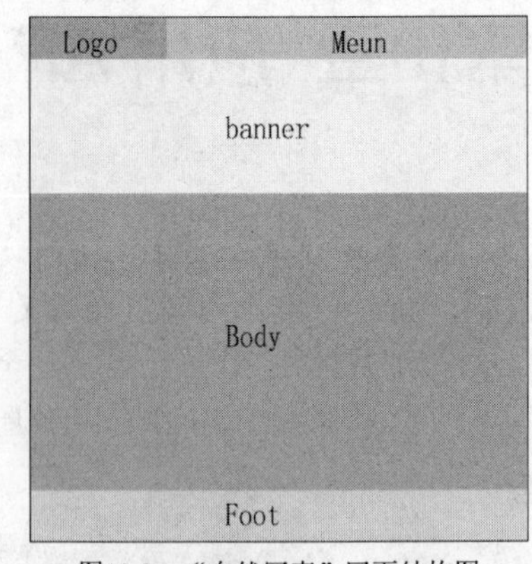

图10-2 “自然写真”网页结构图

10.1.1 设置 AP Div 的默认参数

当向文档插入 AP Div 时，其属性是默认的，这些默认属性可以通过【首选参数】进行设置，下面将介绍设置 AP Div 默认参数的操作方法。

1. 打开附盘文件“素材\第 10 章\自然写真\index.html”，该文档是一个空文档。
2. 执行菜单命令【编辑】/【首选参数】，打开【首选参数】对话框，然后在【分类】列表框中选择【AP 元素】选项，设置其【宽】为“200”、【高】为“120”、【背景颜色】为“#ffffff”，选择【在 AP div 中创建以后嵌套】复选项，如图 10-3 所示。

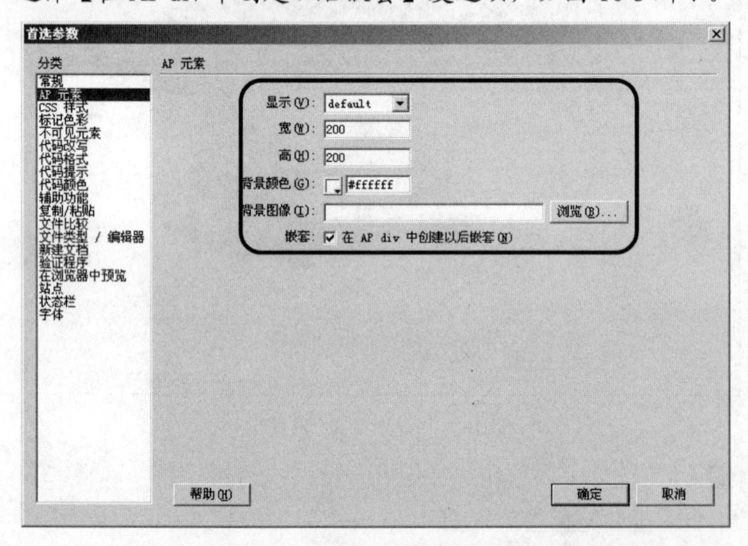

图10-3 设置 AP Div 的默认参数

要点提示 选择【在 AP div 中创建以后嵌套】复选项，则指定从现有 AP Div 边界内绘制的 AP Div 是嵌套 AP Div，方便在布局过程中设置 AP Div 的相对位置。

3. 单击 确定 按钮，完成 AP Div 首选参数的设置并返回文档。

10.1.2 插入 AP Div

在 Dreamweaver CS4 中，可直接通过菜单命令插入一个默认的 AP Div 或通过【插入】

面板中“布局”类别中的 绘制 AP Div 按钮绘制 AP Div。下面将介绍使用菜单命令插入 AP Div 的操作方法。

1. 将光标定位在要插入 AP Div 的位置，如图 10-4 所示。
2. 执行菜单命令【插入】/【布局对象】/【AP Div】，即可创建一个默认大小（200px × 200px）的 AP Div，如图 10-5 所示。

图10-4　放置光标位置

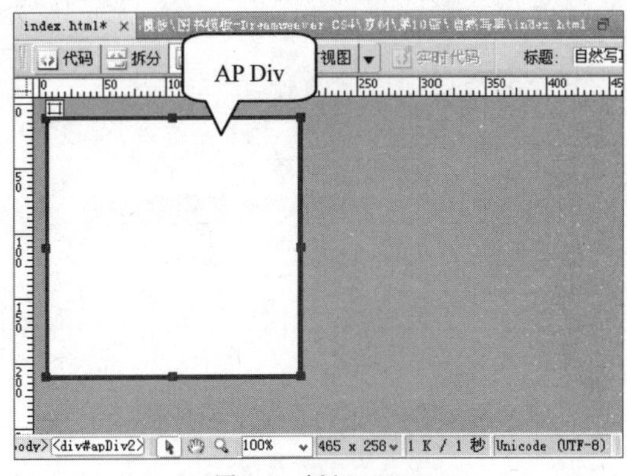

图10-5　插入 AP Div

要点提示　在向文档中插入 AP Div 时，Dreamweaver CS4 会自动依次为其命名为“apDiv1”、“apDiv2”。此时的 AP Div 名称即为“apDiv1”。

10.1.3　插入嵌套 AP Div

嵌套 AP Div 是指创建在其他 AP Div 中的 AP Div。嵌套 AP Div 可以与被嵌套 AP Div 一起移动，并且可继承被嵌套 AP Div 的可见性。下面将介绍插入嵌套 AP Div 的操作方法。

1. 将光标置于“apDiv1”AP Div 内，执行菜单命令【插入】/【布局对象】/【Div 标签】，打开【插入 Div 标签】对话框，然后在【插入】下拉列表中选择【在插入点】选项，在【ID】下拉列表中输入“Header”，如图 10-6 所示。

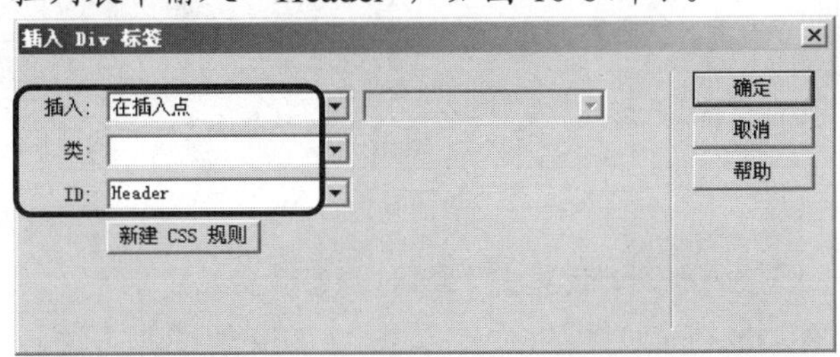

图10-6　【插入 Div 标签】对话框

要点提示　id=“apDiv1”指的是名为“apDiv1”的 AP Div，即上一操作创建的 AP Div。在【ID】下拉列表中输入“Header”即此时创建的 AP Div 的名称。

2. 单击 新建 CSS 规则 按钮，打开【新建 CSS 规则】对话框，如图 10-7 所示。
3. 保持默认参数，然后单击 确定 按钮，打开【#Header 的 CSS 规则定义】对话框，选择“定位”类型，设置【Position】为“absolute”、【Width】为“100”、【Height】为“100”，如图 10-8 所示。

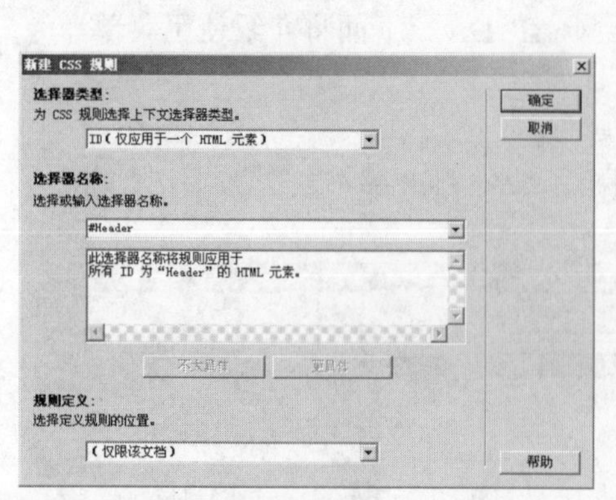

图10-7 【新建 CSS 规则】对话框

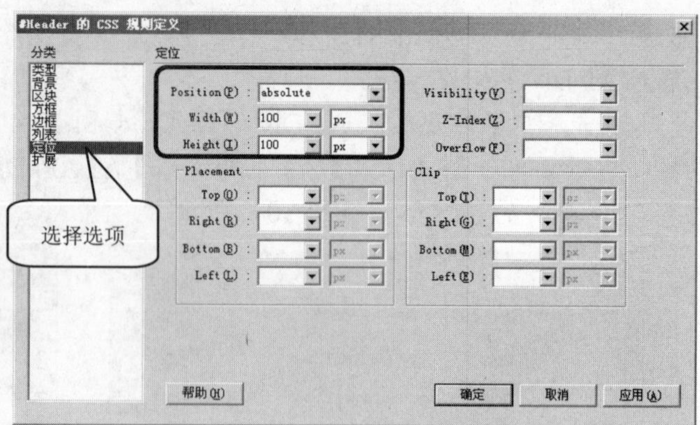

图10-8 设置 AP Div 的定位类型和大小

> **要点提示** "Div 标签"与"AP Div"的区别在于前者的定位类型是默认"static（静态）"，后者的定位类型是"absolute（绝对）"。在插入 Div 标签时，若将 Div 标签的定位类型设置为"absolute（绝对）"，则 Div 标签可转换为 AP Div。

4. 单击 确定 按钮，返回【插入 Div 标签】对话框，然后单击 确定 按钮创建一个嵌套 AP Div，如图 10-9 所示。

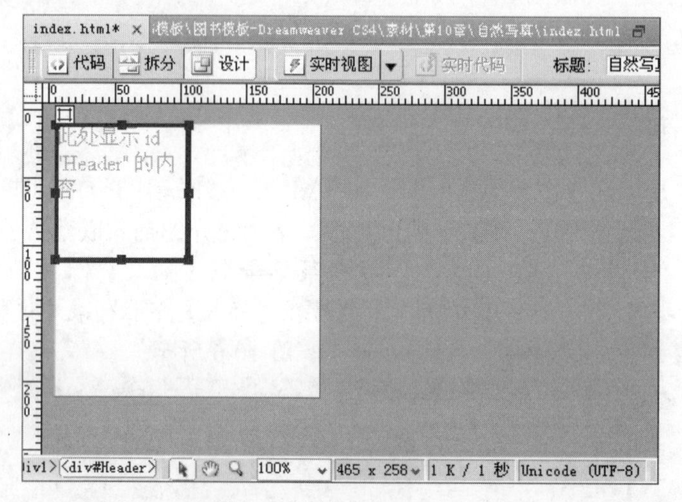

图10-9 创建的嵌套 AP Div

【知识链接】——调整 AP Div 嵌套关系和对齐多个 AP Div

下面将介绍调整 AP Div 嵌套关系和对齐多个 AP Div 的操作方法。

一、调整 AP Div 嵌套关系

通过【AP 元素】面板，可以很方便地识别和调整 AP Div 之间的关系，如图 10-10 所示，"Header" AP Div 嵌套在"apDiv1" AP Div 内。

选中"Header" AP Div，然后按住鼠标左键不放拖动"Header" AP Div 至"apDiv1" AP Div 外释放鼠标，如图 10-11 所示，可使两 AP Div 嵌套关系消失；按住 Ctrl 键拖动"Header" AP Div 至"apDiv1" AP Div 的下面，如图 10-12 所示，可以使"Header" AP Div 嵌套在"apDiv1" AP Div 内。

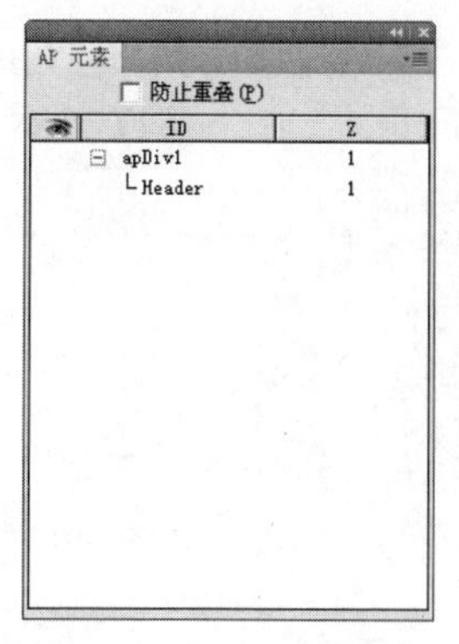

图10-10　【AP 元素】面板

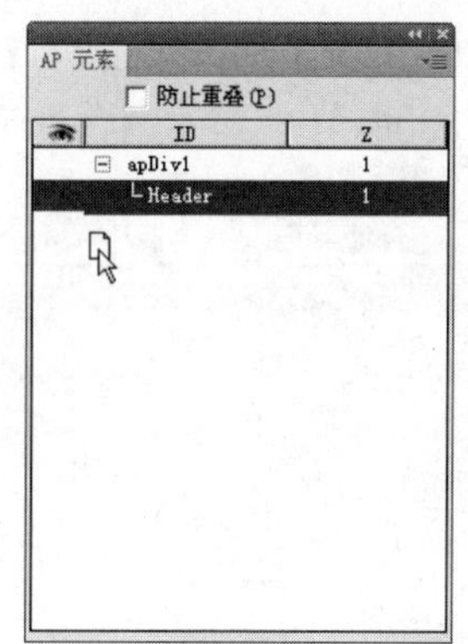

图10-11　取消嵌套关系操作

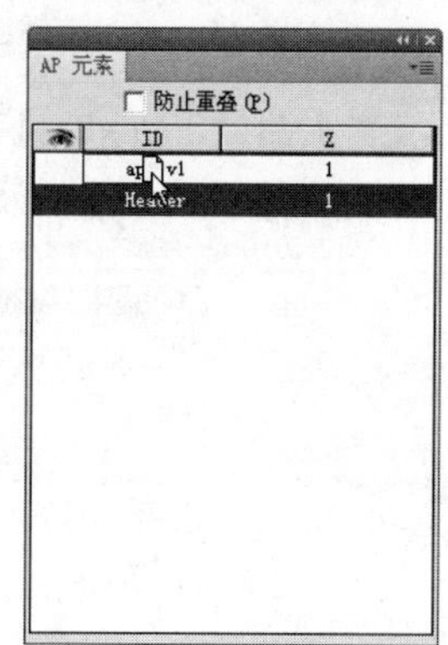

图10-12　设置嵌套关系操作

二、 对齐多个 AP Div

当有多个 AP Div 时，可以对它们进行对齐操作，包括左对齐、右对齐、上对齐与对齐下缘，以最后一个选定 AP Div 的边框位置为标准对齐。

按住 Shift 键，依次单击多个 AP Div，即可同时选择多个 AP Div，如图 10-13 所示，然后执行菜单命令【修改】/【排列顺序】/【上对齐】，即可将选中的 AP Div 上对齐，如图 10-14 所示。

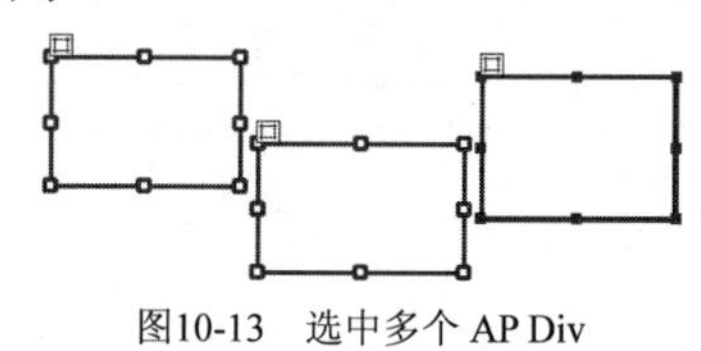

图10-13　选中多个 AP Div

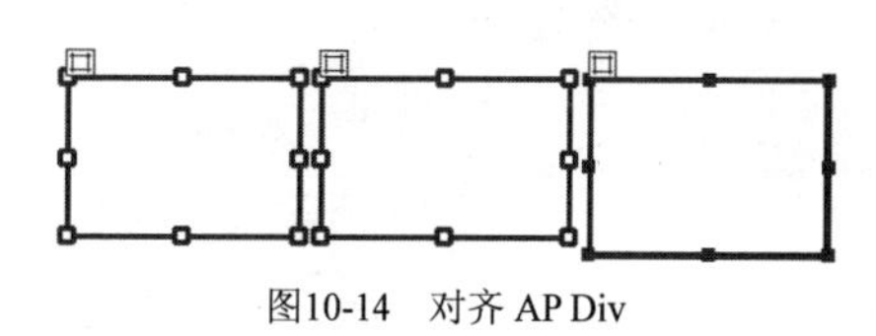

图10-14　对齐 AP Div

10.1.4　设置 AP Div 的属性

AP Div 的属性主要是通过【属性】面板进行设置，下面将讲解设置 AP Div 属性的操作方法。

1. 执行菜单命令【窗口】/【AP 元素】，打开【AP 元素】面板，参见图 10-10。
2. 在【AP 元素】面板上选择“apDiv1” AP Div，然后打开【属性】面板，如图 10-15 所示。

要点提示 将鼠标光标移至 AP Div 的边框上，当鼠标光标形状变为如图 10-16 所示的 4 个方向都有箭头时，单击 AP Div 的边框也可以选择 AP Div。

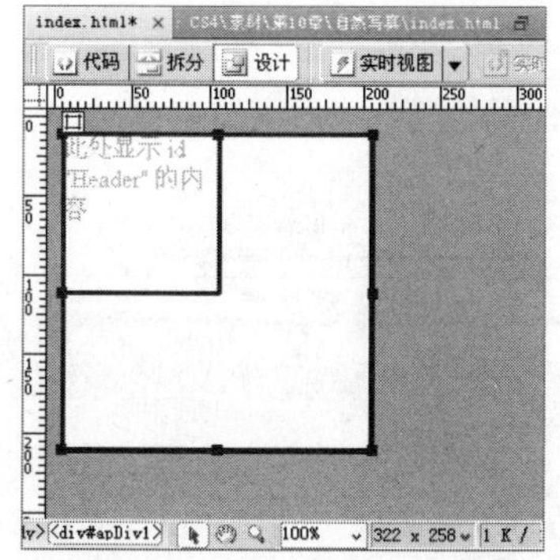

图10-15　选中“apDiv1” AP Div

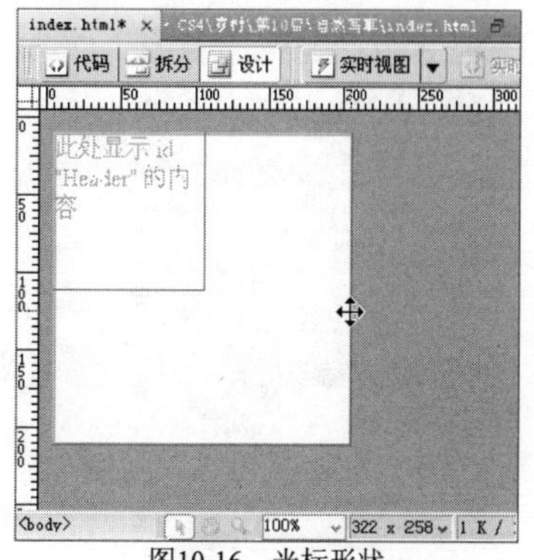

图10-16　光标形状

3. 在【属性】面板中设置【CSS-P 元素】为“back”、【左】为“80px”、【上】为“0px”，【宽】为“859px”、【高】为“880px”、【背景颜色】为“#FFFFFF”，如图 10-17 所示。

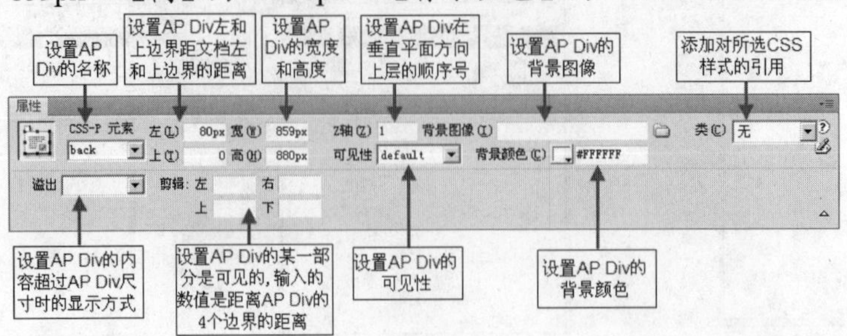

图10-17　属性设置

4. 选中“Header” AP Div，然后在【属性】面板中设置【左】为“0px”，【上】为“0px”，【宽】为“859px”、【高】为“67px”、【z 轴】为“2”，如图 10-18 所示。此时的文档效果如图 10-19 所示。

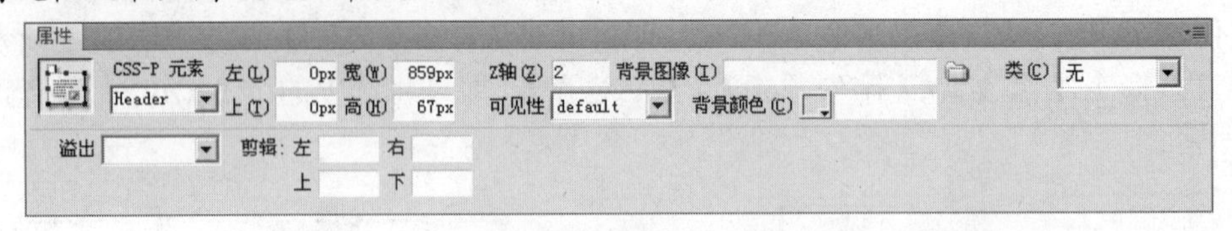

图10-18　设置“Header” AP Div 属性

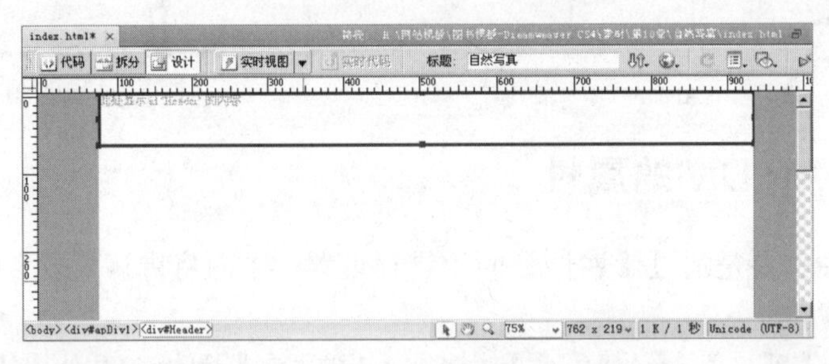

图10-19　文档效果

5. 执行菜单命令【窗口】/【插入】，打开【插入】面板，并打开“布局”类型，效果如图 10-20 所示。

6. 单击 插入 Div 标签 按钮，打开【插入 Div 标签】对话框，参数的设置如图 10-21 所示。

图10-20　【插入】面板

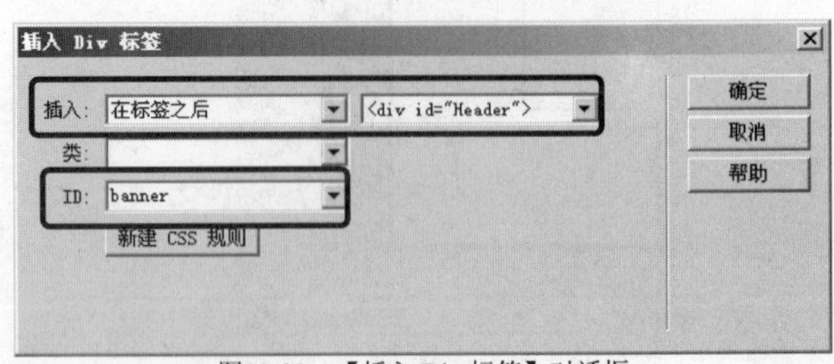

图10-21　【插入 Div 标签】对话框

7. 单击 新建 CSS 规则 按钮，打开【新建 CSS 规则】对话框，如图 10-22 所示。

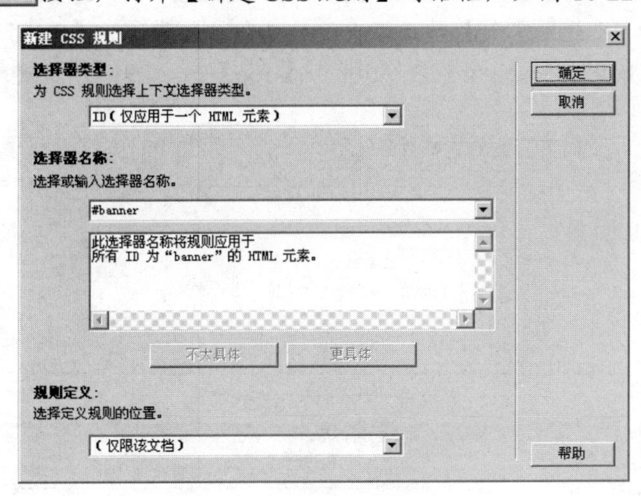

图10-22　【新建 CSS 规则】对话框

8. 保持默认参数，单击 确定 按钮，打开【#banner 的 CSS 规则定义】对话框，然后选择“定位”类型，设置【Position】为“absolute”、【Width】为“859”、【Height】为“224”、【Top】为“67”，如图 10-23 所示。

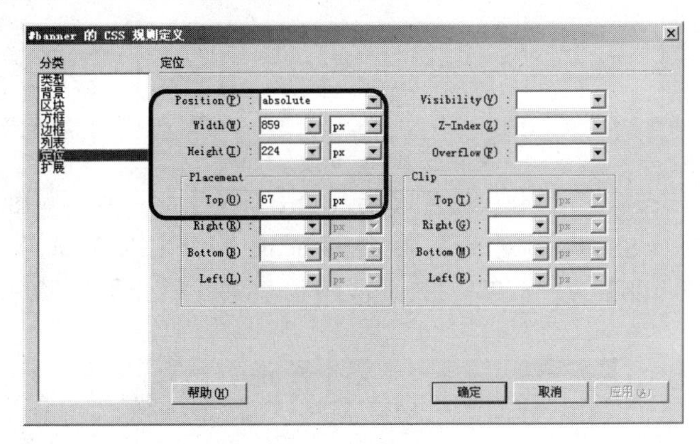

图10-23　设置 APAP Div 的属性

9. 单击 确定 按钮，创建一个 AP Div，如图 10-24 所示。

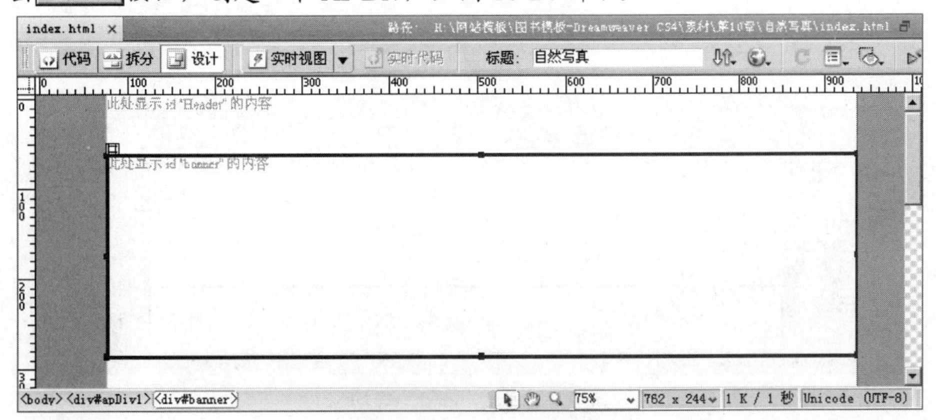

图10-24　创建“banner”AP Div

10. 单击 插入 Div 标签 按钮，设置【插入 Div 标签】对话框，如图 10-25 所示。然后在【#body 的 CSS 规则定义】对话框中设置【定位】选项的【Position】为“absolute”、【Width】为“859”、【Height】为“500”、【Top】为“291”，创建效果如图 10-26 所示。

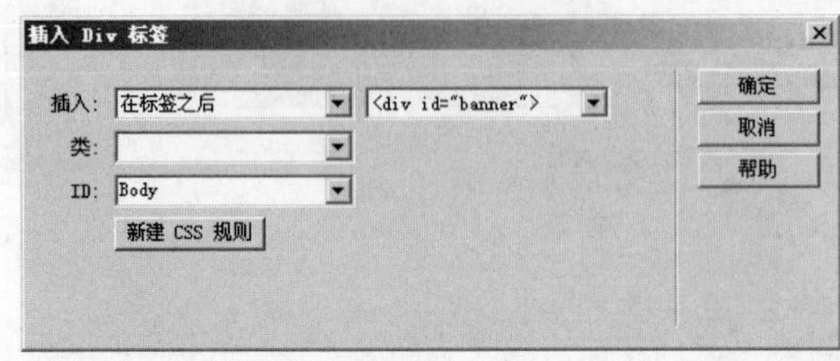

图10-25　设置插入 AP Div 位置

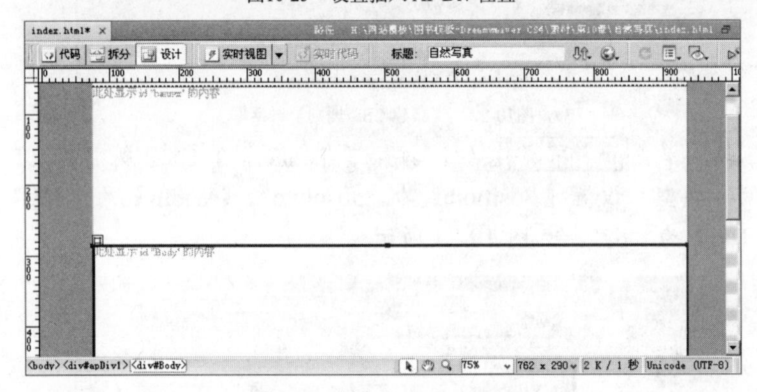

图10-26　创建“body” AP Div

11. 单击 插入 Div 标签 按钮，设置【插入 Div 标签】对话框，如图 10-27 所示，然后在【#footer 的 CSS 规则定义】对话框中设置“定位”选项的【Position】为“absolute”、【Width】为“859”、【Height】为“89”、【Top】为“791”，创建效果如图 10-28 所示。

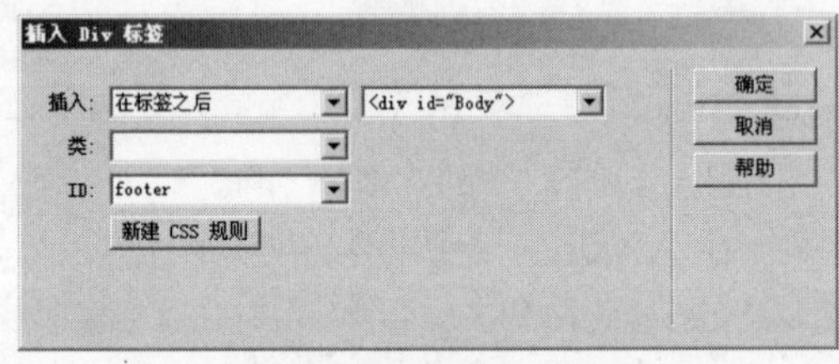

图10-27　设置插入 AP Div 位置

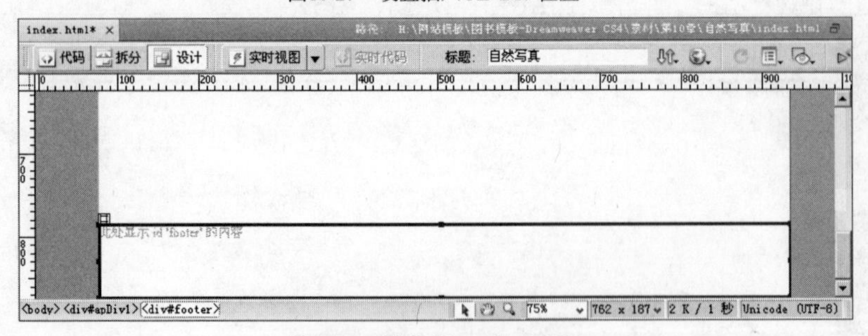

图10-28　创建“footer” AP Div

12. 网页的布局结构基本完成，效果如图 10-29 所示。

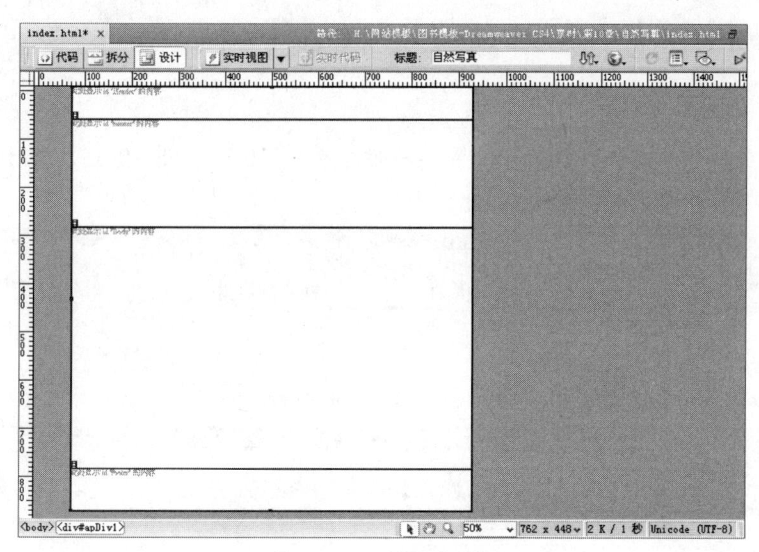

图10-29　网页的基本结构

10.2　向 AP Div 内插入元素

在 AP Div 内可以输入或从其他文件中复制粘贴相应的文本内容，也可以插入图像、媒体、表格、脚本等内容，下面将介绍向 AP Div 插入图像、文本、多媒体的操作方法。

10.2.1　插入图像

在 AP Div 内可以直接插入图像，也可以为 AP Div 添加背景图像，下面将介绍向 AP Div 内插入图像的操作方法，设计效果如图 10-30 所示。

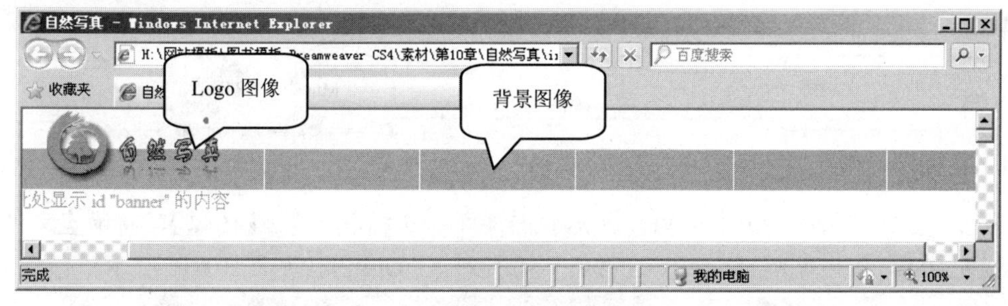

图10-30　插入图像

1. 将光标置于“Header” AP Div 中，删除 AP Div 中的内容，然后单击【插入】面板上的 绘制 AP Div 按钮，将光标移至“Header” AP Div 内，当指针形状变为十字状时，按下 Ctrl 键同时按住鼠标左键拖动，在“Header” AP Div 内连续绘制 3 个 AP Div，如图 10-31 所示。

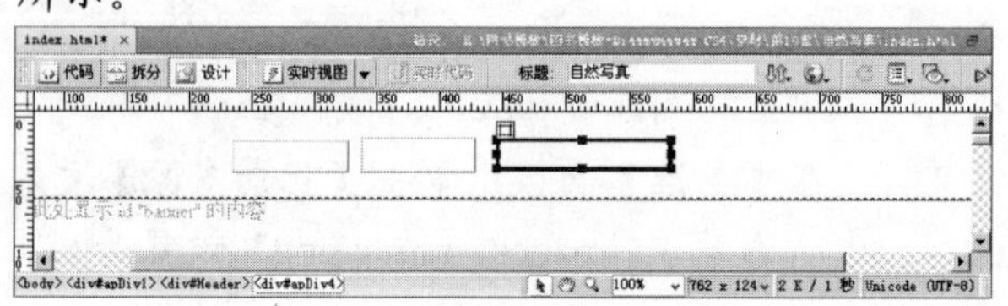

图10-31　连续绘制 3 个 AP Div

在绘制 AP Div 时，如果按住Ctrl键绘制，可连续绘制多个 AP Div。

2. 分别选中左、中、右 AP Div 并设置其属性，如图 10-32、图 10-33、图 10-34 所示，此时的文档效果如图 10-35 所示。

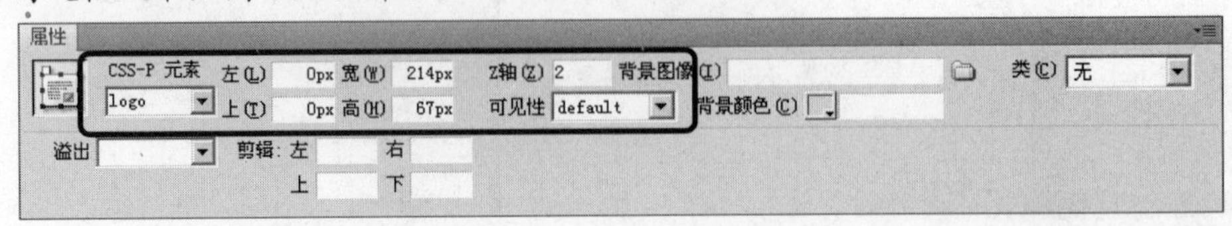

图10-32 左边 AP Div 的属性

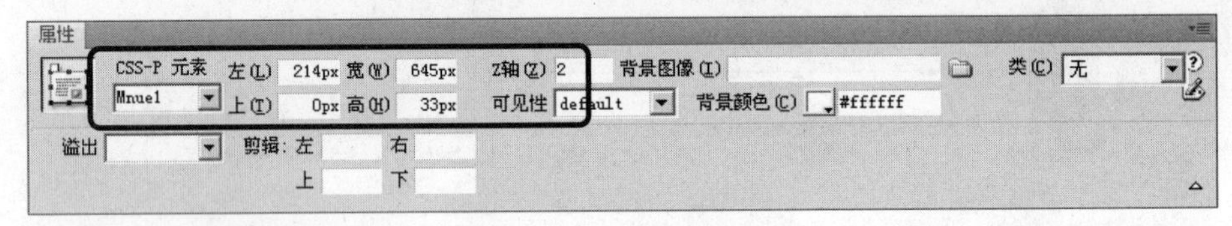

图10-33 中间 AP Div 的属性

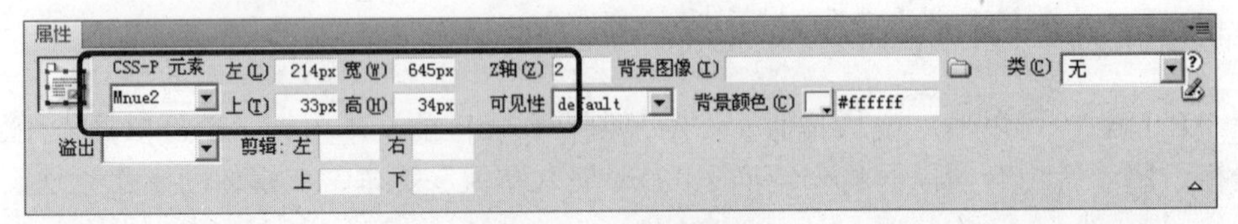

图10-34 右边 AP Div 的属性

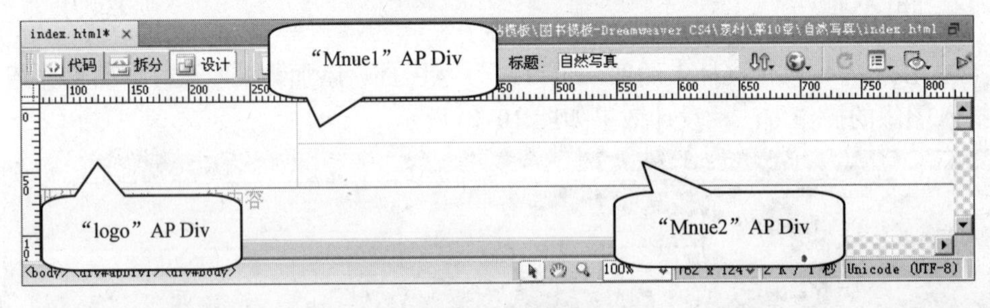

图10-35 文档效果

3. 将光标置于"logo" AP Div 内，然后执行菜单命令【插入】/【图像】，将附盘文件"素材\第 10 章\自然写真\images\logo.png"插入到 AP Div 内，如图 10-36 所示。

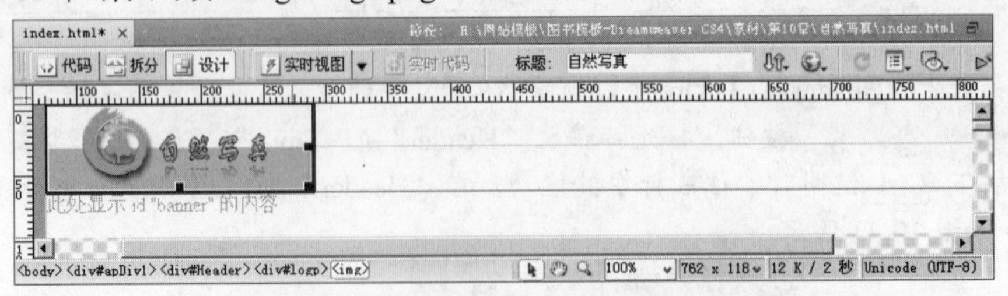

图10-36 插入 logo 图像

4. 选中"Mnue2" AP Div，在【属性】面板中单击【背景图像】文本框右侧的按钮，将附盘文件"素材\第 10 章\自然写真\images\ mnue.png"设置为 AP Div 背景图像，如图 10-37 所示。

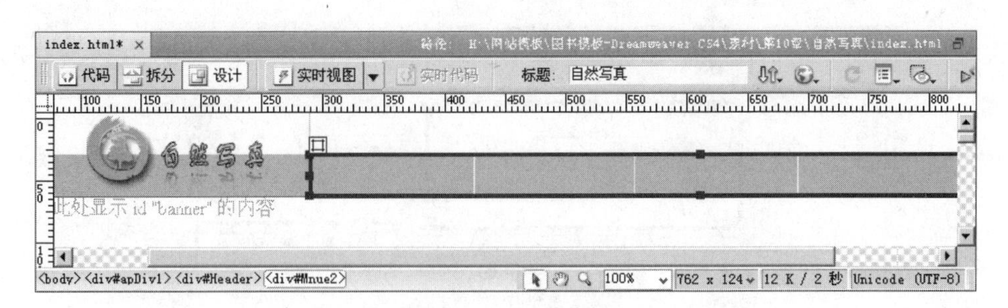

图10-37　插入背景图像

5.　按 F12 键预览网页，效果参见图 10-30。

10.2.2　插入文本

在 AP Div 内可以输入文本，也可以从其他文档中复制粘贴相应的文本内容。下面将介绍向 AP Div 内插入文本的操作方法，设计效果如图 10-38 所示。

图10-38　插入文本

1.　将光标置于“Mnue1”AP Div 内，打开【属性】面板，如图 10-39 所示。

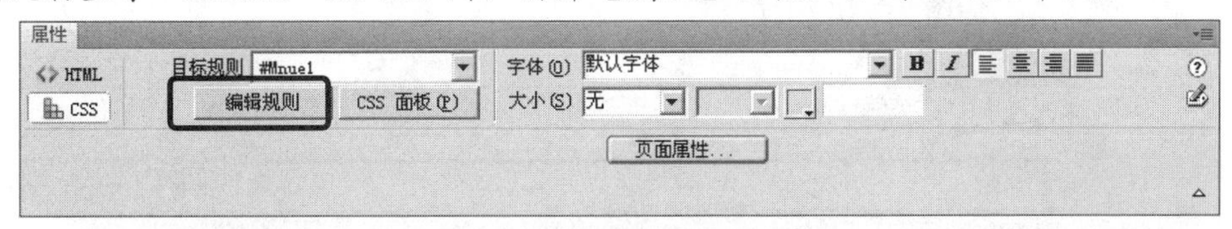

图10-39　【属性】面板

2.　单击 编辑规则 按钮，打开【#Mnue1 的 CSS 规则定义】对话框，选择【类型】选项，设置【Font-family】为“宋体”、【Font-size】为“12px”、【Line-height】为“33px”、【Color】为“黑色”，如图 10-40 所示。

要点提示　将【Line-height（行高）】设置为“33px”，是因为 Mnue1 AP Div 的高度为“33px”，这样可以方便地确定文字在 AP Div 的相对位置。

3.　选择【区块】选项，设置【Text-align】为“right”，如图 10-41 所示。

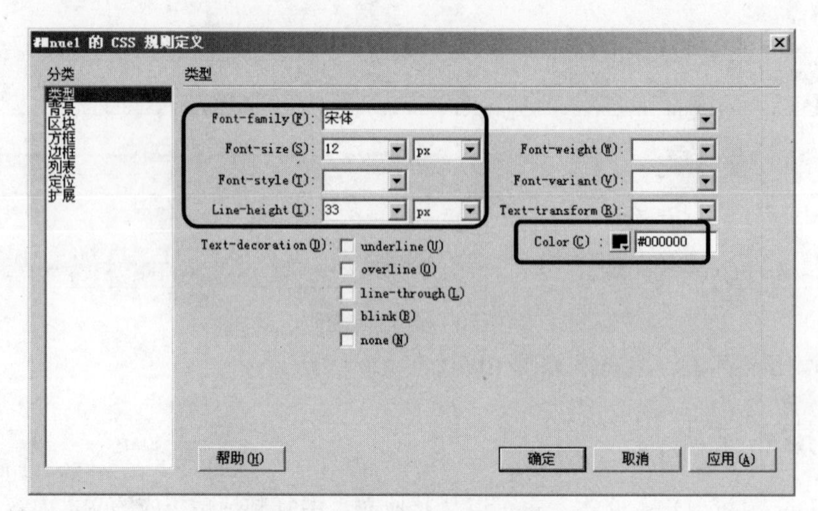

图10-40　设置文本字体、大小和行高

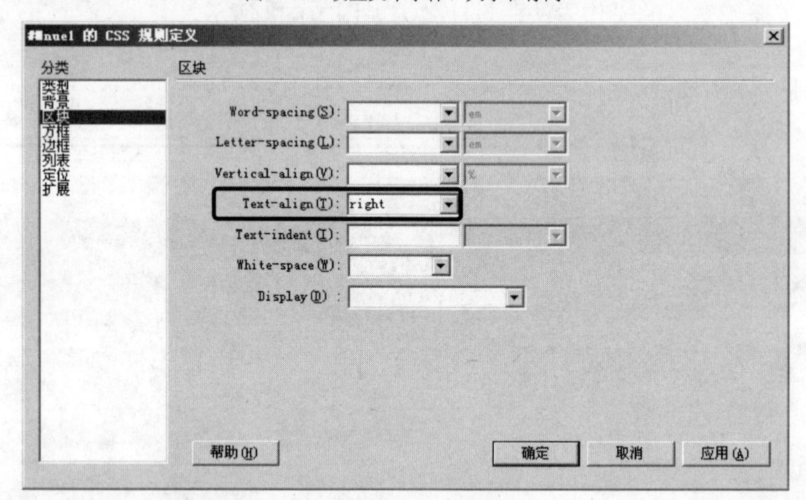

图10-41　设置文字的右对齐

4. 单击 确定 按钮，完成 CSS 编辑，然后在 Mnue1 AP Div 内输入“加入收藏 | 设为首页 | 联系我们”，如图 10-42 所示。

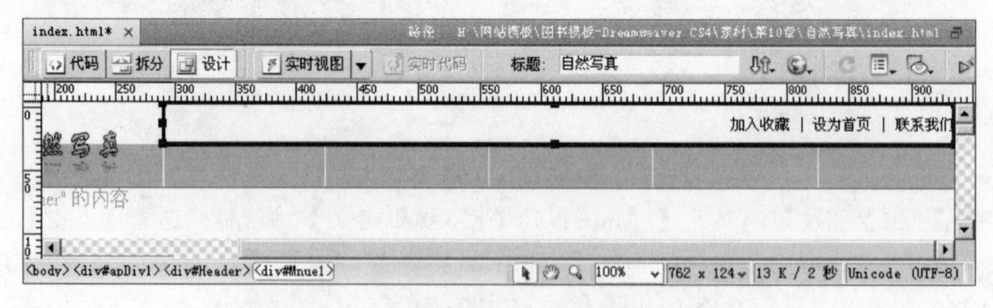

图10-42　输入文字

5. 将光标插入至“Mnue2” AP Div 内，然后单击 编辑规则 按钮，打开【#Mnue2 的 CSS 规则定义】对话框，选择【类型】选项，设置【Font-family】为“宋体”、【Font-size】为“20px”、【Line-height】为“34px”、【Color】为“黑色”，如图 10-43 所示。

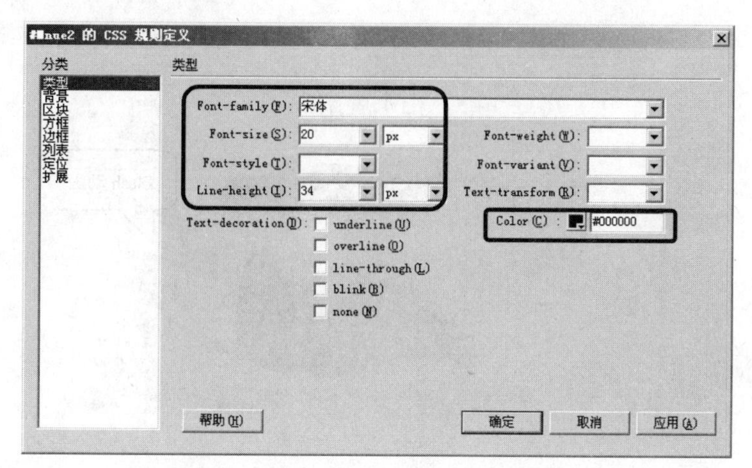

图10-43　编辑“Mnue2”AP Div 的 CSS 规则

6. 单击 确定 按钮，完成 CSS 编辑，然后在“Mnue2”AP Div 内输入“山水风光 晚霞风光 天空风光 沙滩风光 庭院风光”并调整间距，如图 10-44 所示。

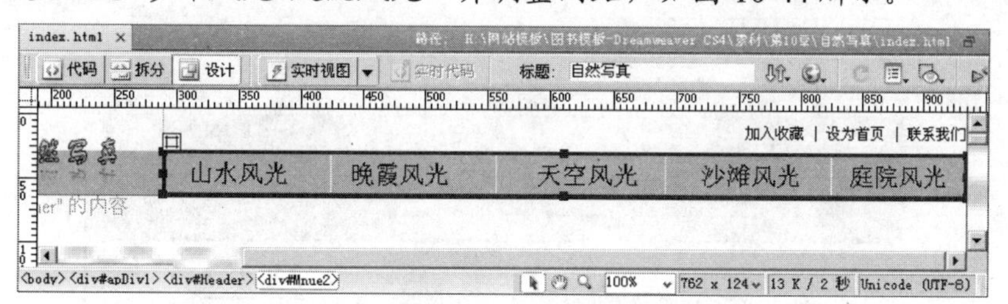

图10-44　输入文字

7. 将光标置于“banner”AP Div 中，删除 AP Div 中的内容，然后将附盘文件“素材\第 10 章\自然写真\images\ banner.png”插入至 AP Div 中，如图 10-45 所示。

图10-45　向“banner”AP Div 插入图像

8. 按 F12 键预览网页，效果参见图 10-38。

10.2.3　插入多媒体

在 AP Div 内插入多媒体与向文档或表格中插入多媒体的操作是类似的。下面将介绍插入多媒体以及设置 AP Div 溢出功能的操作方法，设计效果如图 10-46 所示。

图10-46 插入多媒体

1. 将光标置于“body” AP Div 中，删除 AP Div 中的内容，然后执行菜单文件【插入】/【媒体】/【SWF】，将附盘文件“素材\第 10 章\自然写真\flash\ShanShui.swf”插入到 AP Div 中，如图 10-47 所示。

图10-47 插入 SWF 文件

2. 选中 body AP Div，打开【属性】面板，在【溢出】下拉列表框中选择【hidden】选项，如图 10-48 所示。效果如图 10-49 所示。

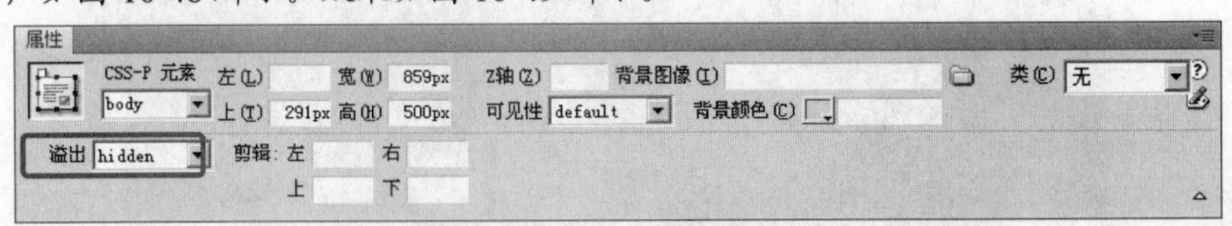

图10-48 设置【溢出】选项

图10-49 超出 AP Div 尺寸已经隐藏

3. 在 footer AP Div 内插入两个 AP Div，分别设置其参数，如图 10-50 和图 10-51 所示。

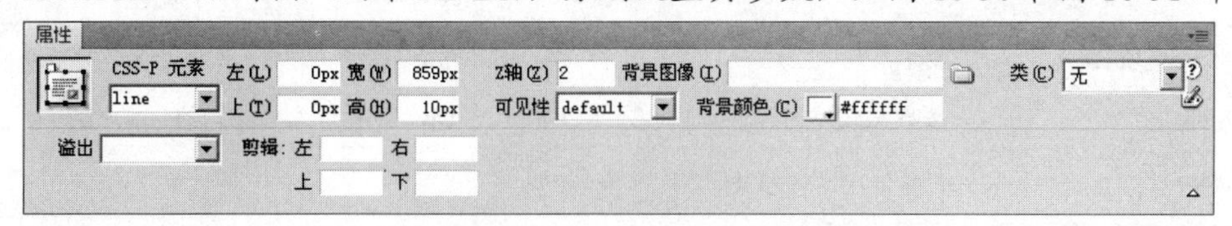

图10-50　第 1 个 AP Div 的属性

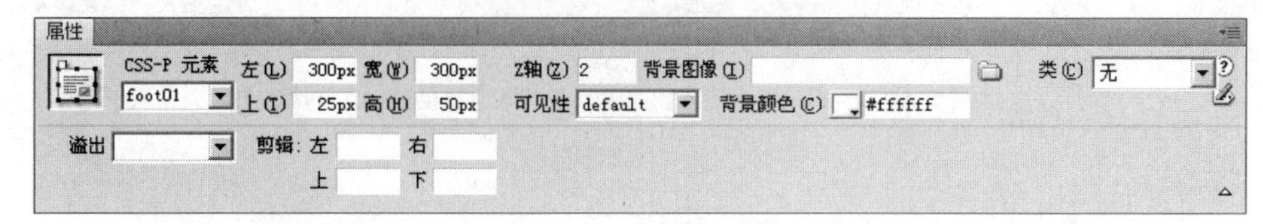

图10-51　第 2 个 AP Div 的属性

4. 在 line AP Div 中插入附盘文件“素材\第 10 章\自然写真\ images\ line.png”。
5. 设置 foot01 AP Div 的【#foot01 的 CSS 规则定义】对话框，如图 10-52 所示，然后在 AP Div 内输入版权信息文本，如图 10-53 所示。

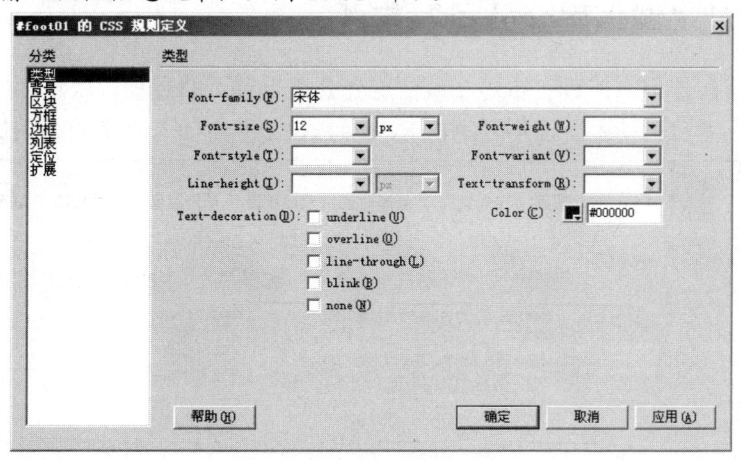

图10-52　设置 CSS 规则

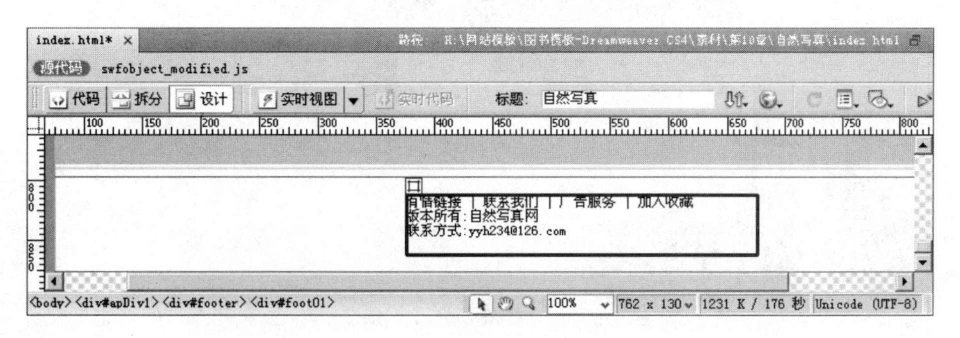

图10-53　输入版权信息

6. 至此，“自然写真”网页设计完成，按 F12 键预览网页，效果参见图 10-1。

【知识链接】——溢出功能简介

【溢出】指的是 AP Div 内容超过 AP Div 大小时显示方式，其下拉列表中包括 4 个选项，各个选项的功能如表 10-1 所示。

表 10-1　　　　　　　　　　【溢出】选项的功能

选项名称	选项功能
visible	按照 AP Div 内容的尺寸向右、向下扩大 AP Div，以显示 AP Div 内的全部内容
hidden	只显示 AP Div 尺寸以内的内容
scroll	不改变 AP Div 的大小，但增加滚动条，用户可以通过拖到滚动条来浏览整个 AP Div。该选项只在支持滚动条的浏览器中才有效，而且无论 AP Div 是否足够大，都会显示滚动条
auto	只在 AP Div 不足够大时才出来滚动条，该选项也只在支持滚动条的浏览器中才有效

10.3　拓展训练

为了让读者进一步掌握 Dreamweaver CS4 中对创建和编辑站点的操作方法和技巧，下面将介绍两个站点的创建过程，让读者在练习过程中进一步掌握相关知识。

10.3.1　设计“诚信房介公司”首页

本训练将讲解使用 AP Div 布局“诚信房介公司”首页的过程，效果如图 10-54 所示。通过该训练让读者自己动手练习创建 AP Div 和向 AP Div 内插入元素的相关操作步骤。

图10-54　“诚信房介公司”首页

【训练步骤】

1. 打开附盘文件“素材\第 10 章\诚信房介公司\index.html”文件。
2. 插入一个 AP Div，然后选中 AP Div 设置【CSS-P 元素】为“gsjj”、【左】为“254px”、

【上】为“117px”、【宽】为“313px”、【高】为“211.5px”、【背景图像】为“photo/gsjj.jpg”，如图 10-55 所示。

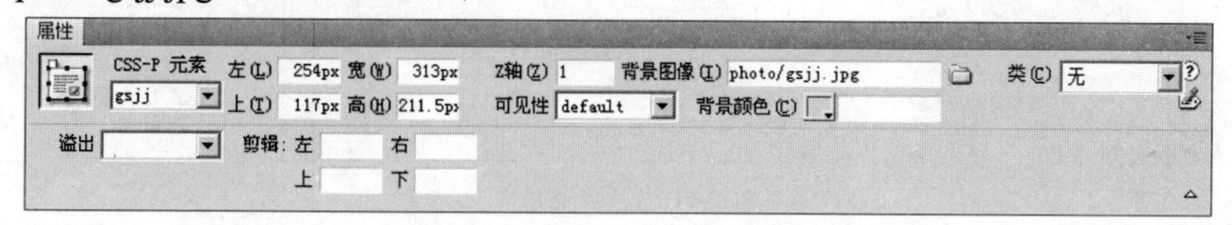

图10-55　设置第 1 个 AP Div 的参数

3. 插入第 2 个 AP Div，设置的参数如图 10-56 所示。

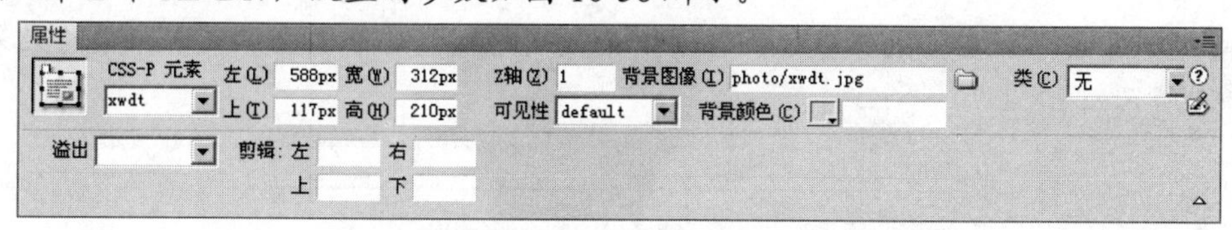

图10-56　设置第 2 个 AP Div 参数

4. 插入第 3 个 AP Div，设置的参数如图 10-57 所示。

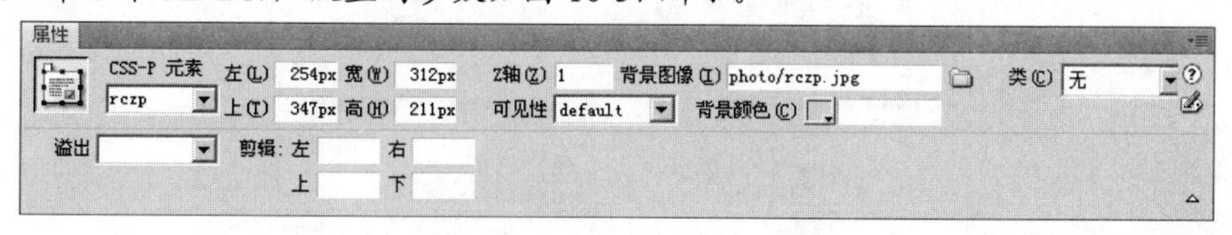

图10-57　设置第 3 个 AP Div 参数

5. 插入第 4 个 AP Div，设置的参数如图 10-58 所示。插入的 4 个 AP Div 如图 10-59 所示。

图10-58　设置第 4 个 AP Div 参数

6. 将光标置于第 1 个 AP Div 内，然后在【#gsjj 的 CSS 规则定义】对话框设置“类型”参数，如图 10-60 所示。

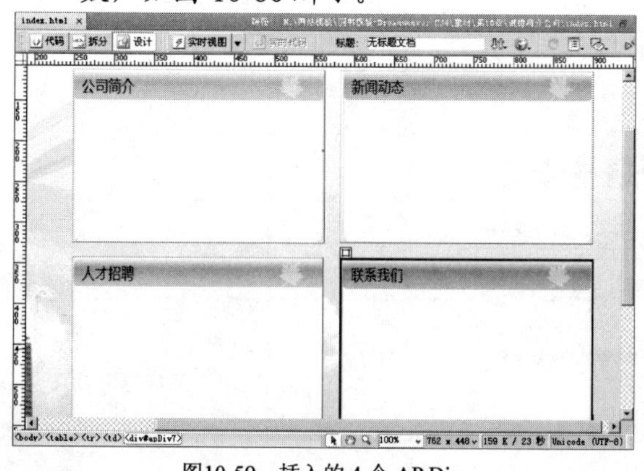

图10-59　插入的 4 个 AP Div

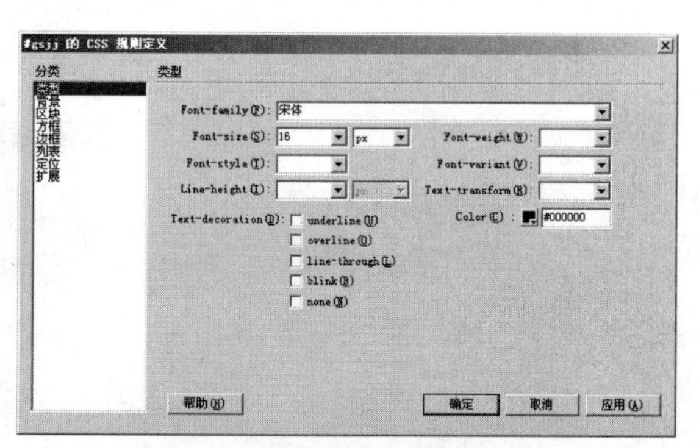

图10-60　【#gsjj 的 CSS 规则定义】对话框

7. 将光标置于第 1 个 AP Div 内，插入一个 3 行 1 列的表格，表格属性的设置如图 10-61 所示。然后设置第 1 行单元格的【高】为“35”，第 2 行单元格的【高】为“120”，第

1 行单元格的【高】为“30”。

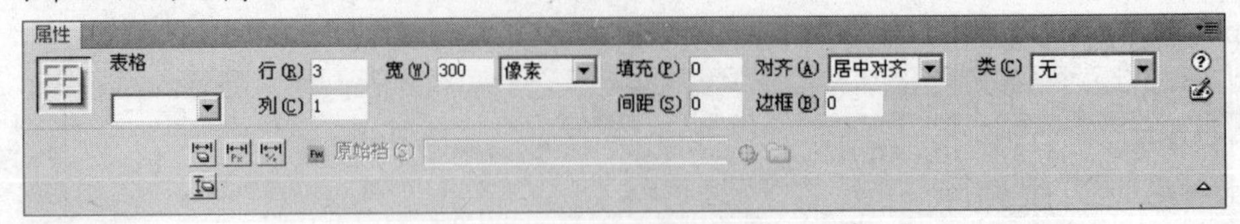

图10-61　设置表格属性

8. 将附盘文件“素材\第 10 章\诚信房介公司\主体内容.doc”中的公司简介内容复制到表格中。
9. 用同样的方法分别在其他 3 个 AP Div 中插入表格，然后复制粘贴文本，最终效果如图 10-62 所示。

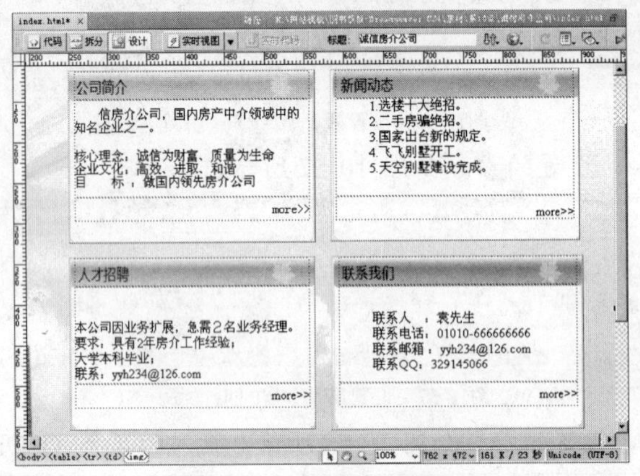

图10-62　向 AP Div 内插入内容

10. 至此，“诚信房介公司”首页设计完成，按 F12 键进行浏览，效果参见图 10-54。

10.3.2　设计“全球通搜搜网”首页

本训练将讲解使用 AP Div 布局“全球通搜搜网”首页的过程，效果如图 10-63 所示。通过该训练的学习，读者可以进一步掌握使用 AP Div 布局网页的操作方法和技巧。

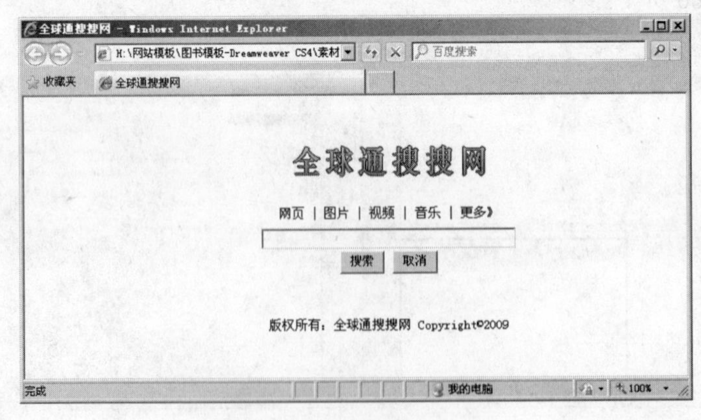

图10-63　“全球通搜搜网”首页

【训练步骤】

1. 新建一个空白文档，然后保存命名为“index.html”。

2. 在文档中插入 1 个 AP Div，设置的参数如图 10-64 所示。

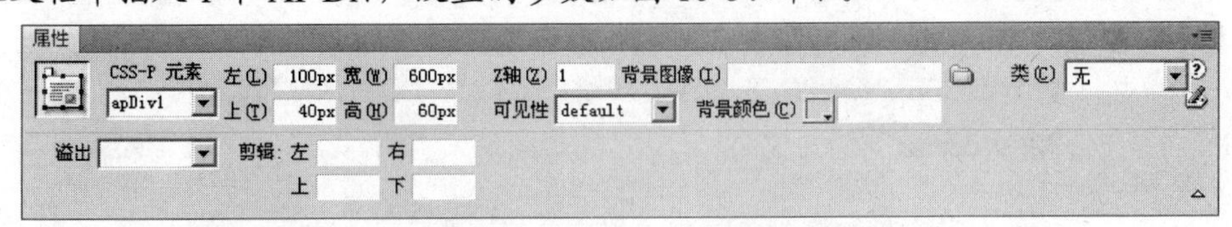

图10-64　顶部 AP Div 的参数设置

3. 将光标置于 AP Div 内，单击【属性】面板中的按钮，使输入 AP Div 内的内容居中对齐，然后将附盘中文件“素材\第 10 章\全球通搜搜网\images\logo.png”插入 AP Div 中，效果如图 10-65 所示。

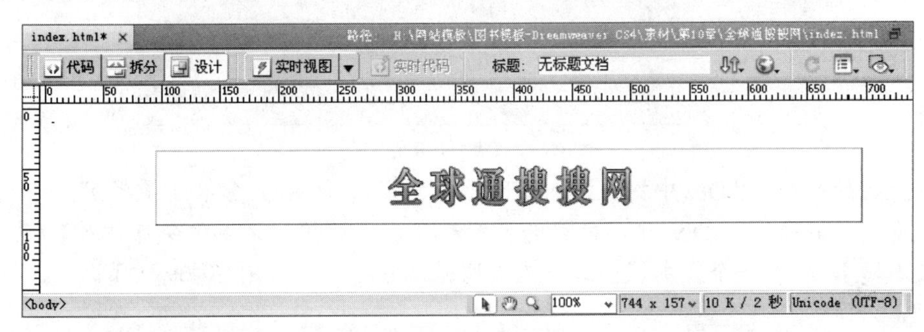

图10-65　插入图像

4. 插入第 2 个 AP Div，参数的设置如图 10-66 所示。

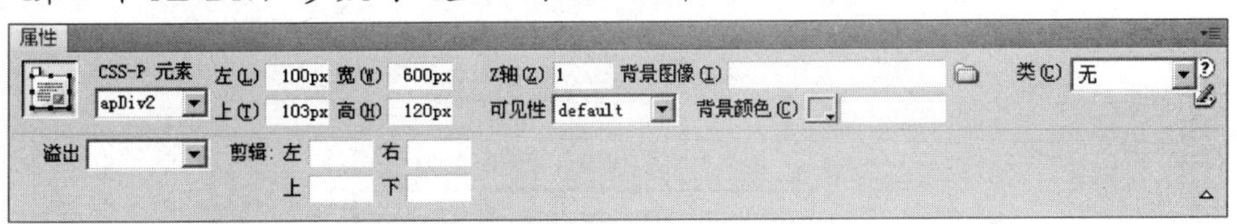

图10-66　第 2 个 AP Div 参数

5. 在第 2 个 AP Div 内插入 3 个嵌套的 AP Div，效果如图 10-67 所示。

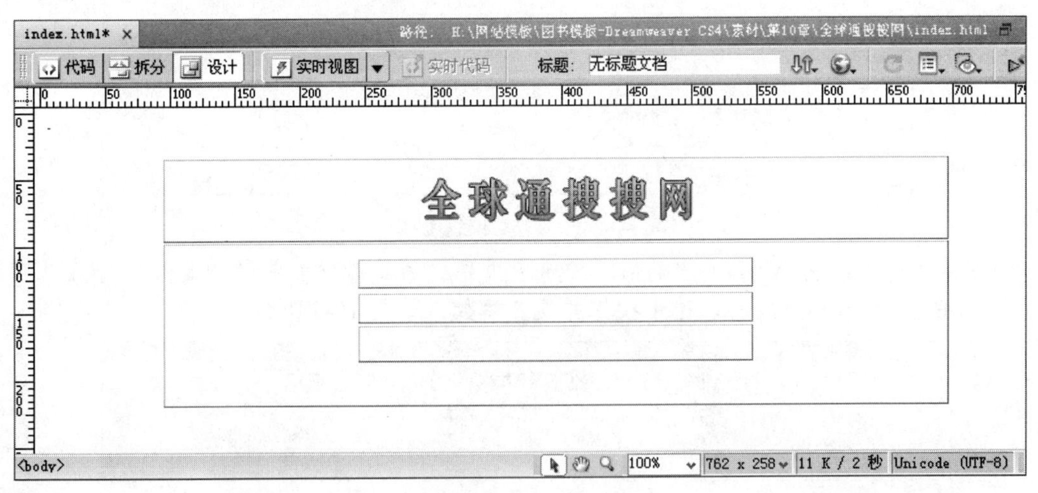

图10-67　插入嵌套 AP Div

6. 将光标置于最上面的嵌套 AP Div 中，单击【属性】面板上的 编辑规则 按钮。打开【#apDiv3 的 CSS 规则定义】对话框，在【类型】分类中设置【Font-family】为“宋体"、【Font-size】为"14px"、【Line-height】为"20px"，如图 10-68 所示；在【区块】分类中，设置【Text-align】为"center"。

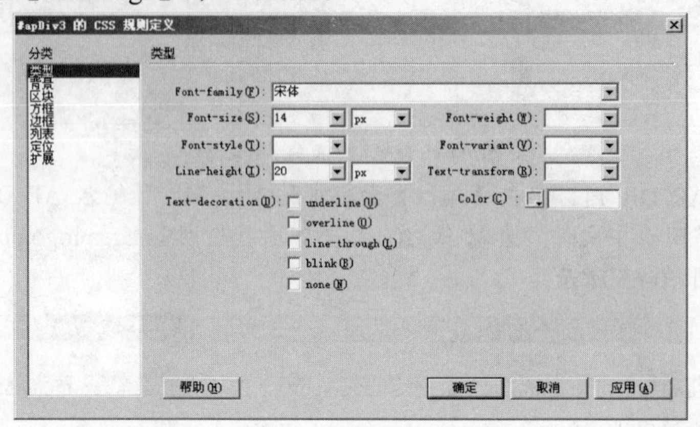

图10-68 【类型】分类设置

7. 在最上面的嵌套 AP Div 中输入文本"网页 | 图片 | 视频 | 音乐 | 更多»"。
8. 设置中间的嵌套 AP Div 中的内容为居中对齐，然后执行菜单命令【插入】/【表单】/【文本域】，插入一个文本域，选中文本域并设置参数，如图 10-69 所示。

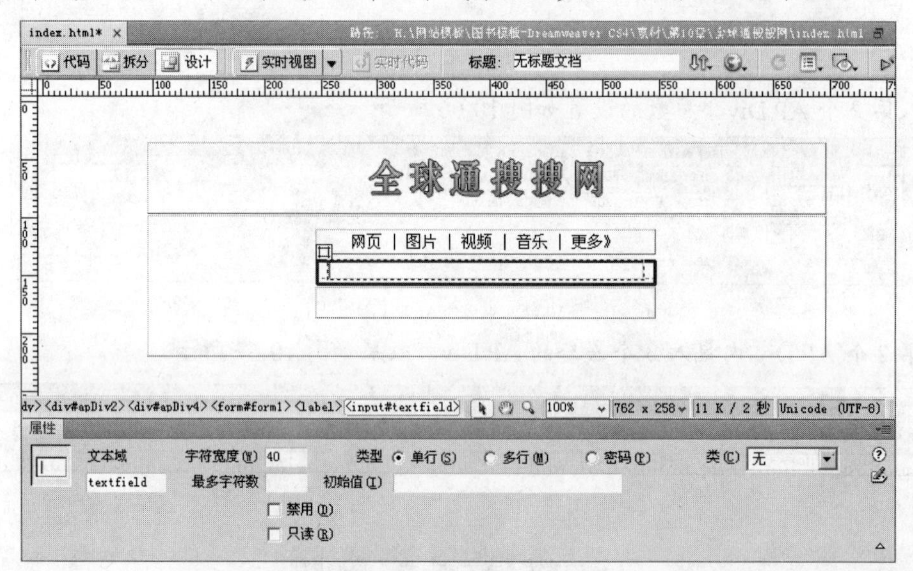

图10-69 设置文本域参数

9. 设置最下面的嵌套 AP Div 中的内容为居中对齐，然后执行菜单命令【插入】/【表单】/【按钮】，插入一个按钮，选中按钮并设置参数，如图 10-70 所示。

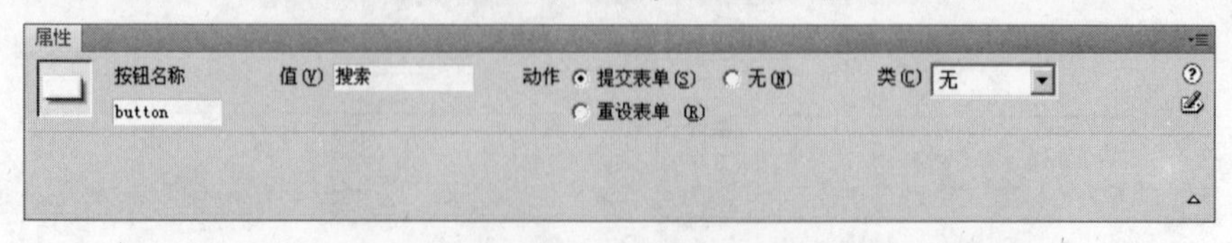

图10-70 按钮参数

10. 用同样的方法再插入另一个按钮，效果如图 10-71 所示。

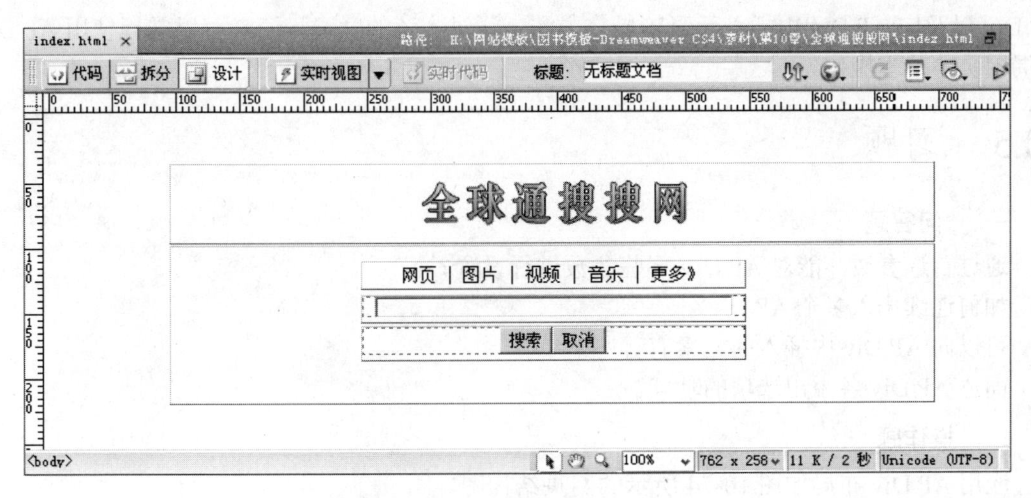

图10-71　插入按钮效果

11. 插入一个 AP Div，参数的设置如图 10-72 所示。

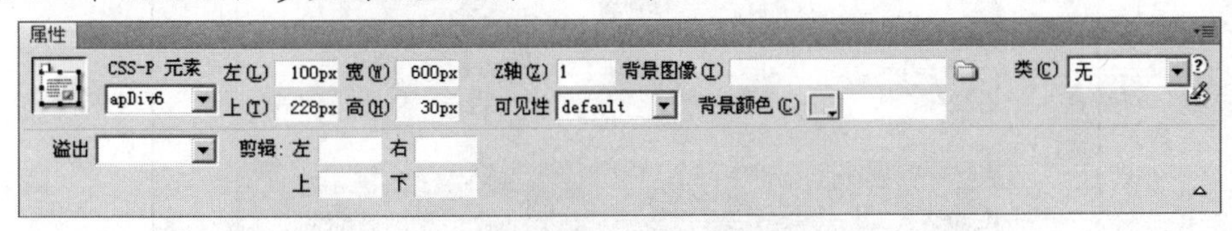

图10-72　AP Div 参数

12. 设置 AP Div 的规则，在“类型”分类中设置【Font-family】为“宋体”、【Font-size】为“14px”、【Line-height】为“30px”；在“区块”分类中，设置【Text-align】为“center”，然后输入文本“版权所有：全球通搜搜网 Copyright©2009”，效果如图 10-73 所示。

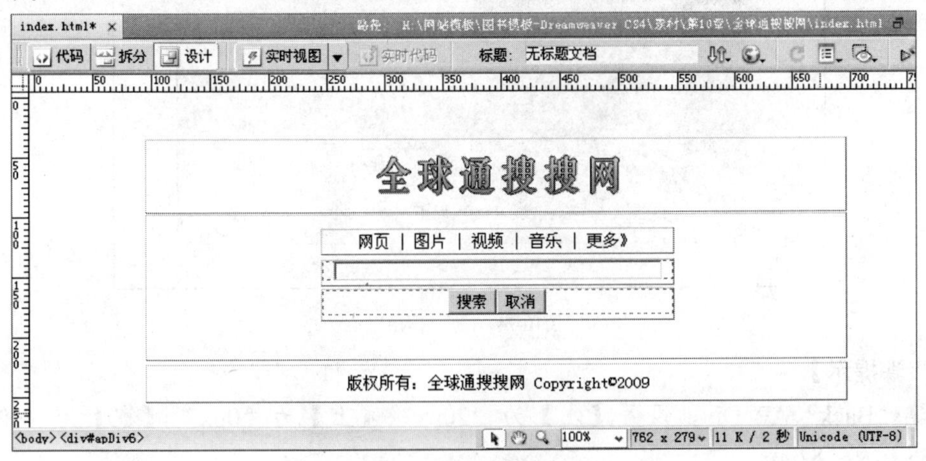

图10-73　输入版权信息

13. 至此，“全球通搜搜网”首页设计完成，按 F12 键预览网页，效果参见图 10-63。

10.4　小结

本章通过应用 AP Div 布局“自然写真”网页的操作过程来讲解了创建 AP Div、设置

AP Div 以及向 AP Div 内插入元素的操作方法。通过本章的学习，读者可以掌握使用 AP Div 布局网页的基本操作。

10.5 习题

一、问答题

1. 通过首选参数，能对 AP Div 哪些参数进行设置？
2. 如何连续插入多个 AP Div？
3. 可以向 AP Div 内插入的元素有哪些？
4. 简述 AP Div 各溢出选项的功能。

二、操作题

应用 AP Div 布局如图 10-74 所示的网页结构图。

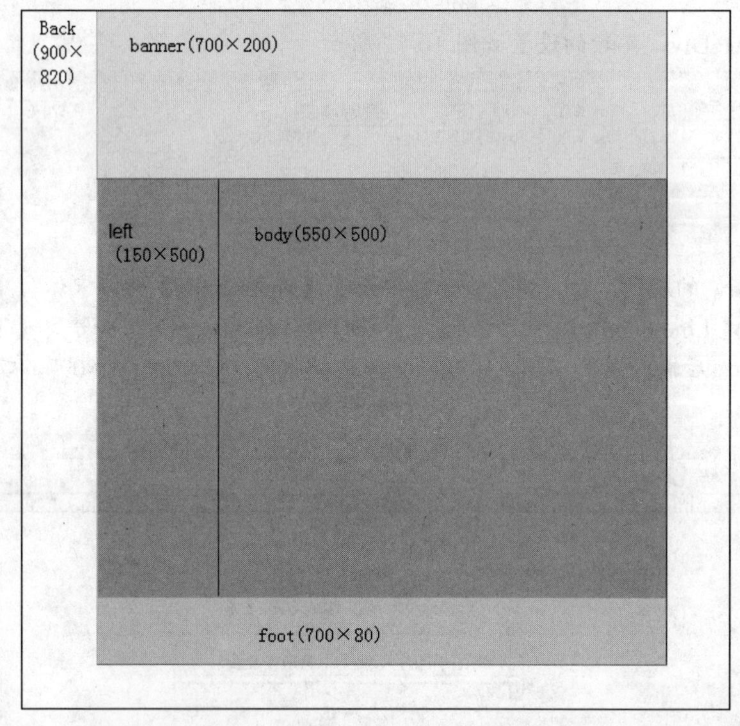

图10-74 网页结构图

【步骤提示】

1. 创建“Back”AP Div，设置【左】为“20px”、【上】为“0px”、【宽】为“900px”、【高】为“820px”。
2. 创建“banner”AP Div，设置【左】为“100px”、【上】为“0px”、【宽】为“700px”、【高】为“200px”。
3. 根据图像上的参数，依次创建其他 AP Div。

第11章　应用表单——设计“韩城国际大酒店”网页

如果想通过网页收集用户的信息或通过网页对用户开展调查，就需要设计表单网页来进行信息的交互。表单是浏览网页的用户与网站管理者进行交互的主要窗口。本章将以设计“韩城国际大酒店”的新会员注册网页为例来讲解应用表单的相关操作。案例设计效果如图11-1所示。

图11-1　“韩城国际大酒店”网页

【学习目标】

- 熟悉表单的基本概念。
- 掌握插入表单元素的操作方法。
- 掌握设置表单元素的操作方法。
- 掌握验证表单的操作方法。

11.1　认识表单

在开始案例设计之前，先认识一下表单的相关知识，有助于快速高效地创建表单。

11.1.1 认识表单的概念

表单是浏览网页的用户与网站管理者进行交互的主要窗口，Web 管理者和用户之间可以通过表单进行信息交流，图 11-2 所示的邮箱注册页面就是表单的主要应用。一个完整的表单应包括两个部分，一是在网页中进行描述的表单对象；二是应用程序，它可以是服务器端的，也可以是客户端的，用于对客户信息进行分析处理。表单的工作过程如下。

(1) 访问者在浏览有表单的页面时，可填写必要的信息，然后单击“提交”按钮。

(2) 这些信息通过 Internet 传送到服务器上。

(3) 服务器上专门的程序对这些数据进行处理，如果有错误会返回错误信息，并要求纠正错误。

(4) 当数据完整无误后，服务器会反馈一个输入完成信息。

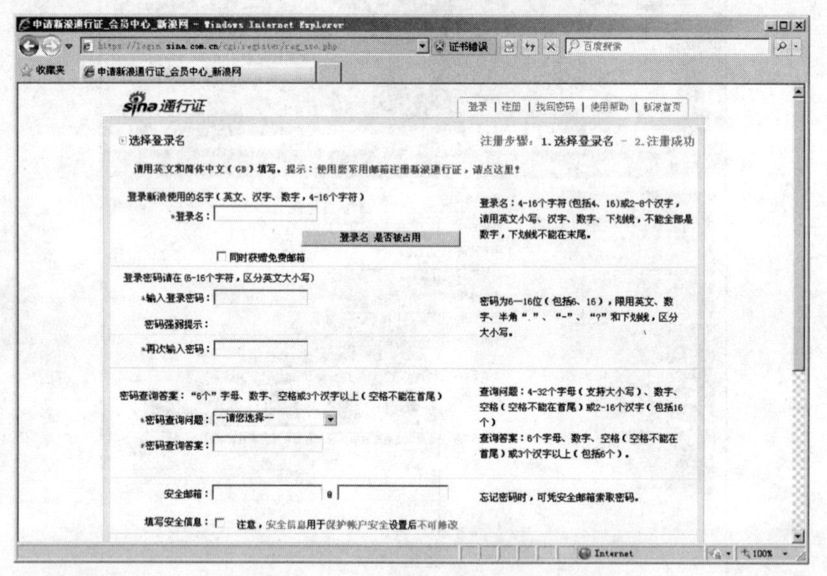

图11-2 新浪邮箱用户注册页面

11.1.2 认识表单的元素

使用 Dreamweaver CS4 可以创建各种表单元素，如文本域、复选按钮、单选按钮、按钮和文件域等。在【插入】面板的“表单”类别中列出了所有表单元素，如图 11-3 所示。

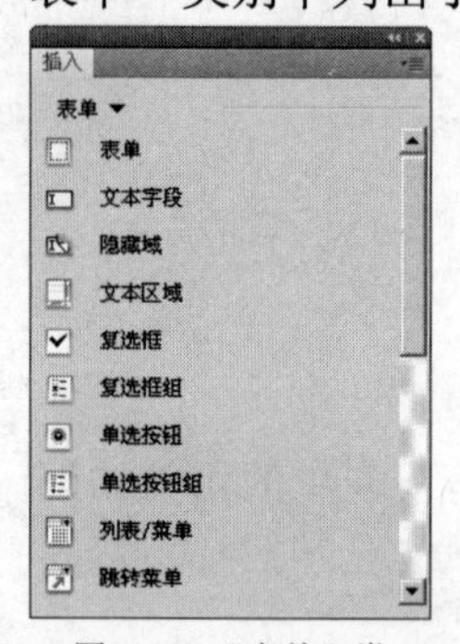

图11-3 “表单”类

11.2　创建表单

在 Dreamweaver CS4 中，表单可以通过主菜单栏中的【插入】/【表单】命令来插入表单元素或通过【插入】面板来进行插入。表单元素在插入后，都需要进行一些相应的设置来满足设计的需要。

11.2.1　插入表单

表单是表单元素的容器，为了能让浏览器正确处理表单元素的相关数据信息，表单元素必须插在表单之中。表单以红色虚线框显示，但在浏览器中是不可见的。下面将以设计“韩城国际大酒店”的新会员注册网页的基本框架为例来讲解插入表单的方法。设计效果如图 11-4 所示。

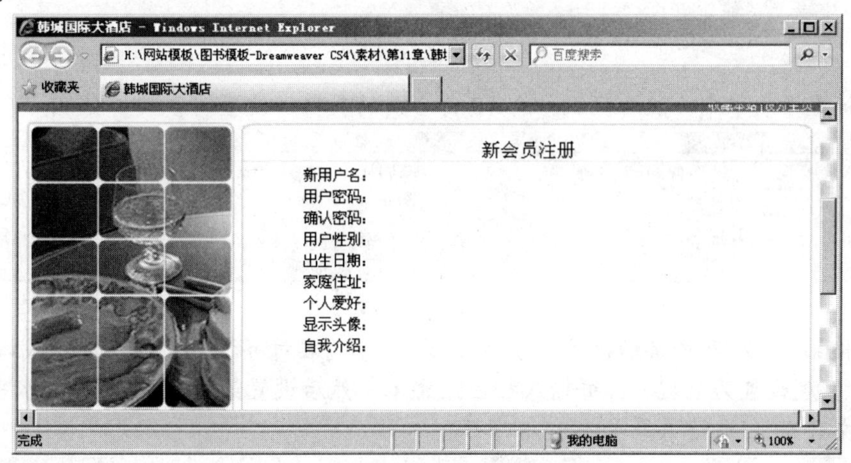

图11-4　会员注册信息的基本框架

1. 打开附盘文件“素材\第 11 章\韩城国际大酒店\index.html”。
2. 将光标置于“会员注册”文本下方的空白单元格中，然后执行菜单命令【插入】/【表单】/【表单】，即可在光标处插入 1 个空白表单，如图 11-5 所示。

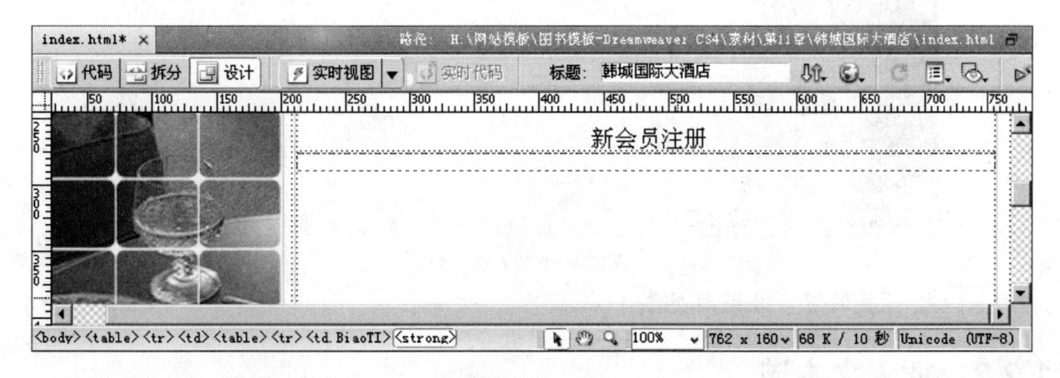

图11-5　插入表单

3. 单击红色虚线，选中表单，然后在【属性】面板中设置【表单 ID】为“form1”、【方法】为“POST”、【编码类型】为“application/x-www-form-urlencoded”、【目标】为“_blank”，如图 11-6 所示。

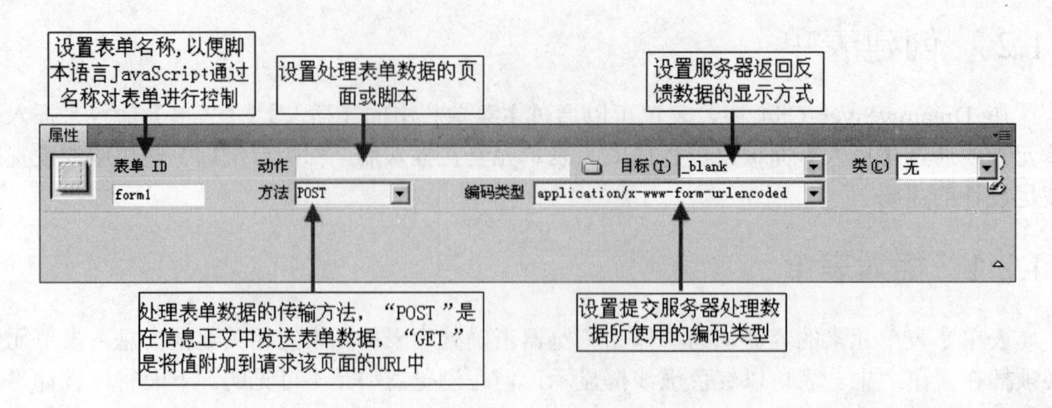

图11-6 设置表单属性

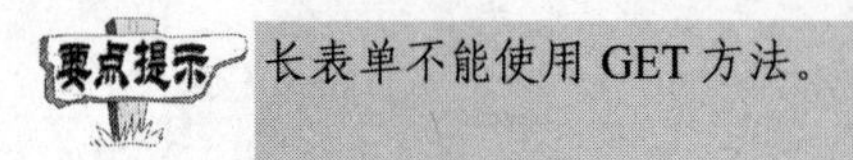

长表单不能使用 GET 方法。

4. 将光标置于表单中，然后插入一个 10 行 2 列的表格，设置的参数如图 11-7 所示。

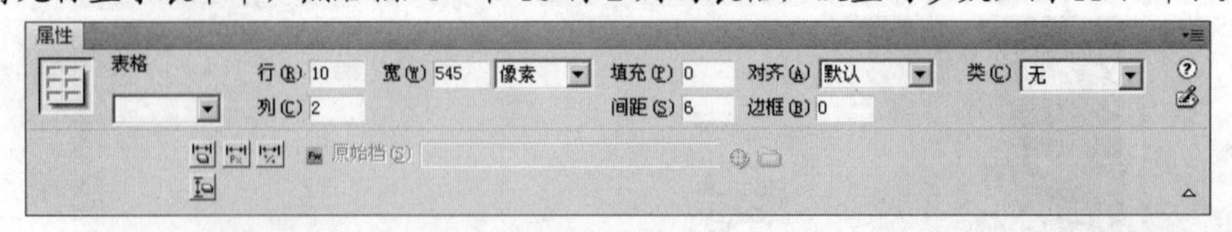

图11-7 表格参数

5. 将表格第 1 列单元格的水平对齐方式设置为“右对齐”，垂直对齐方式设置为“顶端”，宽度设置为“120”，并输入相应的文本，然后设置第 2 列单元格的水平对齐方式为“左对齐”，最终效果如图 11-8 所示。

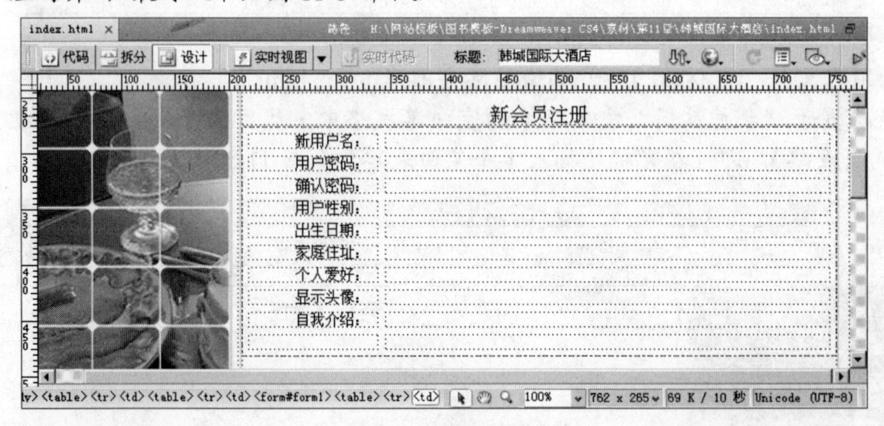

图11-8 设置表单内容

6. 按F12键预览网页，效果参见图 11-4。

11.2.2 插入文本域

文本域是表单中常用的元素之一，它包括单行文本域、密码文本域、多行文本域 3 类。下面将以设计“韩城国际大酒店”的新会员注册网页的部分填写信息框为例来讲解插入文本域的操作方法，设计效果如图 11-9 所示。

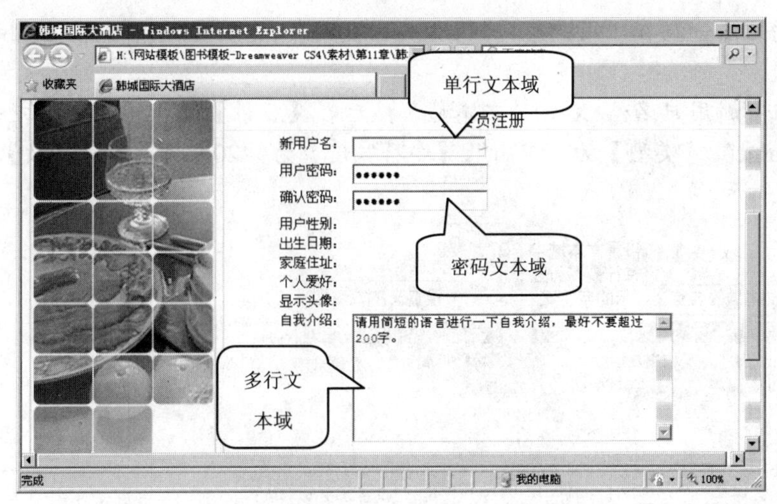

图11-9　插入文本域

1. 将光标置于“新用户名:”右侧单元格中，然后执行菜单命令【插入】/【表单】/【文本域】，打开【输入标签辅助功能属性】对话框，如图 11-10 所示。
2. 单击对话框下边的链接文本“请更改“辅助功能”首选参数”，打开【首选参数】对话框，取消对【表单对象】选项的选择，如图 11-11 所示，这样再插入表单域时就不会弹出【输入标签辅助功能属性】对话框而直接插入表单。

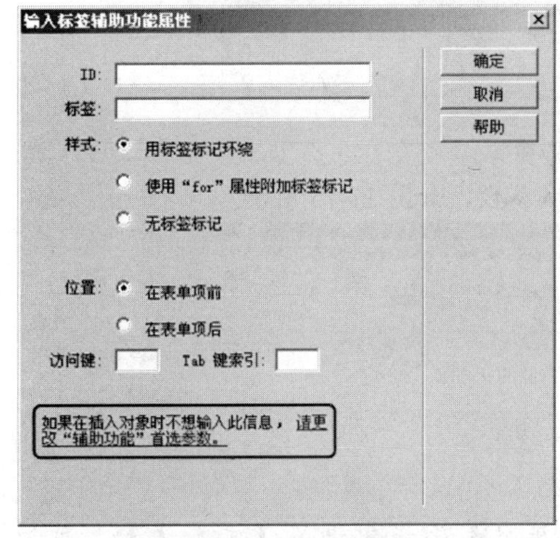

图11-10　【输入标签辅助功能属性】对话框

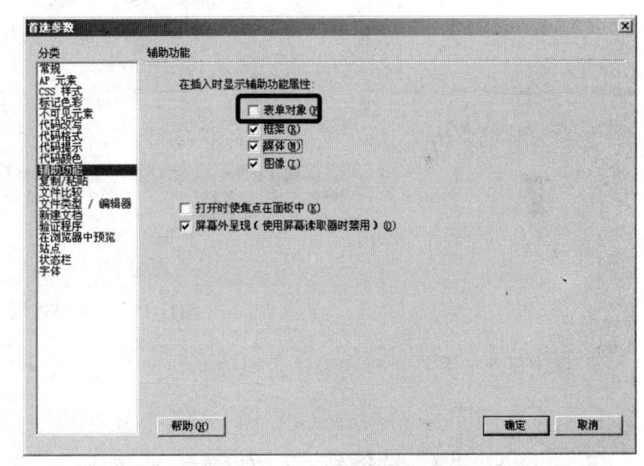

图11-11　【首选参数】对话框

3. 单击 确定 按钮，返回【输入标签辅助功能属性】对话框，然后单击 取消 按钮，即可在指定的位置插入一个文本域，如图 11-12 所示。

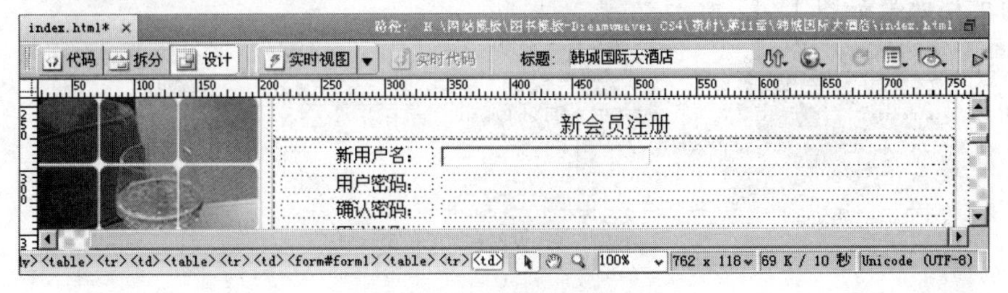

图11-12　插入文本域

4. 用同样的方法分别在“用户密码:”、“确认密码:”和“自我介绍:”右侧的单元格中插入文本域。
5. 单击选中“新用户名:”右侧的文本域，然后在【属性】面板中设置【文本域】名称为“UserName”、【类型】为“单行”、【字符宽度】为“20”、【最多字符数】为“30”，如图 11-13 所示。

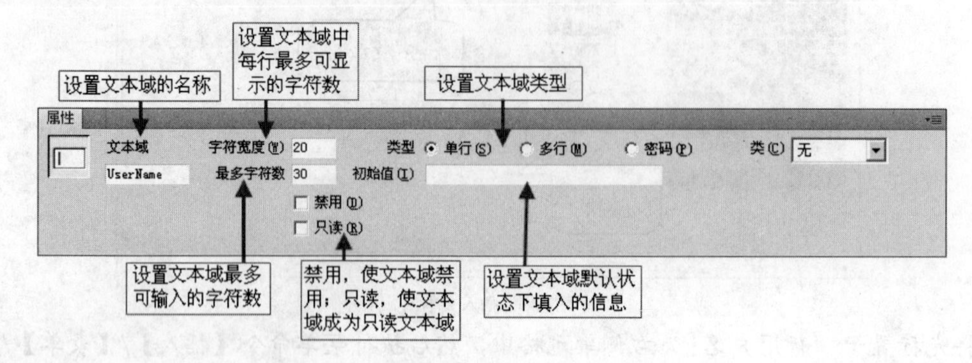

图11-13 插入单行文本域

6. 选中“用户密码:”右侧的文本域，在【属性】面板中设置【文本域】名称为“PassWord1”、【类型】为“密码”、【字符宽度】为“20”、【最多字符数】为“20”、【初始值】为“123456”，如图 11-14 所示。

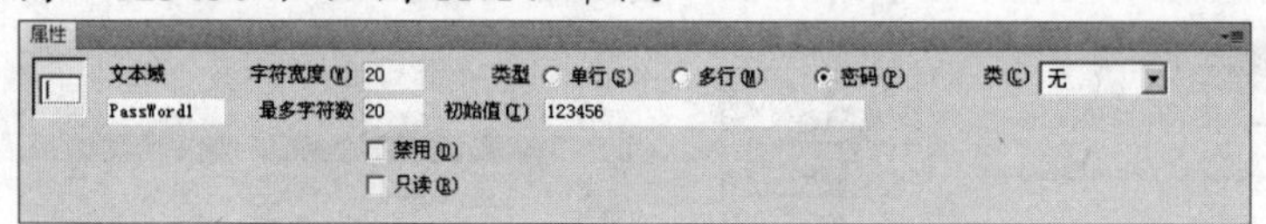

图11-14 设置密码文本域

7. 用同样的方法设置“确认密码:”右侧的文本域参数，如图 11-15 所示。

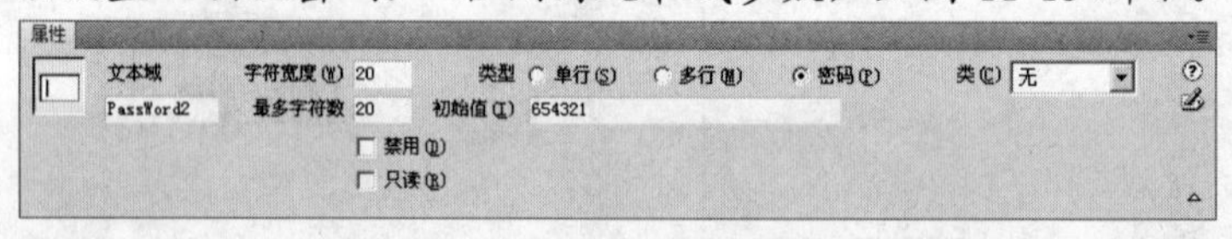

图11-15 “确认密码:”右侧的文本域

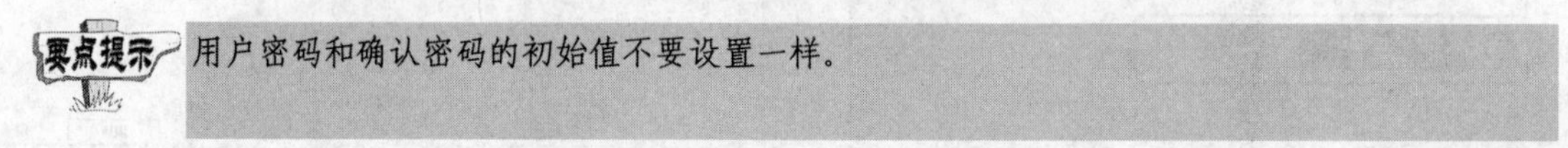

用户密码和确认密码的初始值不要设置一样。

8. 选中“自我介绍:”右侧的文本域，在【属性】面板中设置【文本域】名称为“introduce”、【类型】为“多行”、【字符宽度】为“40”、【行数】为“8”、【初始值】为“请用简短的语言进行一下自我介绍，最好不要超过 200 字。”，如图 11-16 所示。此时的文档效果如图 11-17 所示。

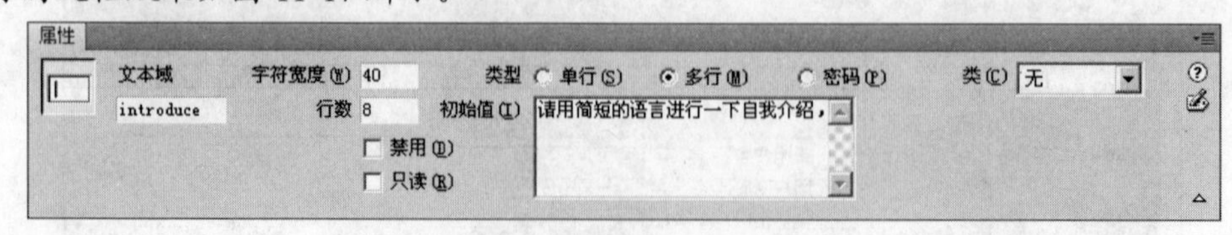

图11-16 设置多行文本域

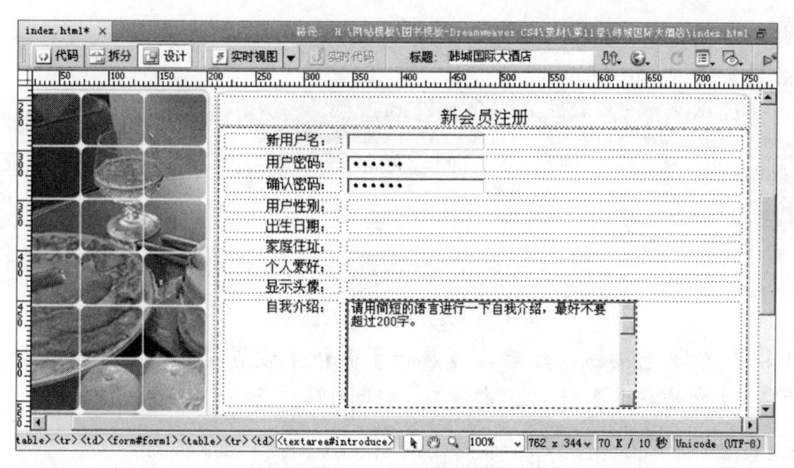

图11-17 文档效果

多行文本域与文本区域的功能相同，即执行菜单命令【插入】/【表单】/【文本区域】，也可以插入多行文本域。

9. 按F12键预览网页，效果参见图 11-9。

11.2.3 插入单选按钮

单选按钮是在一组选项中只允许选择一个选项，例如性别、血型、文化程度等选项。下面将以设计“韩城国际大酒店”的新会员注册网页的部分选择信息为例来讲解插入单选按钮的操作方法，设计效果如图 11-18 所示。

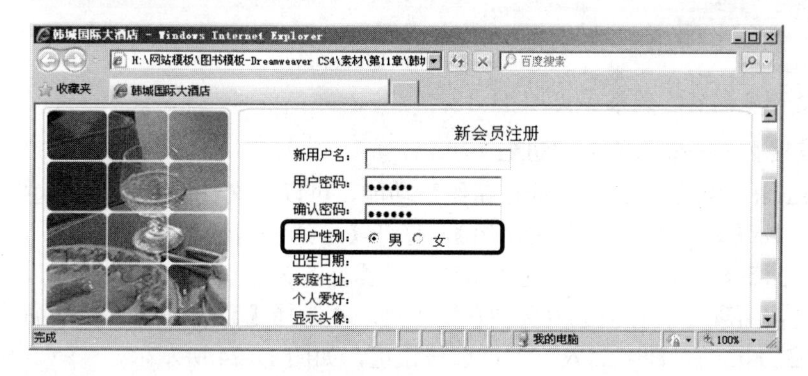

图11-18 插入单选按钮

1. 将光标置于“用户性别:”右侧的单元格中，然后执行菜单命令【插入】/【表单】/【单选按钮】，即可在光标处插入一个单选按钮，如图 11-19 所示。

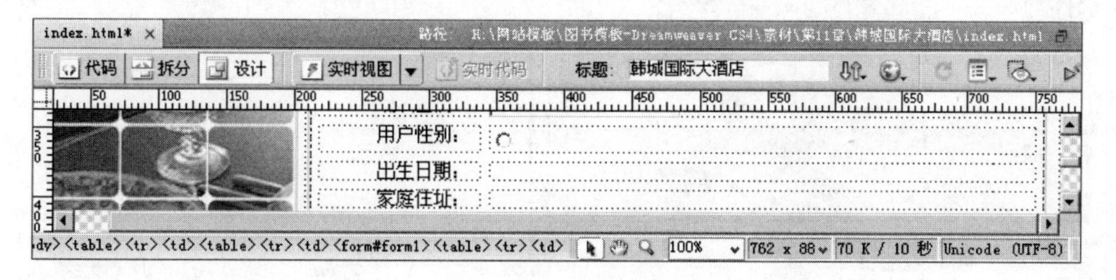

图11-19 插入单选按钮

2. 在单选按钮后面输入文本“男”，然后再插入 1 个单选按钮，并在其后输入文本“女”，效果如图 11-20 所示。

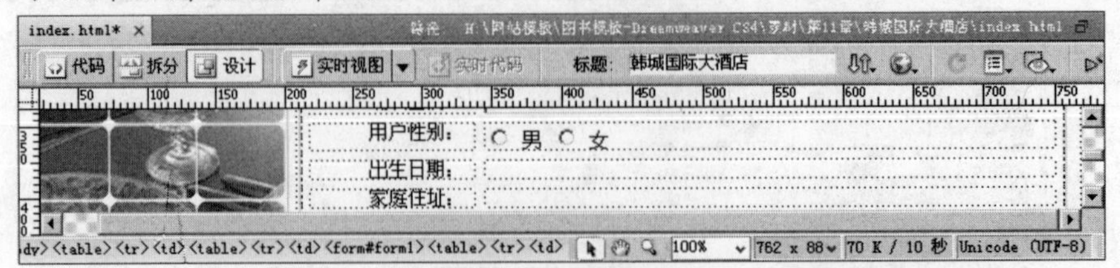

图11-20 设置完成后的性别选择

3. 单击选中第 1 个单选按钮，然后在【属性】面板中设置单选按钮名称为“Sex”、【选定值】为“1”、【初始状态】为“已勾选”，如图 11-21 所示。

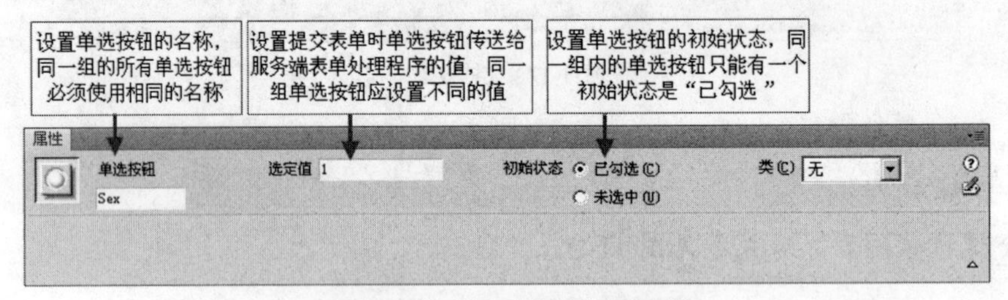

图11-21 设置第 1 个单选按钮的属性

4. 设置第 2 个单选按钮的参数，如图 11-22 所示。

图11-22 第 2 个单选按钮的属性

5. 按F12键预览网页，效果参见图 11-18。

【知识链接】——插入单选按钮组

Dreamweaver CS4 提供的“单选按钮组”功能，可以一次性插入多个单选按钮。执行菜单命令【插入】/【表单】/【单选按钮组】，打开【单选按钮组】对话框，设置【名称】为“Sex”，在【标签】列表中单击单选按钮项，设置标签为分别为“男”、“女”，在【值】列表中单击单选按钮项，设置值分别为“0”、“1”，并选择【TABLE】布局，如图 11-23 所示。单击 确定 按钮，即可插入一个单选按钮组，如图 11-24 所示。

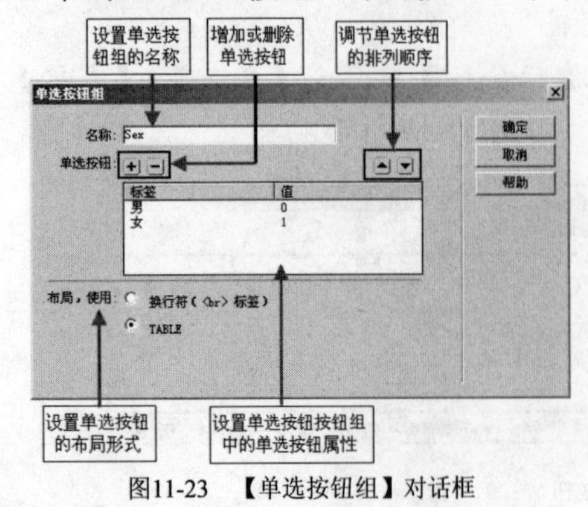

图11-23 【单选按钮组】对话框

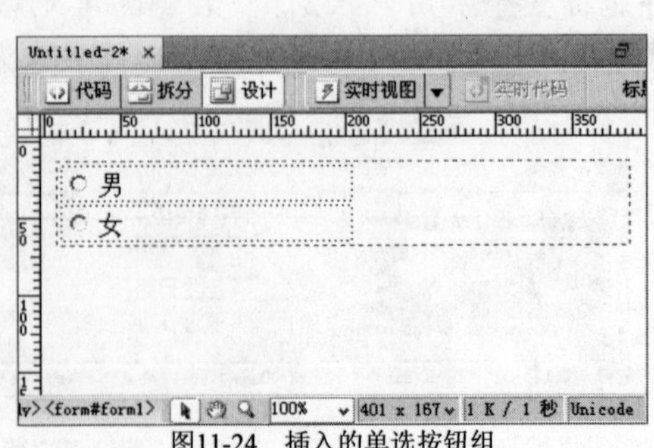

图11-24 插入的单选按钮组

11.2.4　插入列表/菜单

列表和菜单也是表单中常用的元素之一，它可以显示多个选项，用户可以通过滚动条在多个选项中进行选择。下面将以设计“韩城国际大酒店”的新会员注册网页的部分选择信息为例来讲解插入列表/菜单的操作方法，设计效果如图 11-25 所示。

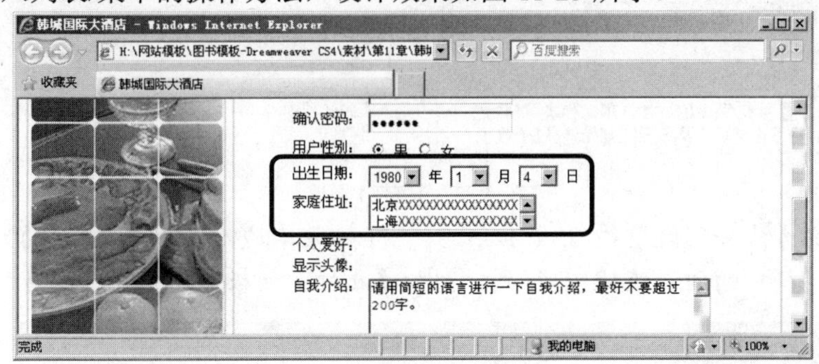

图11-25　插入列表/菜单

1. 将光标置于“出生日期:”右侧的单元格中，然后执行菜单命令【插入】/【表单】/【列表/菜单】，即可在光标处插入一个列表/菜单域，如图 11-26 所示。

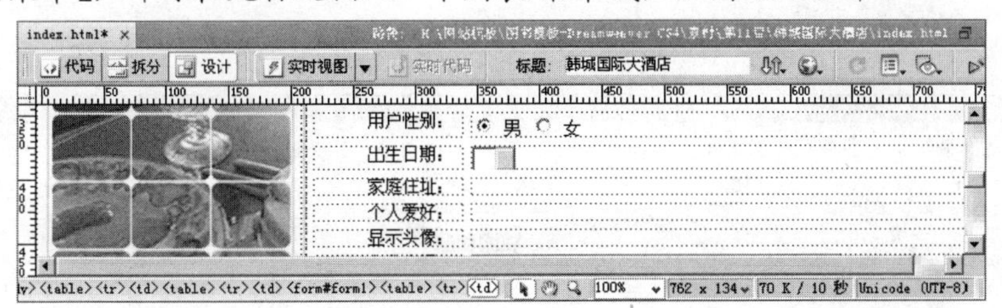

图11-26　插入列表/菜单域

2. 在列表/菜单域后面输入文本“年”，然后再插入两个列表/菜单域，并分别在其后面输入文本“月”、“日”，效果如图 11-27 所示。

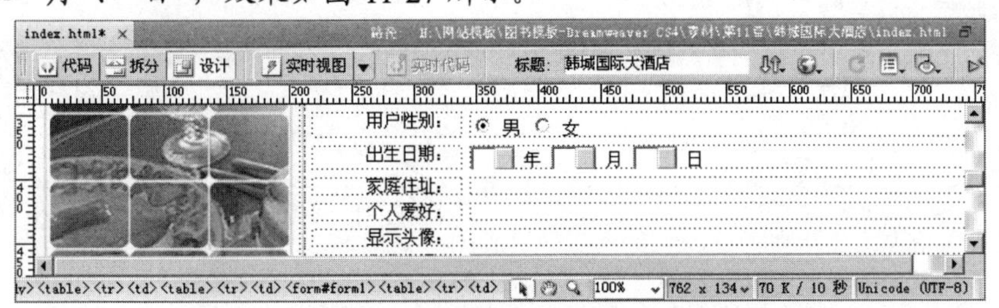

图11-27　插入的 3 个列表/菜单域

3. 单击选中第 1 个列表/菜单域，在【属性】面板中单击 列表值... 按钮，打开【列表值】对话框，然后添加【项目标签】和【值】，如图 11-28 所示。

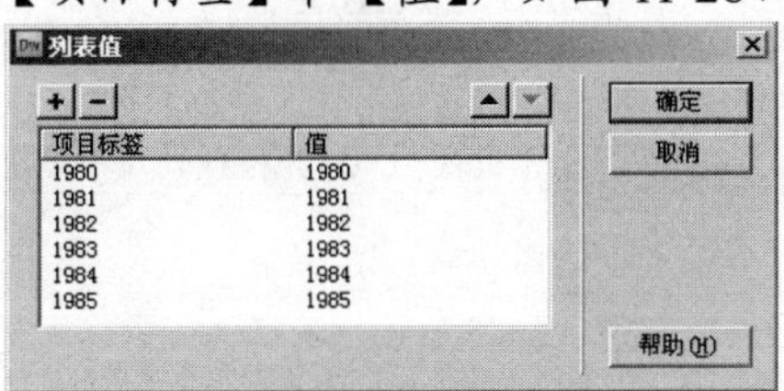

图11-28　设置列表值

4. 单击 确定 按钮返回【属性】面板，设置【名称】为“DateYear”、【类型】为“菜单”，如图 11-29 所示。

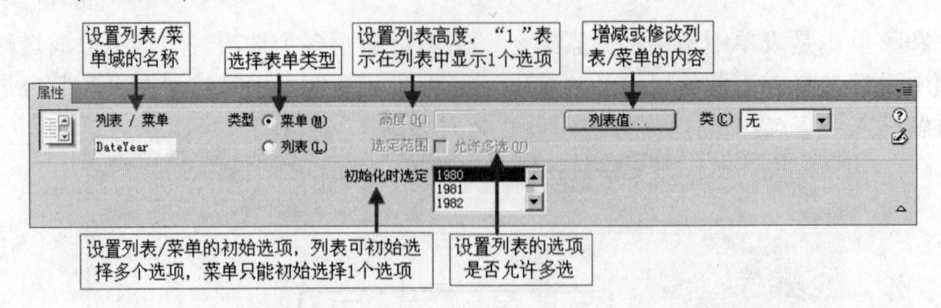

图11-29 【属性】面板

5. 使用同样的方法分别设置第 2 个和第 3 个列表/菜单域，其中 “月” 的列表值从“1”到“12”，“日” 的列表值从 “1” 到 “31”，【属性】面板如图 11-30 和图 11-31 所示。

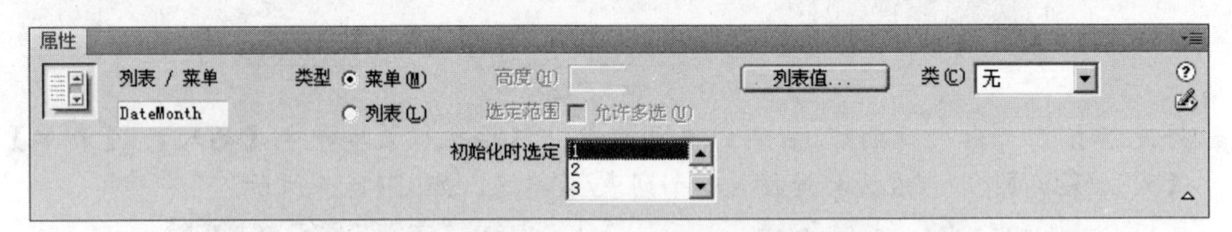

图11-30 第 2 个列表/菜单域的属性

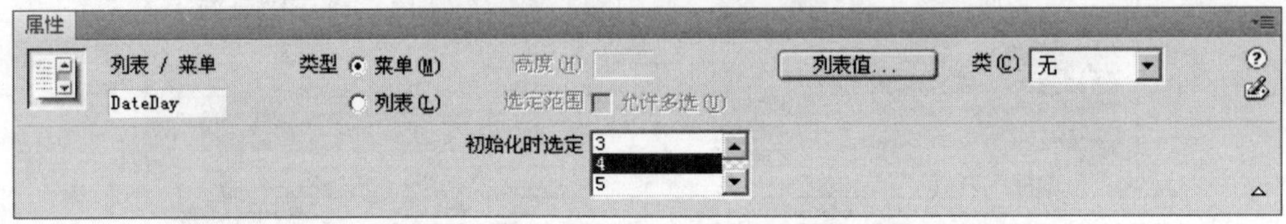

图11-31 第 3 个列表/菜单域的属性

6. 在“家庭地址:”后面的单元格中插入一个列表/菜单域，然后设置列表值，如图 11-32 所示，【属性】面板如图 11-33 所示。设置后的效果如图 11-34 所示。

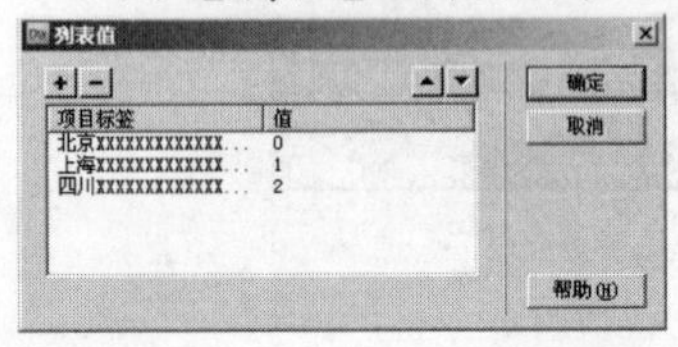

图11-32 设置列表值

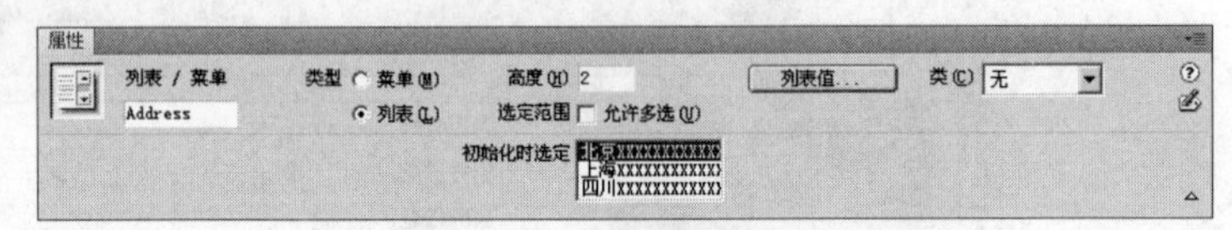

图11-33 设置列表/菜单域参数

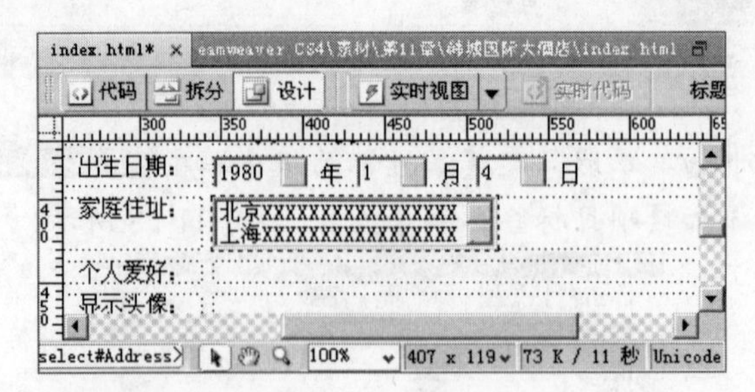

图11-34 设计效果

7. 按F12键预览网页，效果参见图 11-25。

11.2.5　插入复选框

复选框是在一组选项中，允许用户选中多个选项。当用户选中某一项时，与其对应的小方框就会出现一个对勾。再单击鼠标左键，小对勾将消失，表示此项已被取消。下面将以设计“韩城国际大酒店”的新会员注册网页的部分选择信息为例来讲解插入复选框的操作方法，设计效果如图 11-35 所示。

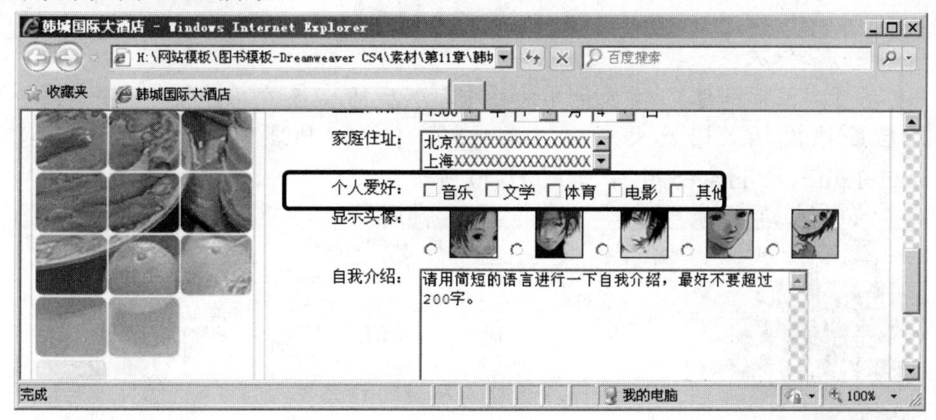

图11-35　插入复选框

1. 将光标置于“个人爱好:”右侧的单元格中，然后执行菜单命令【插入】/【表单】/【复选框】，即可在光标处插入一个复选框，并在后面输入文本“音乐”，如图 11-36 所示。

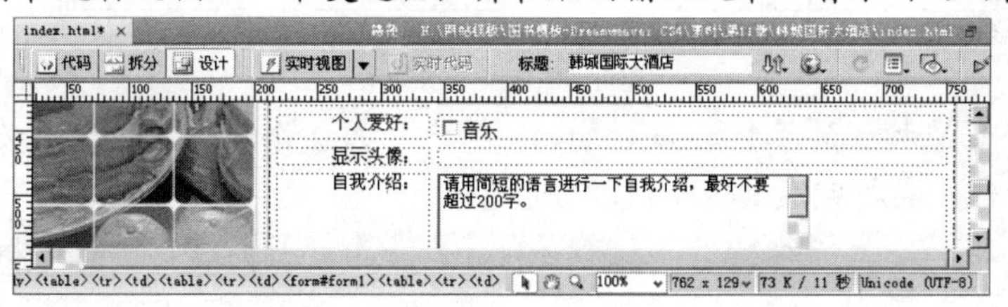

图11-36　插入复选框

2. 用同样的方法再插入 4 个复选框，并输入文本，效果如图 11-37 所示。

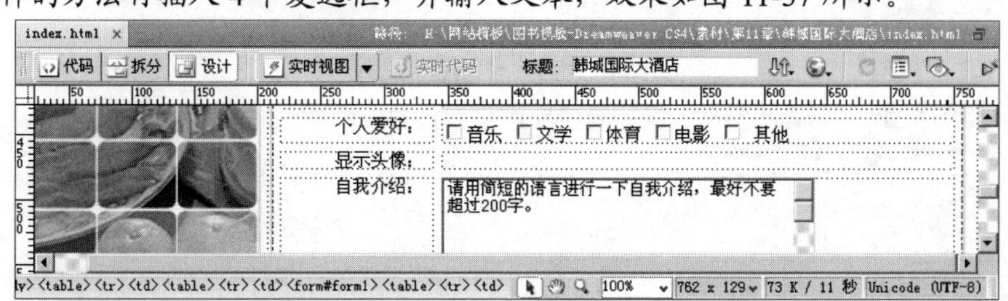

图11-37　插入多个复选框

3. 选中第 1 个复选框，然后设置【名称】为“yinyue”、【选定值】为“1”、选择【未选中】复选项，如图 11-38 所示。

图11-38　第 1 个复选框参数

4. 选中第 2 个复选框，然后设置【名称】为“wenxue”，【选定值】为“2”，选择【未选中】单选项，如图 11-39 所示。

图11-39　第 2 个复选框参数

5. 按照上述方法依次设置其他复选框。
6. 将光标置于“显示头像:”右侧的单元格中，然后插入 5 个单选按钮，并在每个单选按钮的后面依次插入附盘文件夹“素材\第 11 章\韩城国际大酒店\images”中的“image1.gif”至“image5.gif”，如图 11-40 所示。

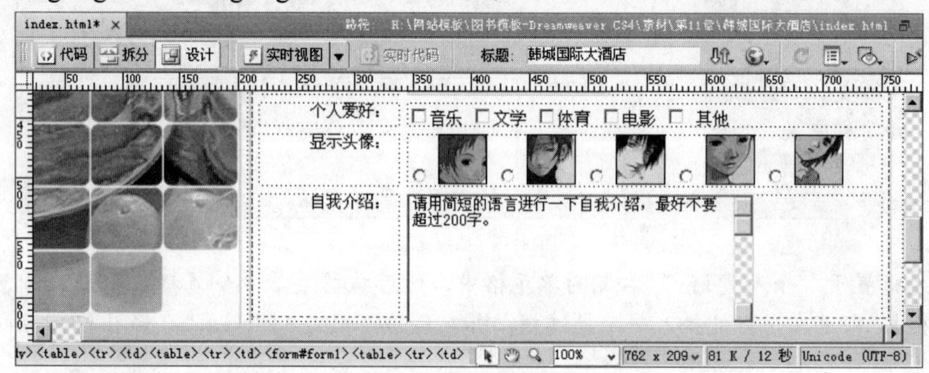

图11-40　设置头像选择

7. 设置第 1 个单选按钮的参数，如图 11-41 所示，第 2 个单选按钮的参数设置如图 11-42 所以，然后依次类推完成其他单选按钮。

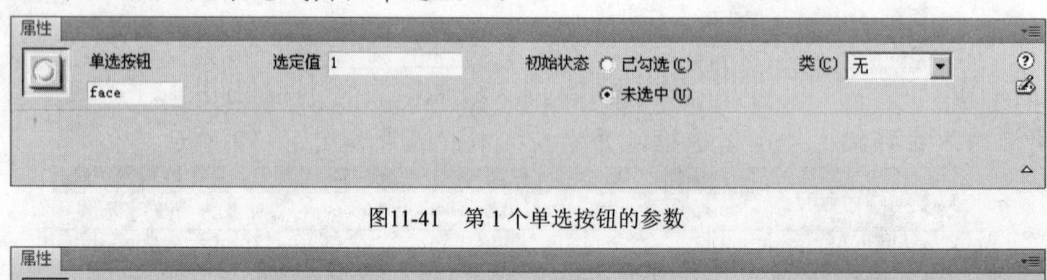

图11-41　第 1 个单选按钮的参数

图11-42　第 2 个单选按钮的参数

8. 按F12键预览网页效果，效果参见图 11-35。

11.2.6　插入按钮

在表单中，按钮用来控制表单的操作。使用按钮可以将表单数据传送给服务器，或者重新填写表单中的内容。下面将以设计“韩城国际大酒店”的新会员注册网页的信息处理按钮为例来讲解插入按钮的操作方法，设计效果如图 11-43 所示。

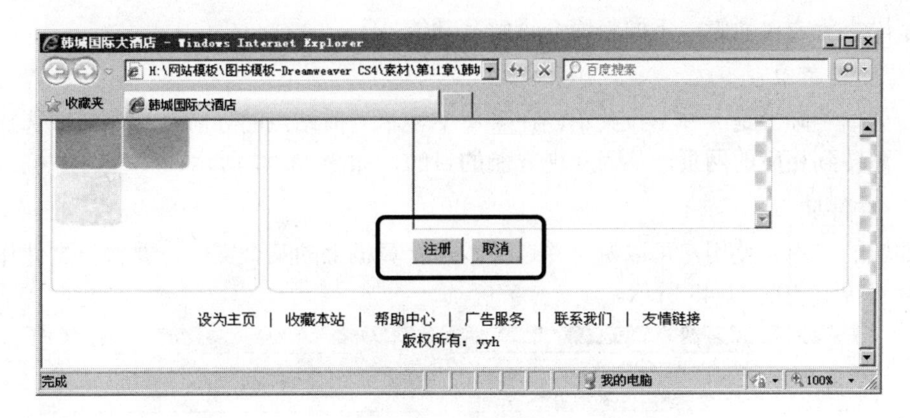

图11-43　插入按钮效果

1. 将光标置于表格最后一行的第 2 个单元格中，然后执行菜单命令【插入】/【表单】/【按钮】，即可在光标处插入一个提交按钮，如图 11-44 所示。

图11-44　插入按钮

2. 选中按钮，在【属性】面板中设置按钮的名称为“Submit”、【值】为“注册”，选择【提交表单】单选项，如图 11-45 所示。

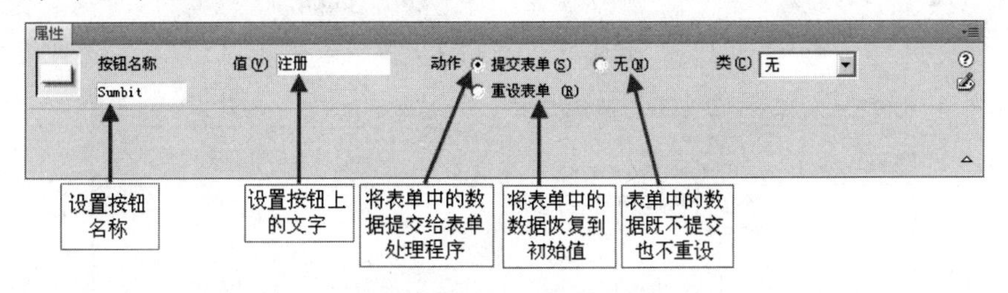

图11-45　设置按钮的参数

3. 在按钮后面再插入一个按钮，并设置参数，如图 11-46 所示。

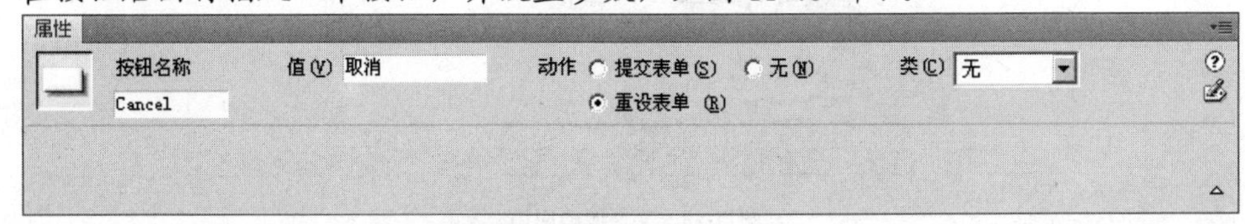

图11-46　设置第 2 个按钮的参数

4. 按F12键预览网页，效果参见图 11-43。

【知识链接】——其他表单元素简介

除了案例中讲解到的表单元素之外，Dreamweaver CS4 还提供了跳转菜单、文件域、图像域和字段集等表单元素，下面将简介讲解其功能。

一、 跳转菜单

跳转菜单实际上是一种下拉菜单，在菜单中显示当前站点的导航名称，然后选择某个选项，便可跳转到相应的网页，从而实现导航的目的，如图 11-47 所示。

二、 文件域

文件域的作用是使用户可以游览并选择本地计算机上的某个文件，并将该文件作为表单数据进行上传，如图 11-48 所示。

图11-47　跳转菜单的应用

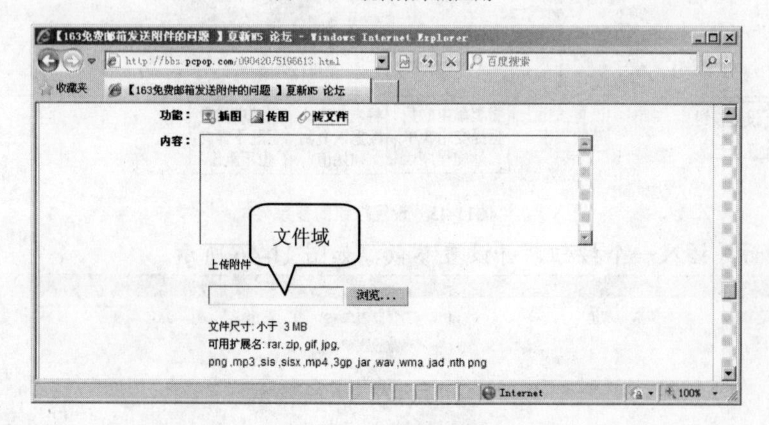

图11-48　文件域的应用

三、 图像域

使用图像域可以在表单中插入图像，使图像也能作为按钮使用，如图 11-49 所示，用户单击图像时，表单就会提交。

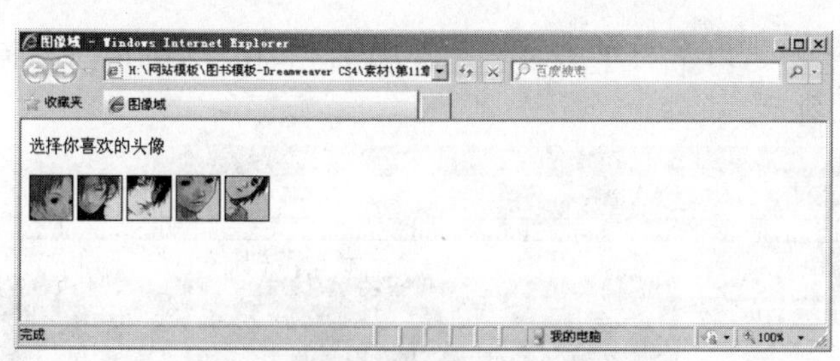

图11-49　图像域的应用

四、 字段集

使用字段集可以在页面中显示一个矩形，可以将一些相关的内容放在一起，如图 11-50 所示。可以先插入字段集，然后再插入相关的内容；也可以先插入内容，然后将其选择再插入字段集。

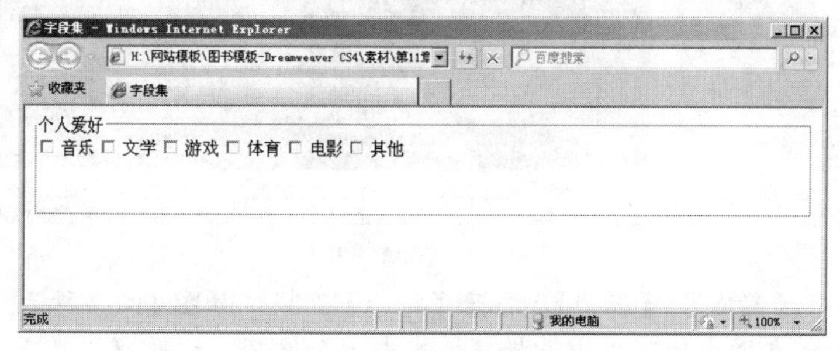

图11-50　字段集的应用

11.3　验证表单

表单在提交到服务器端以前，必须进行表单的验证，以确保将正确的信息发送到服务器端。下面将介绍验证“韩城国际大酒店”的新会员注册网页表单为例来讲解验证表单的操作方法。当用户密码和确认密码设置不相同时，单击 注册 按钮提交表单时的验证效果如图 11-51 所示。

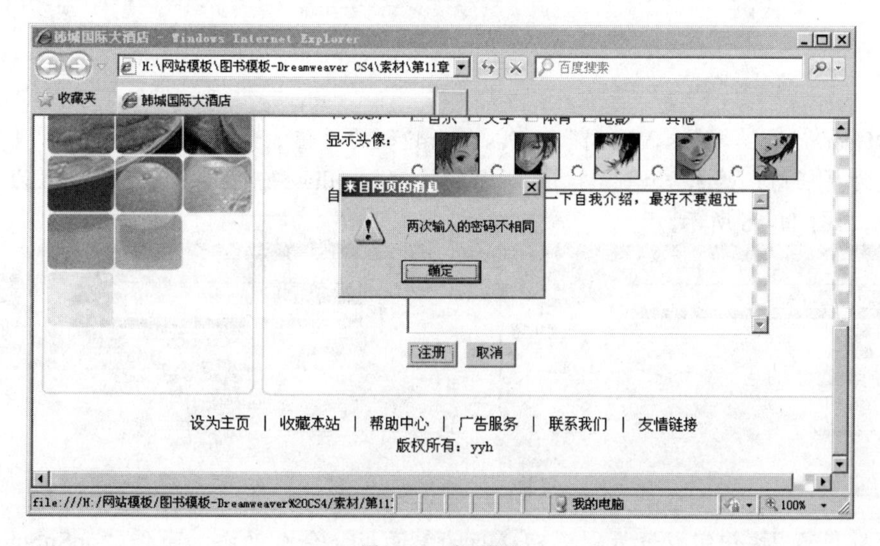

图11-51　验证效果

1. 将光标置于表单内，用鼠标单击文档左下角的“<form#form1>”标签，将整个表单选中，如图 11-52 所示。

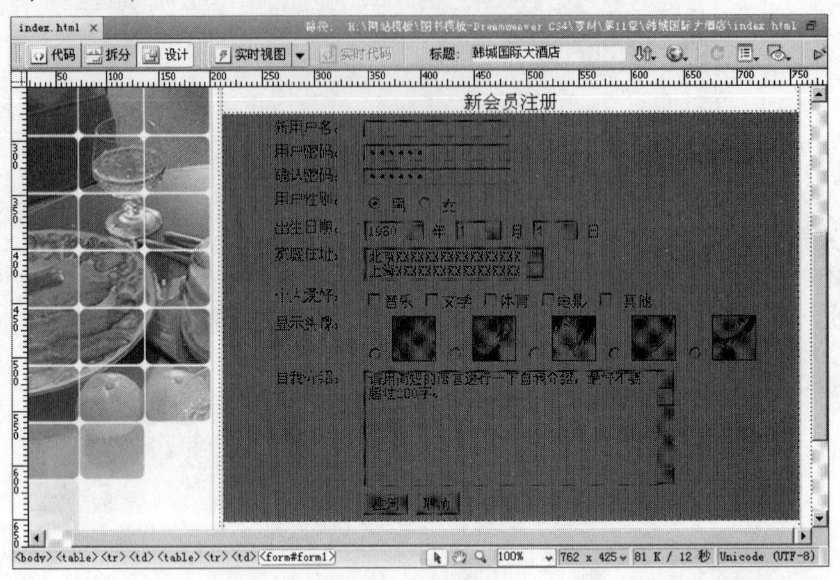

图11-52　选中整个表单

2. 执行菜单命令【窗口】/【行为】，打开【行为】面板，如图 11-53 所示。
3. 单击+按钮，在弹出的菜单中选择【检查表单】选项，打开【检查表单】对话框，如图 11-54 所示。

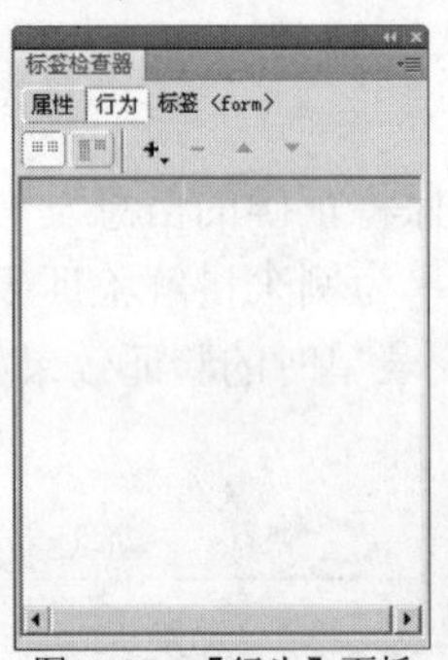

图11-53　【行为】面板

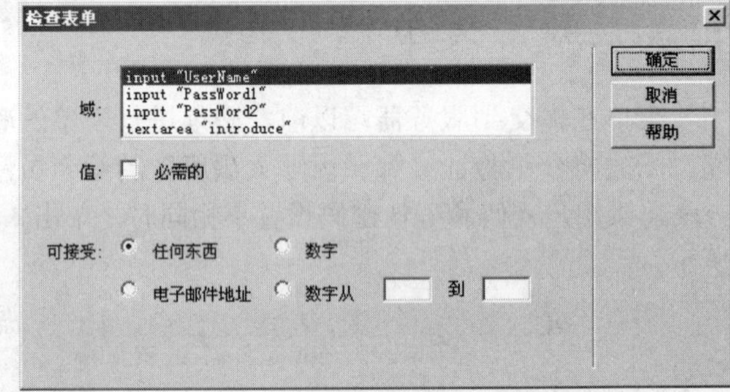

图11-54　【检查表达】对话框

4. 将“UserName”、“PassWord1”、“PassWord2”的【值】设置为【必需的】，【可接受】设置为【任何东西】，如图 11-55 所示；将“introduce”的【可接受】设置为【任何东西】，如图 11-56 所示。

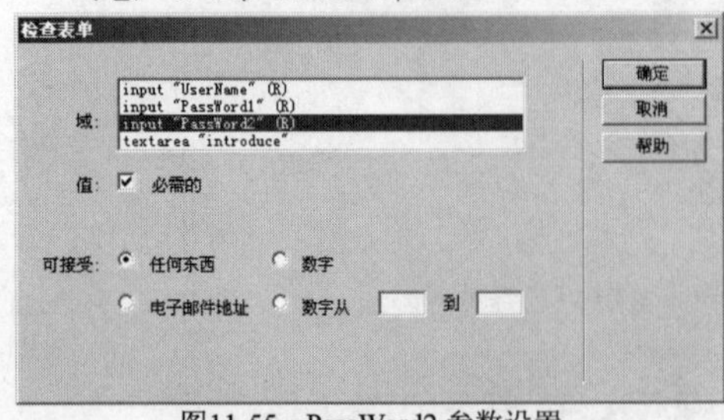

图11-55　PassWord2 参数设置

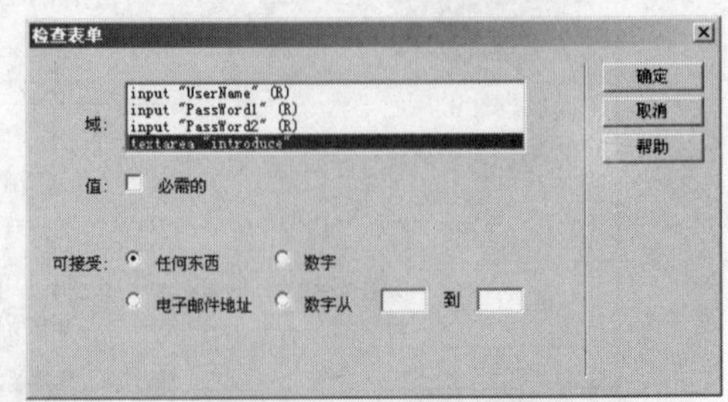

图11-56　Introduce 参数设置

5. 单击 确定 按钮完成设置，返回【行为】面板，会自动添加事件“onSubmit”，如图

11-57 所示，然后在表单中必填文本域右侧添加红色的“*”，如图 11-58 所示。

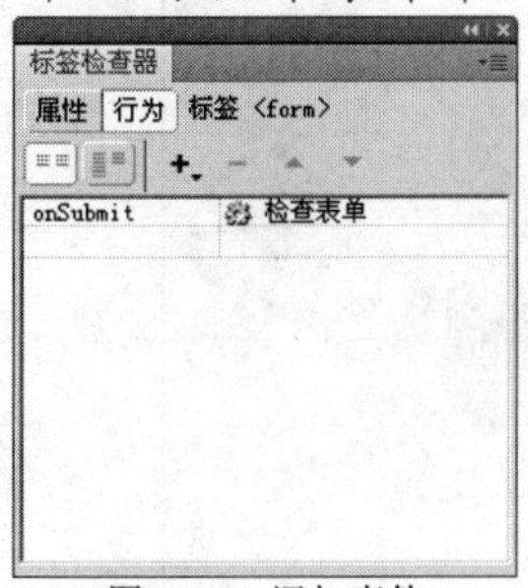

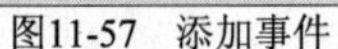

图11-57　添加事件

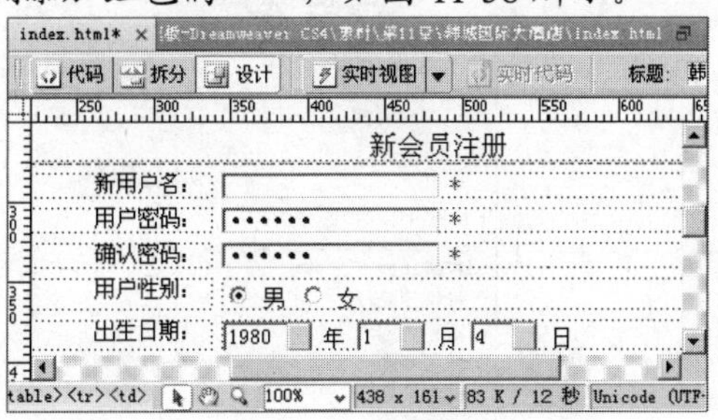

图11-58　添加备注

6. 在表单中在注册按钮单击鼠标右键，在弹出的快捷菜单中选择【编辑标签（E）<input>】选项，打开【标签编辑器-input】对话框，然后在左侧选中“onClick”事件，输入如图 11-59 所示的代码，效果如图 11-60 所示。

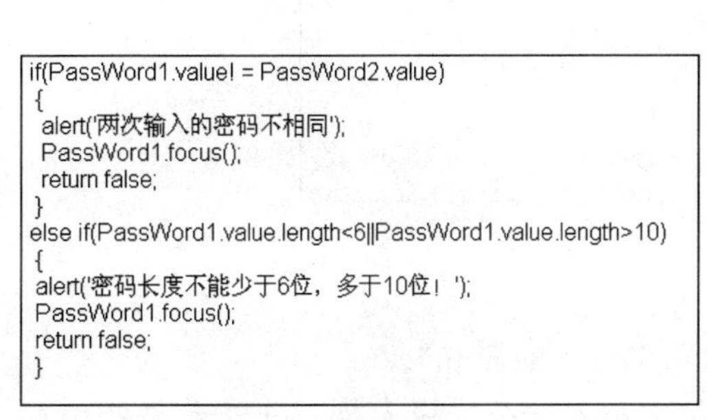

```
if(PassWord1.value! = PassWord2.value)
 {
  alert('两次输入的密码不相同');
  PassWord1.focus();
  return false;
 }
else if(PassWord1.value.length<6||PassWord1.value.length>10)
 {
 alert('密码长度不能少于6位，多于10位！ ');
 PassWord1.focus();
 return false;
 }
```

图11-59　代码

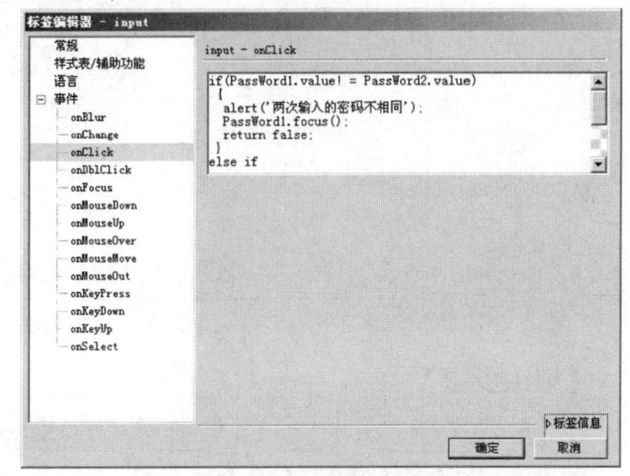

图11-60　【标签编辑器-input】对话框

7. 单击确定按钮完成设置。按F12键预览网页，当用户密码和确认密码设置不相同时，单击注册按钮时会自动弹出如图 11-61 所示的警示框。当两次输入相同的密码且小于 6 位或大于 10 位时，单击注册按钮时会自动弹出如图 11-62 所示的警示框。

图11-61　警示框 1

图11-62　警示框 2

11.4　拓展训练

为了让读者进一步掌握 Dreamweaver CS4 中对表单的创建和验证的操作方法，下面通过两个拓展实例来介绍制作表单网页的基本操作方法。

11.4.1　设计“柠檬销售网络调查”网页

本训练将讲解设计“柠檬销售网络调查”网页的过程，效果如图 11-63 所示。通过该训练的学习，读者可以掌握表单的创建方法和设置技巧。

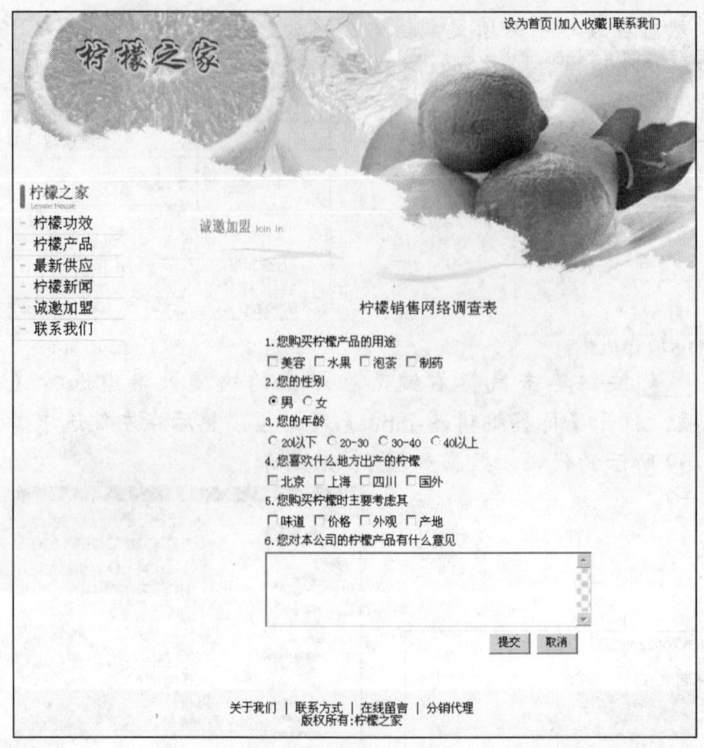

图11-63 “柠檬销售网络调查”网页

【训练步骤】

1. 打开附盘文件“素材\第 11 章\柠檬之家\XiaoShouDiaoCha.html”。
2. 在文本“柠檬销售网络调查表”下方的单元格中插入一个空白表单，并在表单内插入一个 13 行 1 列的表格，表格参数如图 11-64 所示。

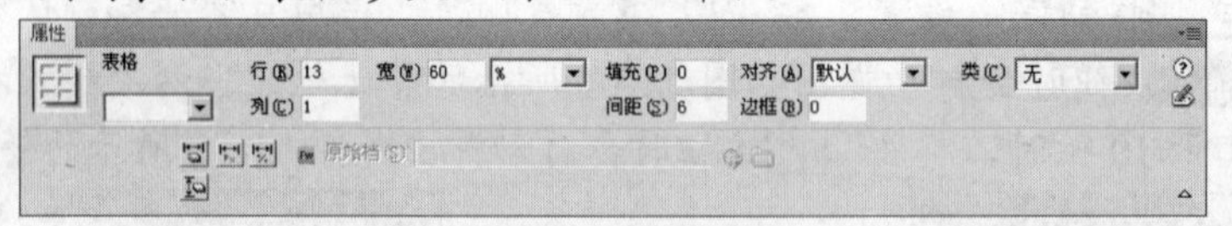

图11-64 表格属性

3. 在表格的单数行中输入文本内容，效果如图 11-65 所示。

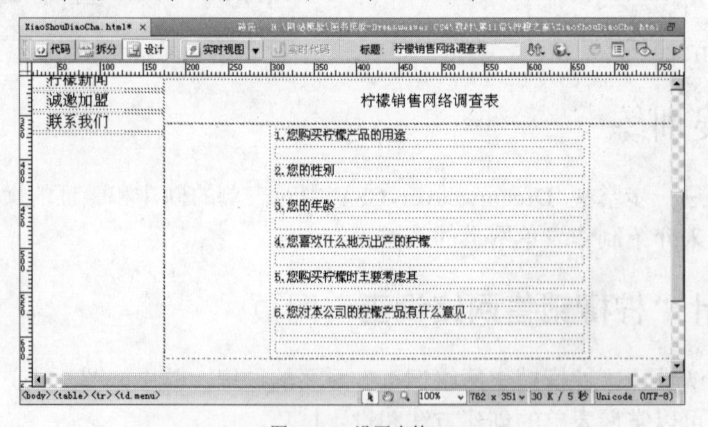

图11-65 设置表格

4. 分别在第 2、8、10 行中插入复选框，并输入文本，效果如图 11-66 所示。

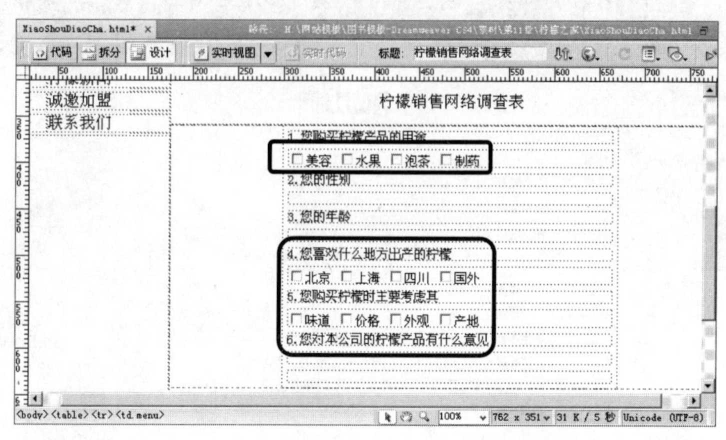

图11-66　插入复选框

5. 分别在第 4、6 行中插入单选按钮，并输入文本，效果如图 11-67 所示。

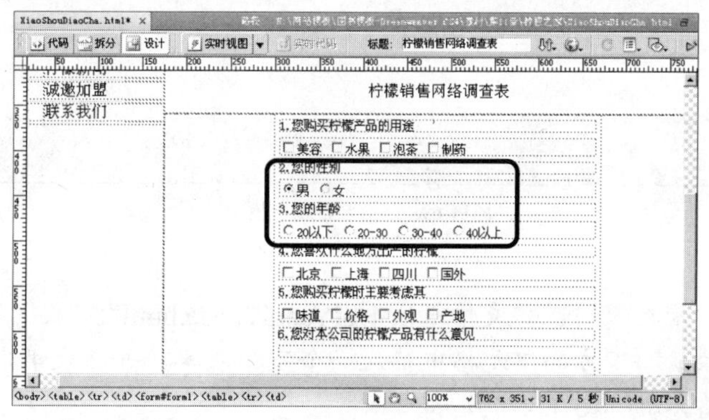

图11-67　插入单选框

6. 在第 12 行插入一个文区域，在第 13 行插入两个按钮，效果如图 11-68 所示。

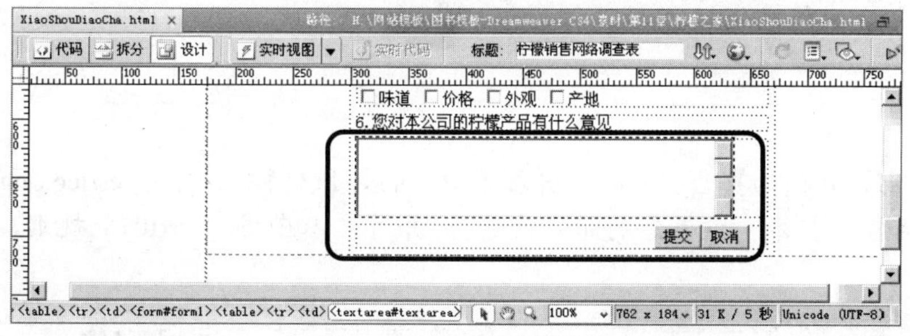

图11-68　插入文本域和按钮

7. 至此，“柠檬销售网络调查”网页设计完成，按 F12 键预览网页，效果参见图 11-63。

11.4.2　设计“会员注册”网页

本训练将讲解设计“会员注册”网页的过程，效果如图 11-69 所示。通过该训练的学习，读者可以掌握表单的创建并验证的操作方法。

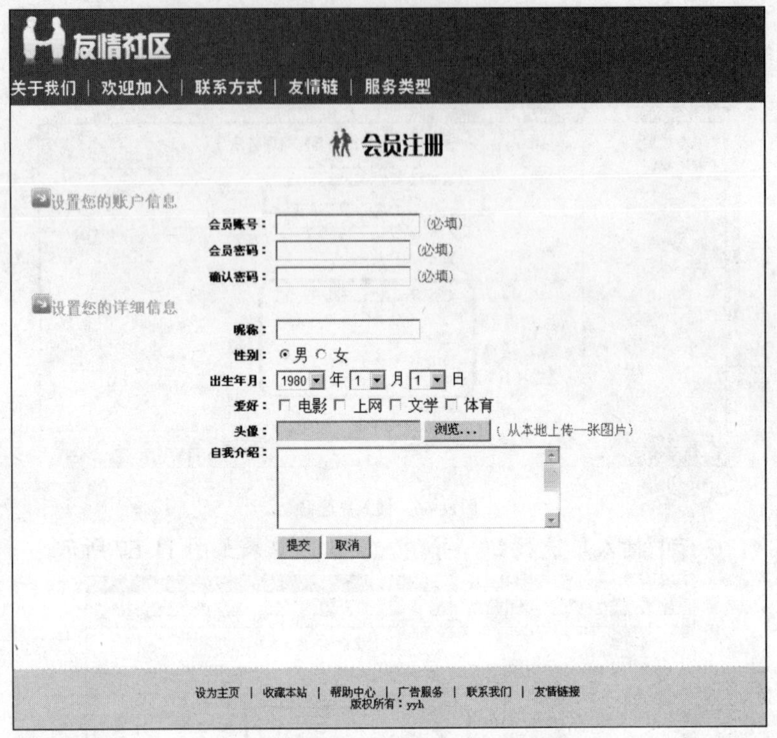

图11-69 “会员注册”网页

【训练步骤】

1. 打开附盘文件“素材\第 11 章\友情社区\HuiYuanZhuCe.html”。
2. 在文本“会员注册”下方的单元格中插入一个空白表单，并在表单内插入一个 12 行 3 列的表格，表格参数如图 11-70 所示。

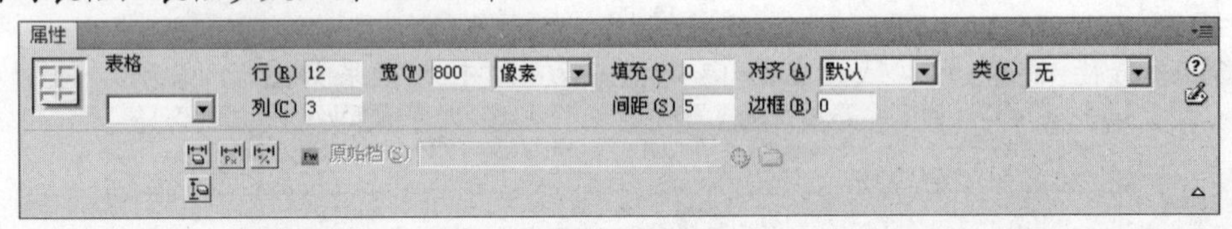

图11-70 表格参数

3. 设置表格第 1 列的宽为“200”，并在第 1 列第 1 行插入“images/ico.png”的图像文件，然后输入文本“设置您的账户信息”，并对文本应用“.text01”规则，如图 11-71 所示。

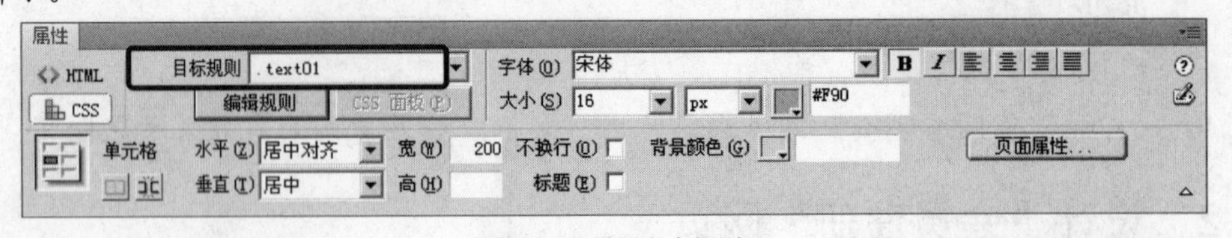

图11-71 设置文本规则

4. 用同样的方法设置第 1 列第 4 行的单元格。
5. 设置表格第 2 列的宽为“80”，然后在单元格中输入文本并对文本应用“.text02”规则，最终效果如图 11-72 所示。

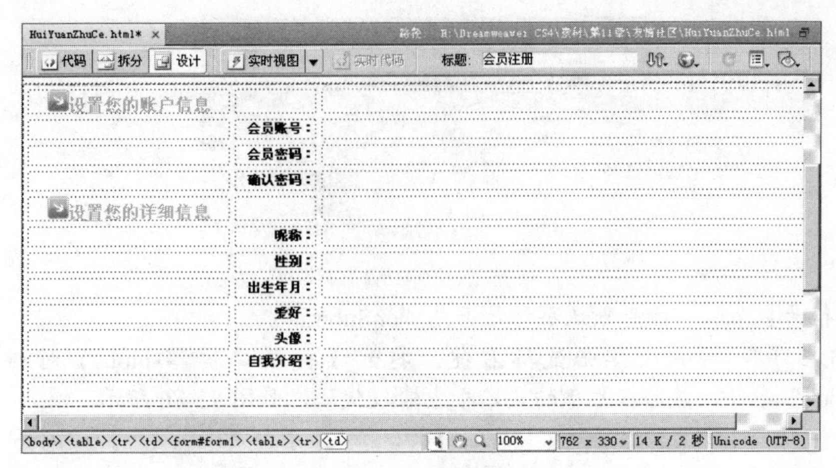

图11-72　设计文本

6.　在第 3 列的第 2、3、4、6 行插入文本域，并对文本域命名和类型选择，然后输入文本并对文本应用“.text03”规则，最终效果如图 11-73 所示。

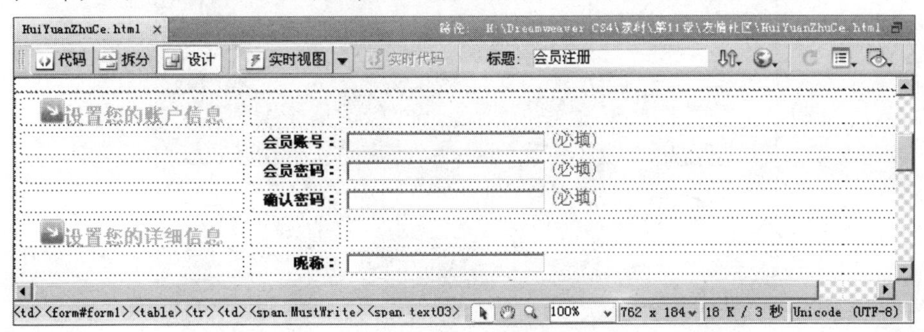

图11-73　插入文本域

7.　在第 3 列的第 7 行插入单选按钮，在第 8 行插入列表/菜单，在第 9 行插入复选框，在第 10 行插入文件域，在第 11 行插入文本区域，在第 12 行插入两个按钮，最终效果如图 11-74 所示。

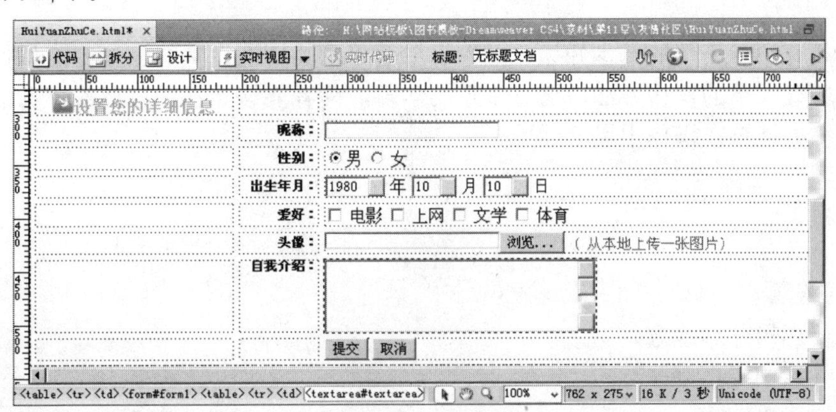

图11-74　完成表单设计

8.　选中整个表单，然后添加【检查表单】行为，在【检查表单】对话框中将“会员账号”、“会员密码”和“确认密码”的值设置为“必需的”，如图 11-75 所示。

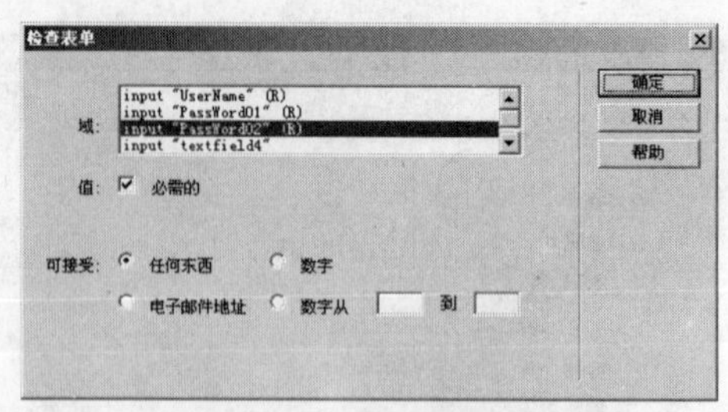

图11-75 【检查表单】对话框

9. 返回【行为】面板，检查默认事件是否是“onSubmit”。
10. 在文档在提交按钮上单击鼠标右键，打开【标签编辑器-input】对话框，选中“onClick”事件，然后在右侧的文本框中输入代码，如图 11-76 所示。

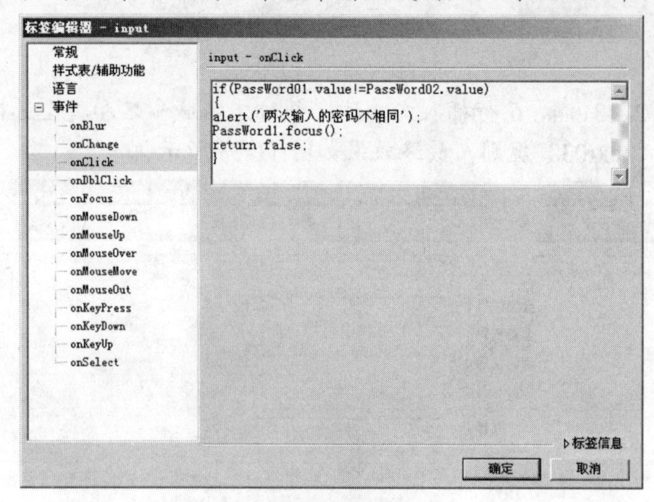

图11-76 输入代码

11. 至此，“会员注册”网页设计完成，按F12键预览网页，效果参见图 11-69。

11.5 小结

本章主要介绍了表单的基本知识、插入表单对象及其属性设置的操作方法和利用“检查表单”行为验证表单的操作方法。通过本章的学习，读者能够熟悉的掌握各个表单元素的作用及其用法，并能够在操作中灵活运用。

11.6 习题

一、 问答题

1. 表单主要运用什么地方？
2. 表单的元素主要有哪些？
3. 如何验证表单？
4. 表单中的多行文本域和文本区域功能是否相同？

二、操作题

应用表单设计“新用户注册”网页，效果如图 11-77 所示。

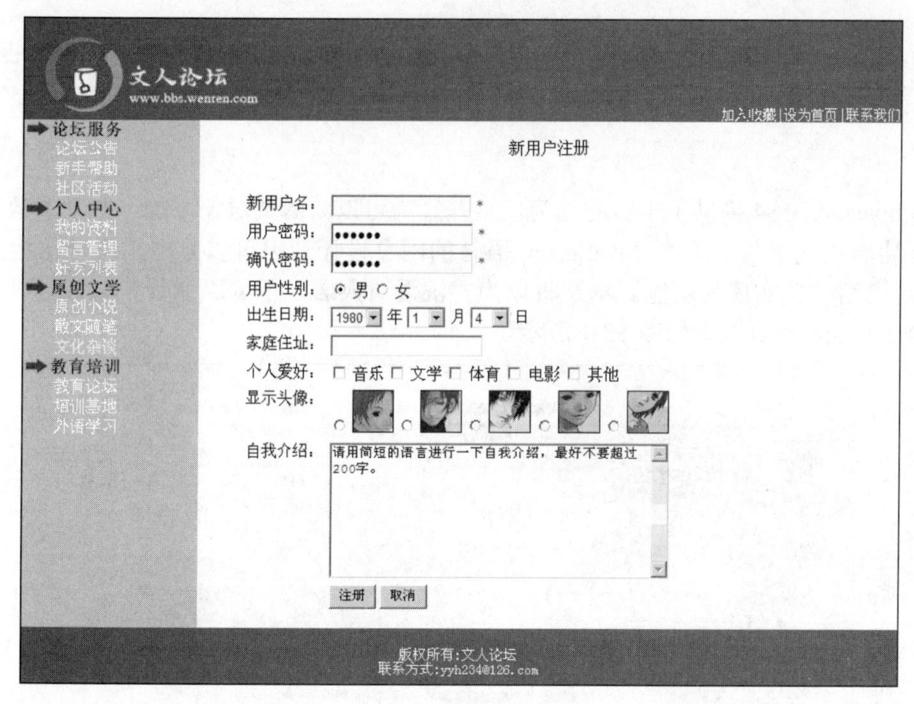

图11-77　新用户注册网页

【步骤提示】

1. 打开附盘文件“练习\第 11 章\素材\zhuze.html”。
2. 插入表单并在表单中插入表格。
3. 插入各个表单元素并设置对应参数。

第12章 应用行为——设计“浪漫情人居”首页

Dreamweaver CS4 提供了丰富的行为，这些行为可以为网页对象添加一些动态效果和简单的交互功能，使那些不熟悉 JavaScript 语言的网页设计师也可以方便地设计出通过编写 JavaScript 语言才能实现的功能。本章将以为“浪漫情人居”首页添加行为为例来讲解应用行为的操作方法，网页效果如图 12-1 所示。

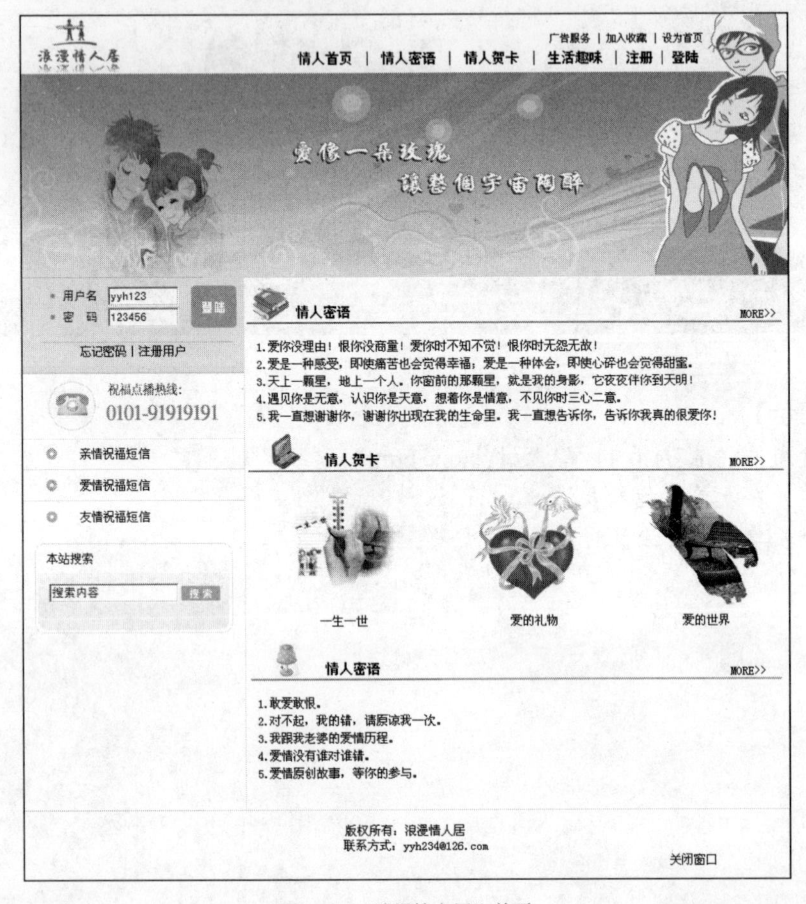

图12-1 “浪漫情人居”首页

【学习目标】

- 熟悉常用的行为命令。
- 掌握添加行为的操作方法。
- 掌握设置行为的操作方法。
- 掌握安装和应用插件的操作方法。

12.1　认识行为

Dreamweaver CS4 中的行为命令，实际上是一系列具有特定功能的 JavaScript 程序脚本。一个完整的行为，需要包括两个方面的内容才能运行，即“事件”和“动作”。其中，“事件”是指在计算机上发生的一些操作，例如单击鼠标、页面加载完毕等；而“动作”则是指在触发事件后，所触发并执行的一系列处理动作。如图 12-2 所示，在【行为】面板中左边的是行为触发事件，右边是行为动作，其实现的效果如图 12-3 所示。

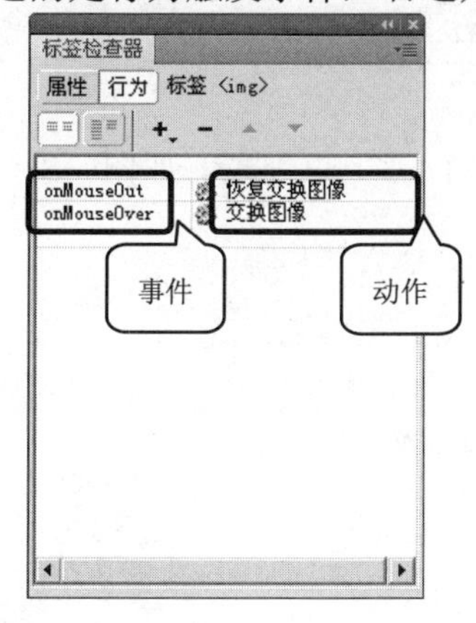

图12-2　【行为】面板

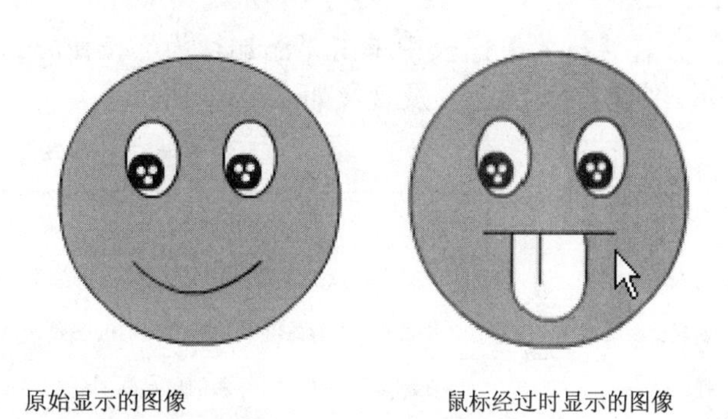

原始显示的图像　　鼠标经过时显示的图像

图12-3　预览效果

一、 事件

事件是触发动作的用户操作，是动作发生的条件，一般由浏览器所定。打开 Dreamweaver CS4，执行菜单命令【窗口】/【行为】，打开【行为】面板，然后单击“显示所有事件”按钮可在行为列表中列出所有事件，如图 12-4 所示。常用事件的功能如表 12-1 所示。

表 12-1　常用的事件及含义

事件名称	事件含义
onBlur	当指定的元素停止从用户的交互动作上获得焦点时，触发该事件。例如，当用户在交互文本框中单击后，再在文本框之外单击，浏览器会针对该文本框产生一个 onBlur 事件
onClick	单击使用行为的元素，就会触发该事件
onDblClick	在页面中双击使用行为的元素，就会触发该事件
onError	当浏览器下载页面或图像发生错误时触发该事件
onFocus	指定元素通过用户的交互动作获得焦点时触发该事件。例如在一个文本框中单击时，该文本框就会产生一个“onFocus”事件
onKeyDown	按下一个键后且尚未释放该键时，就会触发该事件。该事件常与“onKeyPress”与“onKeyUp”事件组合使用
onKeyPress	按下一个键并释放时，就会触发该事件
onKeyUp	按下一个键后又释放该键时，就会触发该事件
onLoad	当网页或图像完全下载到用户浏览器后，就会触发该事件
onMouseDown	单击网页中建立行为的元素且尚未释放鼠标之前，就会触发该事件

续表

事件名称	事件含义
onMouseMove	当鼠标在使用行为的元素上移动时，就会触发该事件
onMouseOut	当鼠标从使用行为的元素上移出后，就会触发该事件
onMouseOver	当鼠标指向一个使用行为的元素时，就会触发该事件
onMouseUp	在使用行为的元素上按下鼠标并释放后，就会触发该事件
onUnload	离开当前网页时（关闭浏览器或跳转到其他网页），就会触发该事件

二、 动作

在【行为】面板中单击“添加行为”按钮 +，即可弹出行为下拉列表，如图 12-5 所示。常用的行为命令及含义如表 12-2 所示。

表 12-2　常用的行为命令及含义

行为命令	命令含义
交换图像	创建图像变换效果。可以是一对一的变换，也可以是一对多的变换
恢复交换图像	将设置的变换图像还原成变换前的图像
弹出信息	在浏览器中弹出一个新的信息框
打开浏览器窗口	在新浏览器中载入一个 URL。用户可以为此窗口指定一些具体的属性，也可以不加以指定
拖动 AP 元素	可让访问者拖动绝对定位的（AP）元素。使用此行为可创建拼板游戏、滑块控件和其他可移动的界面元素
改变属性	改变页面元素的各项属性
效果	可改变对象的各种显示效果，包括增大/收缩、挤压、显示/渐隐、晃动、遮帘、高亮颜色
显示-隐藏元素	可显示、隐藏或恢复一个或多个页面元素的默认可见性。此行为用于在用户与网页进行交互时显示信息
检查插件	可根据访问者是否安装了指定的插件这一情况将它们转到不同的页面
检查表单	可检查指定文本域的内容以确保用户输入的数据类型正确
设置导航栏图像	可将某个图像变为导航栏图像，还可以更改导航条中图像的显示和动作
设置文本	使指定文本替代当前的内容。设置文本动作包括设置层文本、设置框架文本、设置文本域文本、设置状态栏文本
调用 JavaScript	在事件发生时执行自定义的函数或 JavaScript 代码行
跳转菜单	跳转菜单是文档内的弹出菜单，对站点访问者可见，并列出链接到文档或文件的选项
跳转菜单开始	“跳转菜单转开始”行为与“跳转菜单”行为密切关联；“跳转菜单转开始”允许用户将一个“转到”按钮和一个跳转菜单关联起来。在使用此行为之前，文档中必须已存在一个跳转菜单
转到 URL	可在当前窗口或指定的框架中打开一个新页。此行为适用于通过一次单击更改两个或多个框架的内容
预先载入图像	可以缩短显示时间，其方法是对在页面打开之初不会立即显示的图像（例如将通过行为或 JavaScript 调入的图像）进行缓存

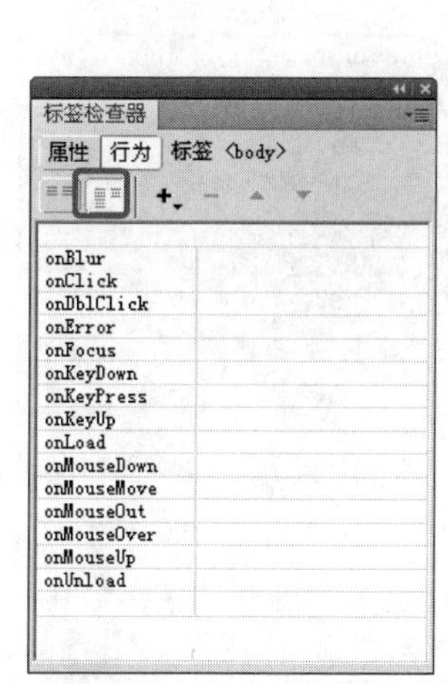

图12-4　显示所有事件

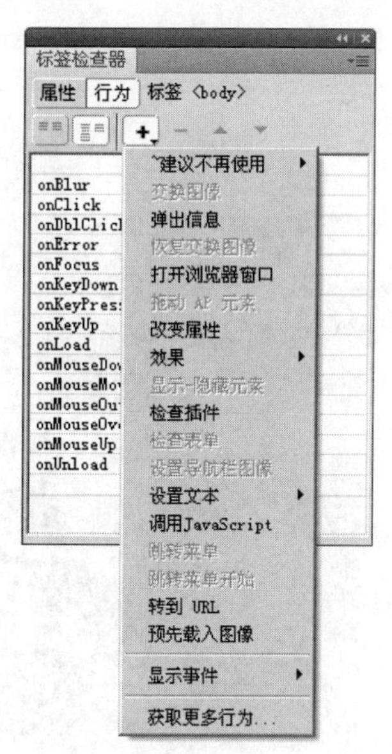

图12-5　添加行为

12.2　应用行为

Dreamweaver CS4 内置了 20 多种行为，搭配不同的事件就会产生许多不同的效果。本节将以为“浪漫情人居”首页添加各种行为为例，具体介绍使用 Dreamweaver CS4 内置的行为轻松实现各种效果，使网页更具有交互性的操作方法。

12.2.1　弹出信息

使用“弹出信息”行为命令，在事件发生时弹出一事先指定好的信息提示框，可以为浏览者提供信息。下面将为“浪漫情人居”首页添加欢迎提示框为例来介绍添加“弹出信息”行为的操作方法，设计效果如图 12-6 所示。

图12-6　设计效果

1. 使用 Dreamweaver CS4 打开附盘文件“素材\第 12 章\浪漫情人居\index.html”，然后单击文档左下角的“<body>”标签将整个文档内容选中，如图 12-7 所示。

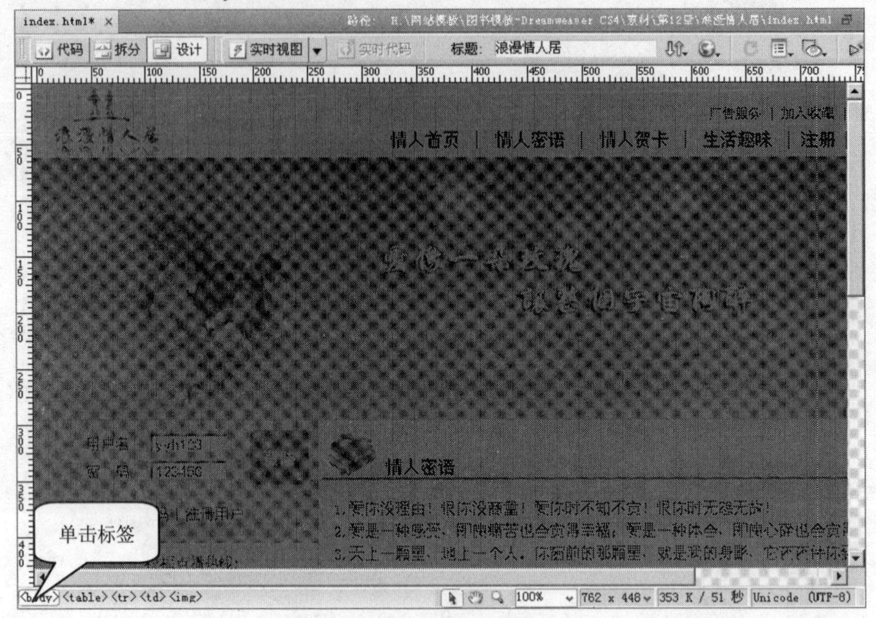

图12-7 选中整个文档

2. 执行菜单命令【窗口】/【行为】，打开【行为】面板，如图 12-8 所示。
3. 单击“添加行为”按钮 +，在弹出的下拉菜单中选择【弹出信息】选项，打开【弹出信息】对话框，然后在【消息】文本框中输入文本“欢迎光临本站，请带走您能带走，留下您能留下的。”，如图 12-9 所示。

图12-8 【行为】面板

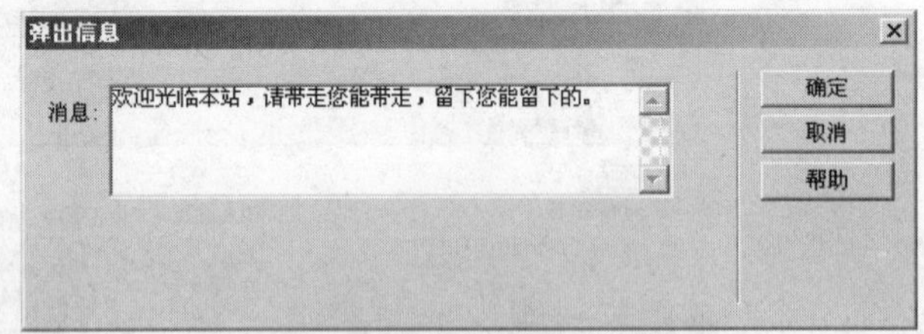

图12-9 【弹出信息】对话框

4. 单击  按钮返回【行为】面板，然后单击事件名称右侧的下拉箭头，在打开的下拉列表中选择“onLoad”事件，如图 12-10 所示。
5. 按 F12 键预览网页，当页面加载完成后，即会弹出一个信息提示框，参见图 12-6，如果没有弹出，需要通过浏览器的【工具】菜单命令关闭浏览器的弹出窗口阻止程序。

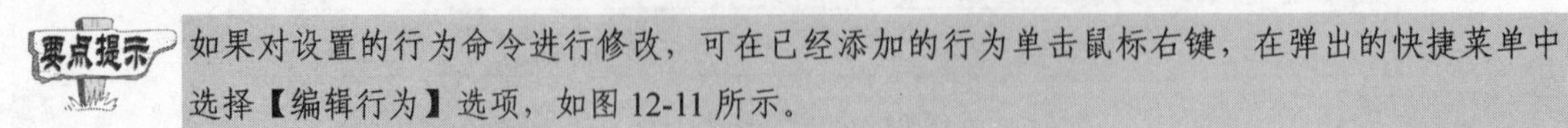
要点提示

如果对设置的行为命令进行修改，可在已经添加的行为单击鼠标右键，在弹出的快捷菜单中选择【编辑行为】选项，如图 12-11 所示。

图12-10　设置事件

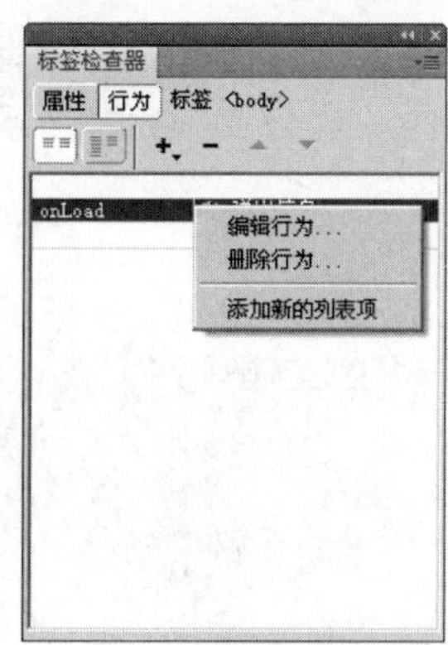

图12-11　行为的快捷菜单

12.2.2　打开浏览器窗口

使用“打开浏览器”行为命令，可以在事件发生时打一个新浏览器窗口。同时，用户可以设置新窗口的各种属性，如窗口名称、大小等。下面将以单击“浪漫情人居”首页 Logo 图像弹出一个广告宣传网页为例来介绍添加“打开浏览器”行为的操作方法。设计效果如图 12-12 所示。

图12-12　设计效果

1. 选中“浪漫情人居”的 Logo 图像，如图 12-13 所示，然后打开【行为】面板。

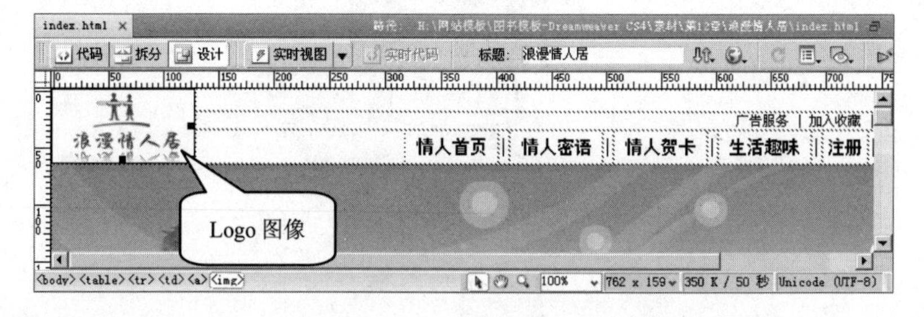

图12-13　选中图像

2. 单击“添加行为”按钮 +，在弹出的下拉菜单中选择【打开浏览器窗口】选项，打开【打开浏览器窗口】对话框，如图 12-14 所示。

3. 单击【要显示的 URL】文本框右侧的 浏览... 按钮，打开【选择文件】对话框，选择所附盘文件“素材\第 12 章\浪漫情人居\windows.html”，如图 12-15 所示。

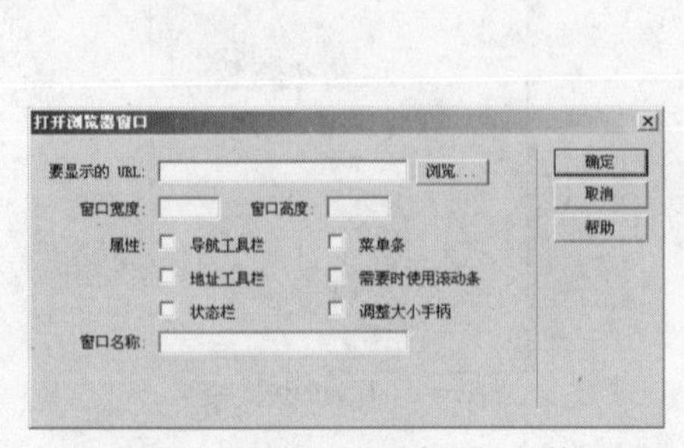

图12-14 【打开浏览器窗口】对话框

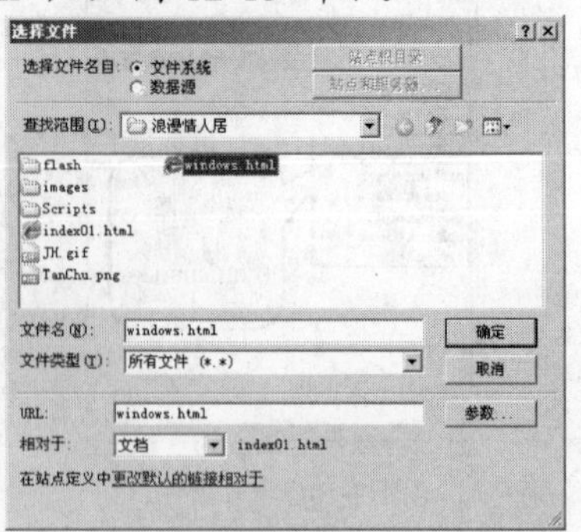

图12-15 选择打开的文件

4. 单击 确定 按钮返回【打开浏览器窗口】对话框，设置【窗口宽度】为“550”，【窗口高度】为“400”，选择【状态栏】复选项，在【窗口名称】文本框中输入“浪漫情人居宣传动画”，如图 12-16 所示。
5. 单击 确定 按钮返回【行为】面板，然后设置事件为“onClick”，如图 12-17 所示。

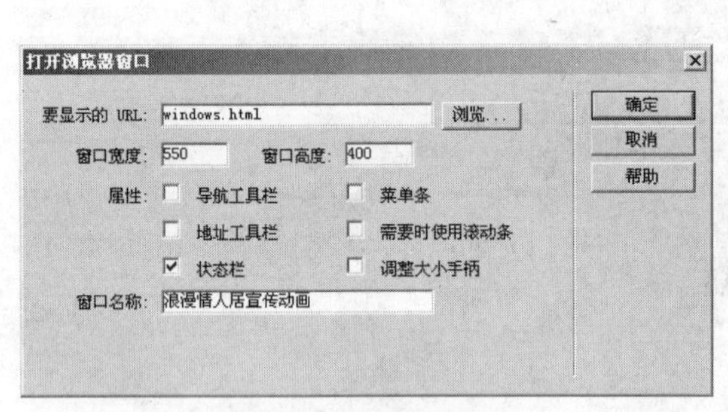

图12-16 设置窗口属性

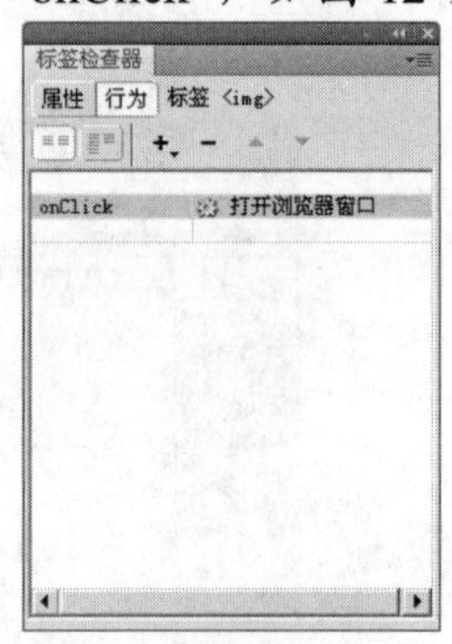

图12-17 设置事件

6. 按 F12 键预览网页键，单击 Logo 图像，即可弹出一个窗口，效果参见图 12-12。

要点提示 如果用户使用的是多标签浏览器预览网页，弹出的窗口将会在新标签中打开，如图 12-18 所示。

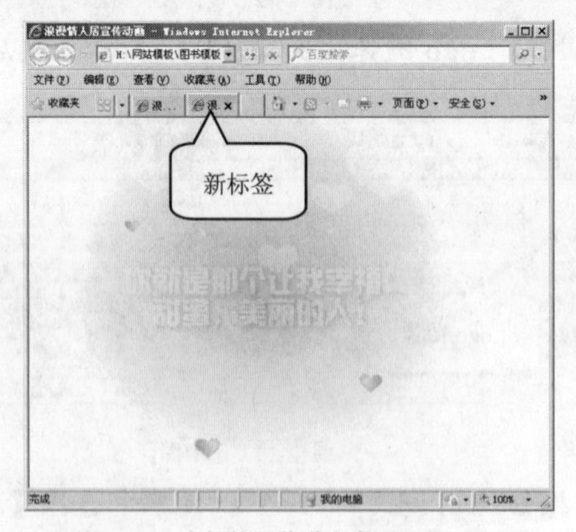

图12-18 多标签浏览弹出窗口

12.2.3　改变属性

使用“改变属性”行为命令，可以轻松地改变对象的某个属性，例如层、表格、单元格的背景颜色等。当鼠标光标移至导航栏中指定的单元格时，单元格的颜色发生变化；当鼠标光标移开时，单元格颜色恢复为最初的颜色。下面将以设计“浪漫情人居”导航栏为例来介绍添加“改变属性”行为的操作方法，设计效果如图 12-19 所示。

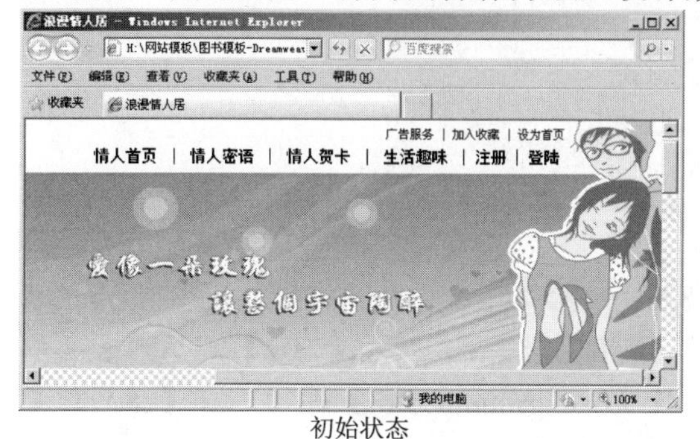

初始状态

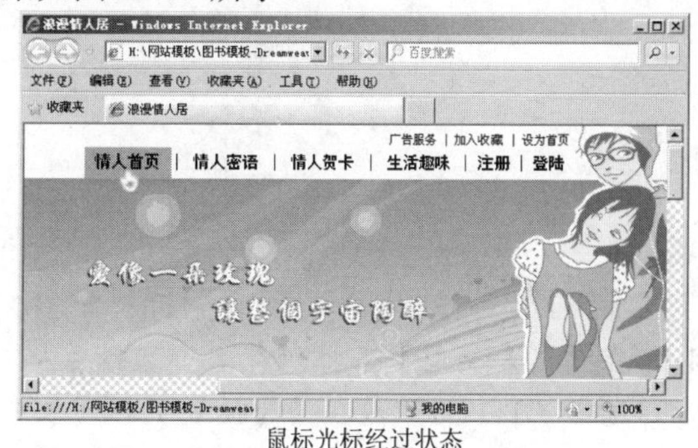

鼠标光标经过状态

图12-19　设计效果

1. 将光标置于导航栏“情人首页”单元格中，然后在【属性】面板中设置单元格的【ID】为“1”，如图 12-20 所示。

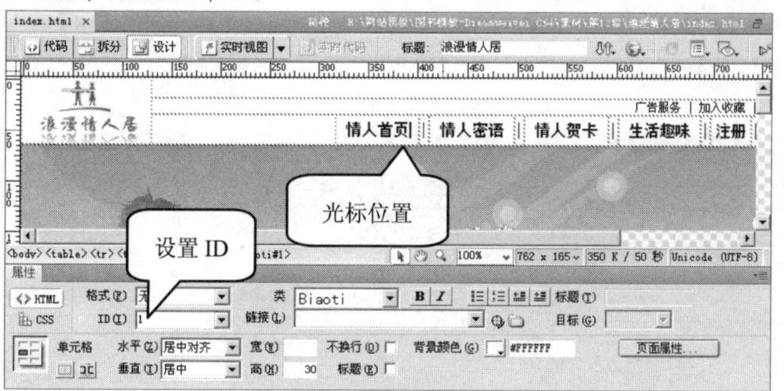

图12-20　设置单元格 ID

2. 用同样的方法，设置“情人密语”单元格的 ID 为“2”、“情人贺卡”单元格的 ID 为“3”、“生活趣味”单元格的 ID 为“4”、“注册”单元格的 ID 为“5”、“登陆”单元格的 ID 为“6”，如图 12-21 所示。

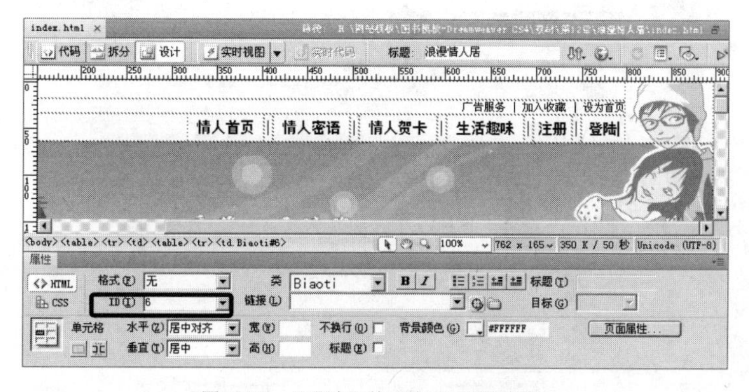

图12-21　“登陆”单元格 ID 设置效果

要点提示 在使用“改变属性”行为命名时，必须先为要设置的元素对象命名，方便在【改变属性】对话框中找到指定的对象。

3. 将光标置于“情人首页”单元格中，然后打开【行为】面板，单击“添加行为”按钮 +，在弹出的下拉菜单中选择【改变属性】选项，打开【改变属性】对话框，如图 12-22 所示。

图12-22 【改变属性】对话框

4. 在【元素类型】下拉列表框中选择表格标签“TD”，然后在【元素 ID】下拉列表框中选择“TD “1””，在【选择】下拉列表中选择【backgroundColor】选项，在【新的值】文本框中输入新的背景颜色“#999999”，如图 12-23 所示。
5. 单击 确定 按钮返回【行为】面板，然后设置事件为“onMouseOver”，如图 12-24 所示。

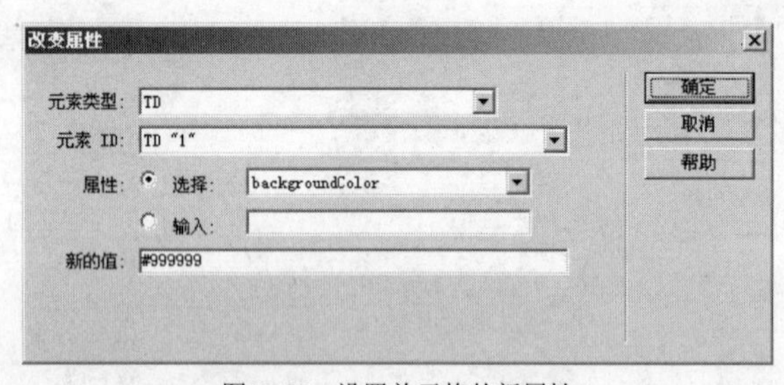

图12-23 设置单元格的新属性

图12-24 添加鼠标经过触发事件

6. 按 F12 键预览网页，当鼠标光标经过时文字所在的单元格背景就会发生改变，效果如图 12-25 所示。

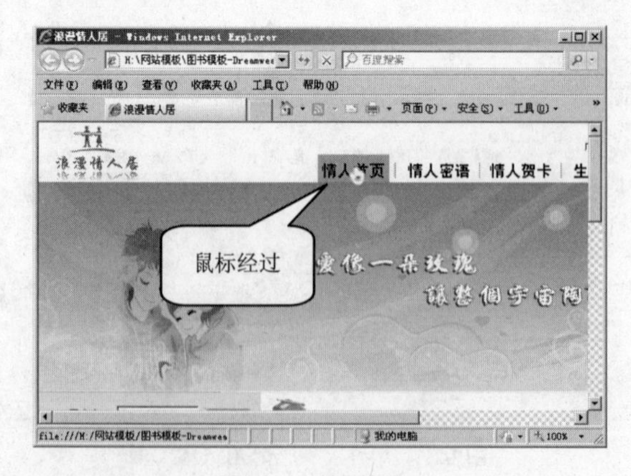

图12-25 预览效果

7. 再次将光标置于“情人首页”单元格中，然后在【行为】面板中单击“添加行为”按钮，在弹出的下拉菜单中选择【改变属性】选项，打开【改变属性】对话框并设置其属性，如图 12-26 所示。
8. 单击 确定 按钮返回【行为】面板，然后设置事件为“onMouseOut”，如图 12-27 所示。

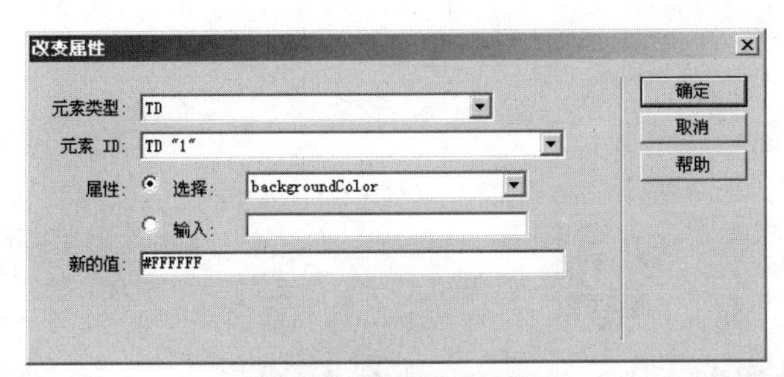

图12-26　【改变属性】对话框

图12-27　添加鼠标移开触发事件

9. 将光标置于“情人密语”单元格中，然后单击【行为】面板中的按钮，在弹出的下拉菜单选择【改变属性】选项，打开【改变属性】对话框设置其参数，如图 12-28 所示。
10. 单击 确定 按钮返回【行为】面板，然后设置事件为“onMouseOver”。
11. 再次将光标置于“情人密语”单元格中，然后单击【行为】面板中的按钮，在弹出的下拉菜单中选择【改变属性】选项，打开【改变属性】对话框，设置其参数，如图 12-29 所示，并为其设置“onMouseOut”触发事件。

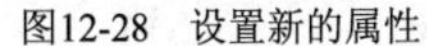

图12-28　设置新的属性

图12-29　鼠标经移开时的单元格属性

12. 利用上述方法，设置其他单元格添加“改变属性”行为，最终预览效果参见图 12-19。

12.2.4　设置状态栏信息

使用“设置状态栏信息”行为命令，可以在网页的状态栏中添加一些特定的文字信息，对当前网页的内容主题进行说明或显示欢迎信息。下面将以设计“浪漫情人居”状态栏信息为例来介绍添加“改变属性”行为的操作方法。设计效果如图 12-30 所示。

图12-30　设计效果

1. 单击文档左下角的“<body>”标签，选中整个文档内容，如图 12-31 所示。

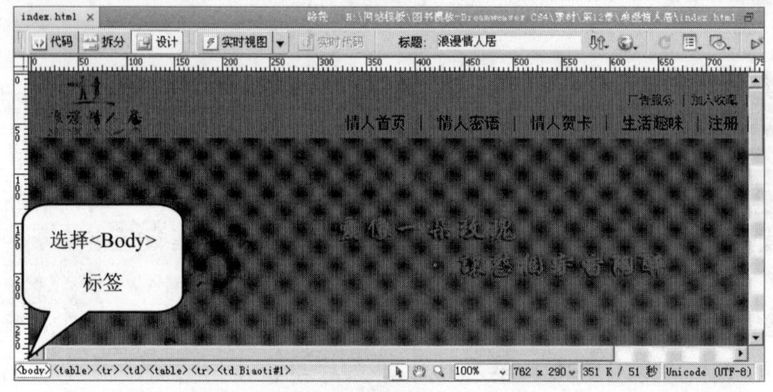

图12-31　选择<body>标签

2. 在【行为】面板中单击“添加行为”按钮 +，在弹出的下拉菜单中选择【设置文本】/【设置状态栏文本】选项，打开【设置状态栏文本】对话框，然后在【消息】文本框中输入文本“爱是生命的火焰，没有它，一切变成黑夜。”，如图 12-32 所示。
3. 单击 确定 按钮返回【行为】面板，然后设置触发事件为“onLoad”，如图 12-33 所示。

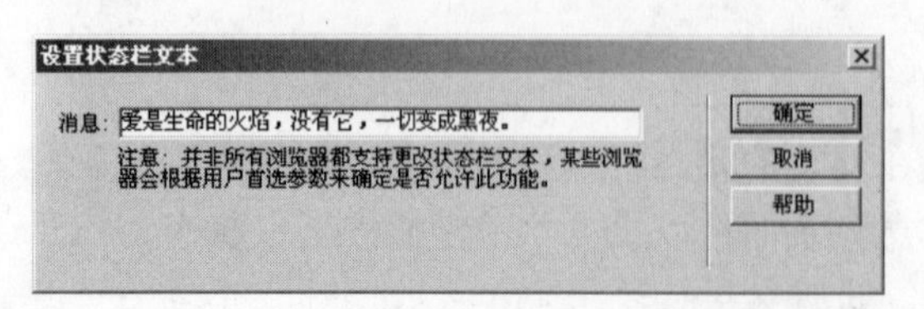

图12-32　输入文本

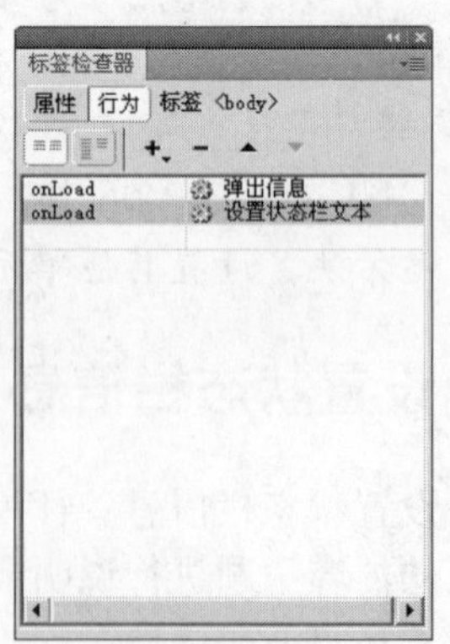

图12-33　添加事件

4. 按 F12 键预览网页，效果参见图 12-30。

12.2.5　交换图像

使用“交换图像”行为命令，可以在页面中添加交替显示的图像。例如，当鼠标光标移至设置了行为的图像上时，显示为另一张图像，当鼠标光标移开后则恢复最初的图像。下面将以设计“浪漫情人居”的情人贺卡栏目内容为例来介绍添加“交换图像”行为的操作方法。设计效果如图 12-34 所示。

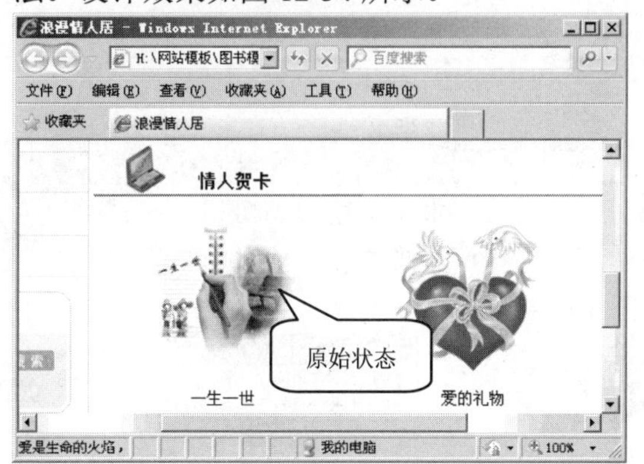

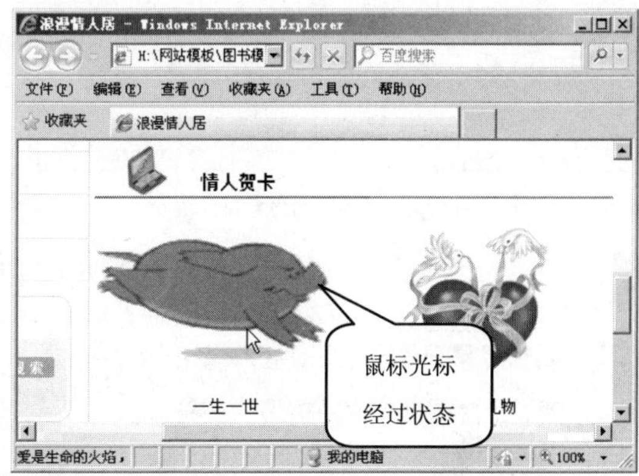

图12-34　设计效果

1. 选中“一生一世”文本上方的图像，然后在【属性】面板中设置图像 ID 为“image1”，如图 12-35 所示。

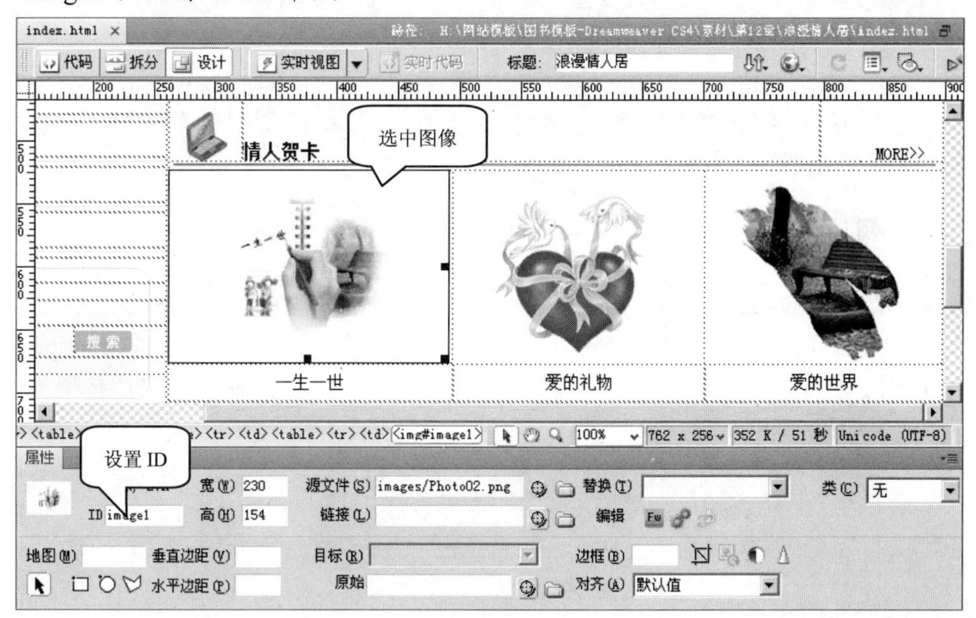

图12-35　选中图像并设置名称

2. 在【行为】面板中单击“添加行为”按钮 +，在下拉菜单中选择【交换图像】选项，打开【交换图像】对话框，然后在【图像】列表框中选中【图像“image1”】选项，如图 12-36 所示。
3. 单击【设定原始档为】文本框后的 浏览... 按钮，打开【选择图像源文件】对话框，选择附盘文件“素材\第 12 章\浪漫情人居\JH.gif”，如图 12-37 所示。

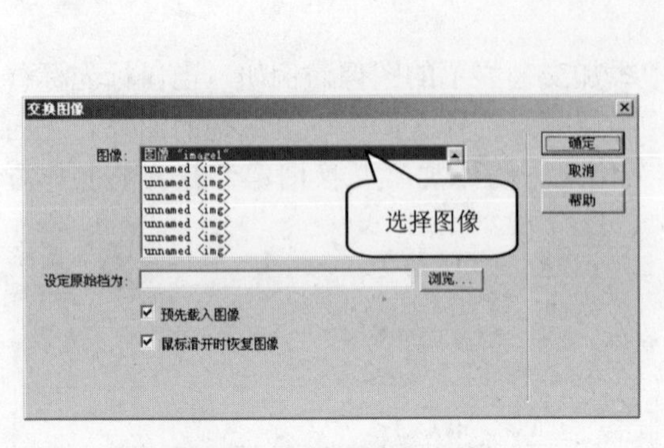

图12-36 【交换图像】对话框

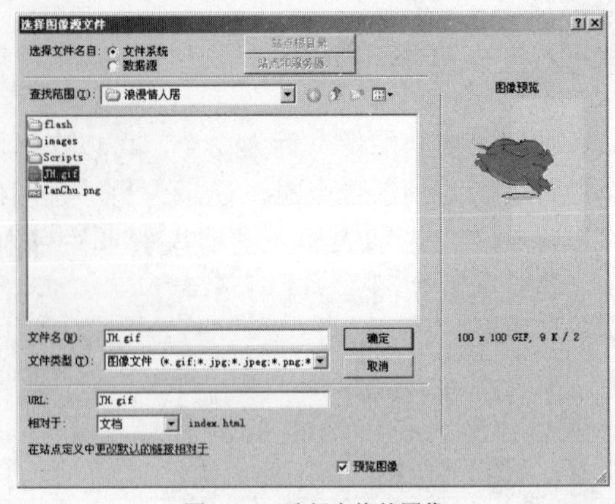

图12-37 选择交换的图像

4. 单击 确定 按钮返回【交换图像】对话框，如图 12-38 所示。
5. 单击 确定 按钮返回【行为】面板，如图 12-39 所示。

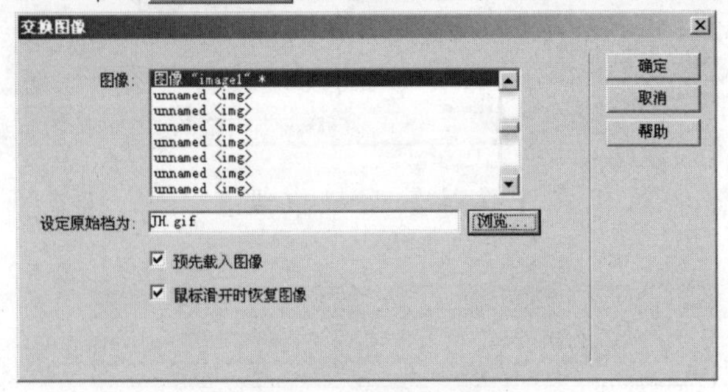

图12-38 【交换图像】对话框

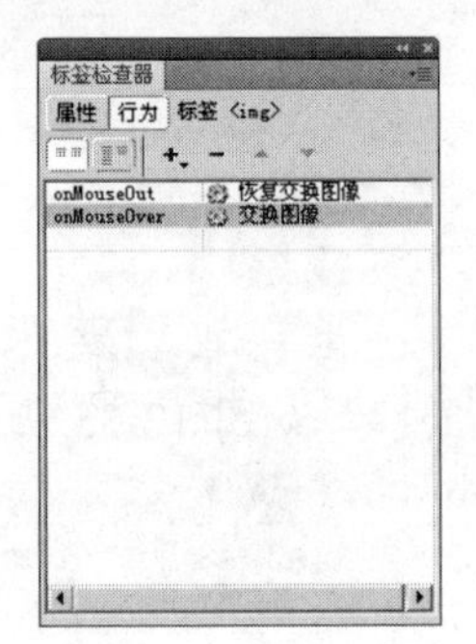

图12-39 【行为】面板

6. 按 F12 键预览网页，效果参见图 12-34。

12.2.6 调用 JavaScript

使用"调用 JavaScript"行为命令，可以为网页中的对象添加一段具有特定功能的 JavaScript 代码。在用户浏览网页并触发对应的事件后，即可执行这一段 JavaScript 代码。下面将介绍为网页使用"调用 JavaScript"行为设置一个"关闭窗口"快捷按钮的操作方法，设计效果如图 12-40 所示。

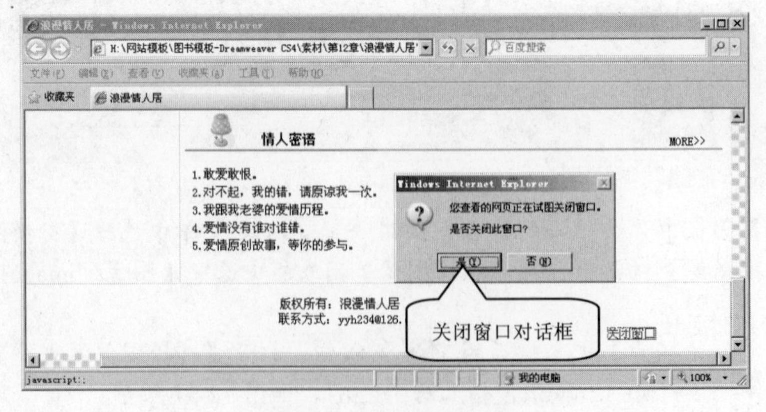

图12-40 单击后的效果图

1. 选中文档最底部的文本“关闭窗口”，然后在【属性】面板中为其添加一个空链接代码“JavaScript:;”，如图 12-41 所示。

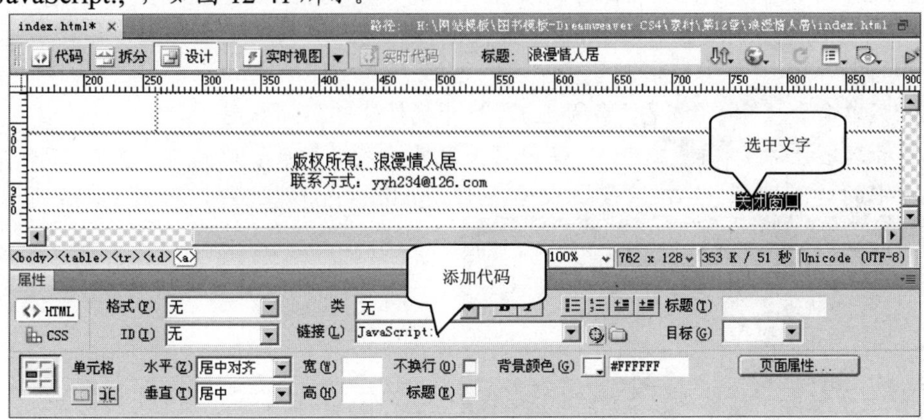

图12-41　添加空链接

2. 在【行为】面板中单击“添加行为”按钮 +，在弹出的下拉菜单中选择【调用 JavaScript】选项，打开【调用 JavaScript】对话框，然后在【JavaScript】文本框中输入“window.close()”，如图 12-42 所示。
3. 单击 确定 按钮返回【行为】面板，设置触发事件为“onClick”，如图 12-43 所示。
4. 按下 F12 键预览网页，单击“关闭窗口”文本，即可弹出关闭浏览器窗口的询问对话框，效果参见图 12-40。单击 是(Y) 按钮，可关闭当前浏览器窗口。

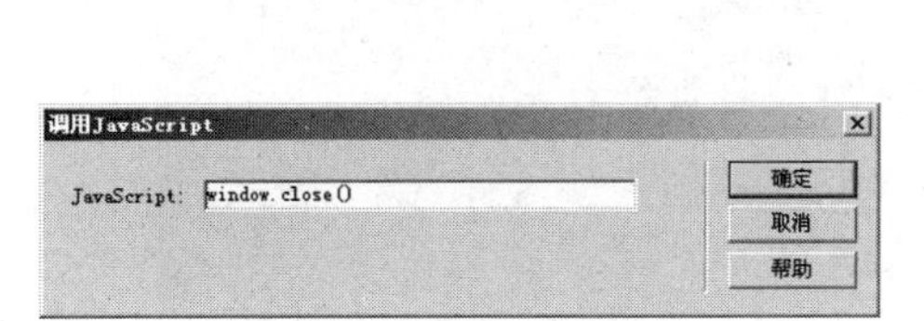

图12-42　输入代码

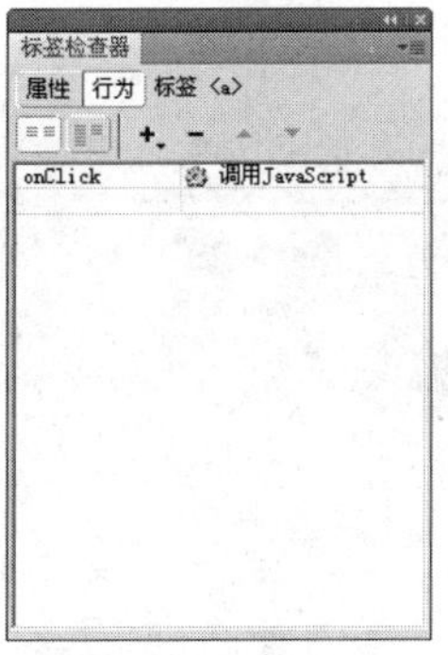

图12-43　【行为】面板

12.3　安装和应用插件

为 Dreamweaver CS4 安装插件，可以很方便地为软件添加新的功能。Dreamweaver CS4 支持的插件包括命令（Command）、对象（Object）、行为（Behavior）3 种。命令可以用于在网页编辑的时候实现一定的功能，例如设置表格的样式；对象用于在网页中插入元素，例如在网页中插入图像或者电影等；行为主要用于在网页上实现动态的交互功能，例如单击图像后弹出窗口等。下面将介绍使用插件在“浪漫情人居”首页上添加一张飘浮图片的操作方法。

12.3.1　安装插件

Adobe 网站提供了许多的插件，用户可根据自己的需要选择性的下载。下载完成后，就可使用插件管理器便捷地安装和删除插件。插件安装成功以后，命令类的插件会出现在【命令】主菜单中，行为类的插件会出现在“行为”面板中，对象类插件会出现在“插入”工具栏中。下面将介绍安装“floatimg”插件的操作方法。“floatimg”插件是在页面上制作飘浮图片的插件。

1. 执行菜单命令【命令】/【扩展管理】，打开插件管理器，如图 12-44 所示。
2. 单击管理器上方的 安装 按钮，弹出【选取要安装的扩展】对话框，然后选择本书附带光盘中的“素材\第 12 章\浪漫情人居\插件\floatimg.mxp”文件，如图 12-45 所示。

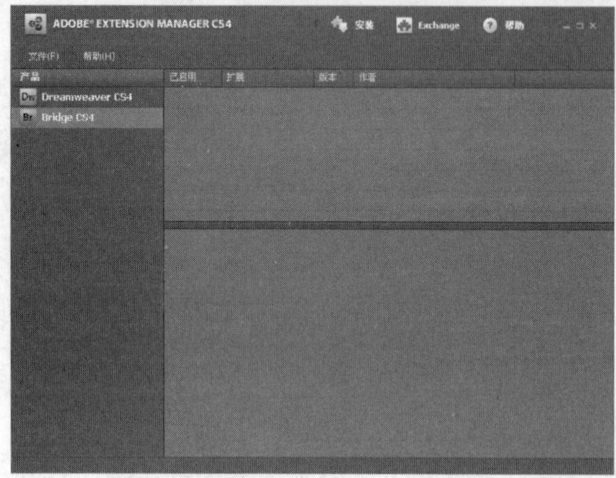

图12-44　打开插件管理器

图12-45　选中插件

3. 单击 打开(O) 按钮，进入插件安装向导页，如图 12-46 所示。

图12-46　插件安装向导

4. 单击 接受 按钮，系统将自动安装插件，安装完成后将显示在插件管理器的列表框中，如图 12-47 所示。

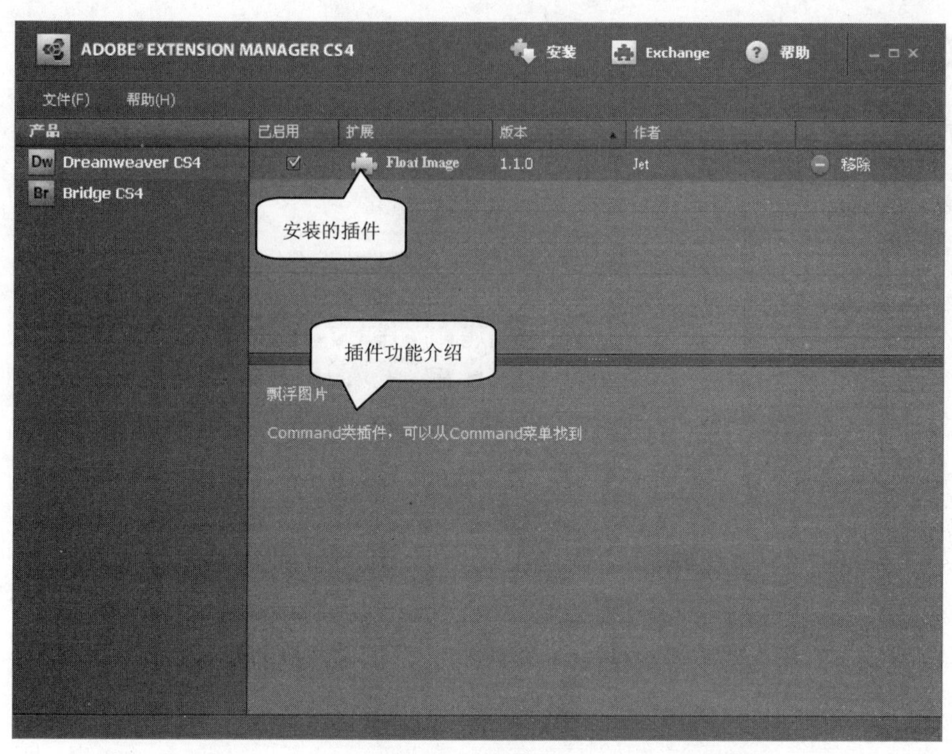

图12-47　安装的插件

5. “floatimg”插件属于命令类插件，因此它会出现在【命令】主菜单中，如图 12-48 所示。

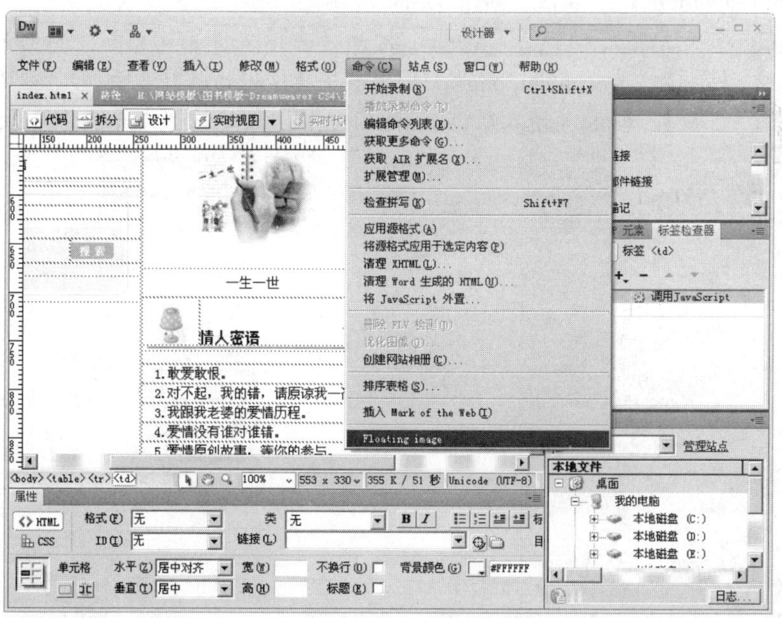

图12-48　插件的位置

如果在【命令】主菜单中没有找到【Floating image】选项，则需在插件管理器中检测插件是否已经启动或者重新启动 Dreamweaver。

12.3.2 应用插件

插件的应用与行为的应用操作类似，只需要进行一些简单的参数设置，就能实现对应的效果。下面将介绍使用“floatimg”插件在页面上制作一张飘浮的图片的操作方法，实现效果如图 12-49 所示。

图12-49 设计效果

1. 将光标置于文档的空白处，然后执行菜单命令【命令】/【Floating image】，打开【Untitled Document】对话框，如图 12-50 所示。
2. 单击【image】文本框后的浏览..按钮，打开【选择文件】对话框，选择附盘文件“素材\第 12 章\浪漫情人居\TanChu.png”，然后单击单击【href】下面的浏览..按钮，选择附盘文件“素材\第 12 章\浪漫情人居\windows.html”，最终设置效果如图 12-51 所示。

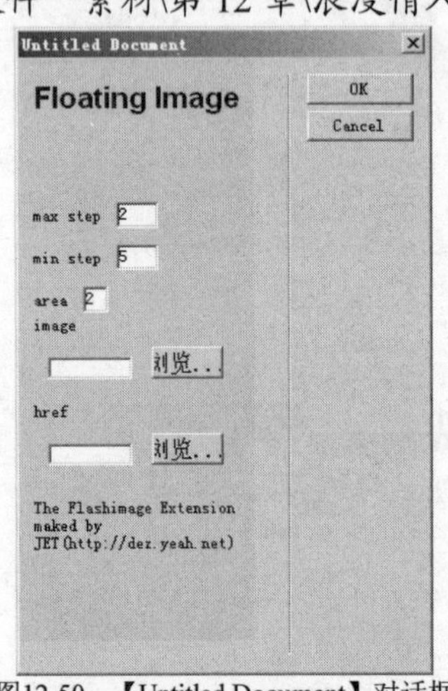

图12-50 【Untitled Document】对话框

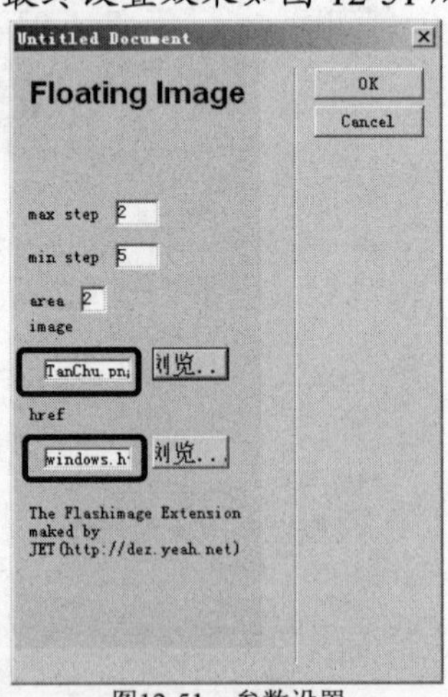

图12-51 参数设置

3. 单击 OK 按钮返回文档，文档中将会添加一个层并将设置好的图像插入其中，如图 12-52 所示。

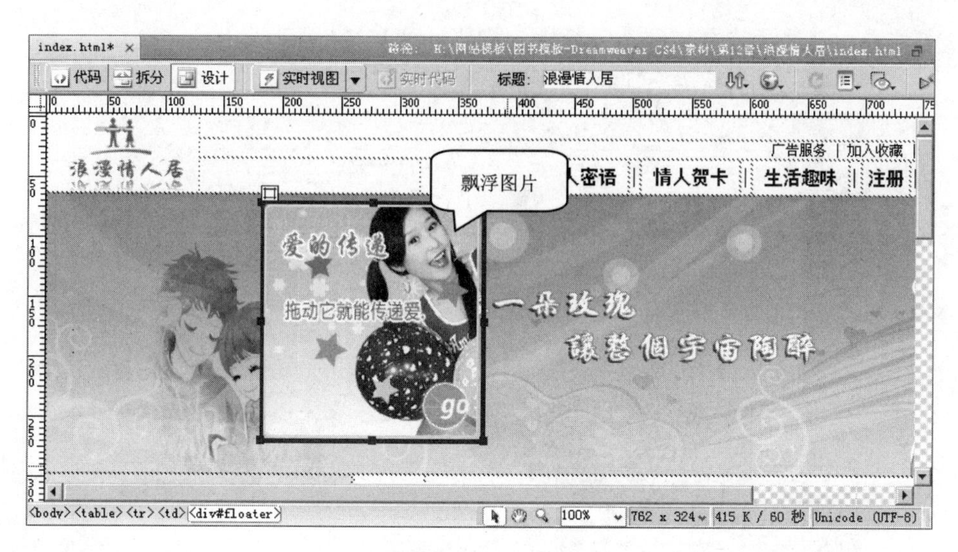

图12-52　添加一个层

4. 按 F12 键预览网页，插入的图像将在网页上面来回的飘浮，效果参见图 12-49。

12.4　拓展训练

为了让读者进一步掌握 Dreamweaver CS4 中应用行为的操作方法和技巧，下面将介绍两个应用行为的案例，让读者在练习过程中进一步掌握添加行为的操作方法和技巧。

12.4.1　设计“汽车销售网”首页

本训练将讲解为“汽车销售网”首页添加行为的操作过程，效果如图 12-53 所示。通过该训练的学习，读者可以进一步熟悉添加“设置状态栏信息”、“打开浏览器窗口”、“弹出信息”行为的操作过程。

图12-53　“汽车销售网”首页

【训练步骤】

1. 打开附盘文件“素材\第 12 章\汽车销售网\index.html”。

2. 给文档添加“设置状态栏信息”行为，效果如图 12-54 所示。

图12-54 设置状态栏信息

3. 选中文档正文左侧的图像，然后添加“打开浏览器窗口”行为，参数的设置如图 12-55 所示，并设置事件为“onClick”。单击图像后的效果如图 12-56 所示。

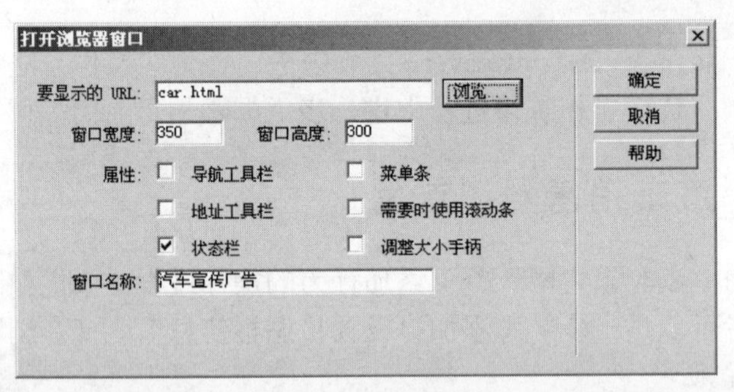

图12-55 新窗口参数设置

图12-56 打开的新窗口

4. 选中导航栏中的“国产汽车”文本，然后为其添加“弹出信息”行为，设置弹出信息为“该网页正在建设中，请随时关注。”，设置事件为“onClick”，单击文本后的效果如

图 12-57 所示。

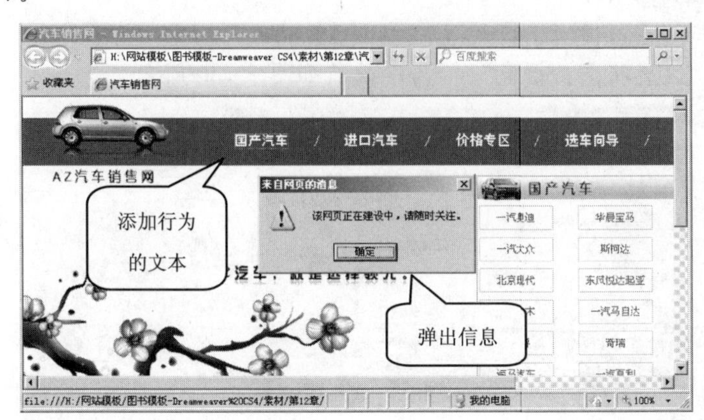

图12-58　弹出信息效果

5. 选中整体文档，然后为其添加“弹出信息”行为，设置弹出信息为“什么也不留下就要离开吗？”，并设置事件为“onUnload”，当关闭网页后会弹出如图 12-58 所示的对话框。

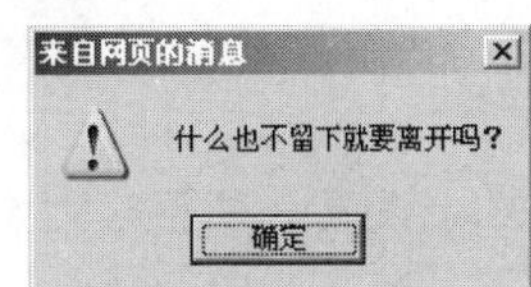

图12-57　对话框

6. 至此，“汽车销售网”首页的行为添加完成，按F12键浏览网页，效果参见图 12-53。

12.4.2　设计“绿色战线”首页

本训练将讲解为“绿色战线”首页添加行为的操作过程，效果如图 12-59 所示。通过该训练的学习，读者可以掌握“设置状态栏信息”、“交换图像”、“效果”、“调用 JavaScript”行为的操作过程。

图12-59　“绿色战线”首页

【训练步骤】

1. 打开附盘文件“素材\第 12 章\绿色战线\index.html”。
2. 给文档添加“设置状态栏信息”行为，效果如图 12-60 所示。

图12-60　设置状态栏信息

3. 设置“草原”文本上文的图像的 ID 为“image01”，然后添加“交换图像”行为，参数设置如图 12-61 所示。

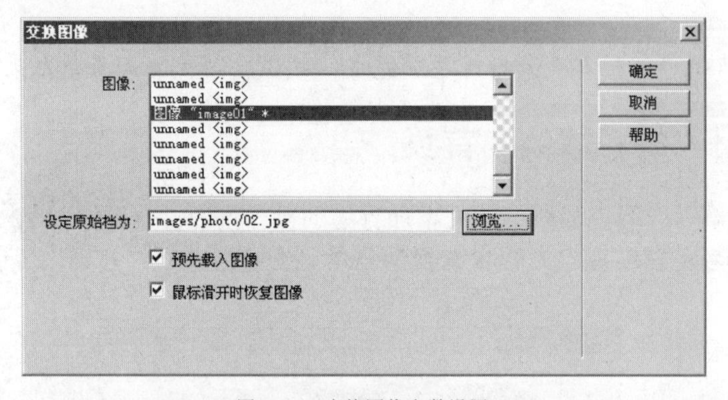

图12-61　交换图像参数设置

4. 设置“雪山”文本上文的图像的 ID 为“image02”，在添加行为下拉菜单中选择【效果】/【晃动】选项，打开【晃动】对话框并设置参数，如图 12-62 所示，然后为其设置事件为“onMouseOver”。当鼠标光标经过图像时，图像就会左右晃动。
5. 设置“草原”文本上文的图像的 ID 为“image03”，在添加行为下拉菜单中选择【效果】/【显示/渐隐】选项，打开【显示/渐隐】对话框并设置参数，如图 12-63 所示，然后为其设置事件为“onMouseOver”。当鼠标光标经过图像时，图像就会消失后渐渐显示。

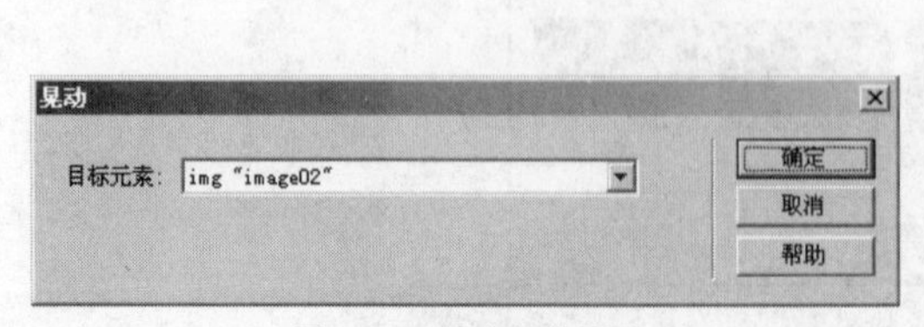

图12-62　晃动参数设置

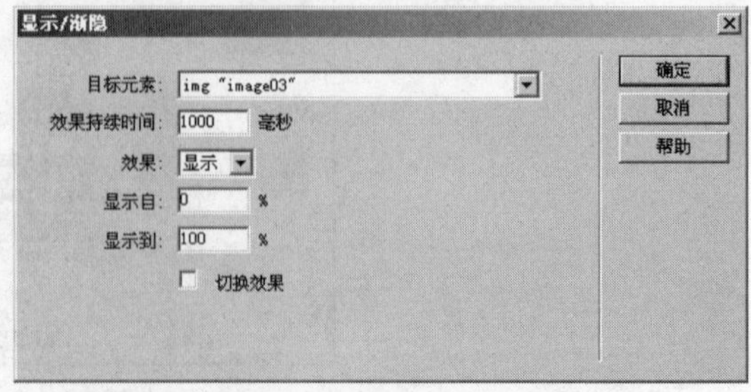

图12-63　显示/渐隐参数设置

6. 为文档右下角的“关闭窗口”文本添加“调用 JavaScript”行为。
7. 使用“floatimg”插件，为网页添加一张飘浮的图片，如图 12-64 所示。

图12-64　设置飘浮图片

8. 至此，“绿色战线”首页的行为添加完成，按F12键浏览网页，效果参见图 12-59。

12.5　小结

本章首先介绍了行为的相关知识点，然后讲解了应用行为、安装和应用插件的相关操作步骤。通过本章的学习，读者可以掌握使用一些行为为网页添加动态效果和简单交互的功能，让网页更加的丰富和活泼。

12.6　习题

一、问答题

1. Dreamweaver CS4 提供的事件有哪些？
2. Dreamweaver CS4 提供的行为有哪些？
3. 设置文本行为包括哪些方面？
4. Dreamweaver CS4 提供的插件包括哪些方面？
5. 在 Dreamweaver CS4 中插件怎么安装和删除？

二、操作题

打开附盘文件“练习\第 12 章\素材\index.html”，并为其添加行为，网页效果如图 12-65 所示。

图12-65 “自然保护区”页面

【步骤提示】

1. 打开附盘文件“练习\第 12 章\素材\index.html”。
2. 为网页添加设置状态栏信息，显示“保护自然，人人有责”。
3. 为网页添加弹出信息，关闭窗口时显示“欢迎下次光临!”。
4. 为主体部分的图像添加各种“效果”行为。

第13章　应用模板和库——设计“书虫学校”网页

在制作网页的时候，许多网页都具有相同的风格和内容，这些相同的结构和内容是否需要重复制作呢？答案是否定的。Dramweaver CS4 提供的模板和库功能能使网页中相同的结构和内容能够快速套用，能为网站设计省时省力。本章通过将“书虫学校”首页另存为模板来设计“书虫学校简介”网页为例来介绍利用模板和库设计网页的基本操作，设计效果如图13-1 所示。

图13-1　“书虫学校”网页

【学习目标】

- 熟悉模板和库的作用和优点。
- 掌握资源面板的使用方法。
- 掌握制作、编辑模板的操作方法。
- 掌握应用模板新建网页的操作方法。
- 掌握制作、编辑和使用库项目的操作方法。

13.1　认识模板和库

在开始案例制作之前，先认识什么是模板和库，并了解它们的作用。

一、　认识模板

模板是制作具有相同版式和风格的网页文档的基础文档，它是一种特殊类型的文档，文件扩展名为“.dwt”。在进行大量网页制作时，很多网页会用到同样的版式和风格，为了避免重复劳动，可以将具有相同版面结构的网页制作成模板，然后通过模板制作其他网页。模板具有以下优点。

- 提高设计者的工作效率。
- 更新站点时，使用相同模板的网页文件可同时更新。
- 模板与基于该模板制作的网页之间保持连接状态，对于相同的内容可保证完全一致。

二、　认识库

库是一种用来存储想要在整个网站上经常重复使用或更新的页面元素的方法，它也是一种特殊类型的文件，其文件扩展名为“.lbi”。库中包含的项目主要有图像、表格、声音和Flash 文件等。

对于链接项目，例如图像在创建项目时，库将只存储其引用，即只存储一个外国链接路径，而不会将其源文件存储到库文件夹中，因此图像的原始文件必须保存在指定的位置，且不能随意地移动。

13.2　应用模板

模板其实也是一个文档，它可以作为创建其他文档的基础。熟练地应用模板，可以轻松快速地制作出多个样式相同、内容不同的网页，创建和应用模板需要先创建站点。

13.2.1　创建模板

在 Dreamweaver CS4 中，可以直接将现有的文档保存为模板，也可以新建一个空白的模板文件进行内容编辑。下面将介绍将现有文档保存为模板的操作过程。

1. 运行 Dreamweaver CS4，定义一个名为“应用模板和库”的本地站点，然后将本书附带光盘“素材\第 13 章\书虫学校”文件夹中的内容全部复制到网站根文件夹下面，并打开“index.html”文件，如图 13-2 所示。按 F12 键预览网页效果，如图 13-3 所示。
2. 执行菜单命令【文件】/【另存为模板】，打开【另存为模板】对话框，然后在【站点】下拉列表框中选择模板存储的工作站点，在【另存为】文本框中输入模板名称“temp”，如图 13-4 所示。
3. 单击 保存 按钮，打开【Dreamweaver】对话框，如图 13-5 所示。
4. 单击 是(Y) 按钮，软件会在站点目录下创建一个“Templates”文件夹并将模板保存在文件夹中，如图 13-6 所示。

图13-2　打开“index.html”文件

图13-3　网页效果

图13-4 【另存为模板】对话框

图13-5 【Dreamweaver】对话框

图13-6 保存并打开模板

13.2.2 定义模板区域

网页模板中通常应包括不可编辑区域和可编辑区域。在不可编辑区域中通常放置的是在每个页面都需要显示的内容；在可编辑区域中，则放置的是允许根据不同的页面做一些动态调整的内容，这样就既可以保证页面整体风格和布局，又可以使各个页面的内容编辑不受影响。

一、 定义可编辑区域

新创建的模板页中所有的区域都默认为不可编辑区域，因此要在模板中定义一些可编辑区域，否则，在文档中应用了模板后，将无法进行编辑。下面将介绍定义可编辑区域的操作方法。

1. 将光标置于“学校简介”区域内，然后单击文档左下角的“<table>”标记选中放置主体内容的表格，如图 13-7 所示。

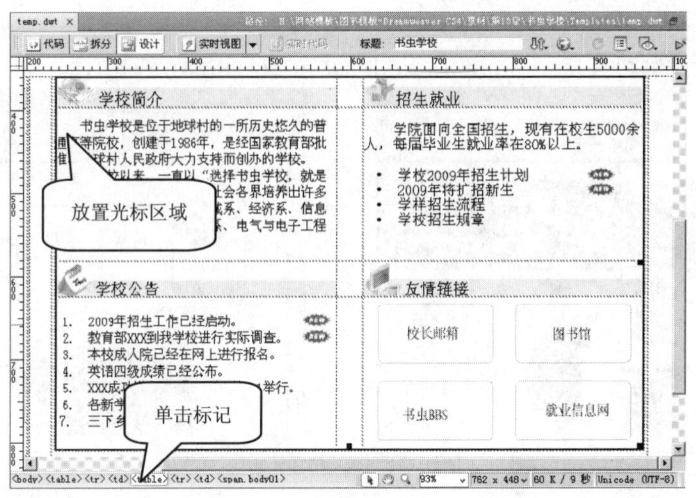

图13-7　选择要转换的内容

2. 执行菜单命令【插入】/【模板对象】/【可编辑区域】，打开【新建可编辑区域】对话框，在【名称】文本框中输入名称“Edit01”，如图 13-8 所示。

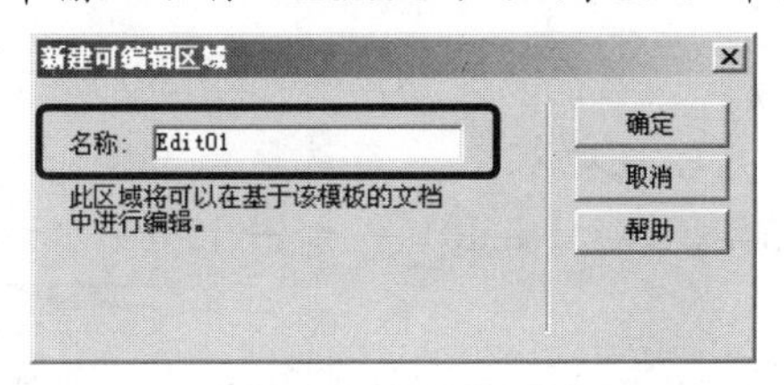

图13-8　【新建可编辑区域】对话框

3. 单击 确定 按钮，完成可编辑区域的定义，在文档中可以看到可编辑区域被一个矩形框围起来，并在左上角的标签上显示可编辑区域的名称，如图 13-9 所示。

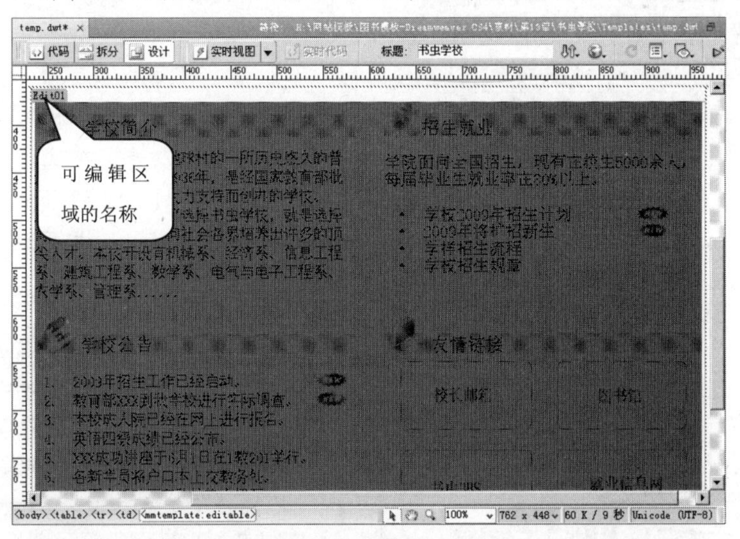

图13-9　完成可编辑区域的定义

要点提示 单击区域名称从而选中该区域，然后执行菜单命令【修改】/【模板】/【删除模板标记】，可删除选中的区域定义。

4. 用同样的方法，分别将文档顶部“logo”图像所在的表格和底部“logo”图像所在的单元格定义为可编辑区域“Edit02”、“Edit03”，如图 13-10 和图 13-11 所示。

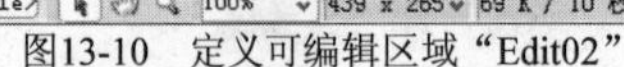

图13-10 定义可编辑区域“Edit02”

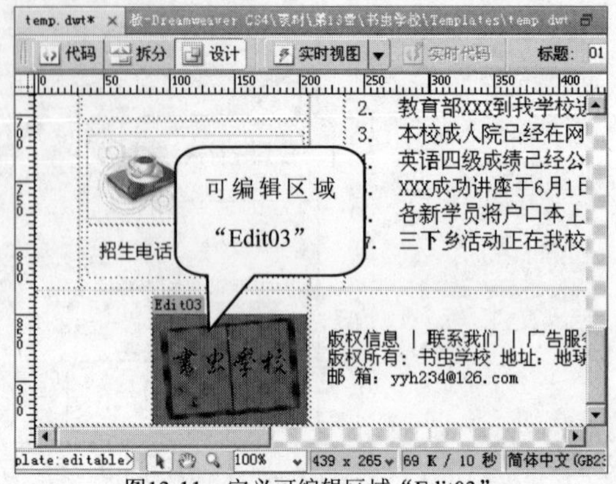

图13-11 定义可编辑区域“Edit03”

二、 定义可选区域

可选区域是模板中比较灵活的一个部分。在基于模板的文档中，可选区域可以根据用户的需要设置为显示或隐藏。

1. 在文档中选中“招生电话”所在的单元格，如图 13-12 所示。
2. 执行菜单命令【插入】/【模板对象】/【可选区域】，打开【新建可选区域】对话框，并在【名称】文本框中输入“Optional01”，如图 13-13 所示。

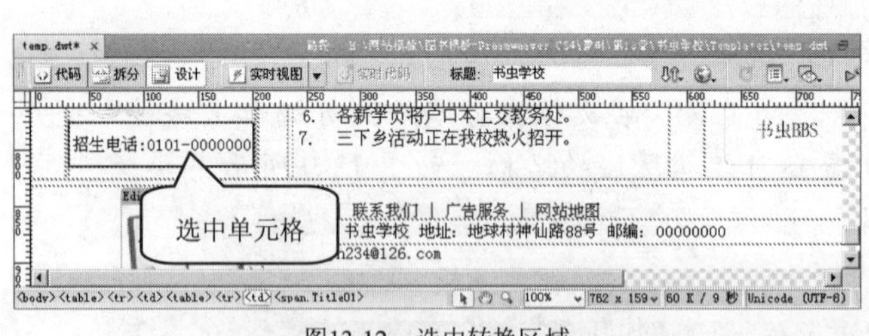

图13-12 选中转换区域

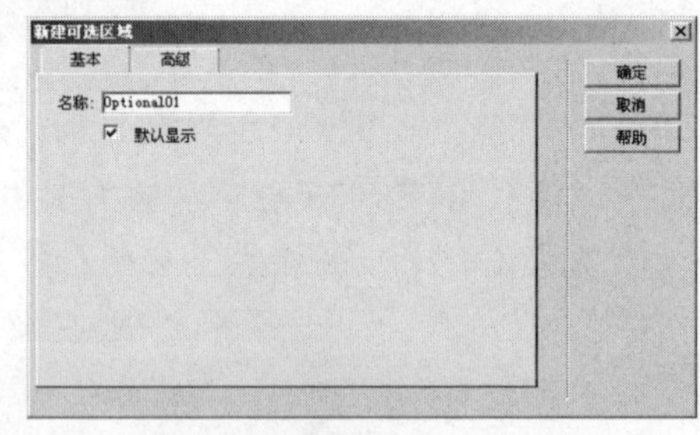

图13-13 【新建可选区域】对话框

3. 单击 确定 按钮，完成可选区域的定义。在文档中可以看到可选区域被一个矩形框围起来，并在左上角的标签上显示可选区域的名称，如图 13-14 所示。
4. 用同样的方法，将“校园论坛”图像所在的单元格定义为可选区域并命名为“Optional02”，效果如图 13-15 所示。

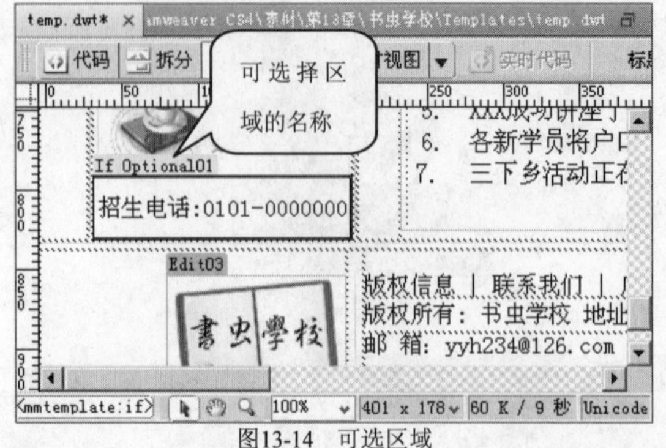

图13-14 可选区域

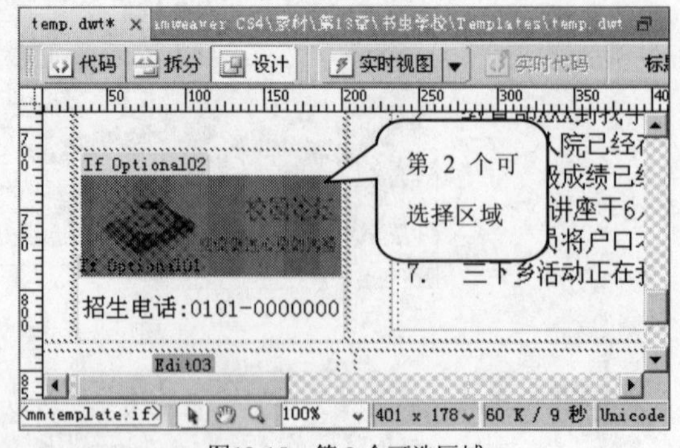

图13-15 第 2 个可选区域

三、　定义重复区域

重复区域用于创建页面中需要重复的区域，并且控制其布局，重复区域中的内容为不可编辑区域，为了使用重复区域，需要在重复区域内嵌套可编辑区域。

1. 选中文档左侧栏目所在的表格，如图 13-16 所示。

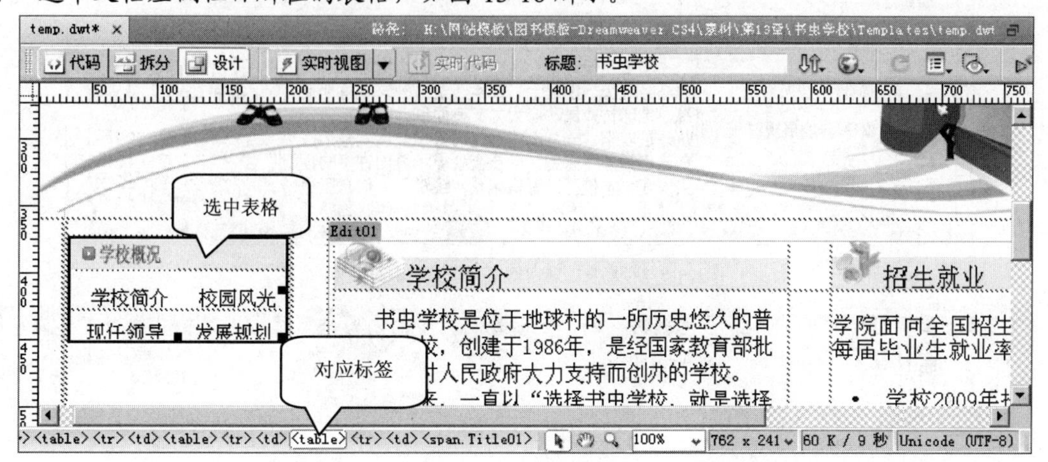

图13-16　选中转换内容

2. 执行菜单命令【插入】/【模板对象】/【重复区域】，打开【新建重复区域】对话框，并在【名称】文本框中输入名称“Repeat01”，如图 13-17 所示。

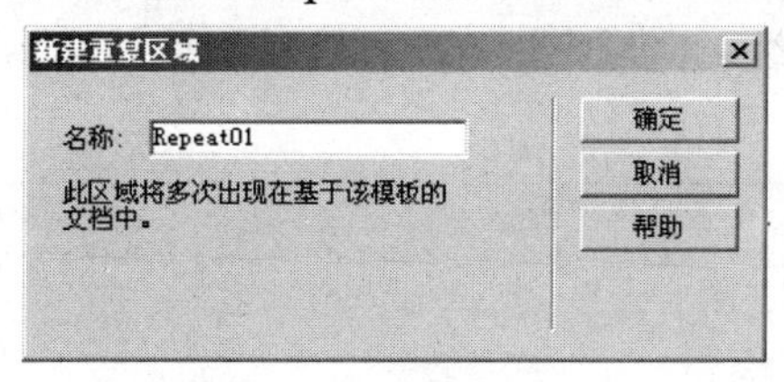

图13-17　【新建重复区域】对话框

3. 单击 确定 按钮，完成重复区域的创建，在文档中可以看到重复区域被一个矩形框围起来，并在左上角的标签上显示可重复区域的名称，如图 13-18 所示。
4. 分别选中“学校概况”、“学校简介 校园风光”、“现任领导 发展规划”所在的单元格，并将其定义为可编辑区域，最终效果如图 13-19 所示。

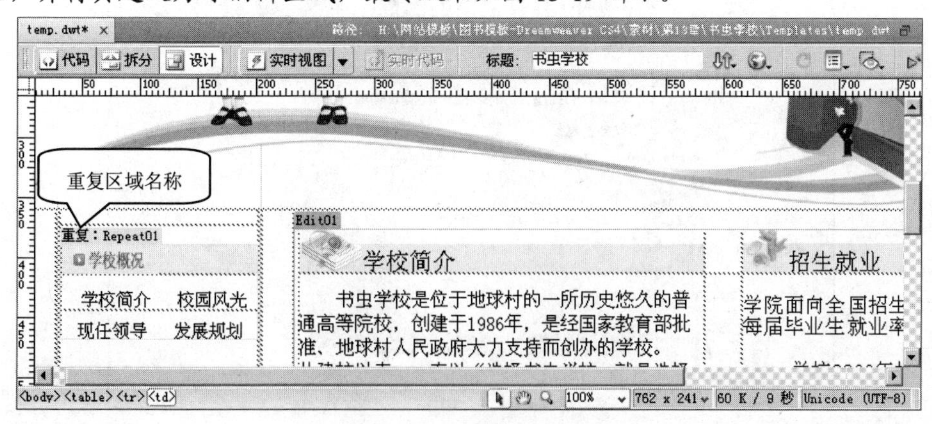

图13-18　完成重复区域定义

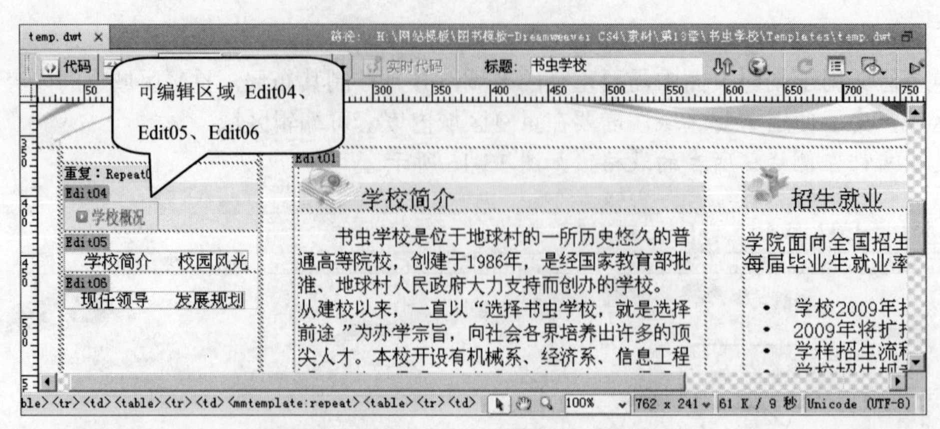

图13-19　将重复区域内的内容定义可编辑区域

重复区域中的内容为不可编辑区域，要对重复区域的内容进行修改必须将其内容定义为可编辑区域。

5. 按 Ctrl+S 键保存当前模板。

13.2.3　应用模板创建网页

创建好模板后，就可以在网页中应用设置好的模板创建新的网页。在应用了模板的网页中，就可以在先前定义的可编辑区域中进行文档的编辑修改和操作。应用模板创建的网页效果如图 13-20 所示。

图13-20　创建网页效果

一、 应用模板

1. 新建一个空白的文档，然后将文档保存到当前站点，并命名为“XueXiaoJianJie”。
2. 执行菜单命令【窗口】/【资源】，打开【资源】面板，然后单击左侧的按钮切换到【模板】面板，如图 13-21 所示。

要点提示 单击【模板】面板下边的“新建模板”按钮，完成向导即可创建一个空白模板文件；单击“删除”按钮，可删除选中的模板。

3. 在【资源】面板的模板分类中选中名为“temp”的模板，然后单击面板左下角的 应用 按钮，即可在文档中应用选择的模板，如图 13-22 所示。

图13-21　【模板】面板

图13-22　应用模板创建的网页

二、 设置可编辑区域

1. 选中“Edit01”区域，然后按 Delete 键删除可编辑区域内的所有内容，如图 13-23 所示。

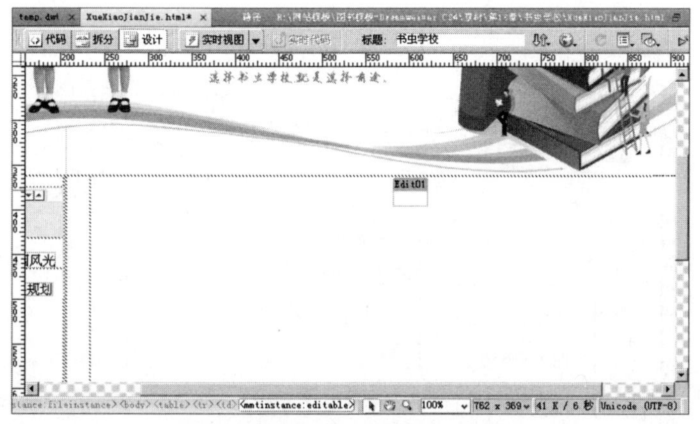

图13-23　删除“Edit01”区域内的内容

2. 在该区域内插入一个表格，表格的参数设置如图 13-24 所示。
3. 复制“学校简介.doc”文档中所有内容至表格中，并调整格式，如图 13-25 所示。

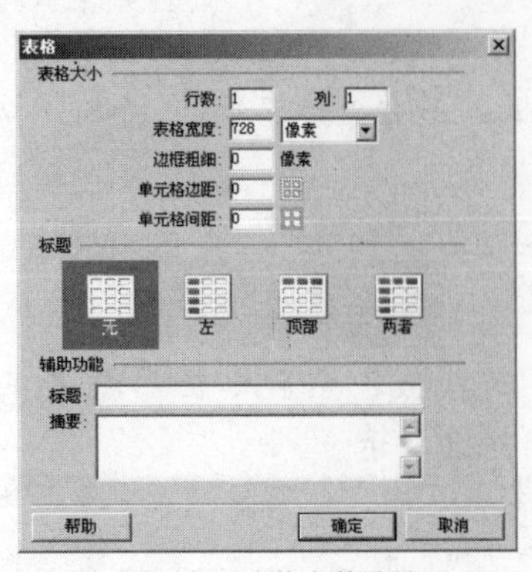

图13-24 表格参数设置

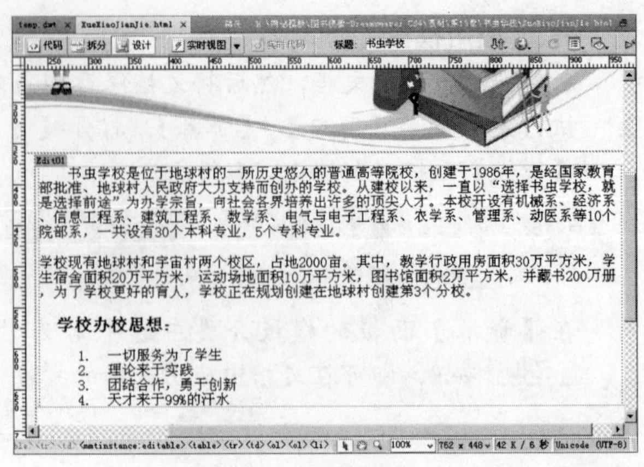

图13-25 排版文本

三、 设置可选区域

1. 执行菜单命令【修改】/【模板属性】，打开【模板属性】对话框，如图 13-26 所示。
2. 选中【名称】列表中的“Optional02”，然后取消对【显示 Optional02】的复选项的选择，从而将“Optional02”的【值】设置为“假”，如图 13-27 所示。

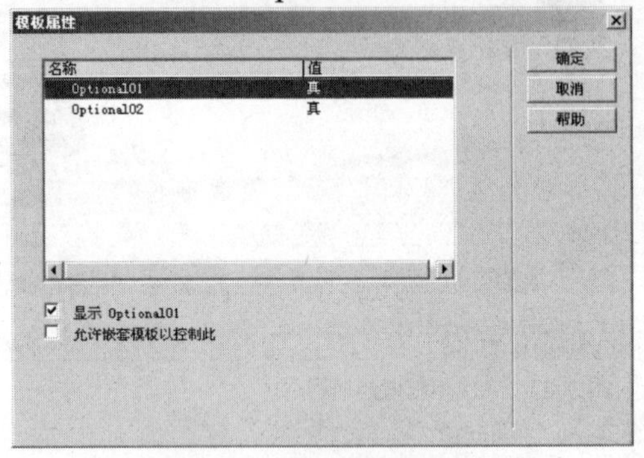

图13-26 【模板属性】对话框

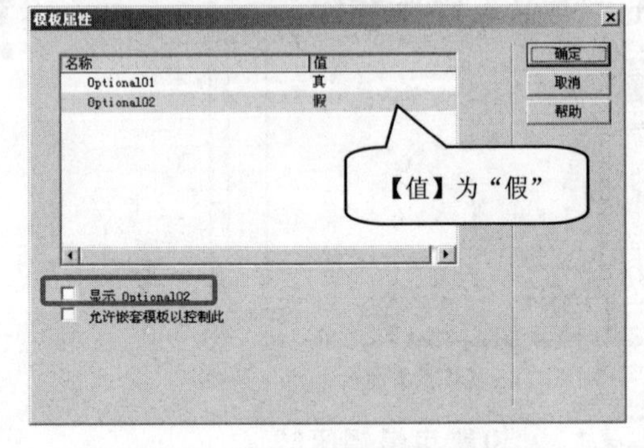

图13-27 设置“Optional01”的属性

3. 单击 确定 按钮，返回文档，“Optional02”区域的内容就隐藏不再显示了，如图 13-28 所示。

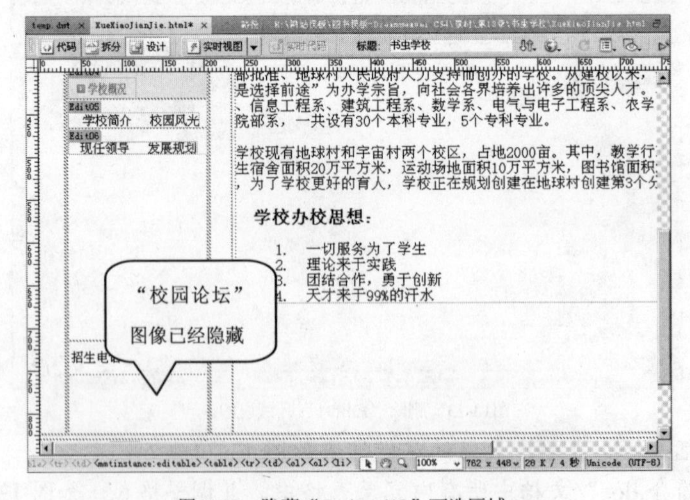

图13-28 隐藏“Optional02”可选区域

四、 设置重复区域

1. 单击重复区域名称后面的+按钮，即可复制一个重复区域，如图 13-29 所示。
2. 设置新区域中的“Edit04”区域的图像为“photo/jgsz.png”、“Edit05”的内容为“党群部门 行政部门”、“Edit06”的内容为“科研部门 教育部门”，如图 13-30 所示。

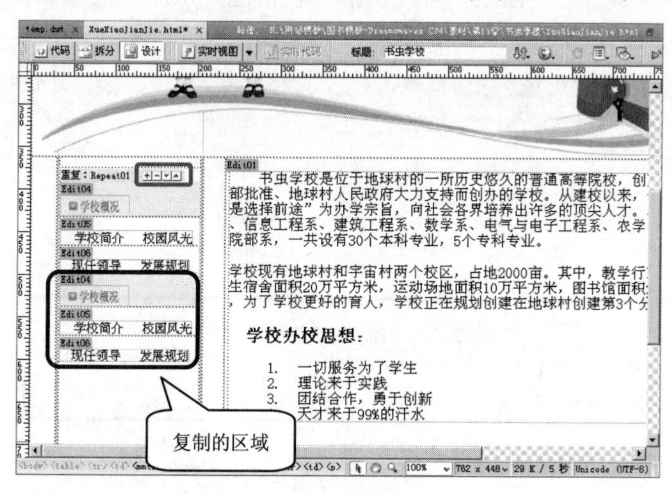

图13-29 添加区域

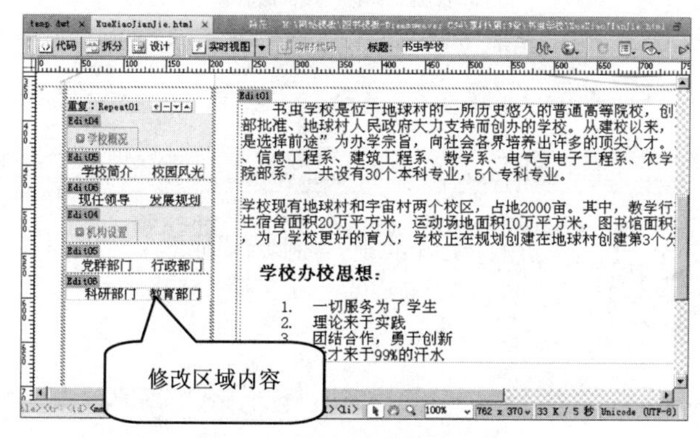

图13-30 设置重复区域的内容

3. 用同样的方法，在添加一个重复区域，并设置效果，如图 13-31 所示。

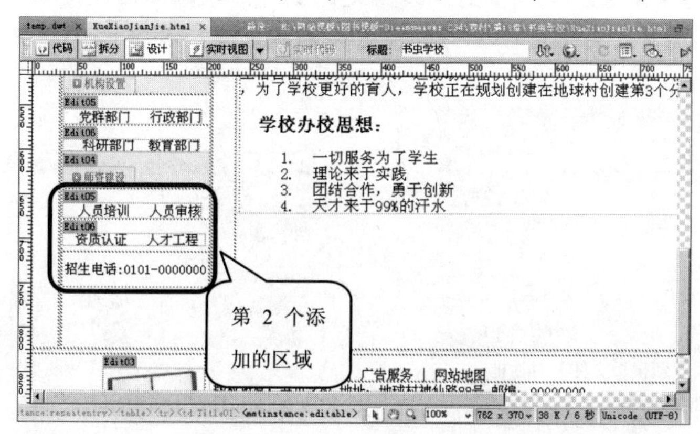

图13-31 设置第 2 个添加的区域

4. 按F12键预览网页，效果参见图 13-20。

13.2.4 修改模板更新网页

应用模板设计网页之后，可以通过修改模板中的内容来对基于该模板创建的页面进行更新，并保持一致。下面将通过修改模板底部的版权信息，从而修改应该模板的“学校简介”网页的底部的版权信息，修改后的底部版权信息如图 13-32 所示。

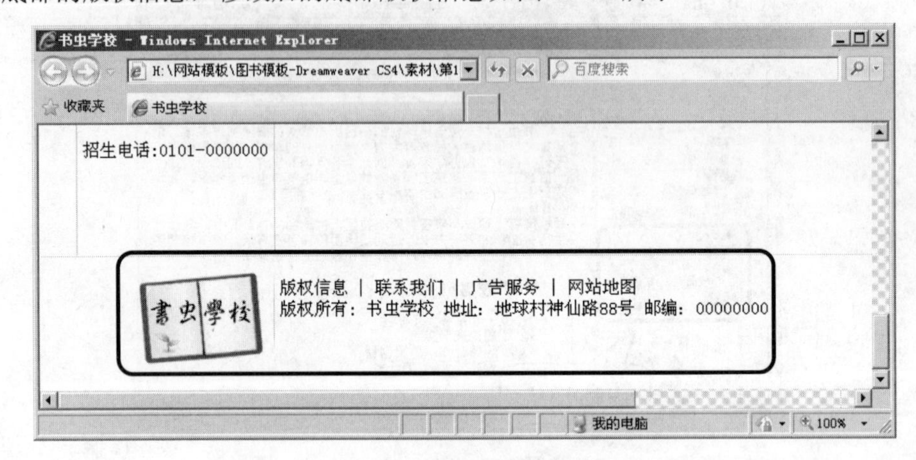

图13-32 修改后的版权信息

1. 打开站点中的“Templates\temp.dwt”文件，并修改其底部内容，如图 13-33 所示。

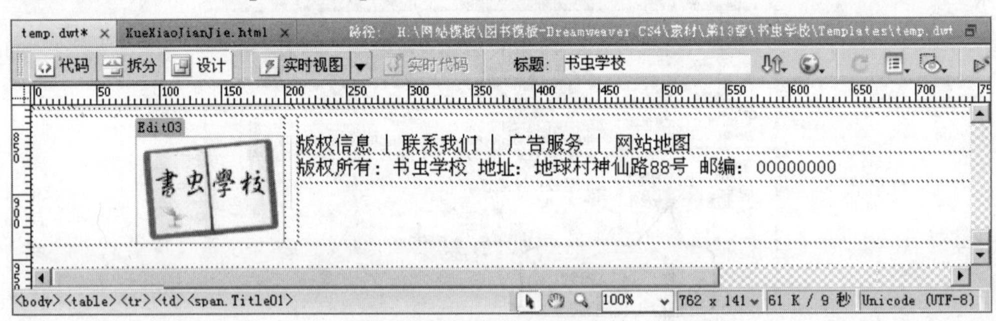

图13-33 修改模板底部的内容

2. 按Ctrl+S键保存模板，弹出【更新模板文件】对话框，如图 13-34 所示。
3. 单击 更新(U) 按钮，基于此模板的所有文件都被更新，并弹出【更新页面】对话框，如图 13-35 所示。

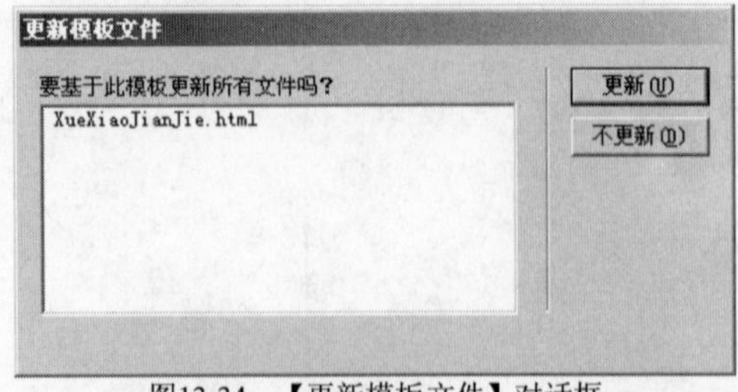

图13-34 【更新模板文件】对话框

图13-35 【更新页面】对话框

4. 单击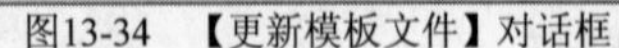按钮完成更新。重新打开“XueXiaoJianJie.html”文件，其文件的底部已经更新为新的内容，如图 13-36 所示。

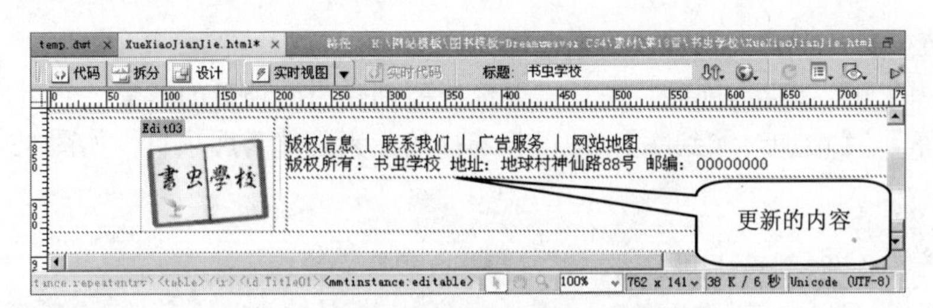

图13-36　更新后的网页

5. 按F12键预览网页，效果参见图 13-32。

13.3　应用库

库是一种特殊的 Dramweaver 文件，用来存储可以在多个网页中重复使用的网页对象，如文本、图像、表格、表单等。在网页中应用库，不仅可以提高效率，也会给网站的维护带来便利。

13.3.1　创建库项目

在 Dreamweaver CS4 中，可以直接将现有的文档内容添加为库项目，也可以新建一个空白的库项目进行内容设计。下面将介绍新建一个库项目并进行基础设计的操作过程。

1. 打开站点中的“XueXiaoJianJie.html”文件。
2. 执行菜单命令【窗口】/【资源】，打开【资源】面板，然后单击左侧的按钮切换到【库】面板，如图 13-37 所示。
3. 单击面板右下角的按钮新建一个名为“办法宗旨”的库项目，如图 13-38 所示。

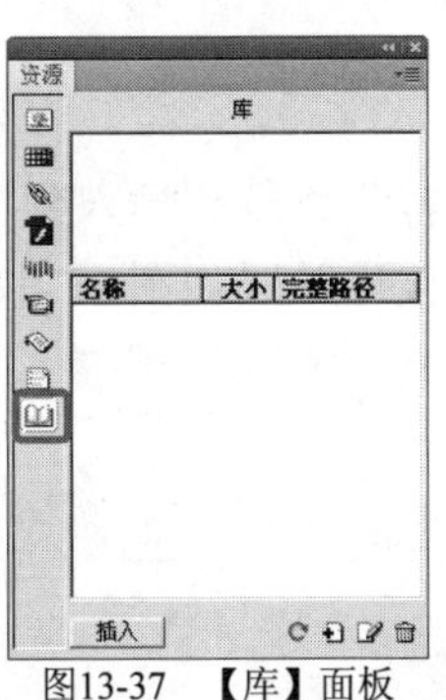

图13-37　【库】面板

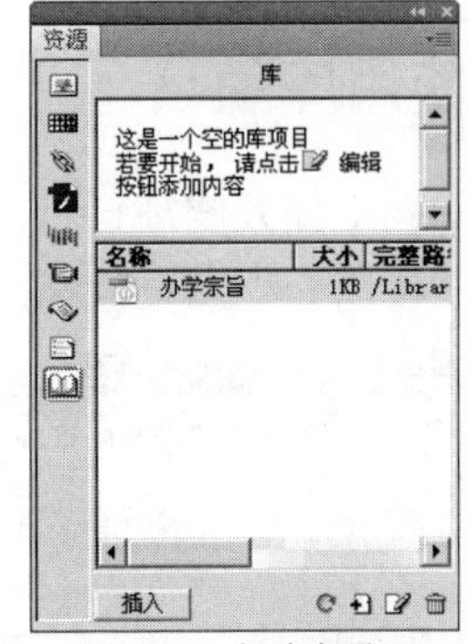

图13-38　新建库项目

4. 双击新建的库项目，从而打开库项目进入编辑状态，然后输入文本并进行调整，最终效果如图 13-39 所示。

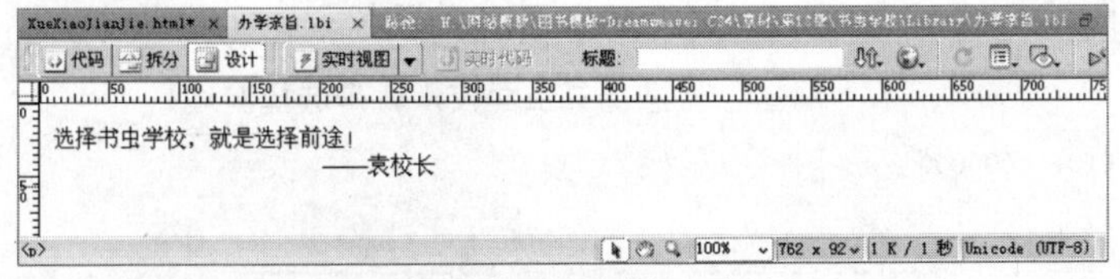

图13-39　编辑“办学宗旨”库项目

5. 按Ctrl+S键保存库项目。

【知识链接】——将文档中的元素创建为库项目

将文档中的元素保存为库项目，只需要选择要创建为库项目的对象，然后执行菜单命令【修改】/【库】/【增加对象到库】，即可将选择的元素创建为库项目，如图 13-40 所示。

图13-40 创建库项目

13.3.2 使用库项目

需要在文档中插入库项目时，对该项目的引用和实际内容都将一起插入到文档中。下面将介绍在“学校简介”网页内插入库项目的操作方法如下，设计效果如图 13-41 所示。

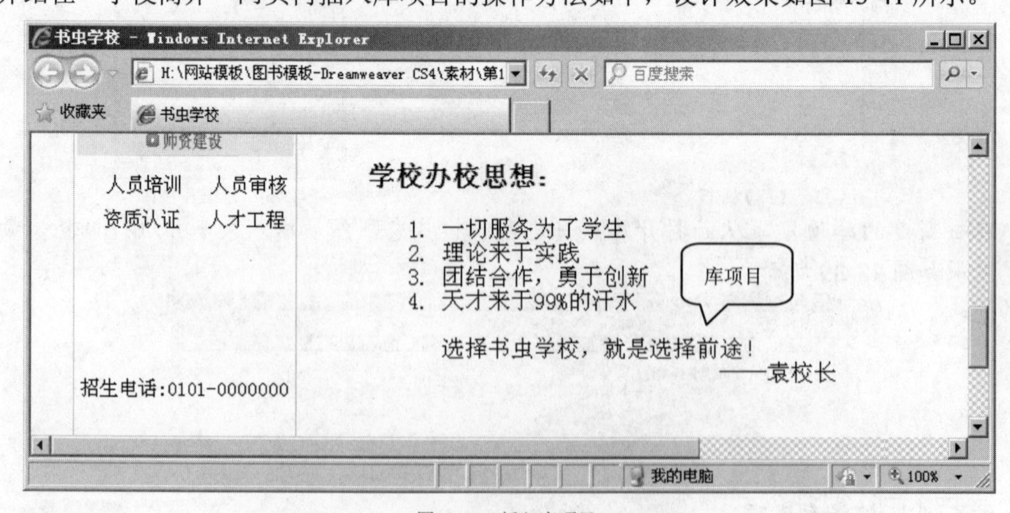

图13-41 插入库项目

1. 切换到“XueXiaoJianJie.html”文件，然后将光标置于“办学思想”文本的下方，如图 13-42 所示。

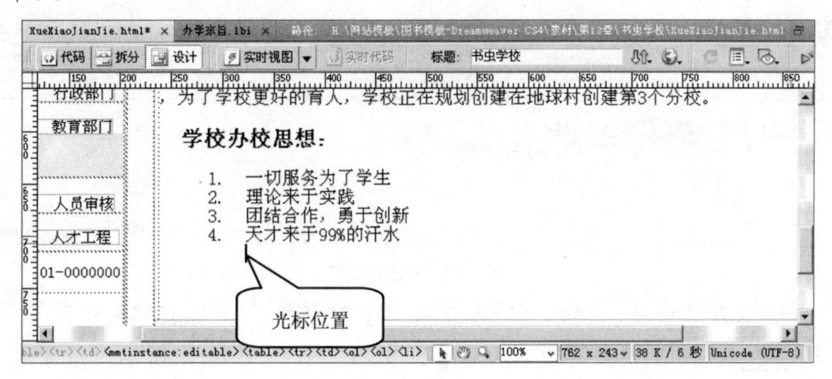

图13-42　放置光标

2. 打开【库】面板，选中“办学宗旨”库项目，然后单击面板左下角的 插入 按钮，可在光标处插入库项目，如图 13-43 所示。

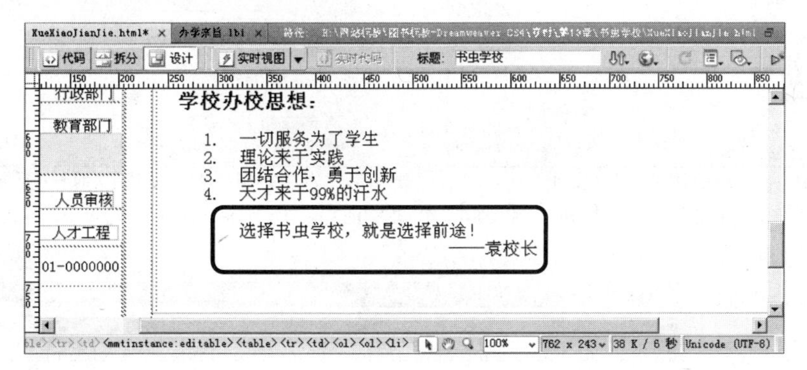

图13-43　插入库项目

3. 按F12键预览网页效果，效果参见图 13-41。

13.3.3　修改库更新网页

在网页中应用库项目以后，可以通过修改库项目来更新网页内容，其原理与模板类似。下面将通过修改库项目，从而修改应该库项目的“学校简介”网页的内容，修改后的内容如图 13-44 所示。

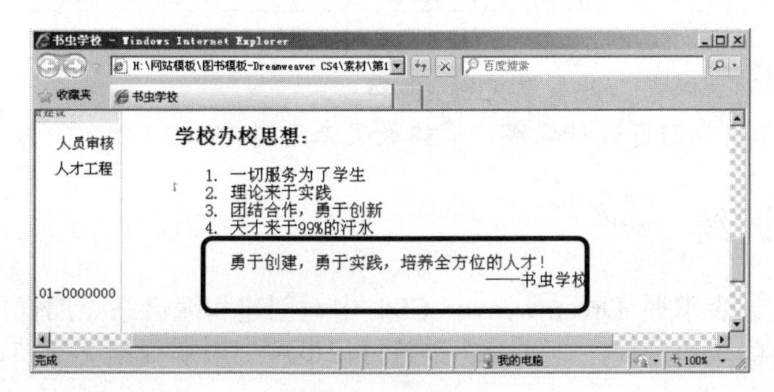

图13-44　修改的网页内容

1. 打开【库】面板，双击“办学宗旨”库项目进入编辑状态，然后修改文本，如图 13-45 所示。

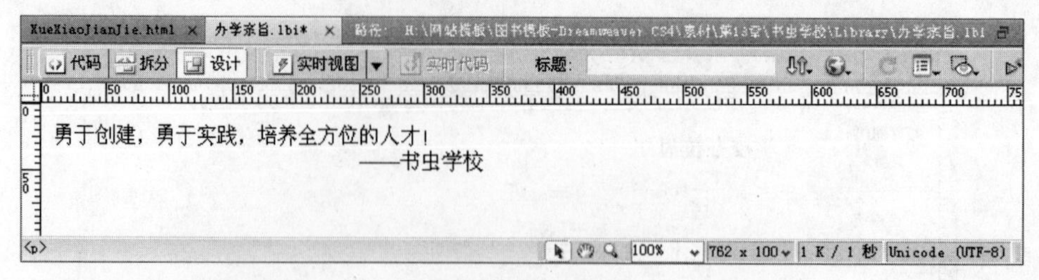

图13-45　修改库项目

2. 按 Ctrl+S 键保存库项目，弹出【更新库项目】对话框，如图 13-46 所示。
3. 单击 更新(U) 按钮，弹出【更新页面】对话框，如图 13-47 所示。基于此库项目的所有文档都会被更新。

图13-46　【更新库项目】对话框

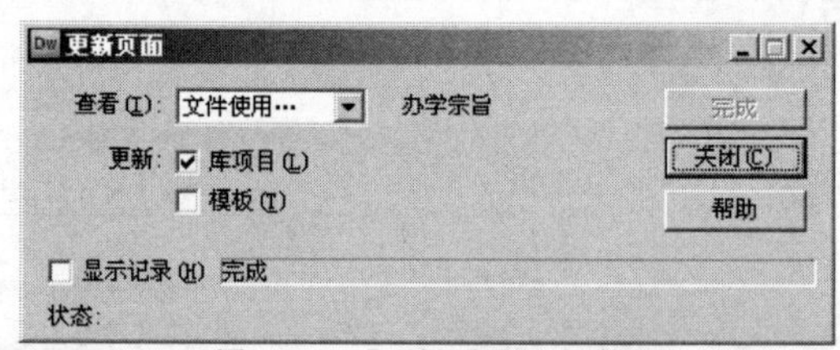

图13-47　【更新页面】对话框

4. 单击 关闭(C) 按钮完成更新。重新打开“XueXiaoJianJie.html”文件，其文档的内容已经更新，如图 13-48 所示。

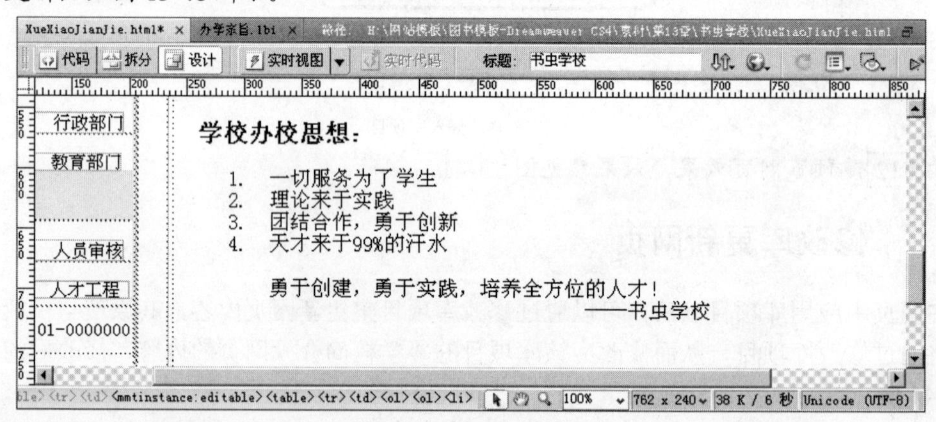

图13-48　更新后的文档

5. 按 F12 键预览网页效果，效果参见图 13-44。
6. 至此，“书虫学校”网页设计完成，最终效果参见图 13-1。

13.4　拓展训练

为了让读者进一步掌握 Dreamweaver CS4 中对创建和编辑站点的操作方法和技巧，下面将介绍两个站点的创建过程，让读者在练习过程中进一步掌握相关知识。

13.4.1　设计“起点自驾游联盟”网页

本训练将介绍以“起点自驾游联盟”首页为模板创建“起点自驾游联盟”子网页的过程，效果如图 13-49 所示。通过该训练的学习，读者可以自己动手来掌握将已有的网页制作为模板来创建新网页的操作步骤。

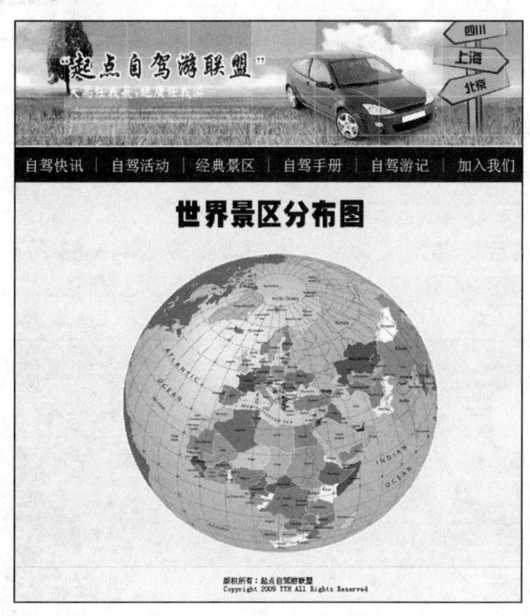

图13-49　“起点自驾游联盟”网页

【训练步骤】

1. 定义一个本地站点，然后将附盘文件夹“素材\第 13 章\起点自驾游联盟”中的内容全部复制到网站根文件夹下面，并打开“index.html”文件，如图 13-50 所示。

图13-50　创建站点

2. 将当前网页另存为一个模板，参数的设置如图 13-51 所示，保存后的效果如图 13-52 所示。

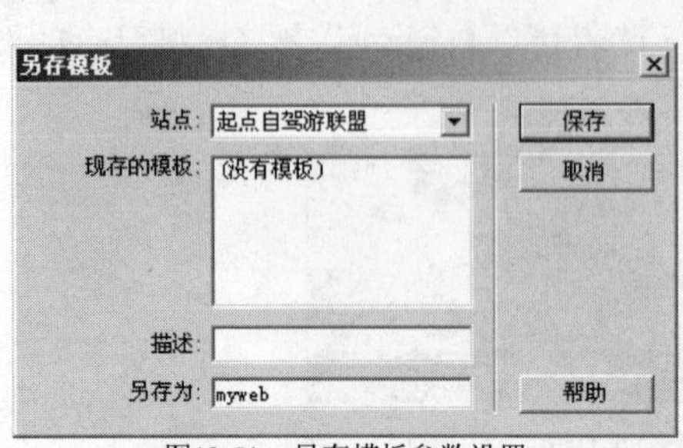

图13-51　另存模板参数设置

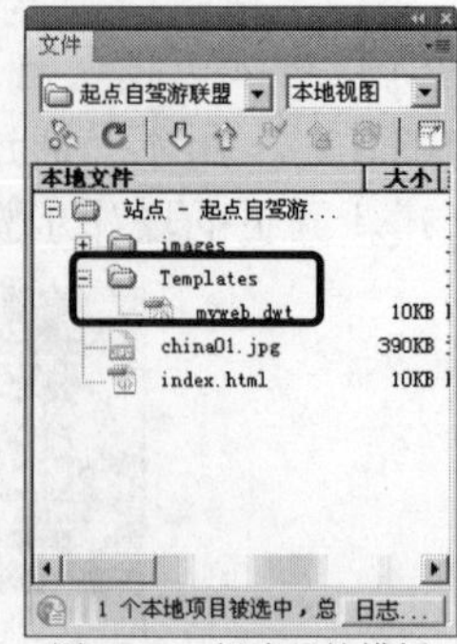

图13-52　创建后的模板

3. 将主体表格选中，然后将其定义为可编辑区域，如图 13-53 所示。

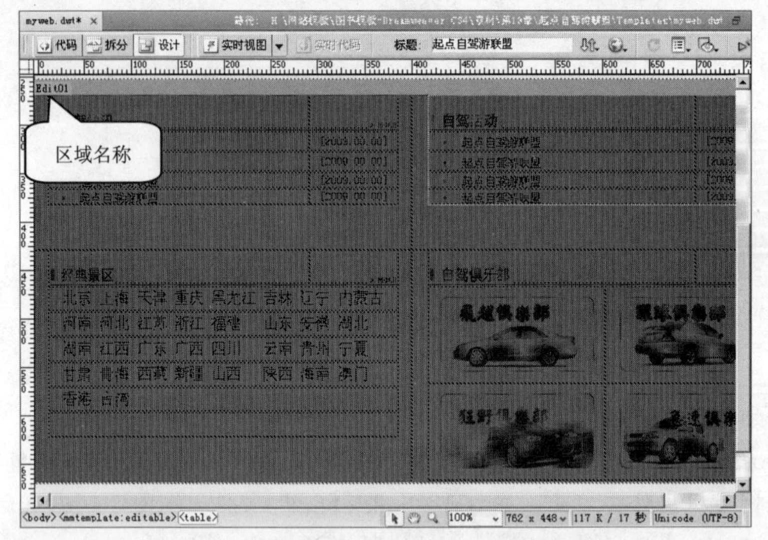

图13-53　将网页的主体部分定义为可编辑区域

4. 在站点目录下新建一个名为“JingDianJingQu.html”的空白文档，然后应用模板，如图 13-54 所示。

图13-54　应用模板

5. 选中“Edit01”区域，按 Delete 键删除可编辑区域内的所有内容，然后在区域内插入一个表格，参数的设置如图 13-55 所示。

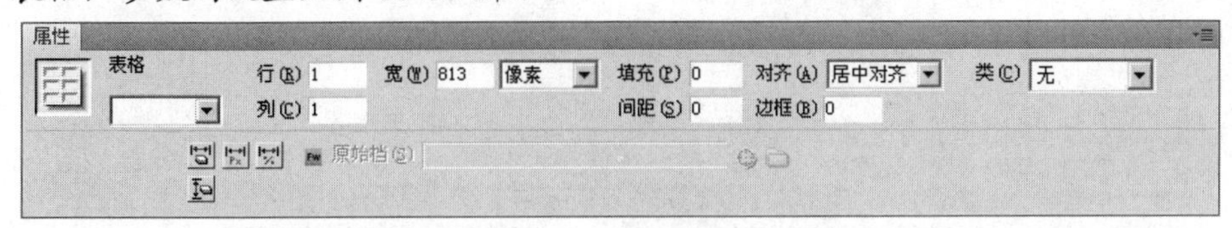

图13-55　表格的参数

6. 在第 1 行的单元格中插入站点目录下的“DiTu.jpg”图像文件，如图 13-56 所示。

图13-56　插入图像

7. 至此，“起点自驾游联盟”网页设计完成，按 F12 键进行浏览效果，最终效果参见图 13-49。

13.4.2　设计“仙山别墅”网页

本训练将现有一个网页另存为模板，然后应用模板创建两个具有相同风格的“仙山别墅”网页的过程，其中一个网页效果如图 13-57 所示。通过该训练的学习，读者可以进一步掌握应用模板的相关操作。

图13-57　“仙山别墅”网页

【训练步骤】

1. 定义一个本地站点，然后将附盘文件夹“素材\第 13 章\仙山别墅”中的内容全部复制到网站根文件夹下面，并打开“index.html”文件，如图 13-58 所示。

图13-58 创建站点

2. 将当前网页另存为模板，模板名称为“Temp”。
3. 将文档左上角的图像所在的单元格定义为可编辑区域，如图 13-59 所示。

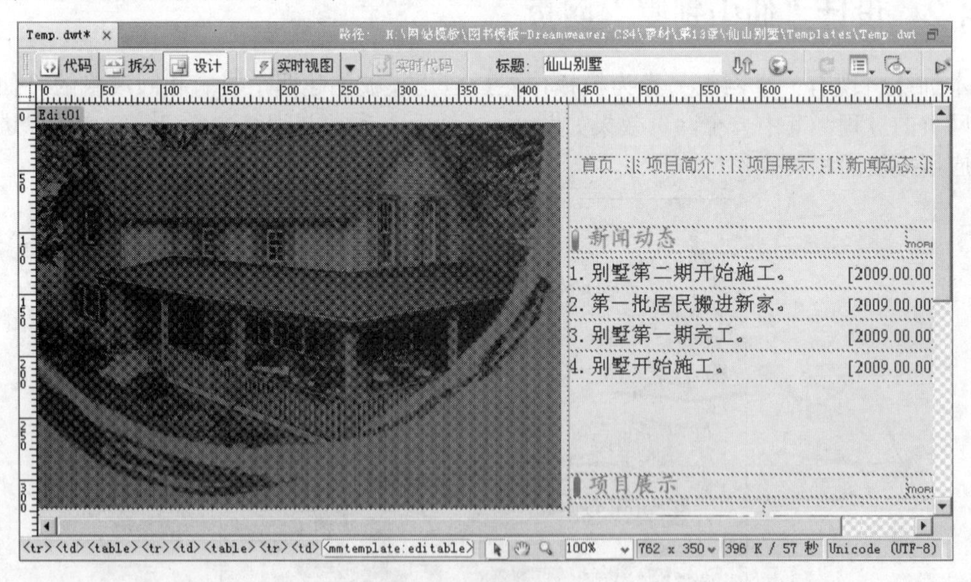

图13-59 创建可编辑区域

4. 在站点目录下新建一个名为“index01.html”的空白文档，然后应用模板，并将“Edit01”可编辑区域内的图像替换为“images/logo02.png”，如图 13-60 所示。

图13-60　替换图像

5. 在站点目录下新建一个名为“index02.html”的空白文档，然后应用模板，并将“Edit01”可编辑区域内的图像替换为“images/logo03.png”，如图 13-61 所示。

图13-61　替换图像

6. 更改模板的底部的版权信息，如图 13-62 所示，然后更新基于该模板制作的其他网页的版权信息。

图13-62　更改模板

7. 至此，“仙山别墅”网页设计完成，效果参见图 13-57。

13.5 小结

本章首先介绍了应用模板的作用和优点，进而讲解了应用模板和应用库的相关操作步骤，最后通过两个拓展训练进一步练习应用模板和库的操作。通过本章的学习，读者能够熟悉应用模板和库来提高网页设计的效率。

13.6 习题

一、问答题

1. 运用模板和库有什么优点？
2. 模板和库的后缀分别是什么？
3. 模板的区域有哪些？
4. 可以作为库项目的元素有哪些？

二、操作题

使用已有的网页，设计出同一风格的子网页，效果如图 13-63 所示。

图13-63 设计效果

【步骤提示】

1. 定义一个本地站点，然后将附盘文件"练习\第 13 章\素材"文件夹中的内容全部复制到网站根文件夹下面，并打开"index.html"文件。
2. 将当前网页另存为模板，并将主体内容所在的表格定义为可编辑区域。
3. 应用模板并修改可编辑区域内容。

第14章　制作交互式网页——设计“新闻发布系统”

在网站的实际制作过程中，通常需要根据用户的需求在页面中显示不同的内容，还要设计后台管理页面，以方便对网站的内容进行更新，这就将使用到具有操作数据库操作功能的交互式网页。本章将以设计制作一个新闻发布系统为例，介绍使用 Dreamweaver CS4 制作交互式网页的方法和技巧，案例的最终效果如图 14-1 所示。

图14-1　“新闻发布系统”前台主页效果

【学习目标】

- 掌握交互式网页的制作方法。
- 掌握连接数据库的方法。
- 掌握查询和显示数据的方法。
- 掌握添加、更新和删除数据的方法。

14.1 认识交互式网页

传统的静态网页，其内容从设计者设计完成后就固定不变，所有访问该网页的用户看到的都是相同的页面内容。

而交互式网页在设计完成后，其部分内容或全部内容是未确定的，只有当访问者请求 Web 服务器中的某个页面时，才确定该页面的最终内容，页面的最终内容会根据访问者操作请求的不同而变化，因此也称为动态网页。

对于站点访问者和开发人员而言，使用交互式网页具有更多用途。

- 使访问者可以快速方便地在一个内容丰富的网站上查找信息。
- 后台管理者可以收集、保存和分析站点访问者提供的数据。
- 后台管理者可以对内容不断变化的网站进行更新。

14.2 搭建 IIS 服务器

交互式网页只有放置到服务器上才能正常被用户访问。IIS（Internet Information Server）是由美国微软公司开发的信息服务器软件，Windows 2000、Windows XP、Windows 2003 操作系统都带有 IIS 服务器功能。

Windows XP Professional 中的 IIS 在默认状态下没有安装，在使用前需要手动安装，其安装过程已经在第 2 章讲解，本章不在进行介绍。

14.3 定义站点并创建数据库连接

交互式网页的正常运行需要服务器和数据库连接的支持，因此在设计之前需要正确配置服务器和定义站点，并保证数据库文件能够正确连接和使用。

14.3.1 定义站点

设计制作交互式网页，首先应在 IIS 中配置好网页访问的目录，然后根据服务器中配置的路径在 Dreamweaver 中创建站点并设置站点的测试路径。下面介绍定义站点的详细操作步骤。

一、 新建虚拟目录

1. 进入【控制面板】\【管理工具】，双击运行【Internet 信息服务】。
2. 在【默认网站】上单击鼠标右键，选择【新建】/【虚拟目录】选项，如图 14-2 所示。
3. 根据创建向导提示，单击 下一步(N) > 按钮，在【别名】文本框中输入“news”，如图 14-3 所示。
4. 单击 下一步(N) > 按钮，选择存放该网站的目录（这里选择“D:\news”），如图 14-4 所示。

要点提示 通过单击 浏览(R)... 按钮选择目录，在弹出的对话框中可新建文件夹。

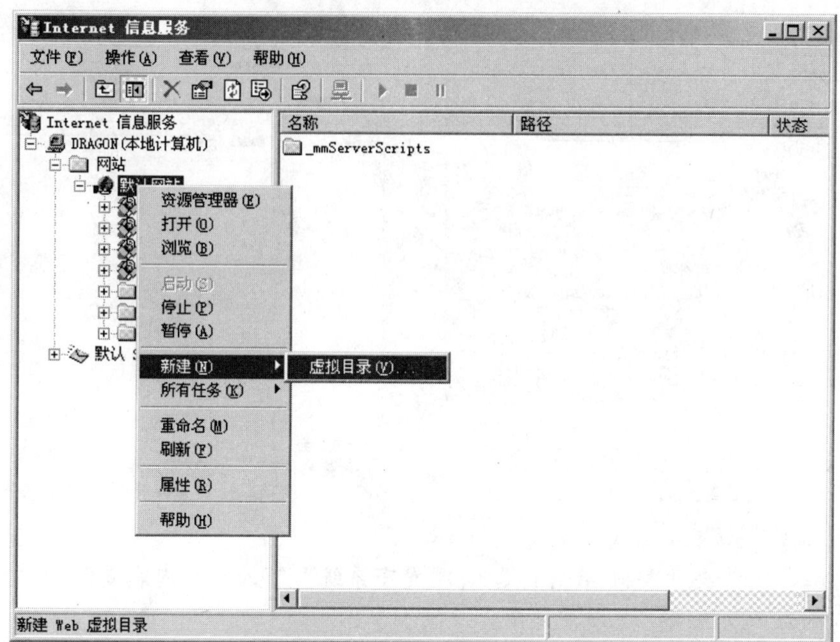

图14-2　新建虚拟目录

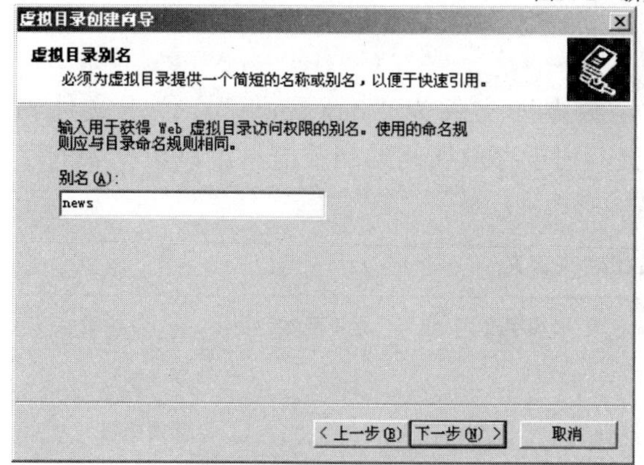

图14-3　输入虚拟目录名

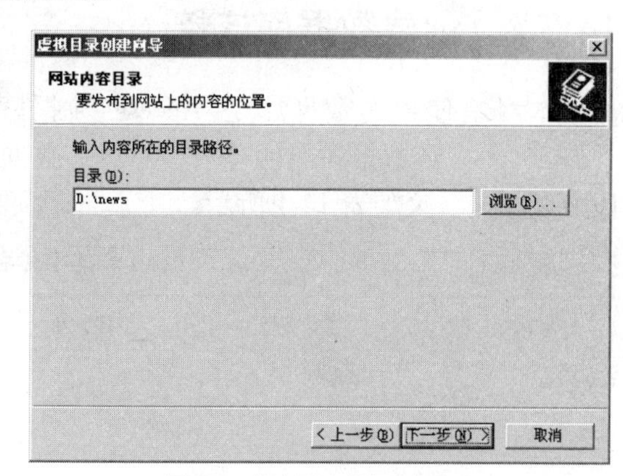

图14-4　指定网站所在磁盘目录

5. 继续单击 下一步(N) > 按钮，使用默认设置，最后单击 完成 按钮完成网站虚拟目录的创建。

二、　新建站点

1. 运行 Dreamweaver CS4，执行菜单命令【站点】/【新建站点】，在弹出的对话框中选择【高级】选项卡。
2. 在【站点名称】文本框中输入“新闻发布系统”，【本地根文件夹】选择存放网站的目录（这里选择“D:\news”），【链接相对于】选择“站点根目录”，在【HTTP 地址】后输入“http://localhost/news”，如图 14-5 所示。
3. 在左侧的【分类】列表框中选择【测试服务器】选项，在【服务器模型】后选择“ASP VBScript”，在【访问】后选择“本地/网络”，在【URL 前缀】后输入“http://localhost/news”，如图 14-6 所示。

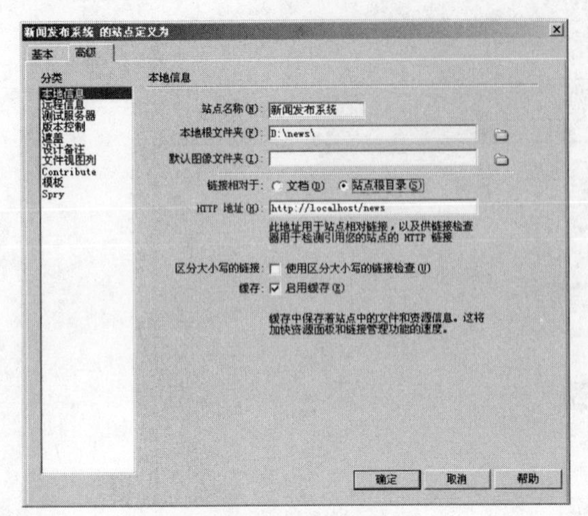

图14-5 设置站点本地信息

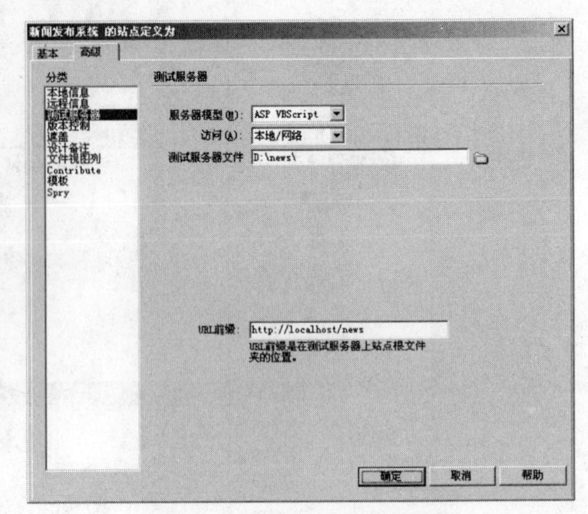

图14-6 设置站点测试服务器参数

4. 单击 确定 按钮完成站点的定义。
5. 最后将附盘文件夹“素材\第 14 章\新闻发布系统”下的所有内容复制到站点根文件夹下（本例为“D:\news\”）以便使用。

14.3.2 创建数据库连接

本网站使用的数据库是 Access 数据库，数据库文件为“news.mdb”，位于文件夹“data”中，该数据库包括一个“news”数据表，用于存放新闻的相关信息。该数据表的字段名和相关含义如表 14-1 所示。

表 14-1 news 表的字段名和相关含义

字段名	数据类型	字段大小	必填字段	是否可为空	说明
news_no	自动编号	长整型	-	-	新闻编号
news_title	文本	255	是	否	新闻标题
news_time	文本	100	是	否	发布时间
news_name	文本	50	是	否	编者姓名
newspic_link	文本	200	否	是	图片链接
news_comment	文本	255	是	否	新闻内容
news_link	文本	200	否	是	原文链接
news_native	文本	50	是	否	新闻分类

要在网页中使用数据库，首先必须成功连接数据库。连接数据库的方式主要有 ODBC 和 OLE DB 两种。本章连接数据库使用的是 OLE DB 方式。下面介绍创建数据库连接的方法。

1. 在【文件】面板中单击 C 按钮刷新目录，双击打开“index.asp”页面。
2. 执行菜单命令【窗口】/【数据库】，打开【数据库】面板，单击 + 按钮，选择【自定义连接字符串】选项，打开【自定义连接字符串】对话框。
3. 在【连接名称】后输入“conn”，在【连接字符串】后输入

“ "Provider=Microsoft.Jet.OLEDB.4.0;Data Source=" & Server.MapPath("\news\data\news.mdb")”，单击选择【使用测试服务器上的驱动程序】单选项，如图 14-7 所示。

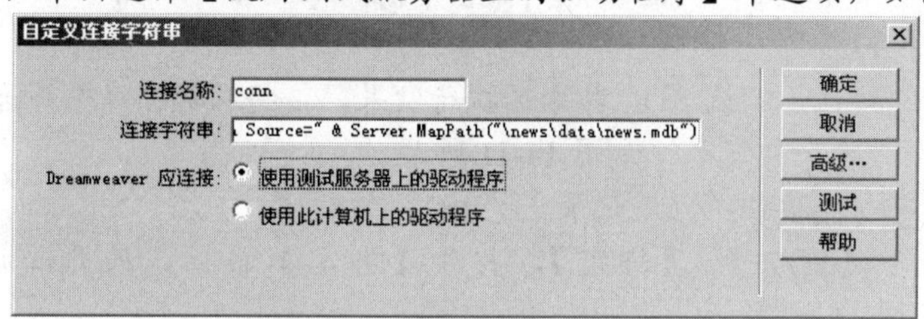

图14-7　创建自定义连接字符串

4. 单击 测试 按钮测试数据库连接，若弹出如图 14-8 所示的提示对话框，则数据库连接成功。
5. 单击 确定 按钮完成数据库的连接操作，此时该数据库连接将放入【数据库】面板中，如图 14-9 所示。

图14-8　连接成功提示框

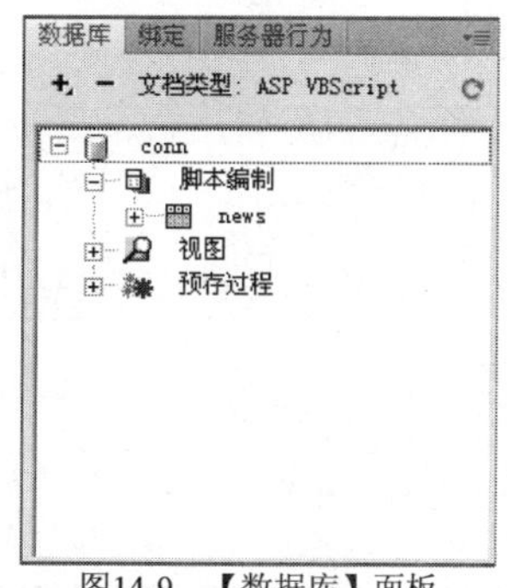

图14-9　【数据库】面板

14.4　制作前台页面

前台页面是供访问者访问的页面，其主要功能是根据访问者的请求显示不同的内容信息，在该新闻发布系统中，前台页面主要包括主页页面、新闻内容显示页面、分类显示页面和显示全部新闻页面。

14.4.1　制作主页页面

主页页面用于显示该网站的整体信息，是访问者访问网站的入口，这不仅需要显示网站包含的主要内容，而且还应提供到达各个二级网页的链接。下面详细介绍主页页面的制作过程。

一、显示“国内新闻”列表

1. 确认“index.asp”处于编辑状态，执行菜单命令【窗口】/【服务器行为】，打开【服务器行为】面板，单击 + 按钮，选择【记录集（查询）】选项，打开【记录集】对话框，如图 14-10 所示。

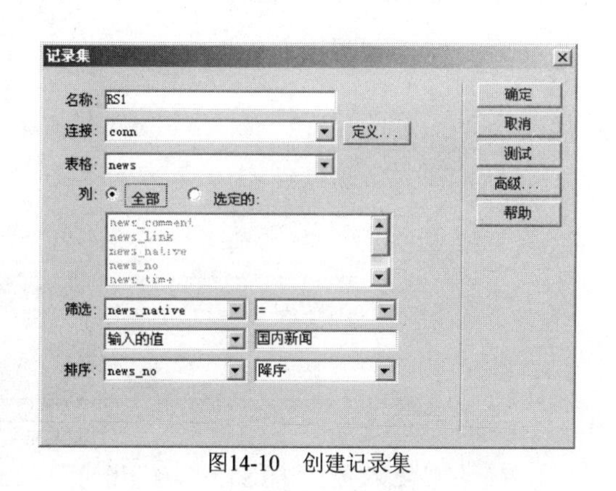

图14-10　创建记录集

2. 在【名称】文本框中输入“RS1”，在【连接】下拉列表中选择【conn】选项，将【筛选】设置为“news_native”、“=”、“输入的值”、“国内新闻”，将【排序】设置为“news_no”、“降序”。
3. 单击 测试 按钮，测试 SQL 指令的执行结果，这将从数据库中筛选出【新闻分类】为“国内新闻”的全部记录，如图 14-11 所示。
4. 两次单击 确定 按钮，完成记录集“RS1”的创建。
5. 执行菜单命令【窗口】/【绑定】，打开【绑定】面板，展开面板中的“记录集(RS1)”，如图 14-12 所示。

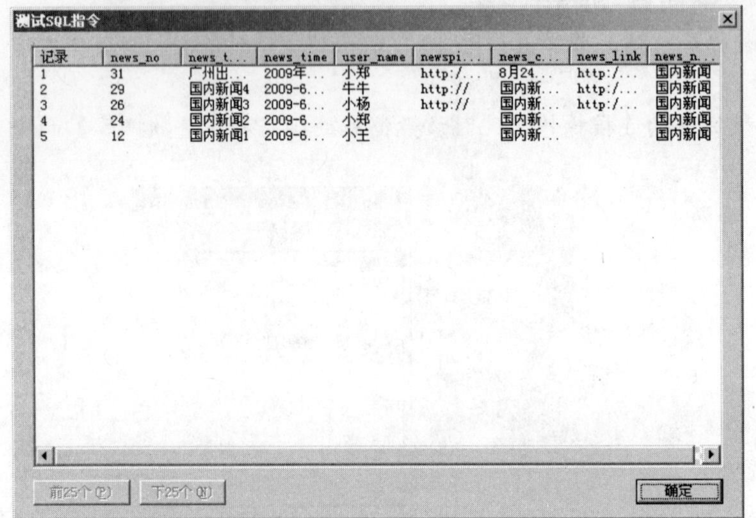

图14-11 测试筛选结果

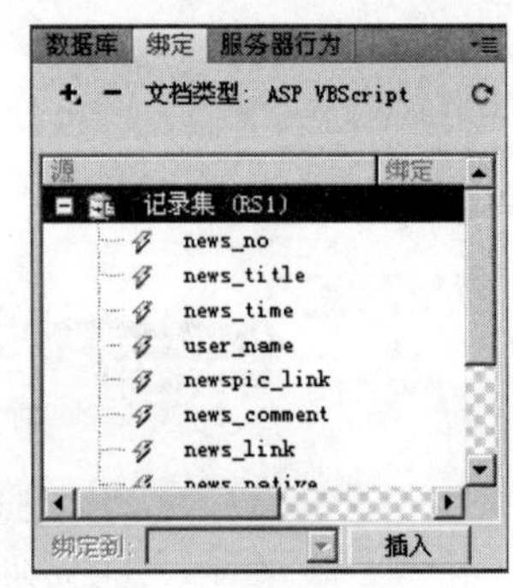

图14-12 【绑定】面板

6. 在“news_title”上按下鼠标左键，然后将其拖动到“国内新闻”下的单元格中释放鼠标左键，该操作是将新闻标题加入单元格，如图 14-13 所示。

图14-13 加入“news_title”

7. 确认刚拖入的“{RS1.news_title}”处于选择状态，在【属性】面板中单击【链接】后的按钮，打开【选择文件】对话框，如图 14-14 所示。

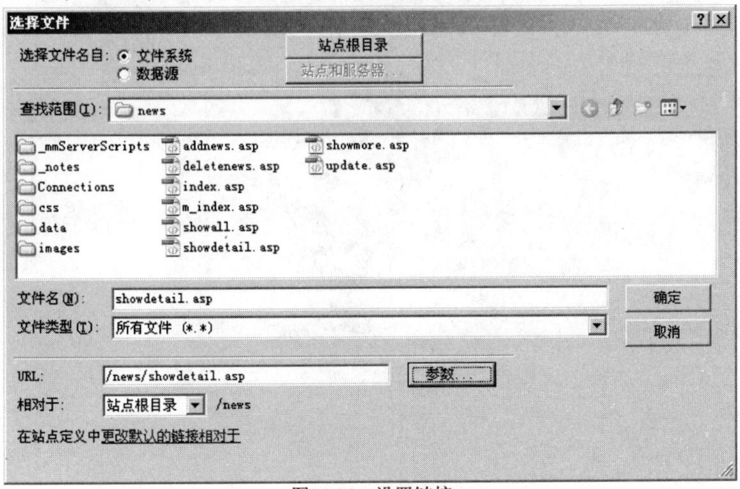

图14-14　设置链接

8. 首先单击选择站点根目录下的“showdetail.asp”文件，然后单击 参数... 按钮打开【参数】对话框，如图 14-15 所示。
9. 在【名称】列中单击并输入“news_no”，在【值】列中单击出现输入框，再单击按钮弹出【动态数据】对话框，如图 14-16 所示。

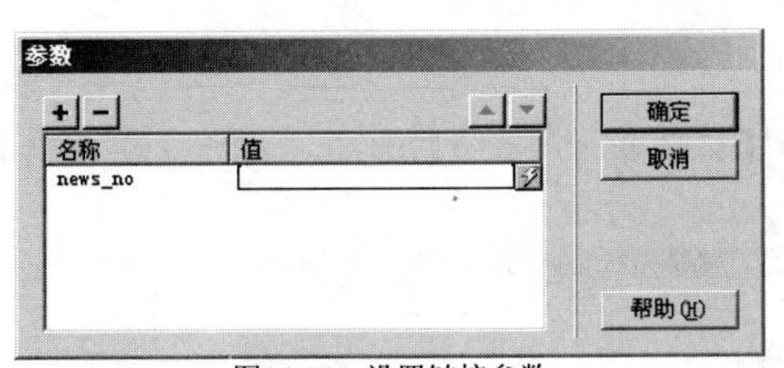

图14-15　设置链接参数

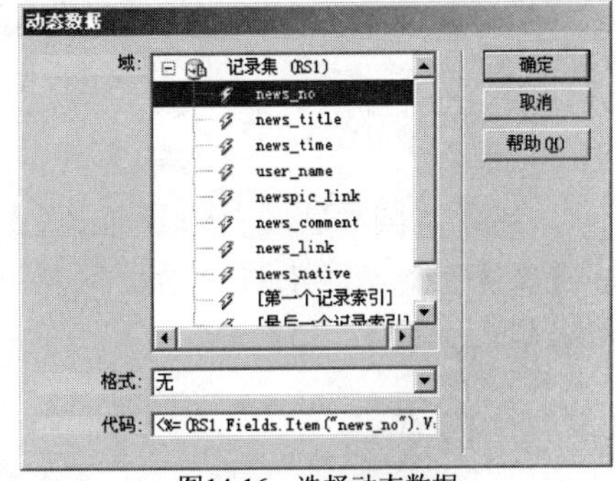

图14-16　选择动态数据

10. 展开“记录集（RS1）”选择【news_no】选项，然后 3 次单击 确定 按钮完成超链接的添加。
11. 在标签选择器中选择“<li>”标签，转到【服务器行为】面板，单击按钮选择【重复区域】选项，打开【重复区域】对话框，设置的参数如图 14-17 所示。

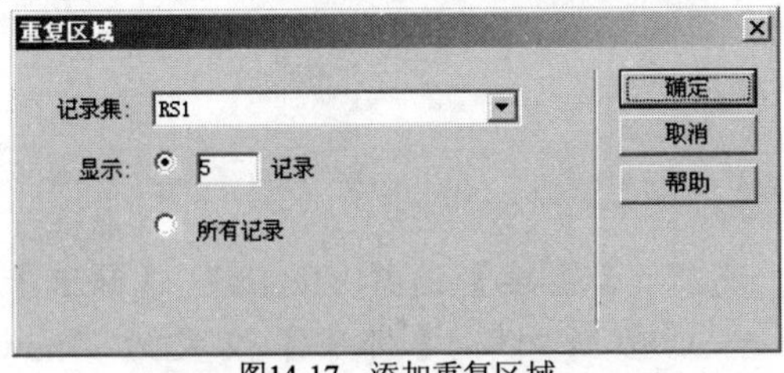

图14-17　添加重复区域

12. 单击 确定 按钮完成重复区域的添加。
13. 按 F12 键预览页面，在各个弹出的提示框中全部单击 是(Y) 按钮，页面预览效果如图 14-18 所示。

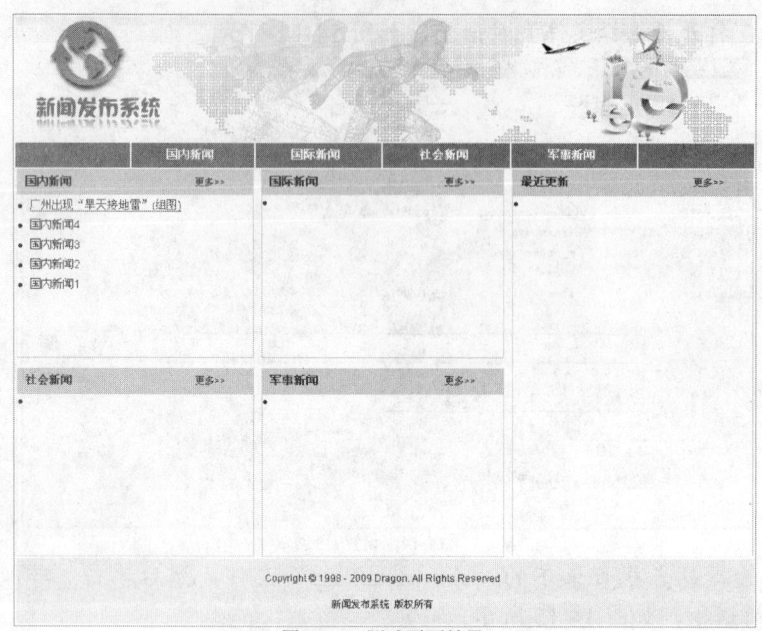

图14-18 测试页面效果

要点提示 若操作系统所在的磁盘（通常为 C 盘）是 NTFS 格式，则需要设置文件夹"C:\WINDOWS\Temp"的访问权限，方法是在"Temp"文件夹上单击鼠标右键，在弹出的快捷菜单中选择【属性】选项，进入【安全】选项卡，然后为"Everyone"设置"完全控制"权限，如图 14-19 所示。

二、 显示"国际新闻"列表

1. 在【服务器行为】面板中单击 按钮，选择【记录集（查询）】选项，打开【记录集】对话框，如图 14-20 所示。

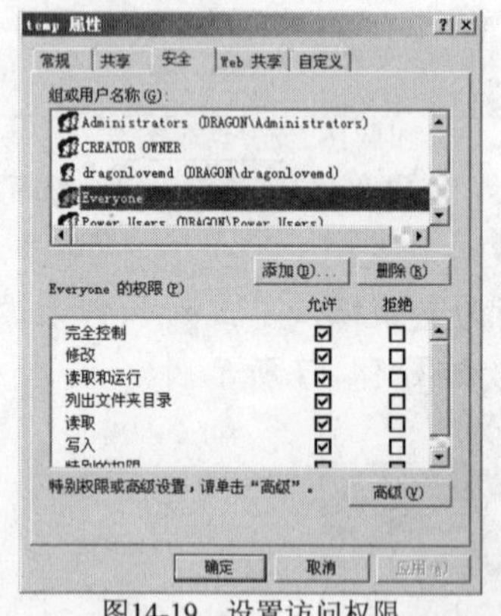

图14-19 设置访问权限

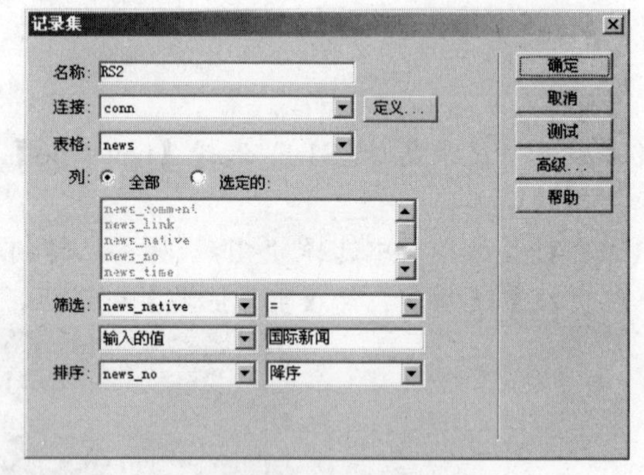

图14-20 创建记录集

2. 在【名称】后输入"RS2"，【连接】选择"conn"，【筛选】设置为"news_native"、"="、"输入的值"、"国际新闻"，【排序】设置为"news_no"、"降序"，单击 确定 按钮，完成记录集"RS2"的创建。
3. 转到【绑定】面板，展开面板中的"记录集（RS2）"，如图 14-21 所示。
4. 将"news_title"拖动到"国际新闻"下的单元格中释放鼠标左键。
5. 确认刚拖入的"{RS2.news_title}"处于选择状态，在【属性】面板中单击 按钮打开

【选择文件】对话框。

6. 选择“showdetail.asp”文件，单击 参数... 按钮打开【参数】对话框，如图 14-22 所示。

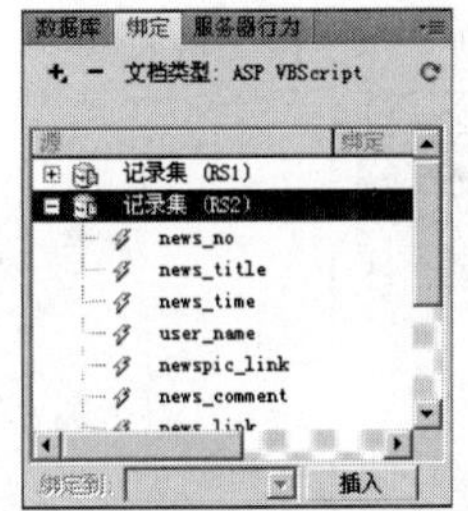

图14-21　展开“记录集（RS2）”

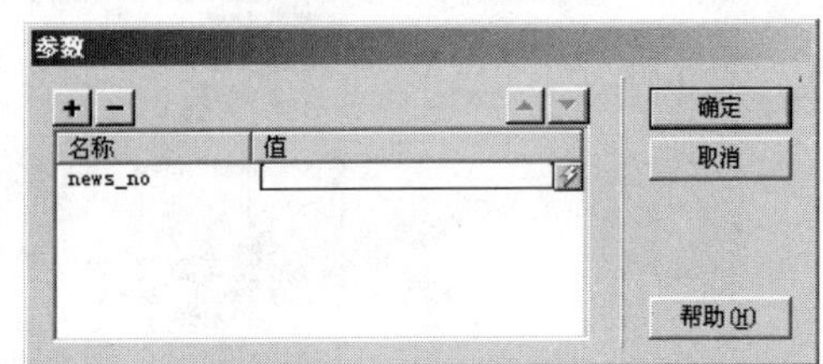

图14-22　设置链接参数

7. 在【名称】列中输入“news_no”，在【值】列中单击按钮弹出【动态数据】对话框，选择“记录集（RS2）”下的“news_no”，如图 14-23 所示。

8. 3 次单击 确定 按钮完成超链接的添加。

9. 在标签选择器中单击选择“<li>”标签，转到【服务器行为】面板，单击按钮选择【重复区域】选项，打开【重复区域】对话框，设置的参数如图 14-24 所示，单击 确定 按钮完成重复区域的添加。

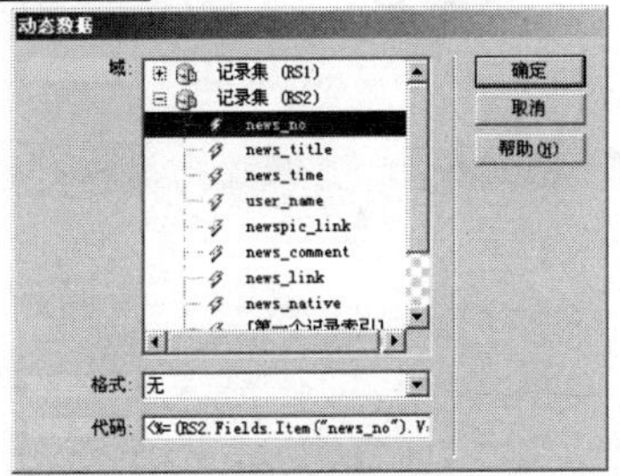

图14-23　展开“记录集（RS3）”

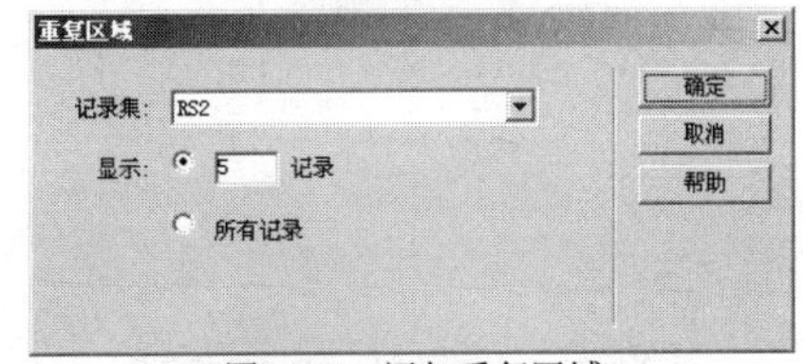

图14-24　添加重复区域

10. 按 F12 键预览页面，在各个弹出的提示框中全部单击 是(Y) 按钮，页面预览效果如图 14-25 所示。

图14-25　预览效果

三、 显示“社会新闻”列表

1. 使用如图 14-26 所示的参数创建“记录集（RS3）”。

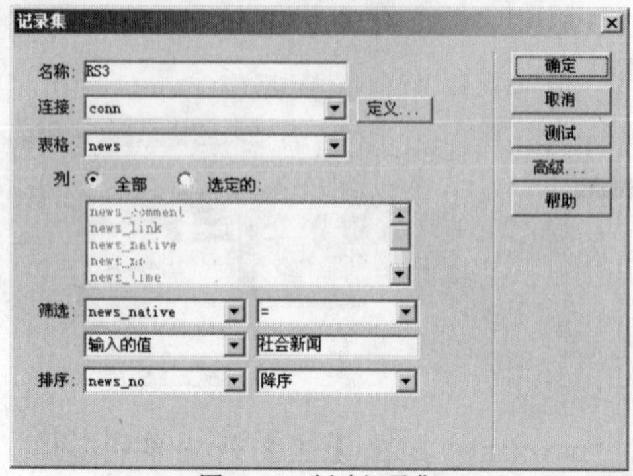

图14-26 创建记录集

2. 在【绑定】面板中将“记录集（RS3）”下的“news_title”拖到“社会新闻”下。
3. 为“{RS3.news_title}”添加链接到“showdetail.asp”，设置参数“news_no”的【值】为“记录集（RS3）”下的“news_no”，如图 14-27 所示。
4. 选择标签“<li>”添加重复区域，如图 14-28 所示。

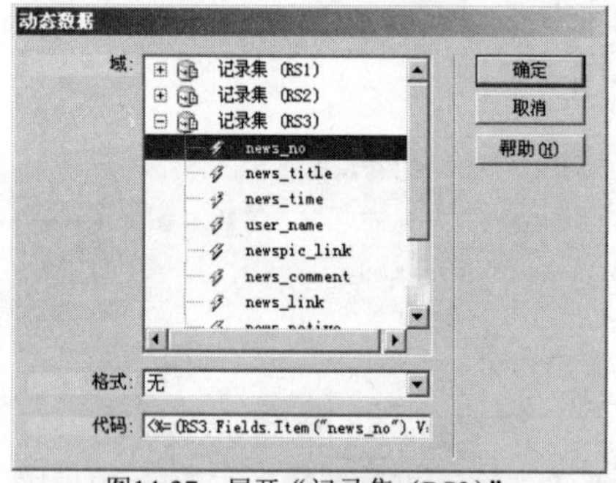

图14-27 展开“记录集（RS3）”

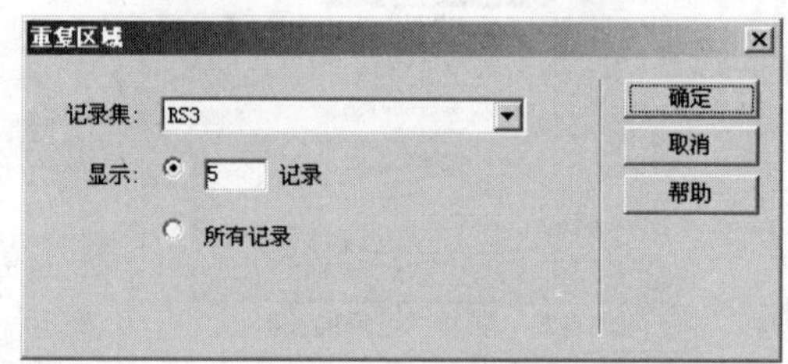

图14-28 添加重复区域

四、 显示“军事新闻”列表

1. 使用如图 14-29 所示的参数创建“记录集（RS4）”。
2. 在【绑定】面板中将“记录集（RS4）”下的“news_title”拖到“军事新闻”下。
3. 为“{RS4.news_title}”添加链接到“showdetail.asp”，设置参数“news_no”的【值】为“记录集（RS4）”下的“news_no”，如图 14-30 所示。

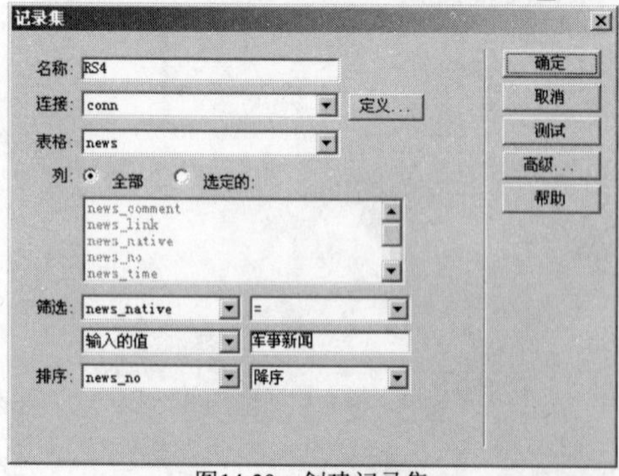

图14-29 创建记录集

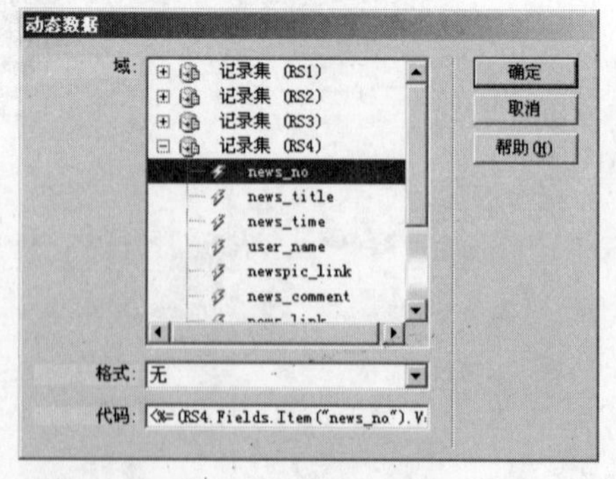

图14-30 展开“记录集（RS3）”

4. 选择标签“<li>”添加重复区域，如图 14-31 所示。

五、 显示“最近更新”列表

1. 使用如图 14-32 所示的参数创建“记录集（RS5）”。

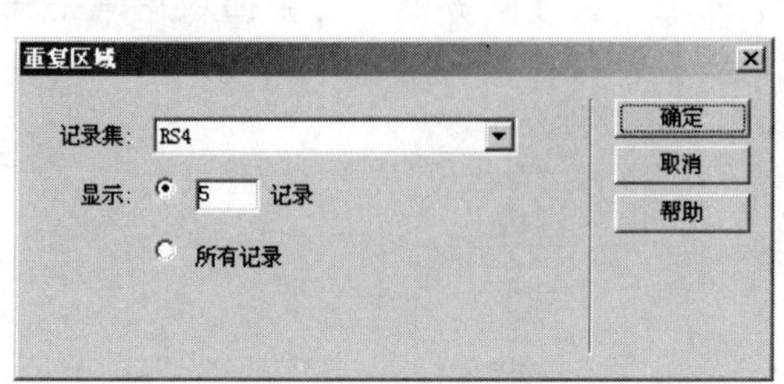

图14-31　添加重复区域

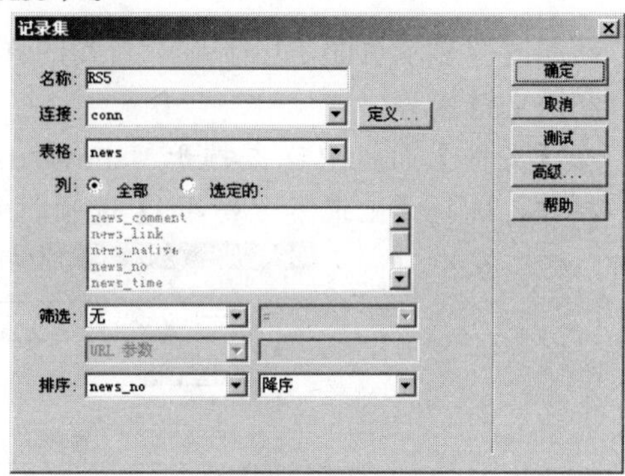

图14-32　创建记录集

2. 在【绑定】面板中将“记录集（RS5）”下的“news_title”拖到“最近更新”下。
3. 为“{RS5.news_title}”添加链接到“showdetail.asp”，设置参数“news_no”的【值】为“记录集（RS5）”下的“news_no”，如图 14-33 所示。
4. 选择标签“<li>”，添加重复区域，如图 14-34 所示。

图14-33　展开“记录集（RS5）”

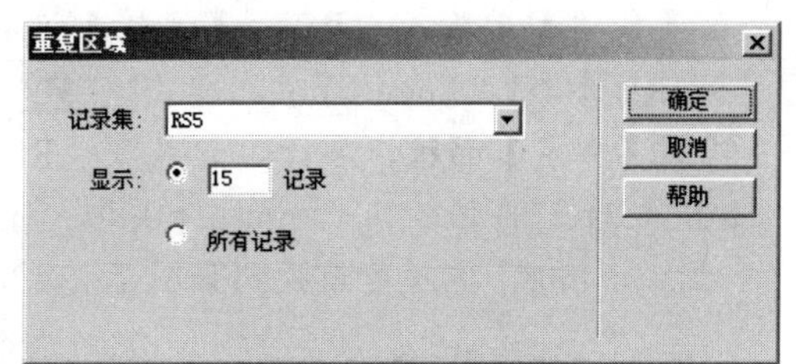

图14-34　添加重复区域

5. 添加完成后的设计页面效果如图 14-35 所示。

图14-35　页面效果

6. 按 F12 键预览页面，最终效果参见图 14-1。

14.4.2 制作新闻内容显示页面

新闻内容显示页面是用于显示新闻的详细信息，包括新闻标题、发布时间、编者姓名、图片和原文链接等。

1. 在【文件】面板中双击打开“showdetail.asp”页面，在【服务器行为】面板中单击 按钮，选择【记录集（查询）】选项打开【记录集】对话框，如图 14-36 所示。

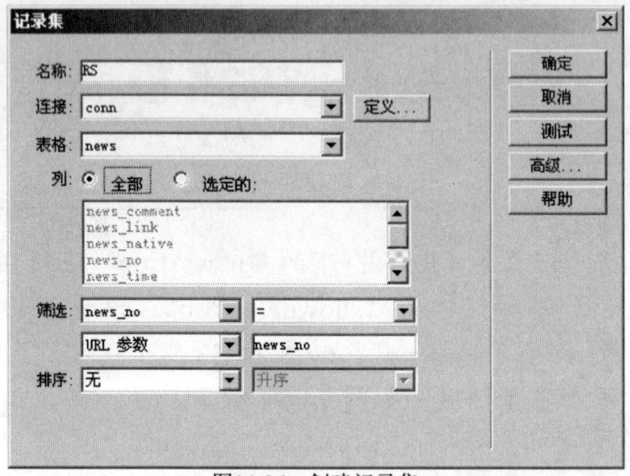

图14-36　创建记录集

2. 在【名称】后输入“RS”，【连接】选择“conn”，【筛选】设置为“news_no”、“=”、“URL 参数”、“news_no”，单击 确定 按钮创建“记录集（RS）”。
3. 转到【绑定】面板，展开“记录集（RS）”，将“news_native”拖到页面中“网站首页->”之后，再依次将“news_title”、“news_time”、“user_name”、“news_comment”、“news_link”拖入页面放到如图 14-37 所示的位置。

图14-37　页面效果

4. 选择“{RS.news_link}”，在【属性】面板中单击【链接】后的 按钮打开【选择文件】对话框，单击“数据源”单选按钮，展开“记录集（RS）”选择“news_link”，如图 14-38 所示。

5. 选择页面中的图像占位符，在【属性】面板中单击【源文件】后的按钮打开【选择图像源文件】对话框，单击【数据源】单选按钮，展开“记录集（RS）”选择“newspic_link”，如图 14-39 所示。

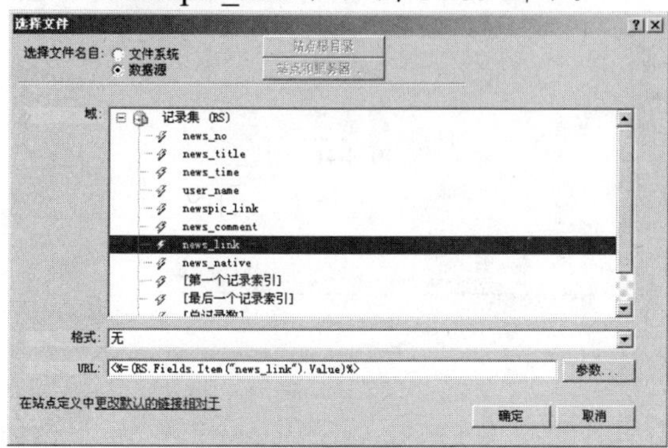

图14-38　设置链接参数

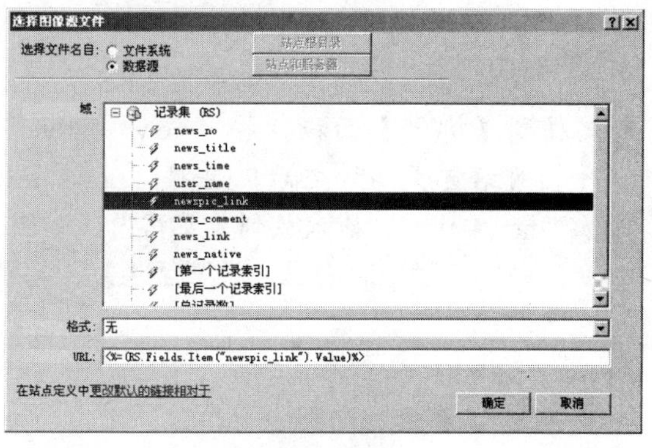

图14-39　设置图像源

6. 打开“index.asp”页面，按 F12 键预览，单击一条新闻的链接，便会跳转到“showdetail.asp”页面显示该新闻的详细内容，如图 14-40 所示。

图14-40　预览效果

14.4.3　制作分类显示页面

分类显示页面用于将同一分类的新闻进行统一显示，首先需要从打开的链接中获取新闻的分类信息，然后从数据库中筛选出该类新闻进行显示。

1. 打开“showmore.asp”页面，在【服务器行为】中单击按钮，选择【记录集（查

2. 询)】命令打开【记录集】对话框，如图 14-41 所示。
3. 在【名称】后输入“RS”，【连接】选择“conn”，将【筛选】设置为“news_native”、“=”、“URL 参数”、“news_native”，将【排序】设置为“news_no”、“降序”，单击 确定 按钮创建“记录集（RS）”。

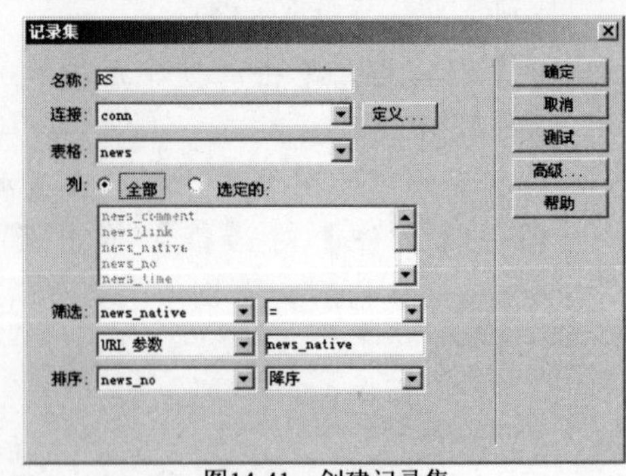

图14-41　创建记录集

4. 转到【绑定】面板，将“news_native”拖到“网站首页->”之后，再将“news_title”和“news_time”拖入放到单元格内，如图 14-42 所示。

图14-42　页面效果

5. 为“{RS.news_title}”添加链接到“showdetail.asp”，设置参数“news_no”的【值】选择“记录集（RS）”下的“news_no”。
6. 在标签选择器中选择包含“{RS.news_title}”的“<tr>”标签，在【服务器行为】面板中单击 + 按钮，选择【重复区域】选项，设置的参数如图 14-43 所示。
7. 打开“index.asp”页面，选择导航条中的“国内新闻”4 个字，在【属性】面板中添加链接到“showmore.asp”，设置参数“news_native”的【值】为“国内新闻”，如图 14-44 所示。

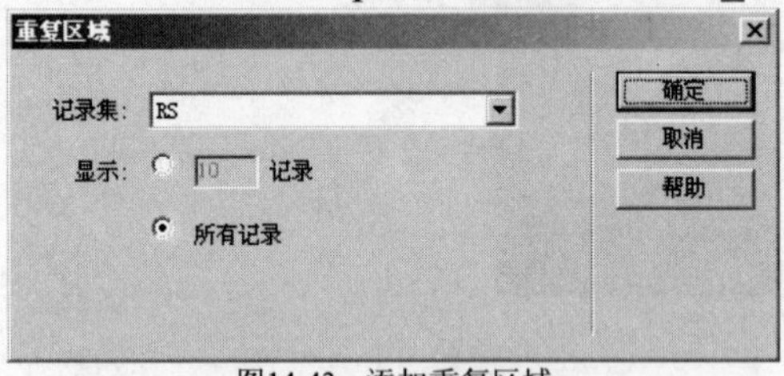

图14-43　添加重复区域

图14-44　设置链接参数

8. 选择列表框“国内新闻”右侧的“更多>>”，按照与上一步骤相同的设置为其添加链接到“showmore.asp”。
9. 分别选择导航条中的“国际新闻”和列表框“国际新闻”右侧的“更多>>”，在【属性】面板中添加链接到“showmore.asp”，设置参数“news_native”的【值】为“国际新闻”。
10. 分别选择导航条中的“社会新闻”和列表框“社会新闻”右侧的“更多>>”，在【属性】面板中添加链接到“showmore.asp”，设置参数“news_native”的【值】为“社会新闻”。

11. 分别选择导航条中的“军事新闻”和列表框“军事新闻”右侧的“更多>>”，在【属性】面板中添加链接到“showmore.asp”，设置参数“news_native”的【值】为“军事新闻”。
12. 保存所有文件，按 F12 键预览页面，通过单击导航文字或“更多>>”，以查看新闻的分类显示效果，如图 14-45 所示。

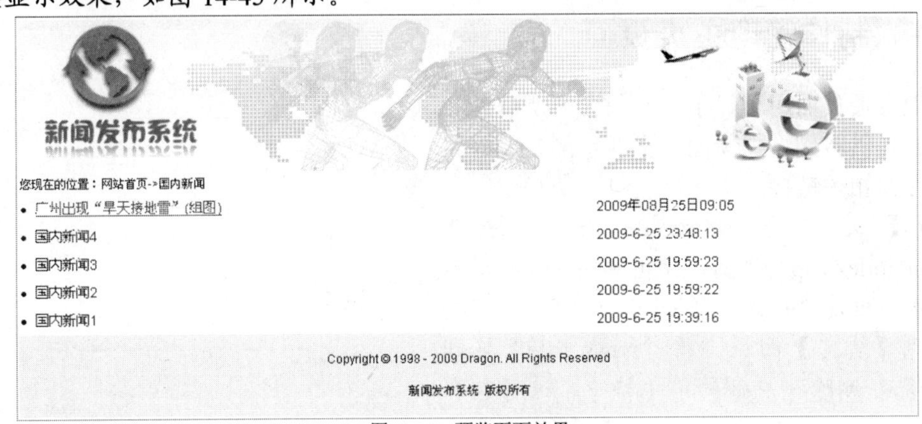

图14-45　预览页面效果

14.4.4　制作显示全部新闻页面

该页面用于显示该网站包含的全部新闻列表，按照新闻加入的先后顺序排序，方便访问者对网站的全部信息进行了解。

1. 打开“showall.asp”页面，添加一个记录集，参数的设置如图 14-46 所示。
2. 转到【绑定】面板，将“news_title”和“news_time”加入单元格，如图 14-47 所示。

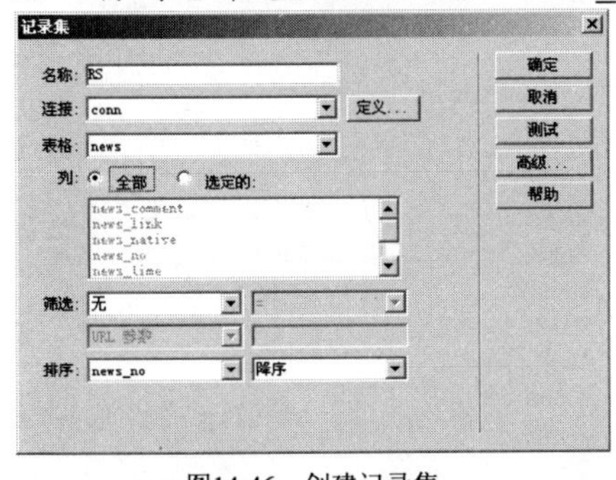

图14-46　创建记录集

图14-47　页面效果

3. 为“{RS.news_title}”添加链接到“showdetail.asp”，设置参数“news_no”的【值】为“记录集（RS）”下的“news_no”。
4. 选择包含“{RS.news_title}”的“<tr>”标签，在【服务器行为】面板中添加【重复区域】，参数设置如图 14-48 所示。
5. 打开“index.asp”页面，选择列表框“最近更新”右侧的“更多>>”，添加链接到“showall.asp”。
6. 至此，前台页面设计完成，保存全部页面，按 F12 键对所有页面进行预览测试。

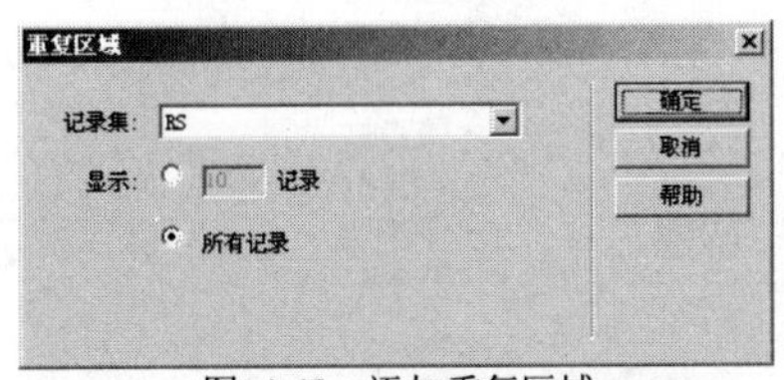

图14-48　添加重复区域

14.5　制作后台管理页面

使用交互式网页的一个重要特点就是可以方便地对网站的内容进行更新，其实质就是对后台数据库中的数据进行添加、修改和删除。

14.5.1　制作管理主页页面

管理主页页面用于显示网站包含的所有新闻列表，并提供转到添加新闻、更新新闻、删除新闻等页面的相关链接。

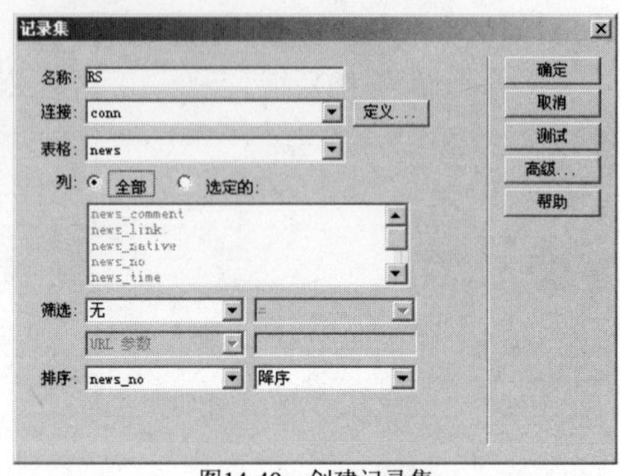

图14-49　创建记录集

1. 在【文件】面板中双击打开“m_index.asp”页面，使用如图 14-49 所示的参数创建“记录集（RS）”。
2. 转到【绑定】面板，将“news_title”拖到“修改/删除”左侧的单元格中，选择包含“{RS.news_title}”的“<tr>”标签，添加【重复区域】，参数使用“所有记录”。
3. 选择页面中的文字“修改”，为其添加链接到“update.asp”，设置参数“news_no”的【值】为“记录集（RS）”中的“news_no”。
4. 选择文字“删除”，为其添加链接到“deletenews.asp”，设置参数“news_no”的【值】为“记录集（RS）”中的“news_no”。
5. 至此，后台管理主页页面设计完成，按 F12 键进行预览，效果如图 14-50 所示。

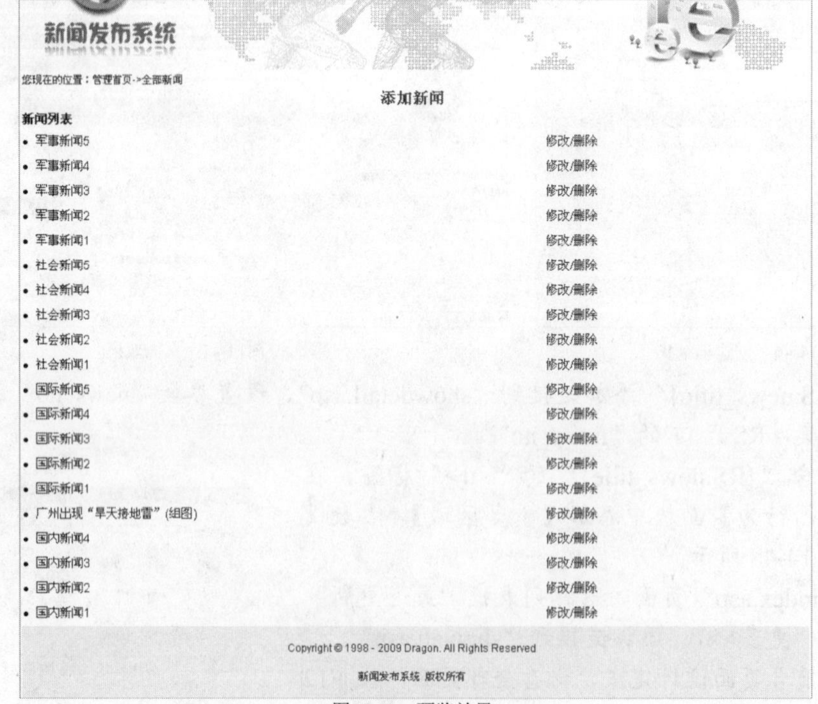

图14-50　预览效果

14.5.2　制作添加新闻页面

对网站的进行更新主要就是向网站的数据库文件添加新的内容，该操作在添加新闻页面上进行，下面就将介绍制作添加新闻页面的操作步骤。

1. 在【文件】面板中双击打开“addnews.asp”页面，将输入光标放置到页面中间的空白单元格中，执行菜单命令【插入】/【数据对象】/【插入记录】/【插入记录表单向导】。
2. 在弹出的【插入记录表单】对话框中，在【连接】下拉列表选择【conn】选项，【插入后，转到】浏览选择“m_index.asp”，如图 14-51 所示。
3. 接着在【表单字段】列表框中，选择“news_no”字段，单击按钮删除该行，选择“news_title”字段，单击按钮将其调整到第 1 行，在【标签】文本框中输入“新闻标题:”。
4. 选择“news_native”字段，单击按钮将其调整到第 2 行，在【标签】后输入“新闻分类:”，在【显示为】下拉列表中选择【菜单】选项，单击 菜单属性 按钮打开【菜单属性】对话框，如图 14-52 所示。

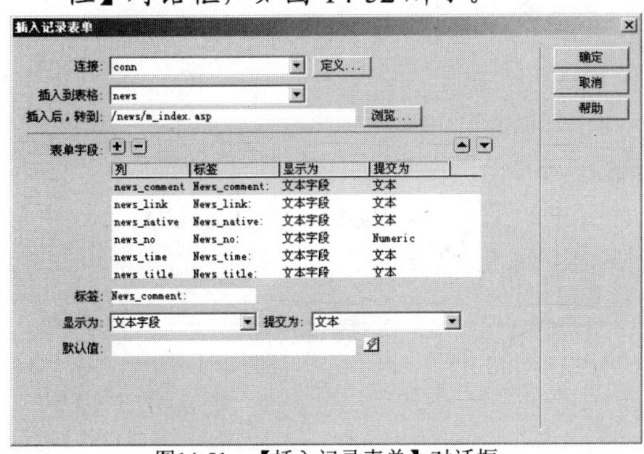

图14-51　【插入记录表单】对话框

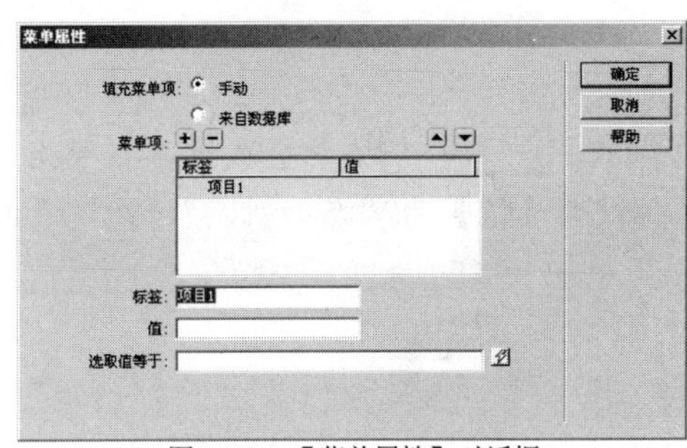

图14-52　【菜单属性】对话框

5. 在【标签】和【值】文本框都输入“国内新闻”，然后单击按钮添加一行标签，在【标签】和【值】文本框都输入“国际新闻”，重复添加标签“社会新闻”和“军事新闻”，最终效果如图 14-53 所示。

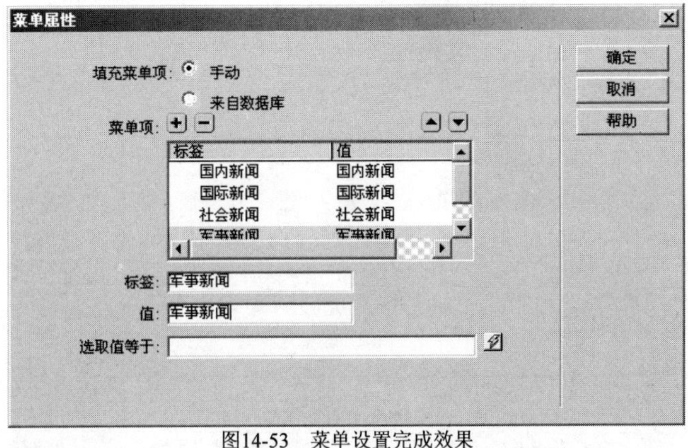

图14-53　菜单设置完成效果

6. 选择“news_time”字段，将其调整到第 3 行，在【标签】文本框中输入“发布时间:”，在【默认值】文本框中输入“<%=NOW()%>”。

7. 选择“user_name”字段，将其调整到第 4 行，在【标签】文本框中输入“编者:”。
8. 选择“newspic_link”字段，将其调整到第 5 行，在【标签】文本框中输入“图片链接:”。
9. 选择“news_comment”字段，在【标签】文本框中输入“新闻内容:”，在【显示为】下拉列表中选择【文本区域】选项。
10. 选择“news_link”字段，在【标签】文本框中输入“原文链接:”，设置完成后效果如图 14-54 所示。

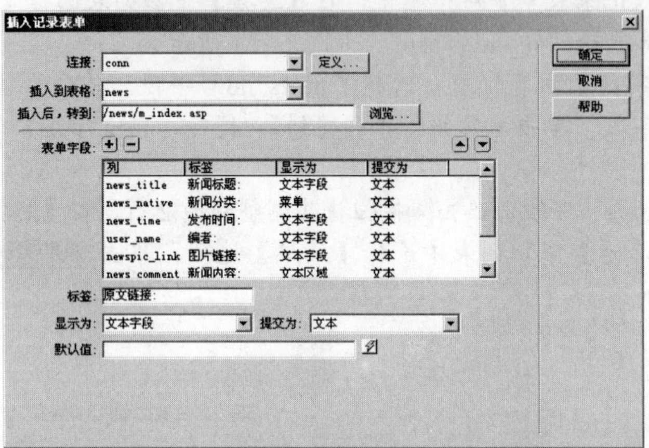

图14-54 完成效果

11. 单击 确定 按钮生成表单，然后选择页面中的 插入记录 按钮，在【属性】面板中修改其【值】为“添加新闻”，此时页面效果如图 14-55 所示。

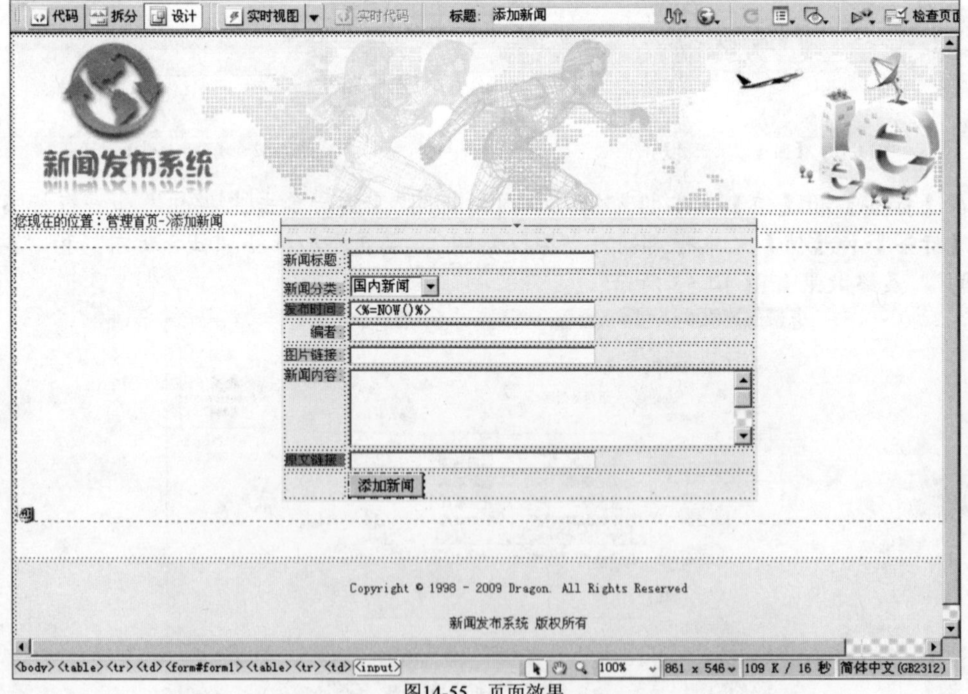

图14-55 页面效果

12. 保存该页面，打开“m_index.asp”页面，按 F12 键预览，点击“添加新闻”链接转到

“addnews.asp”页面，在相应的项目中输入文字或选择参数，单击 添加新闻 按钮将新闻信息插入网站的数据库中，如图 14-56 所示。

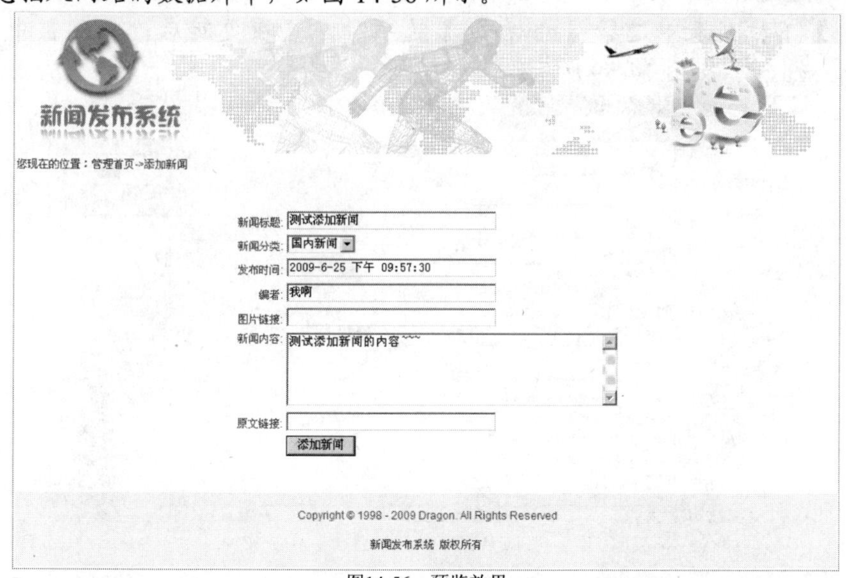

图14-56　预览效果

要点提示　若添加失败，而站点文件夹所在的磁盘是 NTFS 格式，则需要设置数据库文件“news.mdb”的访问权限，方法是在“news.mdb”文件上单击鼠标右键，在弹出的快捷菜单中选择【属性】选项，进入【安全】选项卡，然后为“Everyone”设置“完全控制”权限，如图 14-57 所示。

14.5.3　制作更新新闻页面

对于网站已有的新闻内容，有时还需要根据情况对其进行修改，其实质是对数据库文件中的数据进行修改，这些操作将在更新新闻页面进行，下面介绍具体操作步骤。

1.　打开“update.asp”页面，添加一个记录集，参数的设置如图 14-58 所示。

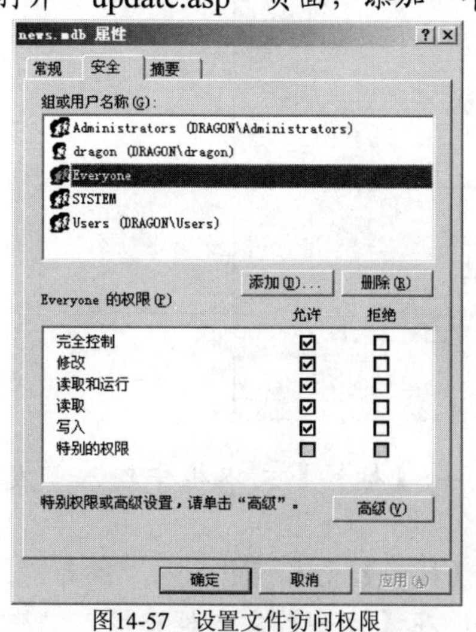

图14-57　设置文件访问权限

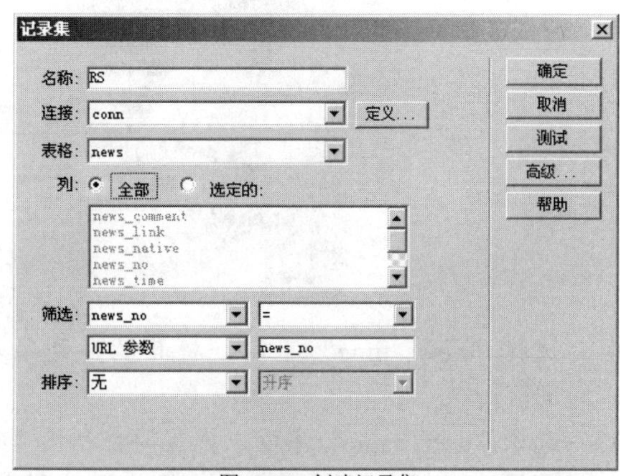

图14-58　创建记录集

2.　将输入光标放置到页面中间的空白单元格中，执行菜单命令【插入】/【数据对象】/

【更新记录】/【更新记录表单向导】。

3. 在弹出的【更新记录表单】对话框中，在【连接】下拉列表中选择【conn】选项，【惟一键列】下拉列表中选择【news_no】选项，在【在更新后，转到】中浏览选择“m_index.asp”，如图 14-59 所示。

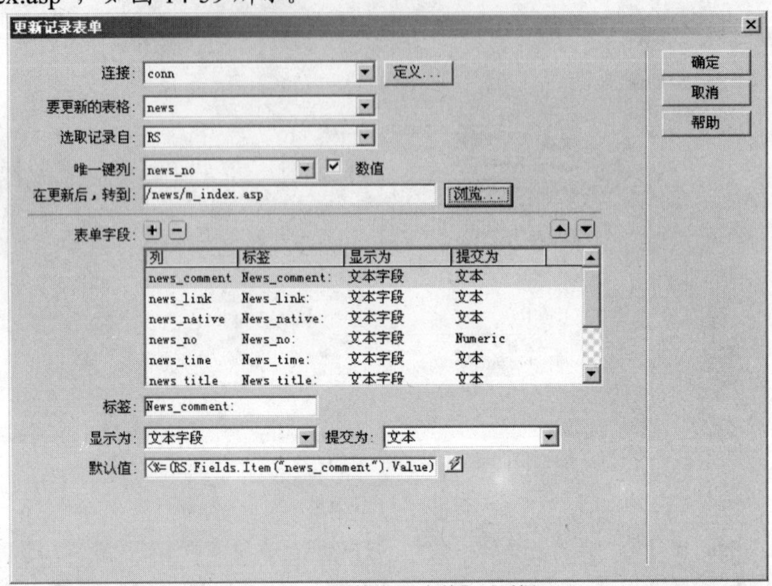

图14-59 【更新记录表单】对话框

4. 接着在【表单字段】列表框中选择“news_no”字段，单击[-]按钮删除该行，选择“news_title”字段，单击[▲]按钮将其调整到第 1 行，在【标签】文本框中输入“新闻标题:”。

5. 选择“news_native”字段，单击[▲]按钮将其调整到第 2 行，在【标签】文本框中输入“新闻分类:”，在【显示为】下拉列表中选择【菜单】选项，单击 菜单属性 按钮打开【菜单属性】对话框，添加 4 个标签，如图 14-60 所示。

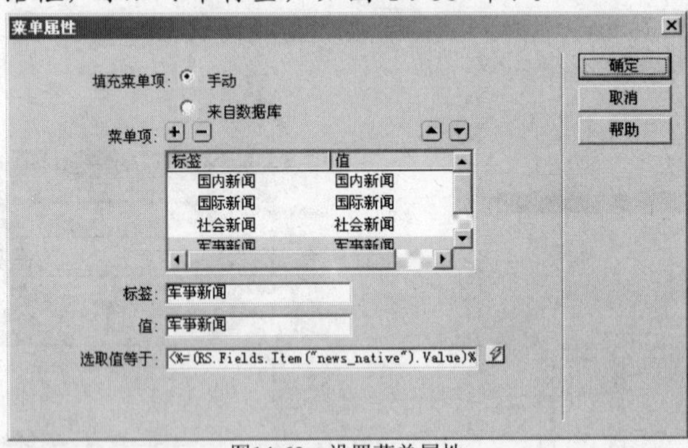

图14-60 设置菜单属性

6. 选择“news_time”字段，将其调整到第 3 行，在【标签】文本框中输入“发布时间:”。

7. 选择“user_name”字段，将其调整到第 4 行，在【标签】文本框中输入“编者:”。

8. 选择“newspic_link”字段，将其调整到第 5 行，在【标签】文本框中输入“图片链接:”。

9. 选择“news_comment”字段，在【标签】文本框中输入“新闻内容:”，【显示为】选择“文本区域”。
10. 选择“news_link”字段，在【标签】文本框中输入“原文链接:”，设置完成后效果如图 14-61 所示。

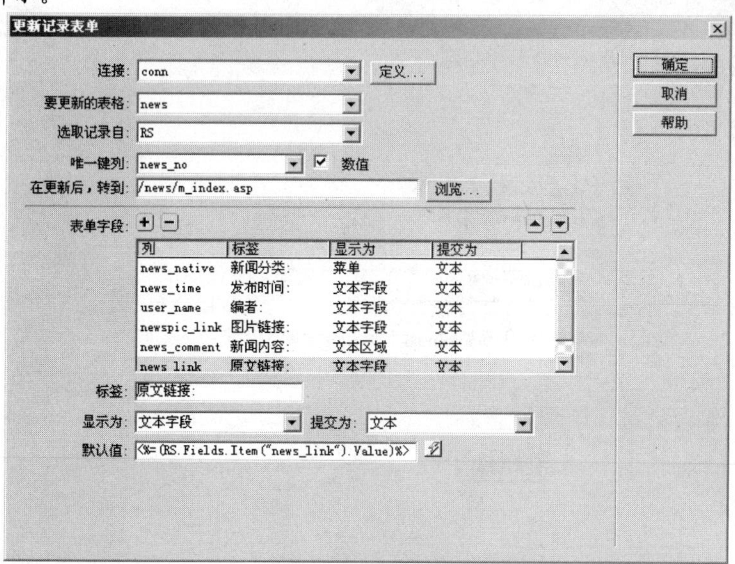

图14-61　完成效果

11. 单击 确定 按钮生成表单，然后选择页面中的 更新记录 按钮，在【属性】面板中修改其【值】为“更新新闻”，此时页面效果如图 14-62 所示。

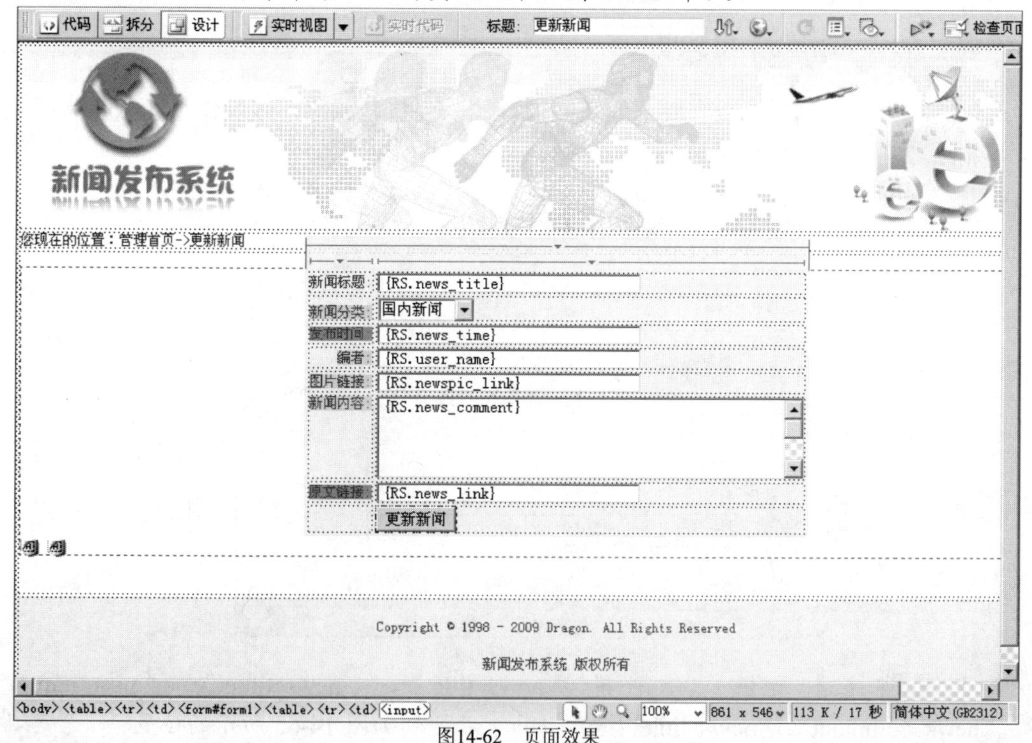

图14-62　页面效果

12. 保存该页面，然后打开“m_index.asp”页面，按 F12 键预览，在相应的新闻标题后点击“修改”转到更新新闻页面，修改新闻信息，单击 更新新闻 按钮将修改结果更新到网站的数据库中，如图 14-63 所示。

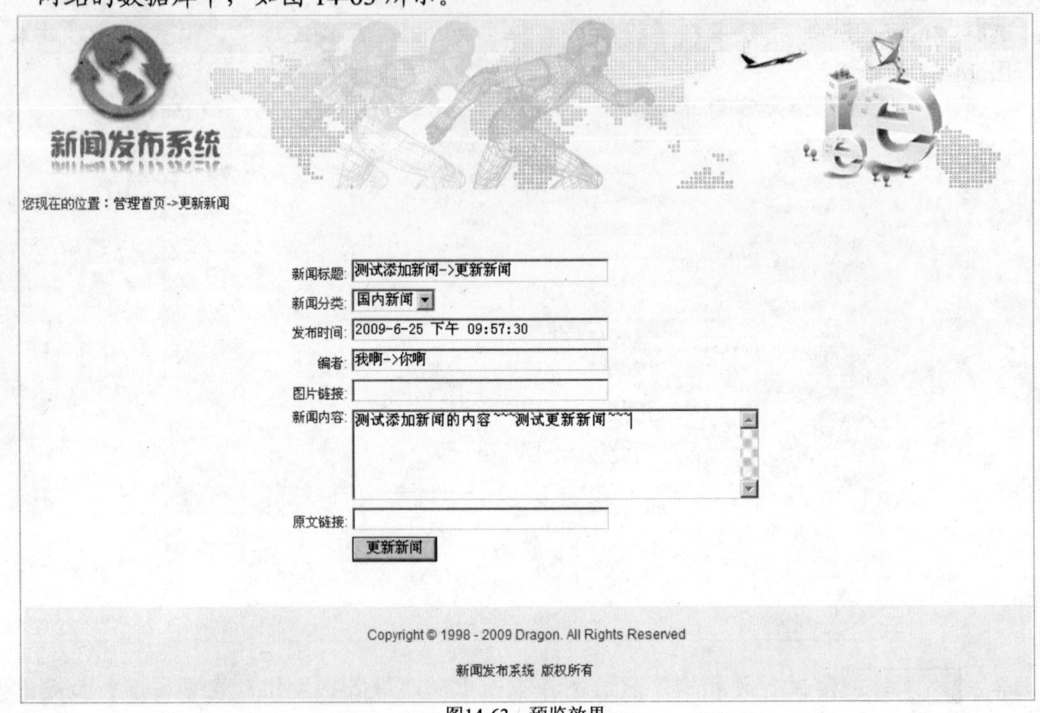

图14-63 预览效果

14.5.4 制作删除新闻页面

对于网站中已过时或不符合要求的新闻内容，需要将其删除，该操作将在删除新闻页面进行，删除之前还需要对新闻的内容进行确认，具体操作步骤如下。

1. 打开“deletenews.asp”页面，添加一个记录集，参数的设置如图 14-64 所示。

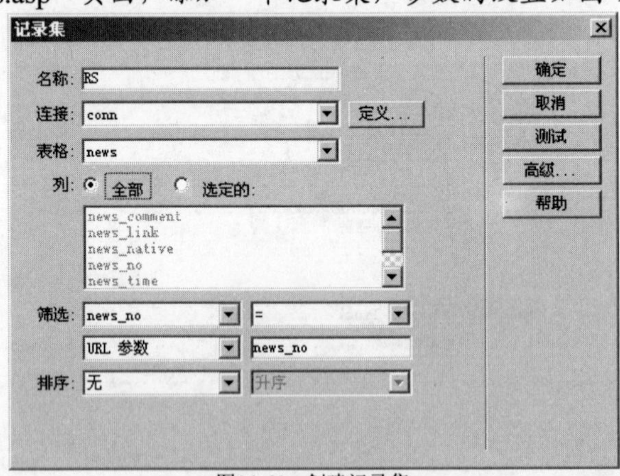

图14-64 创建记录集

2. 转到【绑定】面板，分别将“news_title”、“news_time”、“user_name”、“news_comment”、“news_link”拖入页面中放置到如图 14-65 所示的位置。

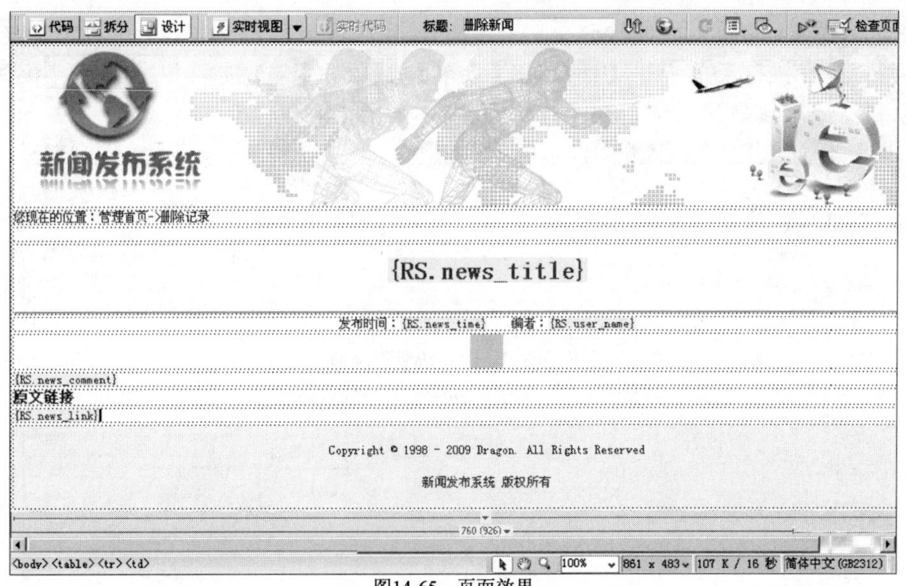

图14-65　页面效果

3.　设置“{RS.news_link}”的【链接】如图 14-66 所示。

4.　选择页面中的“图片占位符”，设置其【源文件】，如图 14-67 所示。

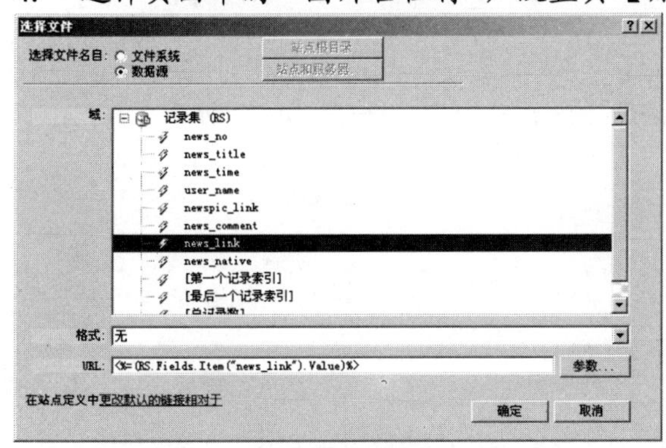

图14-66　设置链接

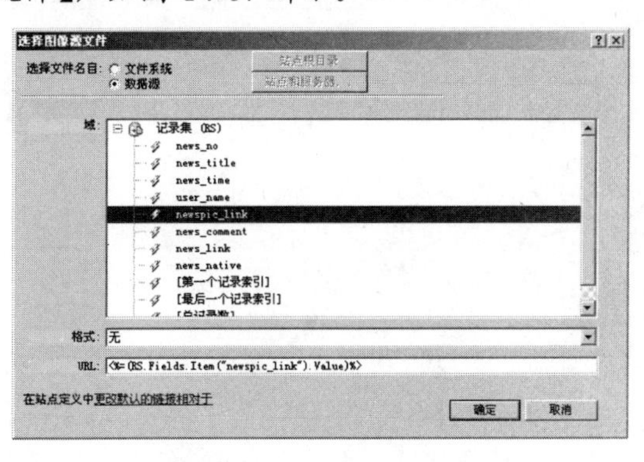

图14-67　设置图像源

5.　将输入光标放置到“{RS.news_title}”上方的空白单元格中，执行菜单命令【插入】/【表单】/【表单】，插入一个表单。

6.　执行菜单命令【插入】/【数据对象】/【删除记录】，打开【删除记录】对话框，在【连接】下拉列表中选择【conn】选项，在【唯一键列】下拉列表选择【news_no】选项，在【删除后，转到】中选择“m_index.asp”，如图 14-68 所示。

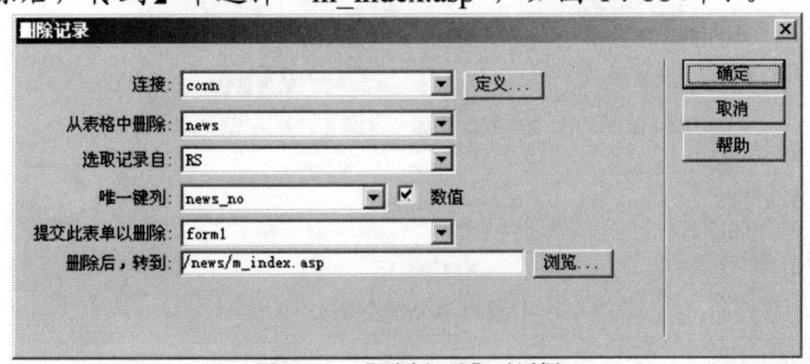

图14-68　【删除记录】对话框

7. 单击 确定 按钮生成删除记录的代码，然后在页面单元格中输入“确认删除该条新闻吗？”，再执行菜单命令【插入】/【表单】/【按钮】，直接单击 确定 按钮加入提交按钮，修改按钮的【值】为“确认删除”，如图 14-69 所示。

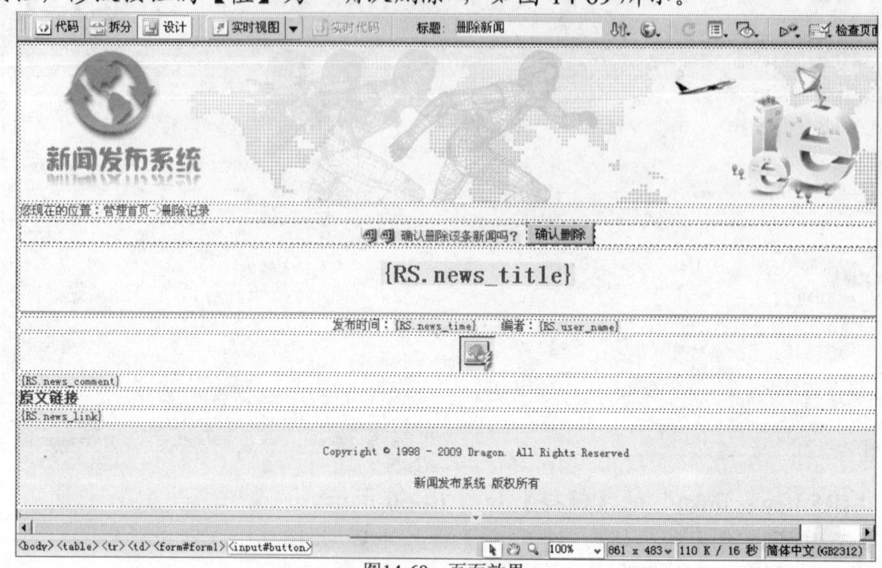

图14-69 页面效果

8. 保存该页面，打开“m_index.asp”页面按 F12 键预览，在相应的新闻标题后点击“删除”转到删除新闻页面，单击 确认删除 按钮删除该条新闻，如图 14-70 所示。

图14-70 预览效果

9. 至此，后台管理页面制作完成。

14.6　拓展训练——设计“在线留言板”

为了让读者进一步掌握在 Dreamweaver CS4 中设计制作交互式网页的方法和技巧，下面将介绍一个简单的交互式网站的制作过程，让读者在练习过程中进一步掌握相关知识。

本训练将讲解制作一个“在线留言板”的过程，效果如图 14-71 和图 14-72 所示。通过该训练的学习，读者可以自己动手练习查找、显示数据以及添加数据的方法。

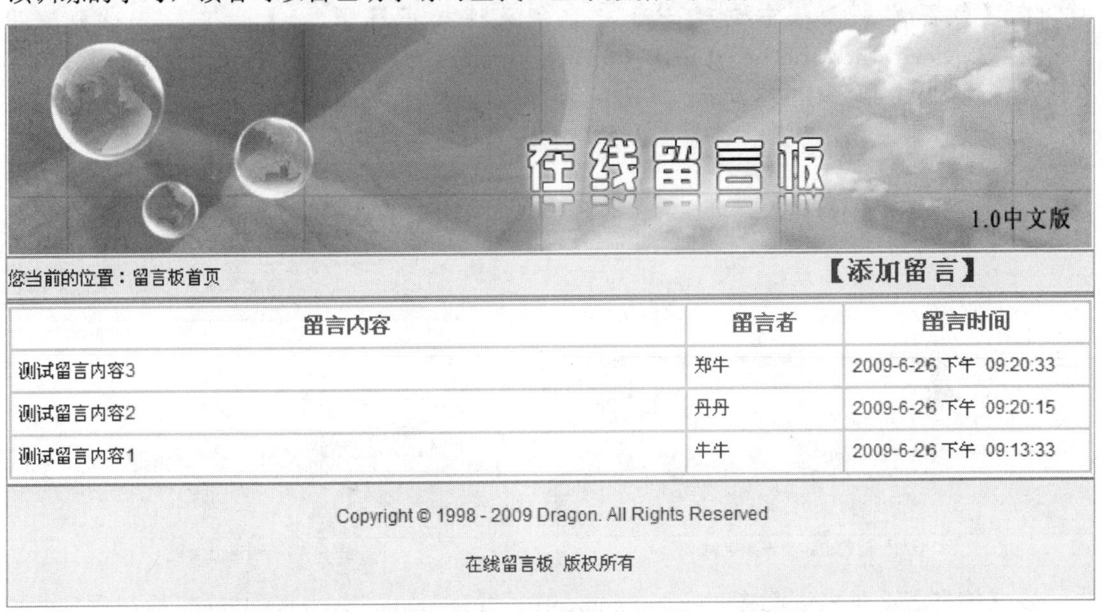

图14-71　“在线留言板”主页面

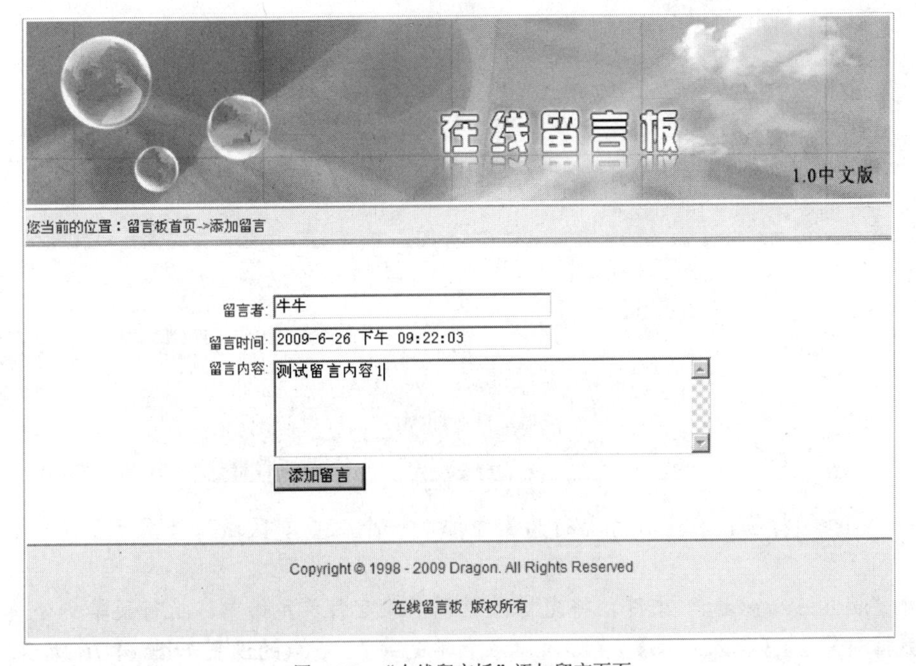

图14-72　“在线留言板”添加留言页面

【训练步骤】

1. 在系统的 IIS 服务器中新建一个名为“message”的虚拟目录指向磁盘中的一个文件夹（例如“D:\message”）。
2. 使用虚拟目录指向的文件夹作为根文件夹，在 Dreamweaver 中新建一个本地站点，将附盘文件夹“素材\第 14 章\在线留言板”下的所有内容复制到站点根文件夹下，然后双击打开站点中的“index.asp”文件。
3. 在【数据库】面板中创建一个“自定义连接字符串”，【连接字符串】使用“"Provider=Microsoft.Jet.OLEDB.4.0;Data Source=" & Server.MapPath("\message\data\data.mdb")”，如图 14-73 所示。
4. 在【服务器行为】面板中创建“记录集（RS）”，参数的设置如图 14-74 所示。

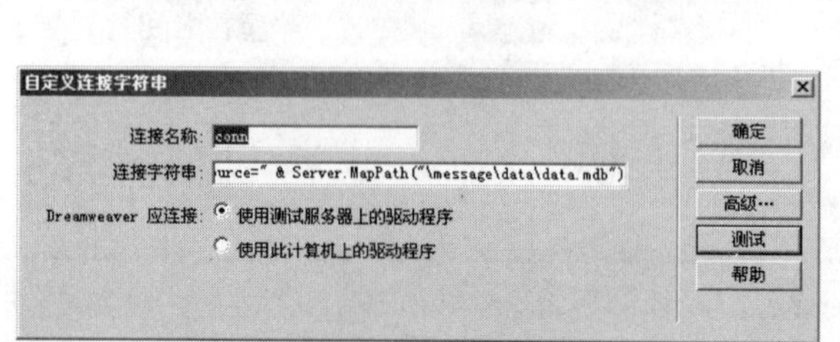

图14-73　创建自定义连接字符串

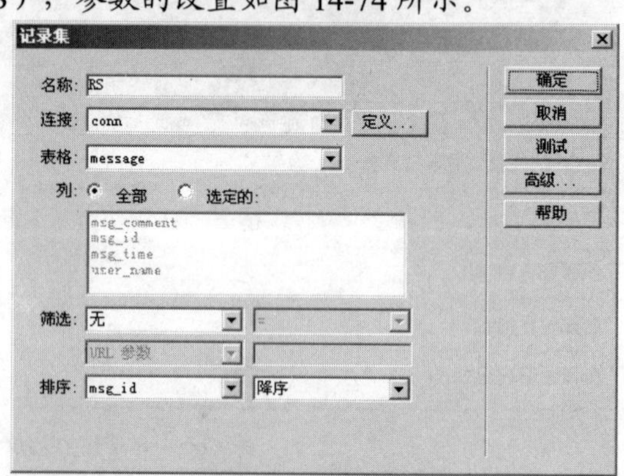

图14-74　创建记录集

5. 在【绑定】面板中依次将“msg_comment”、“user_name”、“msg_time”插入页面中相应的单元格内，如图 14-75 所示。

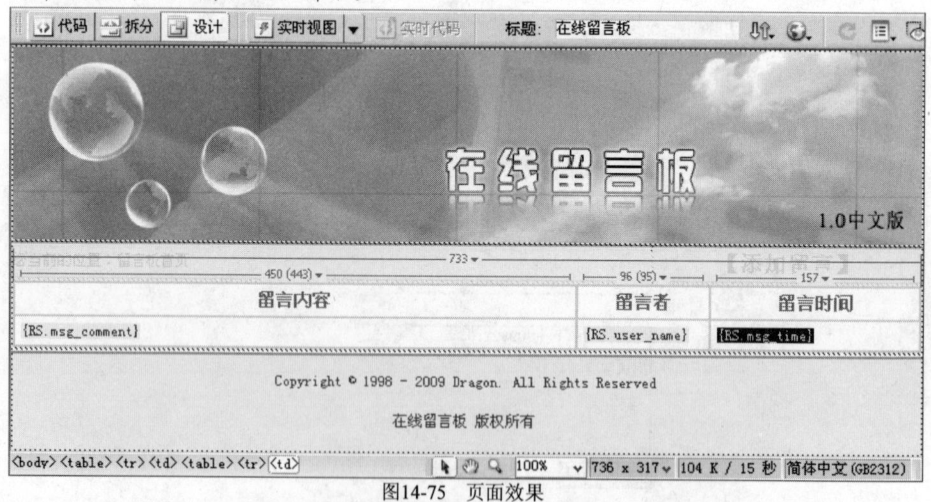

图14-75　页面效果

6. 选择“<tr>”标签，在【服务器行为】中添加一个“重复区域”，【显示】选择“所有记录”。
7. 打开“addmessage.asp”文件，将光标放置到中间空白单元格中，执行菜单命令【插入】/【数据对象】/【插入记录】/【插入记录表单向导】，参数的设置如图 14-76 所示。

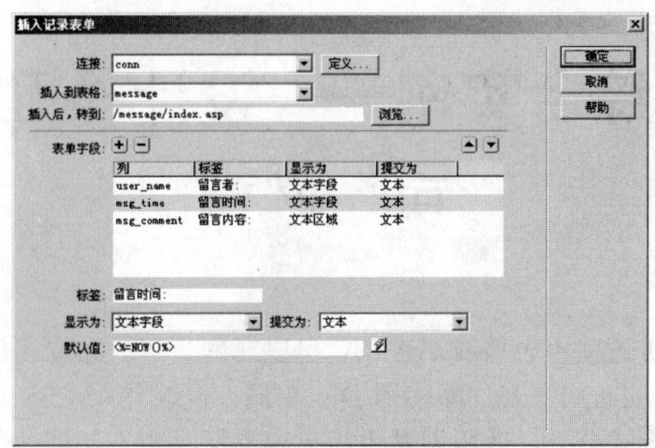

图14-76　【插入记录表单】对话框

8.　将 插入记录 按钮的【值】改为“添加留言”，页面效果如图 14-77 所示。

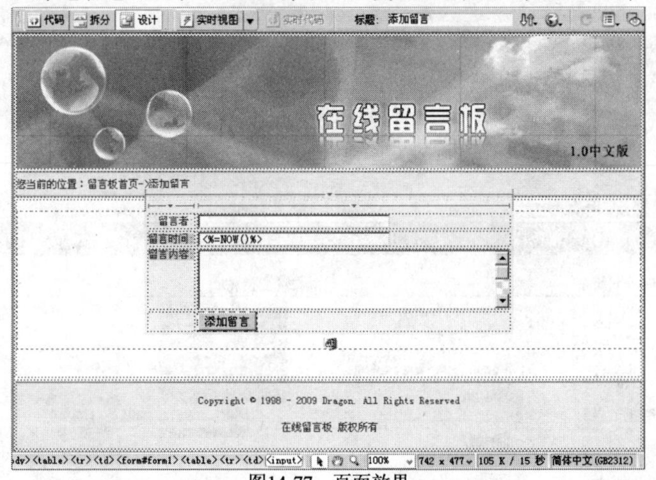

图14-77　页面效果

9.　至此，该在线留言板设计制作完成。

14.7　小结

本章首先介绍了 IIS 服务器的搭建方法，接着讲解了定义站点和创建数据库连接的方法，通过详细介绍新闻发布系统前台页面和后台管理页面的制作步骤，从而展示了从数据库查询数据并显示、插入数据、修改数据和删除数据的方法。通过本章的学习，读者便可掌握使用 Dreamweaver 设计制作交互式网页的方法和技巧。

14.8　习题

一、问答题

1.　交互式网页有哪些特点？
2.　简述搭建 IIS 服务器的步骤。
3.　简述创建数据库连接的方法。

二、操作题

使用交互式网页技术设计制作一个音乐网站。

第15章 综合实例——设计“丑丑广告公司”网站

在前面的章节中讲过使用表格或 AP Div 可以对网页进行布局，但都存在一定的不足，本章将讲解 Div+CSS 的布局方式，即使用 Div 布局，同时使用 CSS 设置页面外观。这样设计出来的网页内容和形式分离，改版网站更简单容易而且更方便搜索引擎的搜索。案例设计效果如图 15-1 所示。

图15-1 “丑丑广告公司”首页

【学习目标】

- 熟悉网页的结构分析。
- 熟悉 PhotoShop 切片的操作方法。
- 掌握 Div+CSS 的布局方式。
- 掌握网页设计的一般流程。

15.1　分析构架

在网页设计之前，需要对网页的构架进行分析，认识网页的设计要求和布局结构，才能设计出用户需要的网页。

15.1.1　设计分析

根据丑丑广告公司的公司文化和公司特色，本网页设计采用了简洁大方的排列方式，主要体现服务项目和案例效果图，参见图 15-1。整个网站设计了“关于丑丑”、“服务项目”、“案例展示”、“人才招聘”、“友情链接”、“联系我们”、“广告服务”7 个页面。在首页中设置了 Logo、Banner、导航条、公司简介、服务项目、案例展示以及版权信息等内容。

15.1.2　布局分析

布局方式将指导如何切割图像以及如何创建层结构。根据设计图可将首页分为 Logo 与 Banner 区域、导航区域、内容区域、页脚区域，其布局如图 15-2 所示。

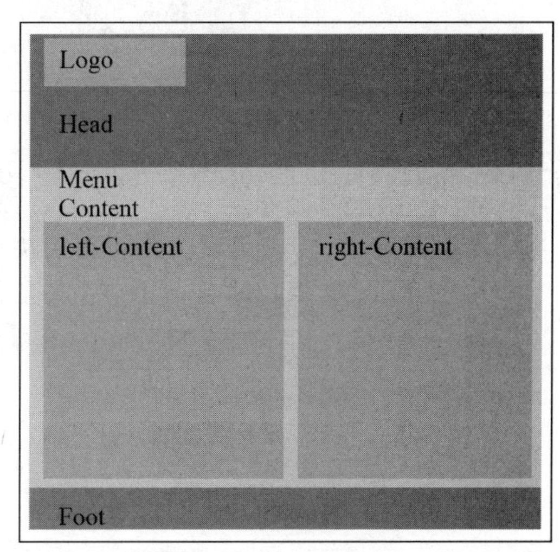

图15-2　布局图

从布局结构图可知。

(1)　最外层的 main，位于页面最下层，用于放置所有内容，以及页面的全局定位，其大小为“840px×800px”。

(2)　在层 main 内部，从上到下依次是用于放置 Banner 图像的 Head 层，大小为“815px×205px”；放置导航条的 Menu 层，大小为“815px×40px”；放置主要内容的 Content 层，大小为“815px×460px”；放置版权信息的 Foot 层“815px×65px”。

(3)　在 Head 层中又包含一个 Logo 层，用于放置 Logo 图像，大小为“220px×75px”。

(4)　在 Content 层又包含 left-content 层，大小为“415px×460px”；right-content 层，大小为“400px×450px”。

15.2　使用 PhotoShop 切片

Photoshop 是 Adobe 公司生产的著名产品之一，它在图形图像处理领域拥有毋庸置疑的权威。Photoshop 与 Dreamweaver 的结合可以让网页设计更加的美丽，更加的高效快捷。下面将介绍其中的切割图像和导出切片的两个基本功能。

15.2.1　切割图像

Photoshop CS4 提供的切片功能，能够方便快捷地对图像进行切片并导出切片，使网页设计者能够快速地得到相关的图像。下面将介绍切割图像的操作过程。

1. 运行 Photoshop CS4，然后执行菜单命令【文件】/【打开】，打开附盘文件“素材\第 15 章\设计图\首页.psd”，如图 15-3 所示。

图15-3 打开图像

2. 单击左侧工具栏中的【切片工具】，在背景图像上拖曳鼠标光标，形成一个切割区域，如图 15-4 所示。
3. 在切片上单击鼠标右键，在弹出的快捷菜单中选择【编辑切片选项】选项，打开【切片选项】对话框，然后在【切片类型】下拉列表框中选择【图像】选项，在【名称】文本框中输入切片的名称“bg”，在【尺寸】选项中的【W】为“20”、【H】为“20”，如图 15-5 所示。

图15-4 切割图像背景区域

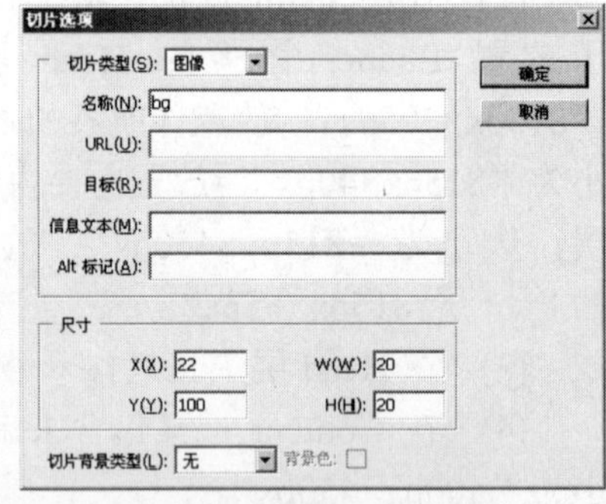

图15-5 【切片选项】对话框

要点提示 在【切片选项】对话框中设置的名称将作为导出图像后的名称。

4. 单击 确定 按钮，完成切片的设置。
5. 利用上述方法，将图像其他区域进行切割。由于本例给出的图像源文件中已经对其他区域进行了切割，用户不需要再进行切割。

在对图像进行切割的过程中，能用文字表达的部分尽量不要用图像来表达。图像越多，在网络上传输速度就越慢。

15.2.2 导出切片

在导出切片时，颜色较少且变化不大的切片最好导出为 GIF 格式的图像，这样可以使得图像尺寸很小；颜色较丰富的切片最好导出为 JPEG 格式的图像，能较好地保留色彩信息；对于放置在其他元素之上或者要求背景透明的切片就导出为 PNG 格式的图像。

本例中需要将 Logo 切片导出为 PNG 格式的图像，Banner 切片导出为 JPEG 格式的图像，其他的切片都导出为 GIF 格式的图像。

1. 执行菜单命令【窗口】/【图层】，打开【图层】面板，可以看到所有的图层文件夹，如图 15-6 所示。
2. 单击“banner”和“bg”图层文件夹前面的按钮，使两个文件夹的内容隐藏，此时的【图层】面板如图 15-7 所示，文档效果如图 15-8 所示。

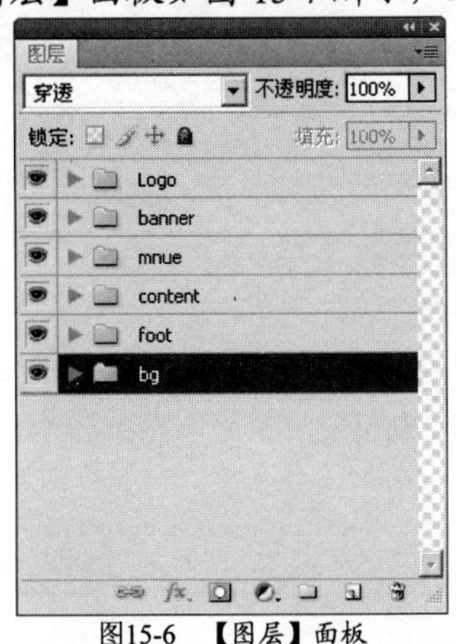

图15-6 【图层】面板

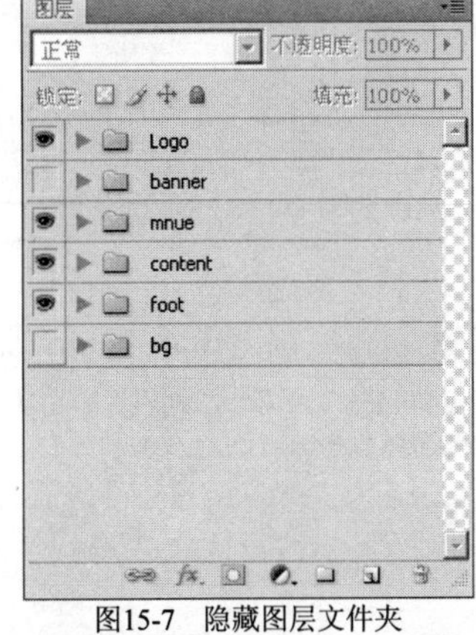

图15-7 隐藏图层文件夹

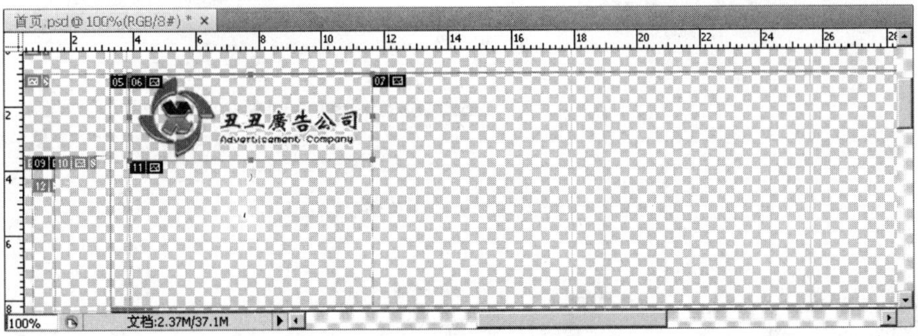

图15-8 隐藏图层文件夹后的文档

3. 执行菜单命令【文件】/【存储为 Web 和设备所用格式】，打开【存储为 Web 和设置所用格式】对话框，单击对话框左侧的【切片选择工具】，然后单击选中 Logo 切片，并在右侧的【预设】下拉列表中选择【PNG-24】选项，如图 15-9 所示。
4. 确定 Logo 切片被选中的情况下，单击对话框右下角的存储按钮，打开【保存文件】对话框，然后在【保存在】下拉列表中选择要保存文件的文件夹；在【保存类型】下拉列表中选择【仅限图像(*.gif)】选项；在【设置】下拉列表选择【默认】选项；在【切片】下拉列表框中选择【选中的切片】选项，如图 15-10 所示。

图15-9　设置 Logo 切片的导出格式

5. 单击 保存(S) 按钮，保存 Logo 切片，即可在文件夹下生成一个名为“images”文件夹，打开文件夹，可以看到生成的 Logo 图像，如图 15-11 所示。

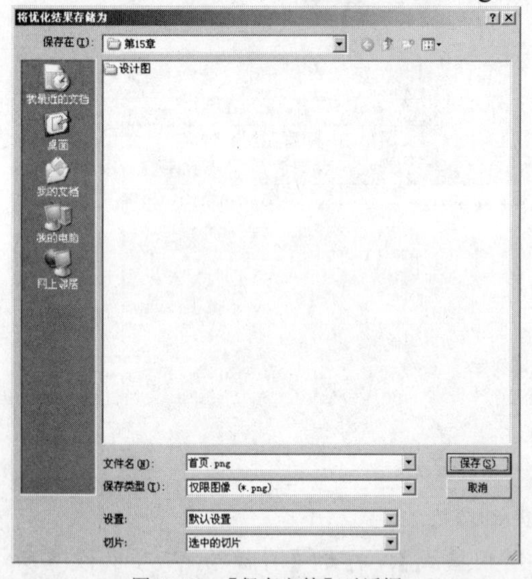

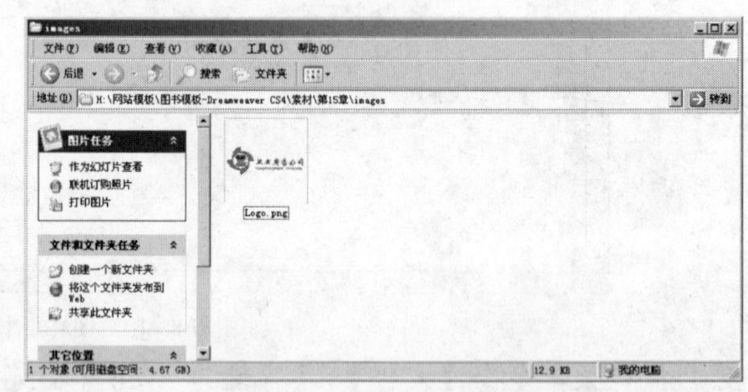

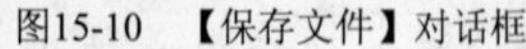

图15-10　【保存文件】对话框

图15-11　导出的 Logo 图像

6. 返回 Photoshop 中，单击“banner”和“bg”图层文件夹前面的 按钮，使两个文件夹的内容显示；单击“Logo”图层文件夹前面的 按钮，使图像文件夹内容显隐藏；单击展开“mnue”图层文件夹，然后单击“关于丑丑|服务项目……”图层前面的 按钮，使图层内容隐藏，此时的【图层】面板如图 15-12 所示。
7. 在 Logo 切片单击鼠标右键，在弹出的快捷菜单中选择【删除切片】选项，删除 Logo 切片，如图 15-13 所示。

图15-12　【图层】面板

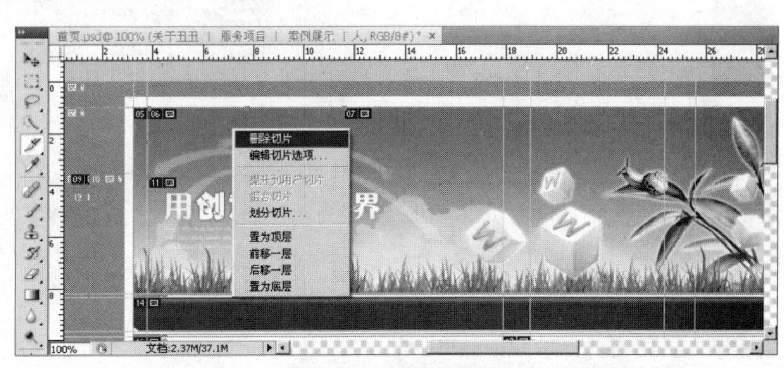

图15-13　删除 Logo 切片

8. 执行菜单命令【文件】/【存储为 Web 和设备所用格式】，打开【存储为 Web 和设置所用格式】对话框，单击对话框左侧的【切片选择工具】，然后单击选中 Banner 切片，在右侧的【预设】下拉列表中选择【JPEG】选项并设置为“最佳”状态，如图 15-14 所示。

图15-14　设置 Banner 切片的导出格式

9. 选中其他切片，检查是否为默认的“GIF”格式，如果不是，则用同样的方法将其他切片设置为“GIF”的格式。
10. 单击对话框右下角的 存储 按钮，打开【保存文件】对话框，其参数设置会默认为上一次的设置效果，更改【切片】下拉列表中的选项为【所有用户切片】，如图 15-15 所示。
11. 单击 保存(S) 按钮，即可将所有的用户切片保存在上面操作创建的“images”文件夹中，如图 15-16 所示。

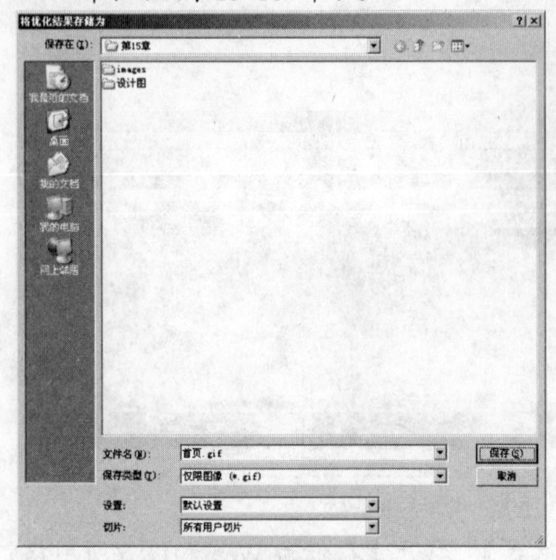

图15-15 设置保存所有的用户切片

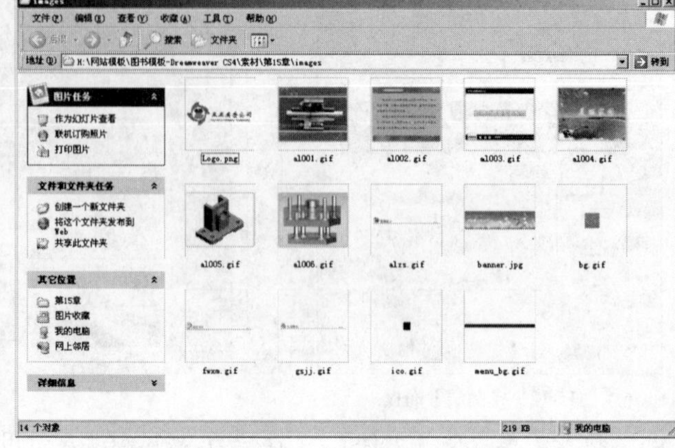

图15-16 保存所有的切片

12. 至此，完成所有的切片操作。

15.3 使用 Dreamweaver 制作网页

当网页素材准备好后，就可以使用 Dreamweaver CS4 来设计网页。按照网页的制作流程，主要包括定义站点、布局网页、设置超链接和添加 CSS 样式表。

15.3.1 创建站点

为了方便文件管理和后期发布与维护，需要定义一个本地站点。下面具体介绍创建本地站点的操作步骤。

1. 在硬盘根目下新建一个名为“myweb”的文件夹，然后将刚才创建的“images”文件夹复制粘贴到该文件夹中，如图 15-17 所示。

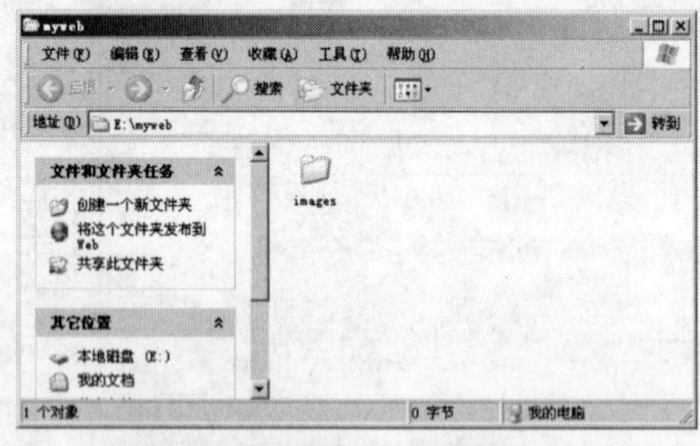

图15-17 创建文件夹并复制文件

2. 运行 Dreamweaver 进入【起始页】对话框，执行菜单命令【站点】/【新建站点】，打开【myweb 的站点定义为】对话框并切换到【高级】选项卡，然后设置【站点名称】为“myweb”，【本地根文件夹】为“E:\myweb”，【默认图像文件夹】为“E:\myweb\images\”，如图 15-18 所示。
3. 单击 确定 按钮，打开【文件】面板，文件夹及文件都已导入到本地站点中，如图 15-19 所示。

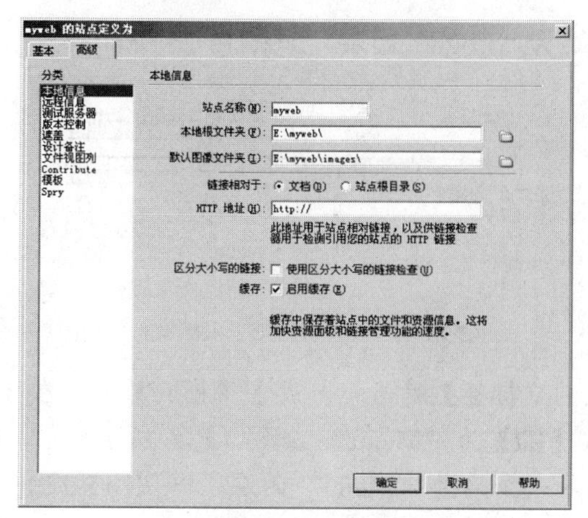

图15-18 定义站点

图15-19 【文件】面板

4. 在【超始页】对话框中单击【新建】项目中的 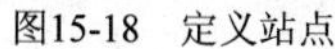 HTML 按钮，新建一个HTML文档，并保存为“index.html”文件。

15.3.2 创建层

下面将具体介绍根据布局结构图创建层来布局网页基本框架的操作过程。

1. 在文档中，单击【插入】面板“常用”类别中的 插入 Div 标签 按钮，打开【插入Div标签】对话框，设置【插入】为“在插入点”，【ID】为“main”，如图15-20所示。
2. 单击 确定 按钮，在文档中插入一个名为“main”的层，如图15-21所示。

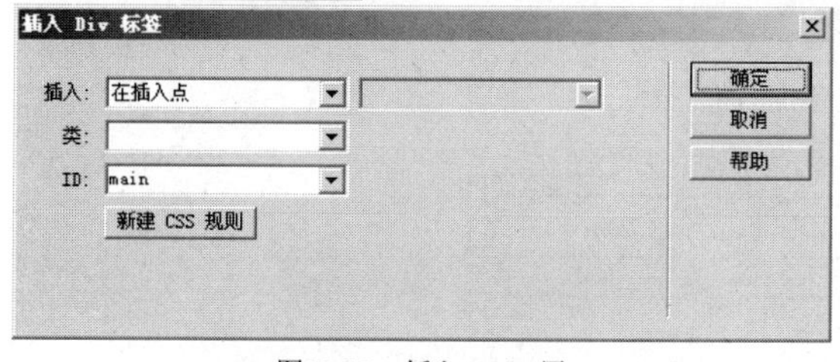

图15-20 插入 main 层

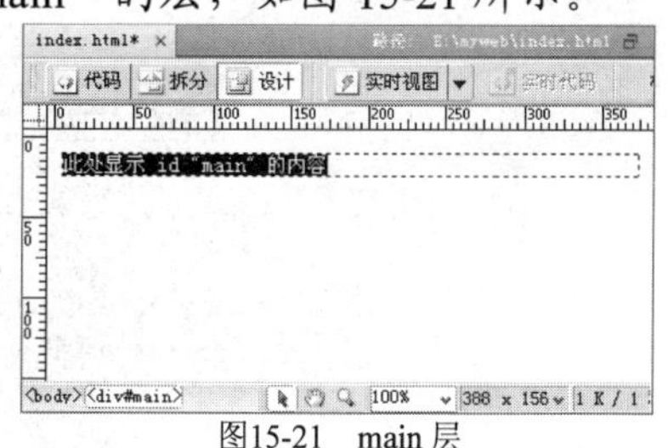

图15-21 main 层

3. 单击 插入 Div 标签 按钮，打开【插入 Div 标签】对话框，设置【插入】为“在开始标签之后”，后面选择“ <div id= “main” >”,【ID】为“Head”，如图15-22所示。
4. 单击 确定 按钮，可在main层中插入一个名为“Head”的层，如图15-23所示。

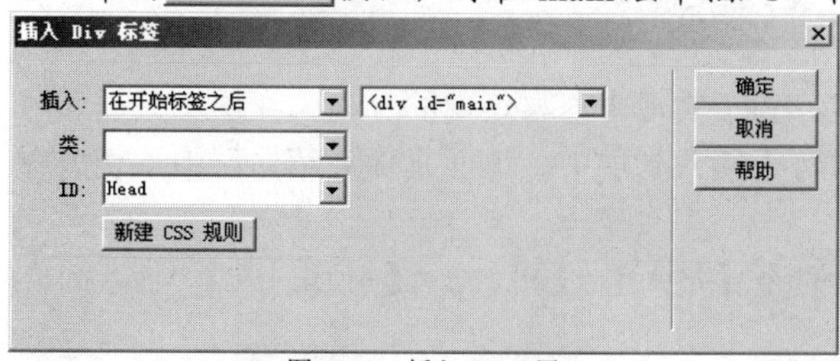

图15-22 插入 Head 层

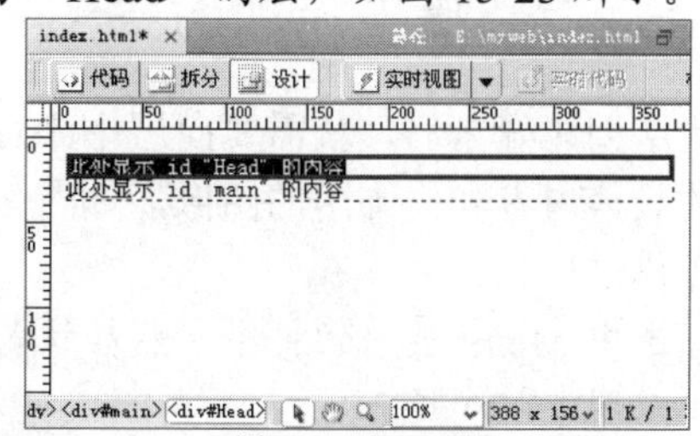

图15-23 Head 层

5. 单击 插入 Div 标签 按钮，打开【插入 Div 标签】对话框，设置【插入】为“在开始标签之后”，后面选择“ <div id= “Head” >”,【ID】为“Logo”，如图15-24所示。

6. 单击 确定 按钮，可在 Head 层中插入一个名为“Logo”的层，如图 15-25 所示。

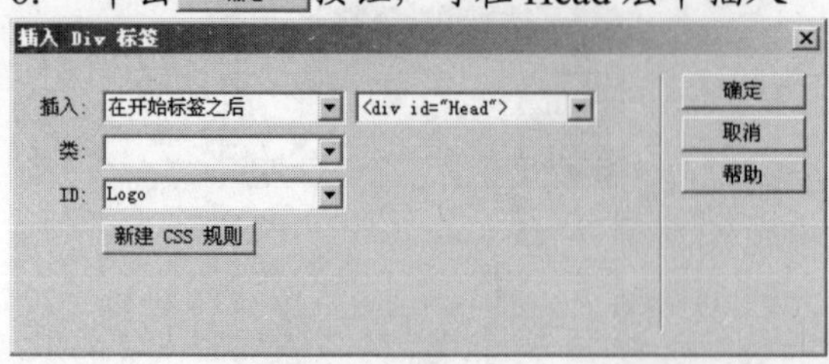

图15-24　插入 Logo 层

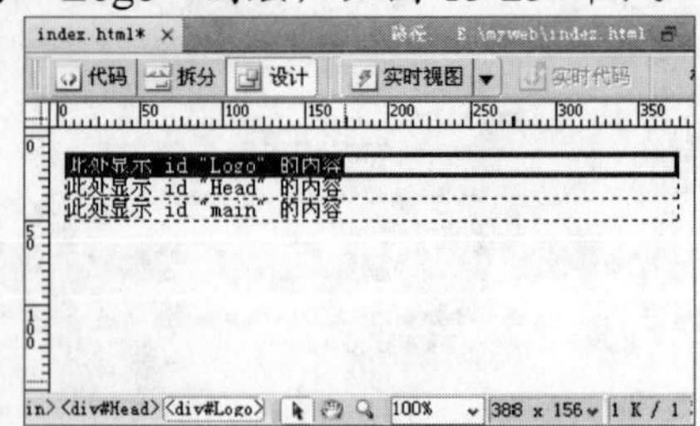

图15-25　Head 层

7. 单击 插入 Div 标签 按钮，打开【插入 Div 标签】对话框，设置【插入】为“在标签之后”，后面选择“ <div id= “Head” >”、【ID】为“Menu”，如图 15-26 所示。
8. 单击 确定 按钮，可在 Head 层下边插入一个名为“Menu”的层，如图 15-27 所示。

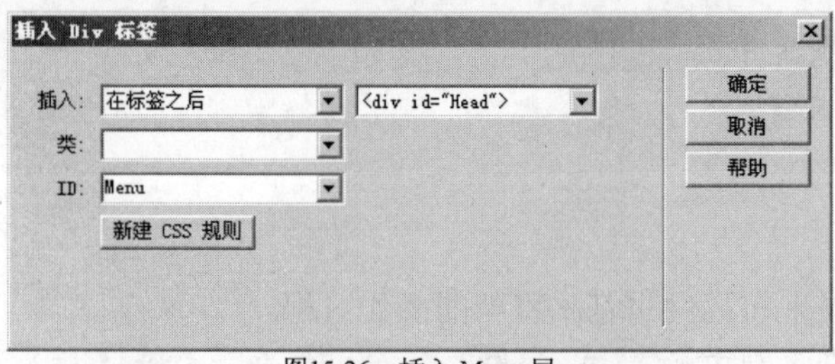

图15-26　插入 Menu 层

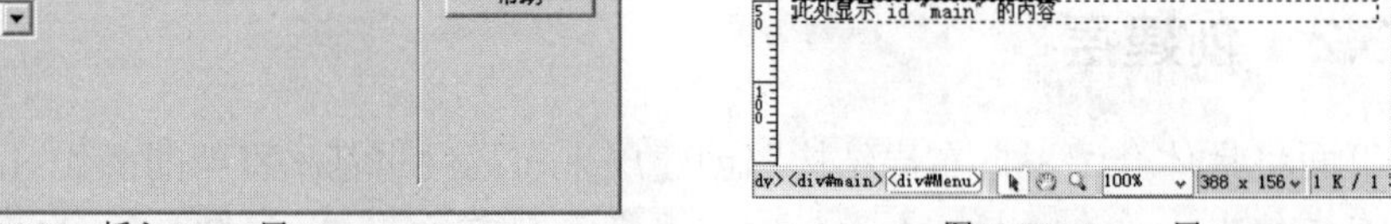

图15-27　Menu 层

9. 用上述方法，在 Menu 层的后面再插入两个层，分别命名为“content”和“foot”层，并在“content”层中插入两个层“left”和“right”，然后在“left”层中插入两个层“gsjj”和“fwxm”，最终效果如图 15-28 所示。

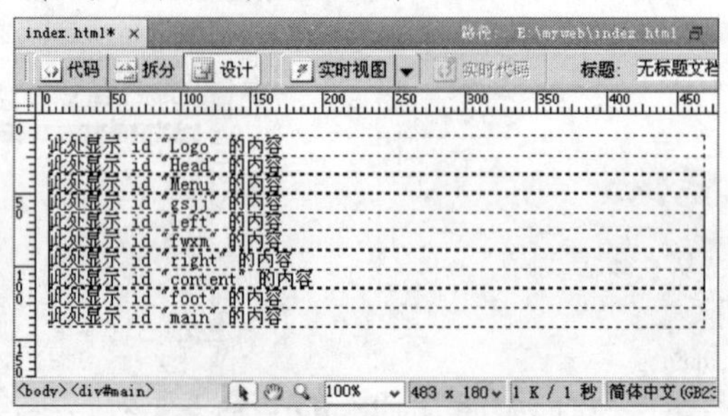

图15-28　所有的层效果

15.3.3　向层中添加内容

层创建好之后，就需要向层中添加内容。为了实现内容与表现的分离，在层中只插入网页的具体内容和修饰用的图像，如背景图像等不插入到层中。下面具体介绍向层中添加内容的操作过程。

1. 选中 Menu 层中的文字，然后执行菜单命令【格式】/【列表】/【项目列表】，插入列表如图 15-29 所示。
2. 删除原先的文字，输入“关于丑丑”；然后将光标置于文字后面按 Enter 键创建新的列表并输入文字“服务项目”。用同样的方法，添加“案例展示”、“人才招聘”、“友情链接”、“联系我们”、“广告服务”，如图 15-30 所示。

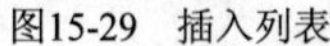
图15-29　插入列表

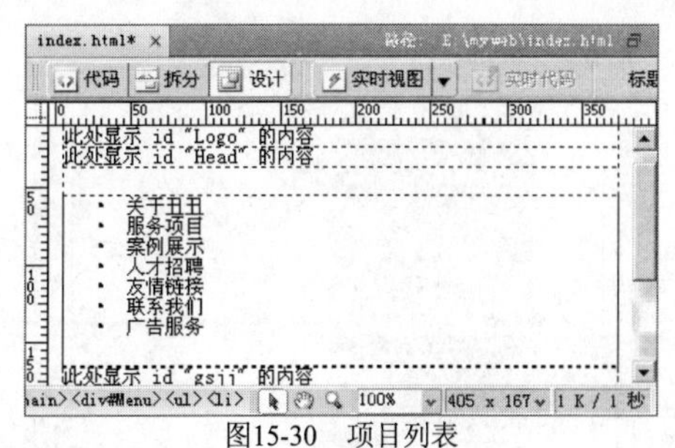

图15-30　项目列表

3. 选中 gsjj 层，删除层中原先的文字，然后输入文本如图 15-31 所示。
4. 选中 fwxm 层，添加项目列表如图 15-32 所示。

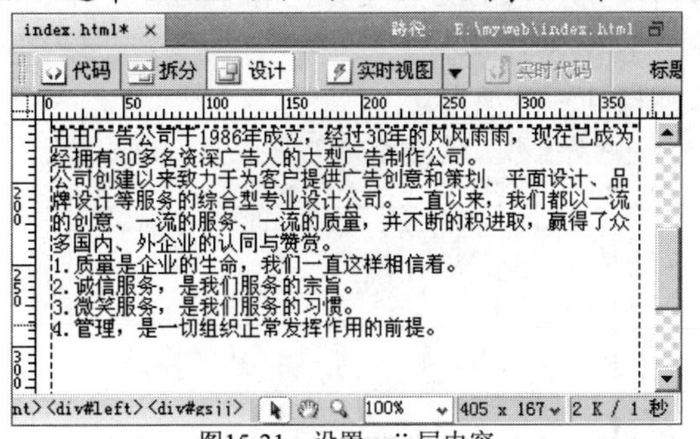

图15-31　设置 gsjj 层内容

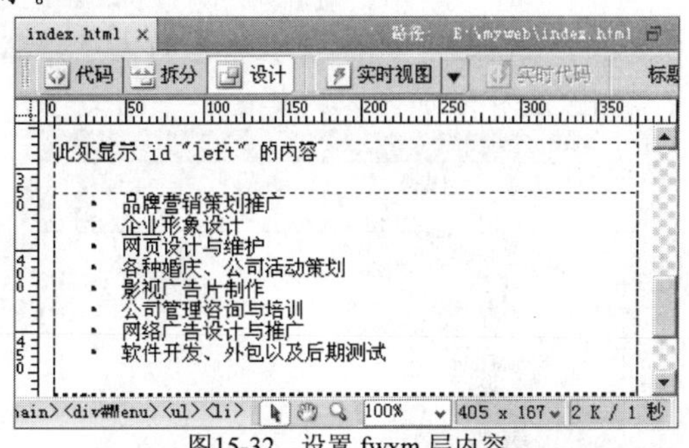

图15-32　设置 fwxm 层内容

5. 选中 right 层，删除层中原先的文字，并插入“images/al001.gif”图像，然后选中图像，执行菜单命令【格式】/【列表】/【项目列表】，对图像进行项目列表，如图 15-33 所示。
6. 将光标置于图像后面按下 Enter 键创建新的项目列表，并插入“images/al002.gif”图像，如图 15-34 所示。

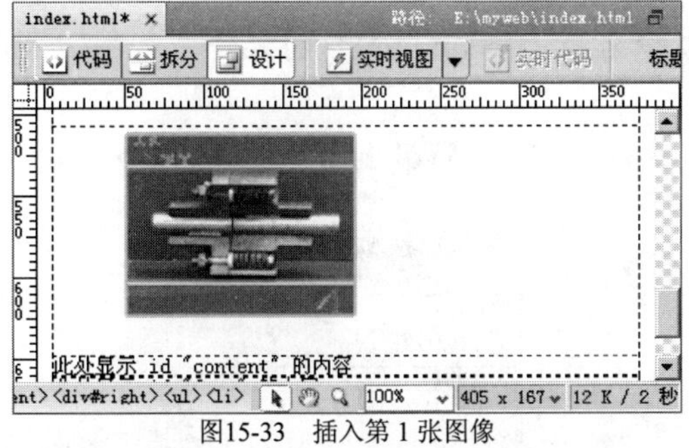

图15-33　插入第 1 张图像

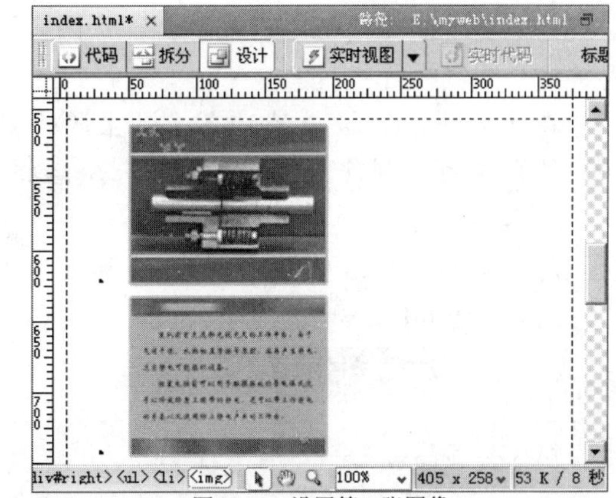

图15-34　设置第 2 张图像

7. 用同样的方法将“images/al003.gif”至“images/al006.gif”都插入到列表中。
8. 再次将光标置于图像后面按下 Shift+Enter 键，不分段换行，然后输入“视频制作 0080”，如图 15-35 所示。
9. 用同样的方法在其他图像的下边输入“视频制作 0110”、“动画制作 0150”、“动画制作 0160”、“3 维动画 0130”、“3 维动画 0200”，如图 15-36 所示。

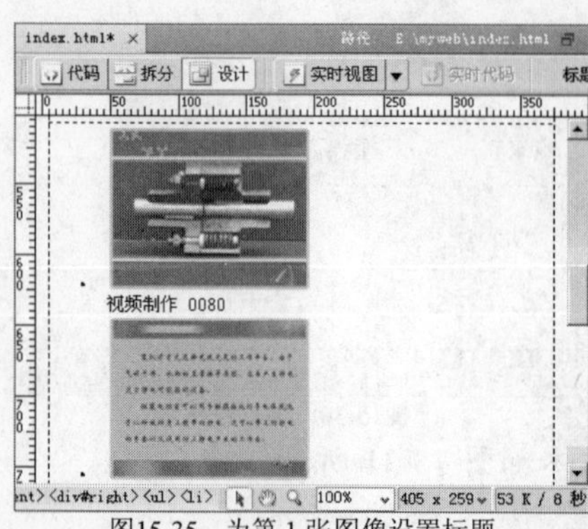

图15-35 为第 1 张图像设置标题

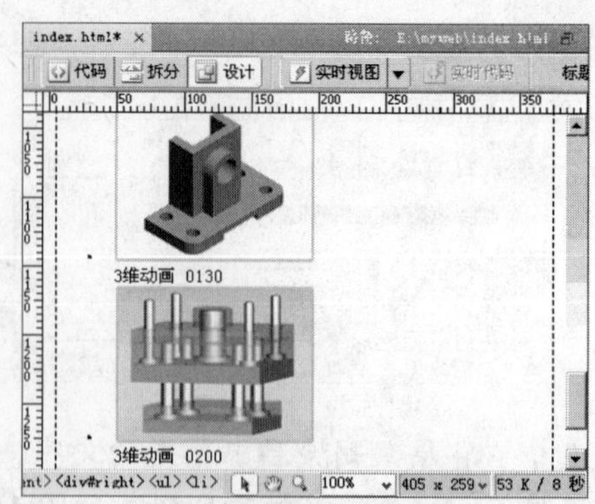

图15-36 设置其他图像的标题

10. 选中 foot 层，删除层中原先的文字，然后输入文本如图 15-37 所示。
11. 删除没有添加内容的其他层中的文字，效果如图 15-38 所示。

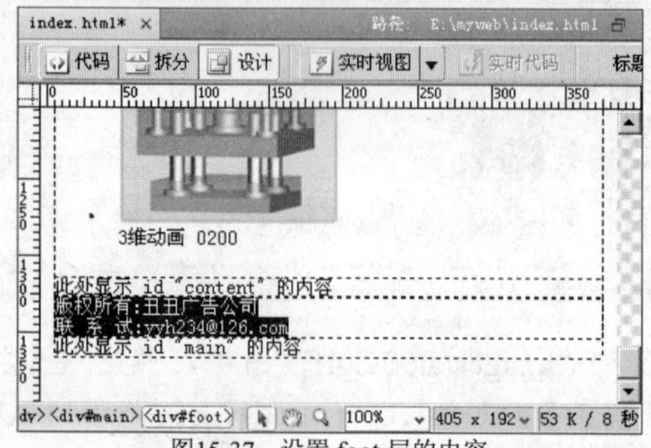

图15-37 设置 foot 层的内容

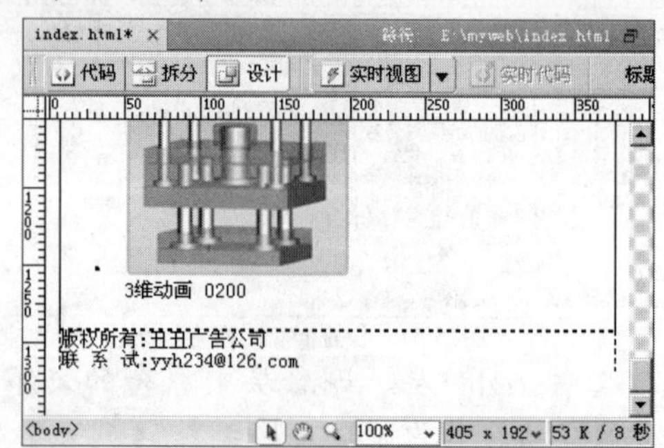

图15-38 删除层中原先的文字

15.3.4 设置超链接

为了实现网站内部的相互跳转，在内容添加完成之后，还需要对文本设置超链接。下面将具体介绍其操作过程。

1. 在【文件】面板中的站点名称上单击鼠标右键，在弹出的快捷菜单中选择【新建文件】选项，创建一个空白文档，然后将其重命名为“fwxm.html”的文件，如图 15-39 所示。
2. 用同样的方法，创建“alzs.html”、“rczp.html”、“yqlj.html”、“lxwm.html”、“ggfw.html”，如图 15-40 所示。

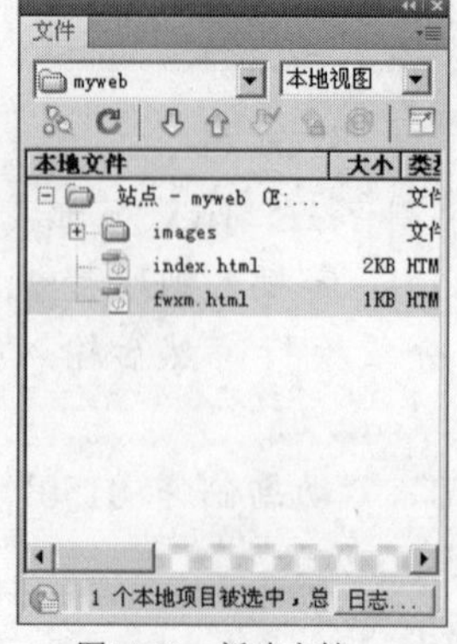

图15-39 新建文档

图15-40 创建其他文档

3. 选中文本“关于丑丑”，然后在【属性】面板中设置【链接】为“index.html”文件，如图 15-41 所示。

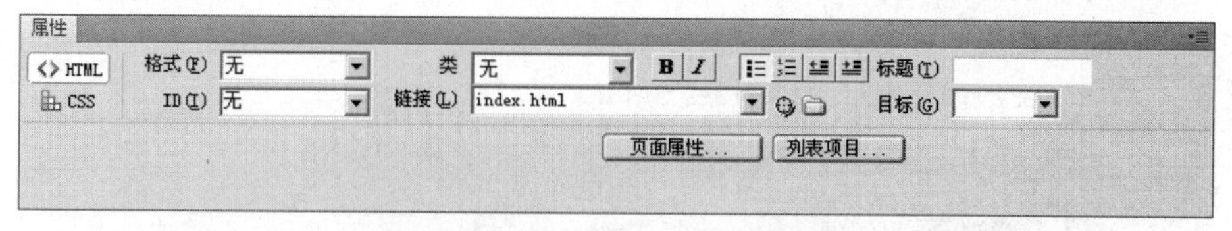

图15-41　设置“关于丑丑”的链接属性

4. 用同样的方法设置其他文本对应的链接文件，链接后的文本效果如图 15-42 所示。

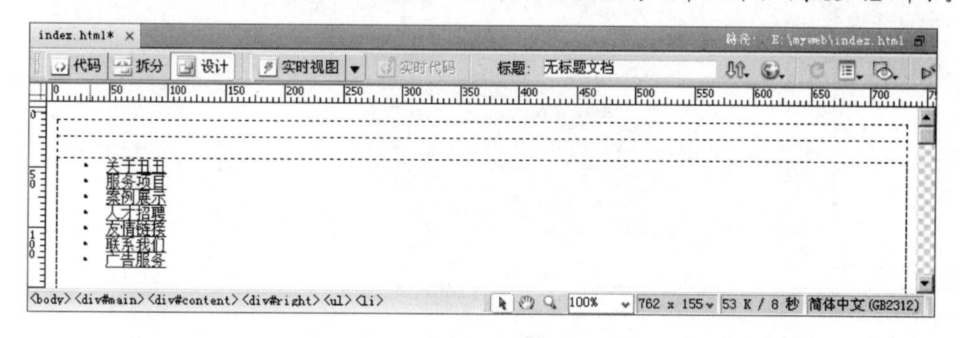

图15-42　为文本创建空链接

5. 至此，链接设置完成。由于布局已经很复杂，本例对其他内容不设置超链接。

15.3.5　添加 CSS 样式表

采用 Div+CSS 布局网页时，CSS 主要用于控制网页中各个元素的属性，生成相应的属性代码，方便后期的维护与修改。下面具体介绍添加 CSS 的操作过程。

一、设置<body>标签

1. 在站点下新建一个名为“CSS”的文件夹，用于存放 CSS 文件。
2. 单击【CSS 样式】面板底部的按钮，打开【新建 CSS 规则】对话框，设置的参数如图 15-43 所示。
3. 单击 确定 按钮，打开【将样式表文件另存为】对话框，在【文件名】文本框中输入“all.css”，如图 15-44 所示。

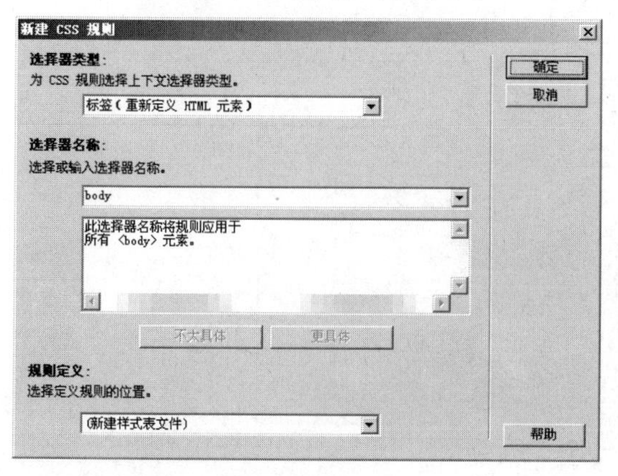

图15-43　新建“body”标签样式

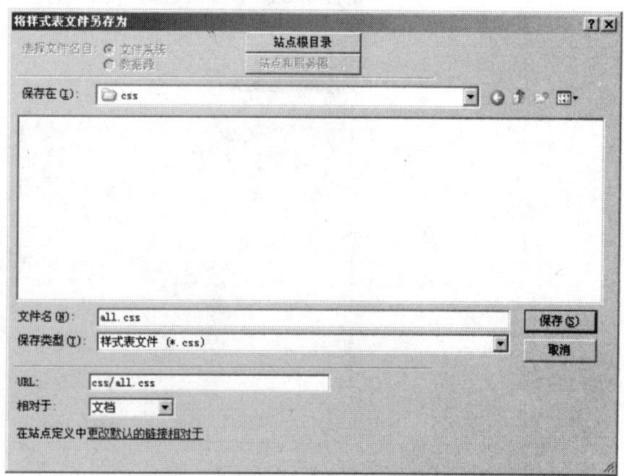

图15-44　新建 CSS 样式表文件

4. 单击 保存(S) 按钮，打开【body 的 CSS 规则定义（在 all.css）中】对话框，设置“类型”类别的参数，如图 15-45 所示。
5. 设置“背景”类别的参数，如图 15-46 所示。
6. 设置“方框”类别的参数，如图 15-47 所示。

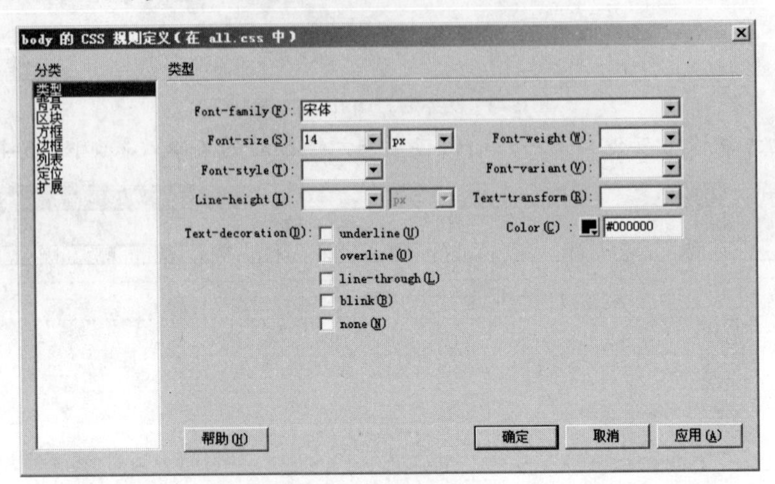

图15-45 设置“类型”类别

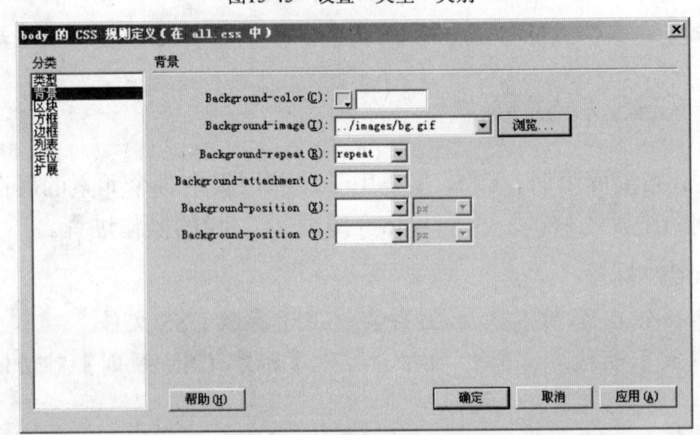

图15-46 设置“背景”类别

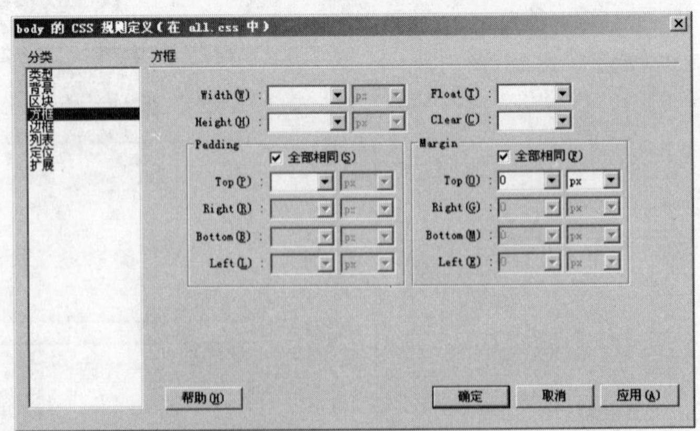

图15-47 设置“方框”类别

7. 单击 确定 按钮完成“body”样式设置。

二、 设置 main 层

1. 单击文档左下角的“<div#main>”标签，选中 main 层。
2. 单击【CSS 样式】面板底部的按钮，打开【新建 CSS 规则】对话框，系统会自动设置其参数，如图 15-48 所示。

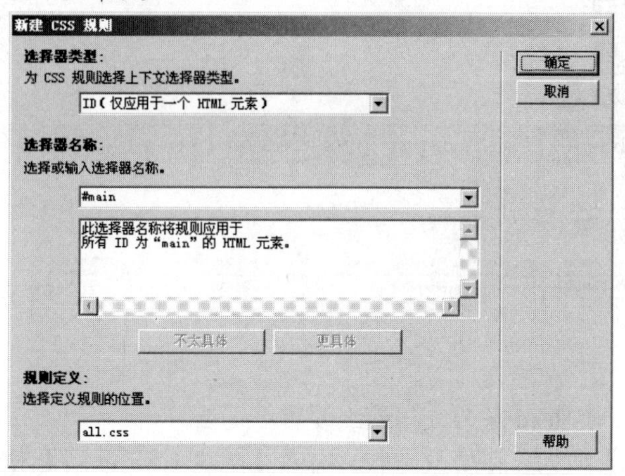

图15-48　新建“#main”样式

3. 单击 确定 按钮，打开【#main 的 CSS 规则定义（在 all.css）中】对话框，设置“背景”类别的参数，如图 15-49 所示。

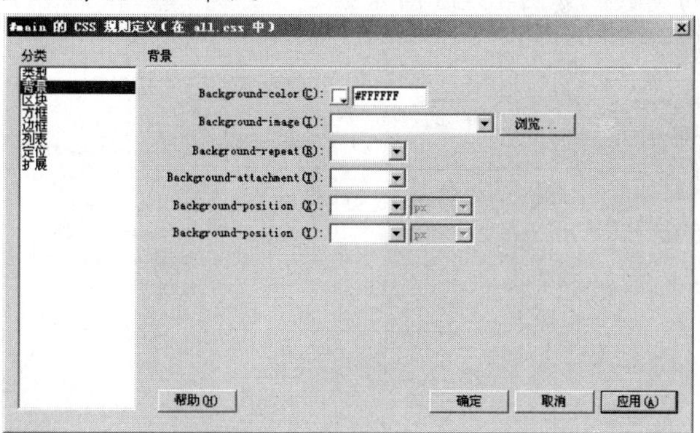

图15-49　设置“背景”类别

4. 设置“方框”类别的参数，如图 15-50 所示。

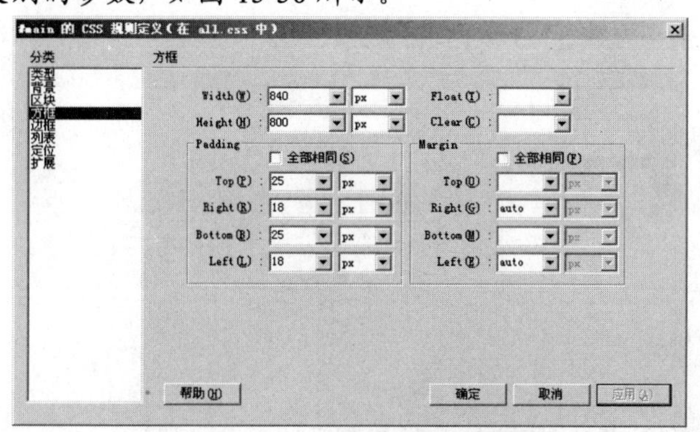

图15-50　设置“方框”类别

5. 单击 确定 按钮完成 main 层的设置，效果如图 15-51 所示。

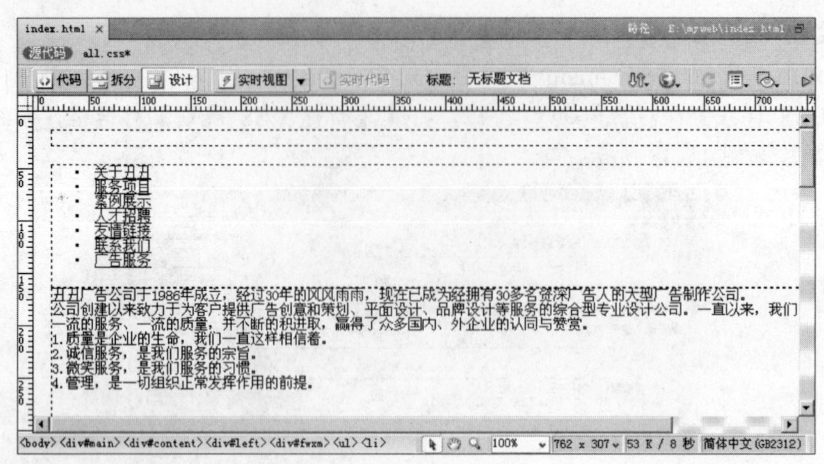

图15-51　Main 层

三、 设置 Head 层

1. 选中 Head 层，此时 Head 层为文档最上方的虚线框。
2. 单击【CSS 样式】面板底部的按钮，打开【新建 CSS 规则】对话框，系统会自动设置其参数，如图 15-52 所示。
3. 单击 确定 按钮，打开【#main #Head 的 CSS 规则定义（在 all.css）中】对话框，设置“背景”类别的参数，如图 15-53 所示。

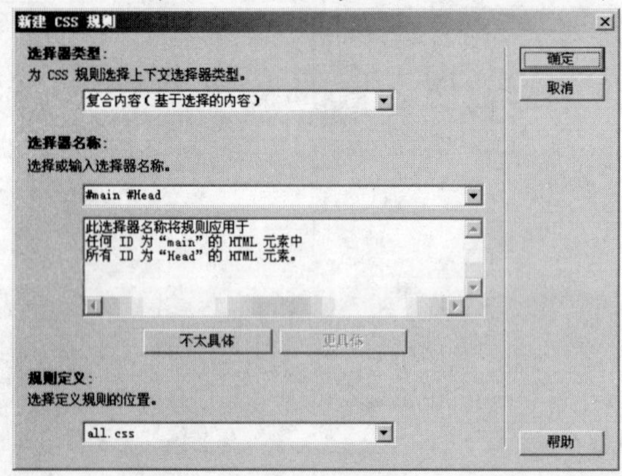

图15-52　新建“#main #Head”样式

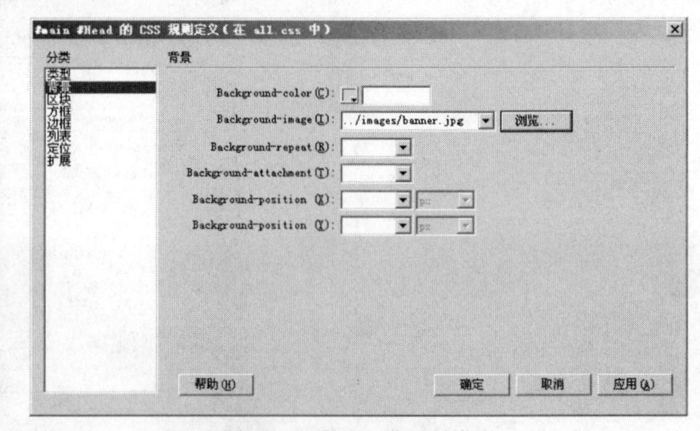

图15-53　设置“背景”类别

4. 设置“方框”类别的参数，如图 15-54 所示。

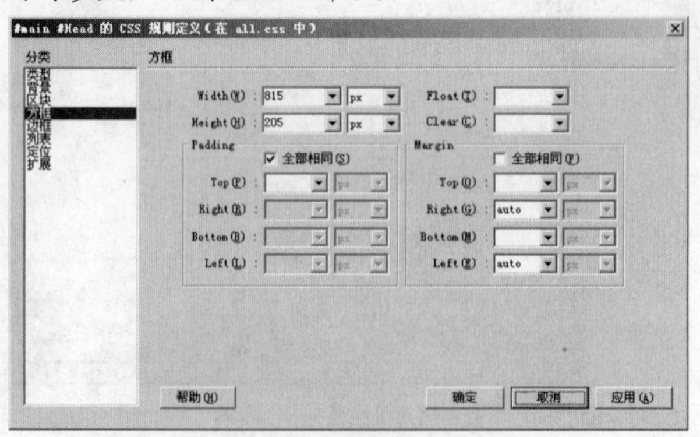

图15-54　设置“方框”类别

5. 单击 确定 按钮完成 Head 层的设置，效果如图 15-55 所示。

图15-55　Head 层

四、 设置 Logo 层

1. 选中 Logo 层，此时 Logo 层为 Head 层中的虚线框。
2. 单击【CSS 样式】面板底部的按钮，打开【新建 CSS 规则】对话框，系统会自动设置其参数，如图 15-56 所示。

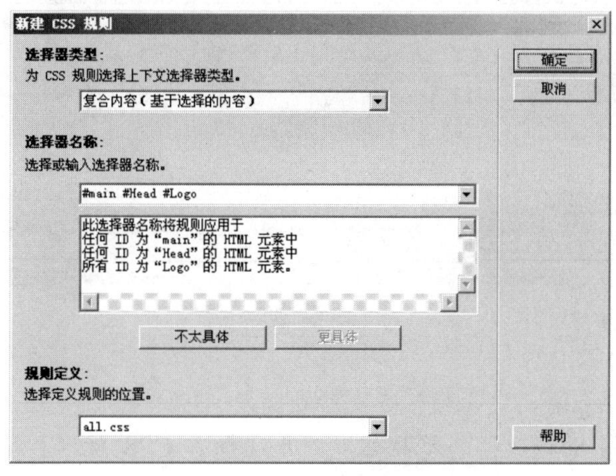

图15-56　新建“#main #Head #Logo”样式

3. 单击 确定 按钮，打开【#main #Head #Logo 的 CSS 规则定义（在 all.css）中】对话框，设置“背景”类别的参数，如图 15-57 所示。

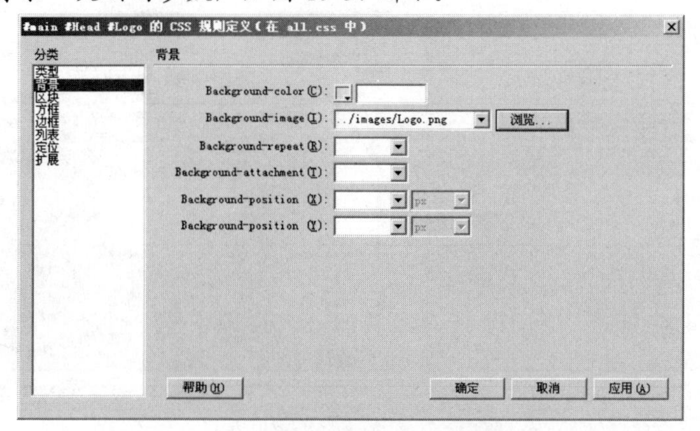

图15-57　设置“背景”类别

4. 设置“方框”类别的参数，如图 15-58 所示。

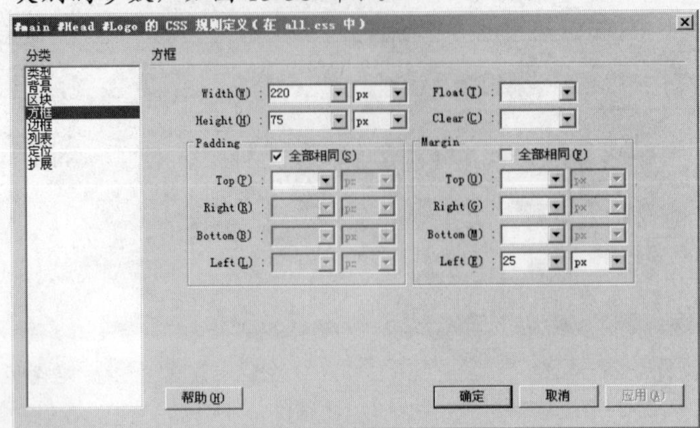

图15-58 设置“方框”类别

5. 单击 确定 按钮完成 Logo 层的设置，效果如图 15-59 所示。

图15-59 Logo 层

五、 设置 Menu 层

1. 选中文档中的 Menu 层，文本项目列表所在的层。
2. 单击【CSS 样式】面板底部的 按钮，打开【新建 CSS 规则】对话框，系统会自动设置其参数，如图 15-60 所示。
3. 单击 确定 按钮，打开【#main #Menu 的 CSS 规则定义（在 all.css）中】对话框，设置“类型”类别的参数，如图 15-61 所示。

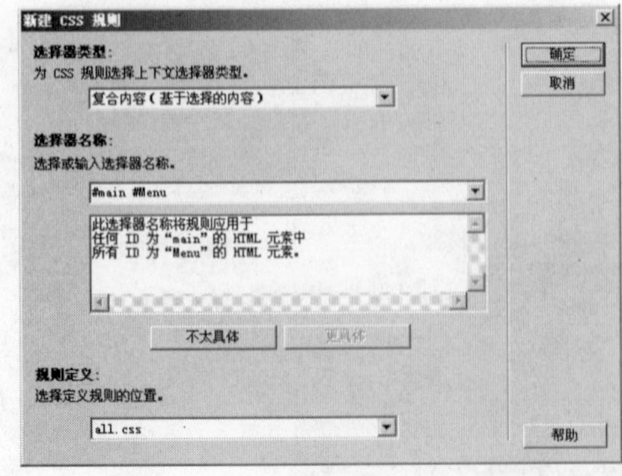

图15-60 新建“#main #Menu”样式

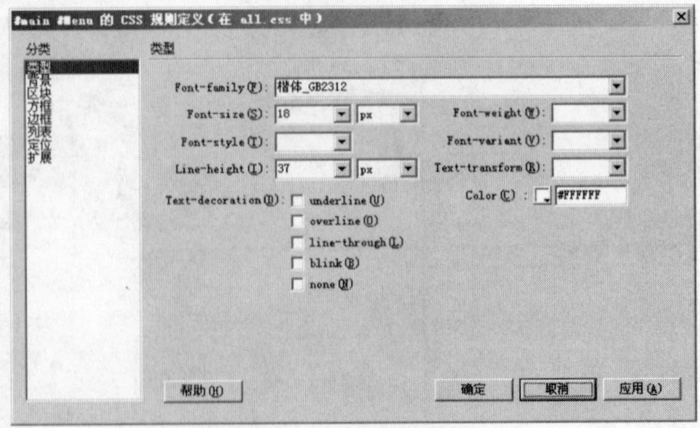

图15-61 设置“类型”类别

4. 设置“背景”类别的参数，如图 15-62 所示。

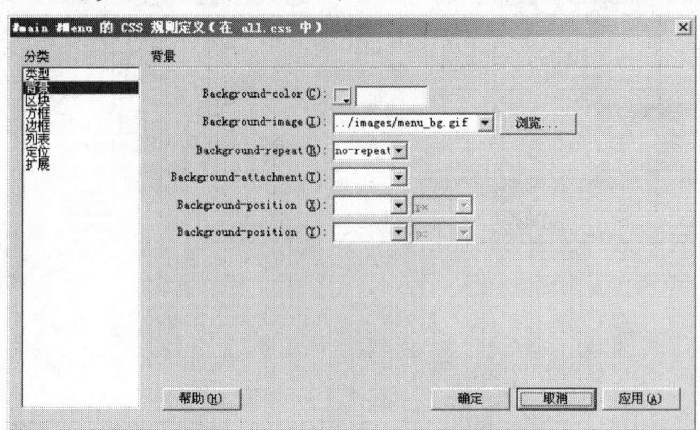

图15-62　设置“背景”类别

5. 设置“区块”类别的参数，如图 15-63 所示。

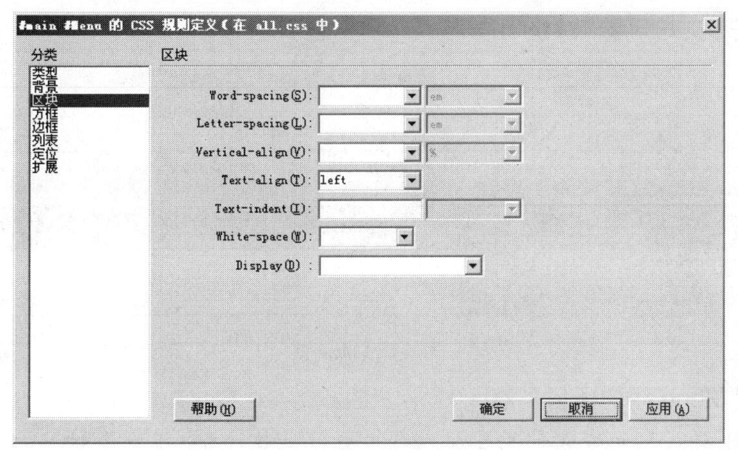

图15-63　设置“区块”类别

6. 设置“方框”类别的参数，如图 15-64 所示。

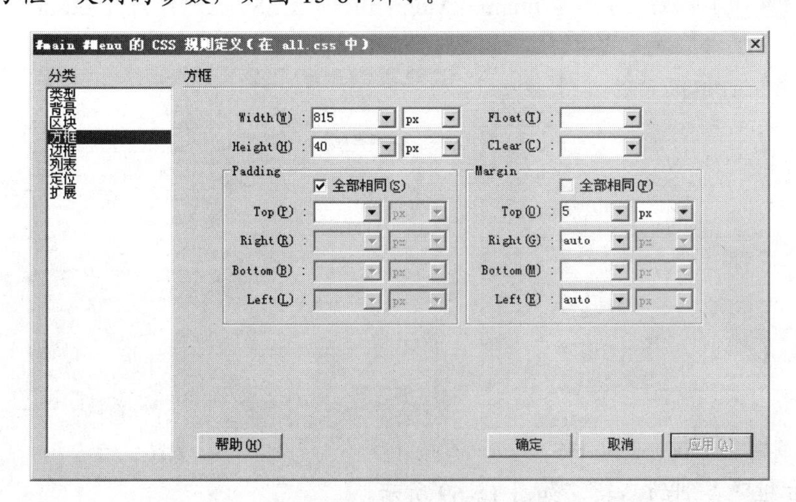

图15-64　设置“方框”类别

7. 设置“边框”类别的参数，如图 15-65 所示。

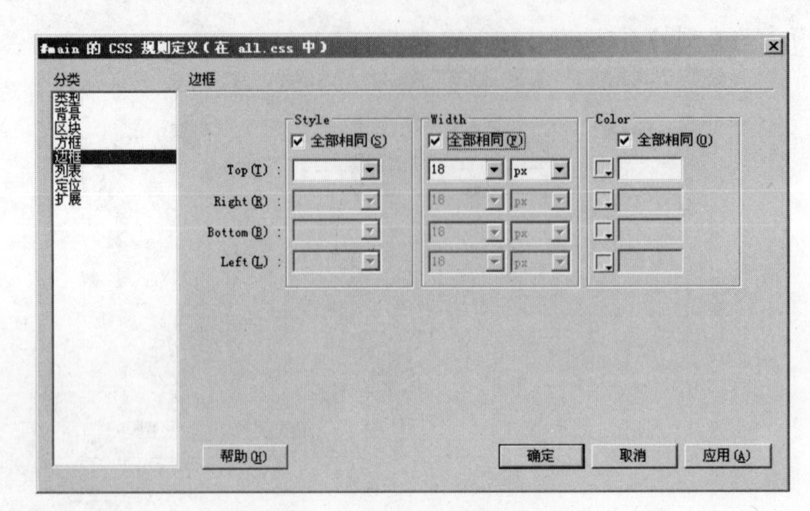

图15-65　设置“边框”类别

8. 单击 确定 按钮完成 Menu 层设置，效果如图 15-66 所示。

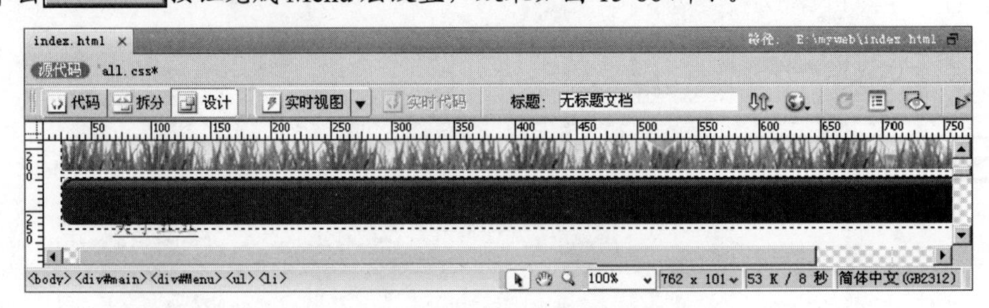

图15-66　Menu 层

六、 设置 Menu 层的项目列表

1. 单击【CSS 样式】面板底部的按钮，打开【新建 CSS 规则】对话框，设置其参数，如图 15-67 所示。
2. 单击 确定 按钮，打开【#main #Menu ul 的 CSS 规则定义（在 all.css）中】对话框，设置“区块”类别的参数，如图 15-68 所示。

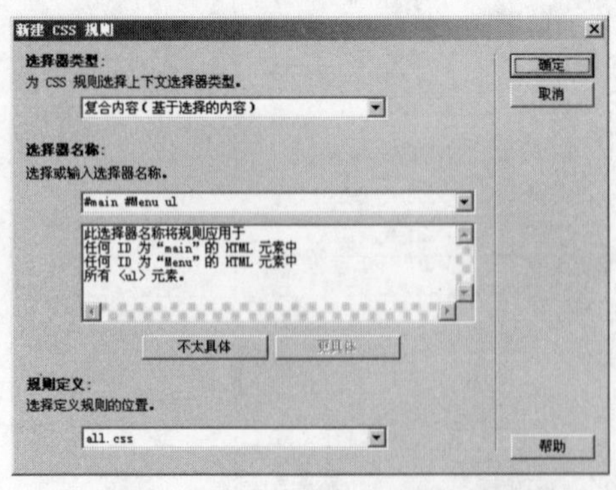

图15-67　新建“#main #Menu ul”样式

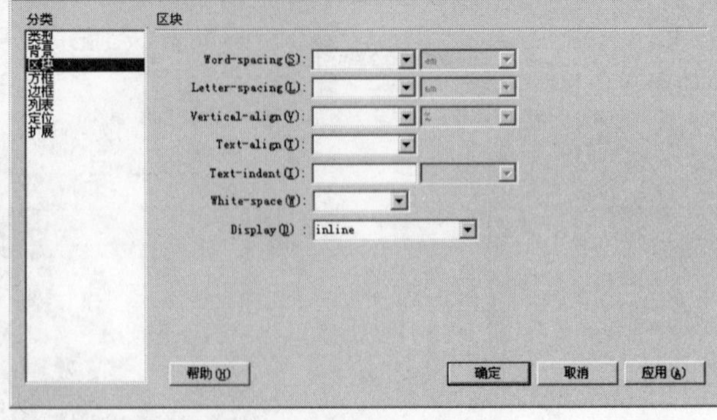

图15-68　设置“区块”类别

3. 设置“方框”类别的参数，如图 15-69 所示。
4. 单击【CSS 样式】面板底部的按钮，打开【新建 CSS 规则】对话框，设置其参数，如图 15-70 所示。

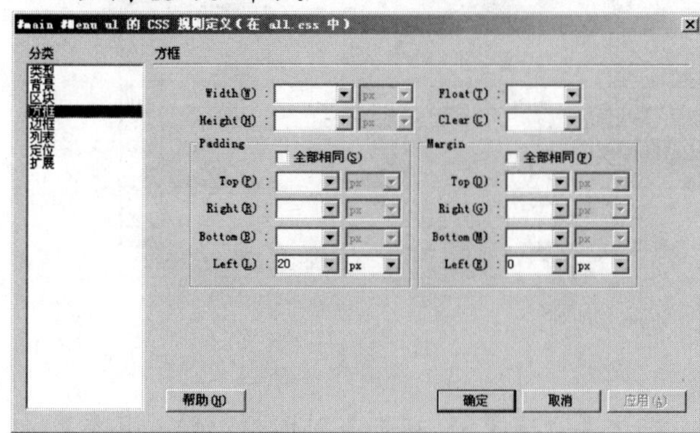

图15-69　设置“方框”类别

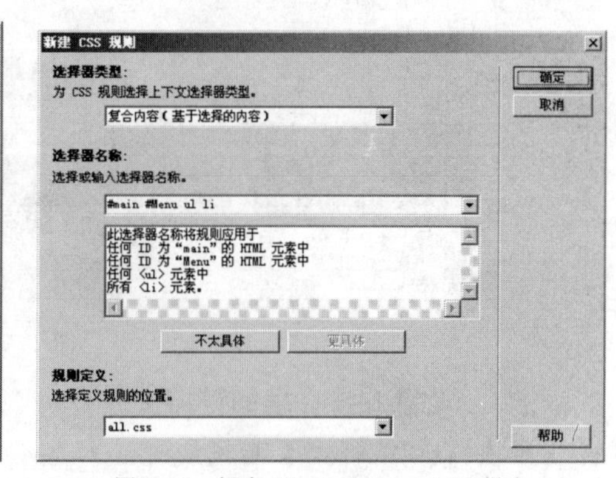

图15-70　新建“#main #Menu ul li”样式

5. 单击 确定 按钮，打开【#main #Menu ul li 的 CSS 规则定义（在 all.css）中】对话框，设置“区块”类别的参数，如图 15-71 所示。

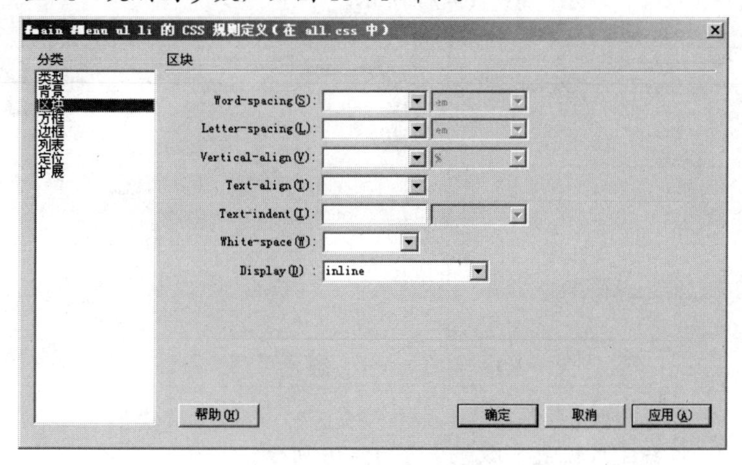

图15-71　设置“区块”类别

6. 设置“方框”类别的参数，如图 15-72 所示。

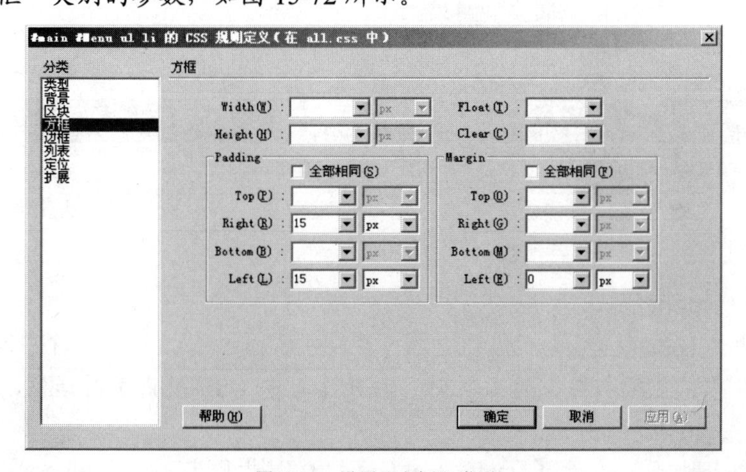

图15-72　设置“方框”类别

7. 单击 确定 按钮完成 Menu 层的列表设置，使列表水平显示，效果如图 15-73 所示。

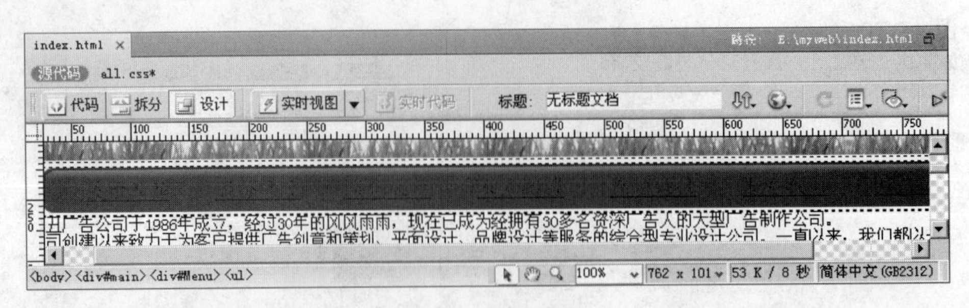

图15-73　Menu 层的列表

七、 设置 Menu 层的链接文字

1. 单击【CSS 样式】面板底部的按钮，打开【新建 CSS 规则】对话框，设置其参数，如图 15-74 所示。
2. 单击 确定 按钮，打开【#main #Menu a 的 CSS 规则定义（在 all.css）中】对话框，设置“类型”类别的参数，如图 15-75 所示。

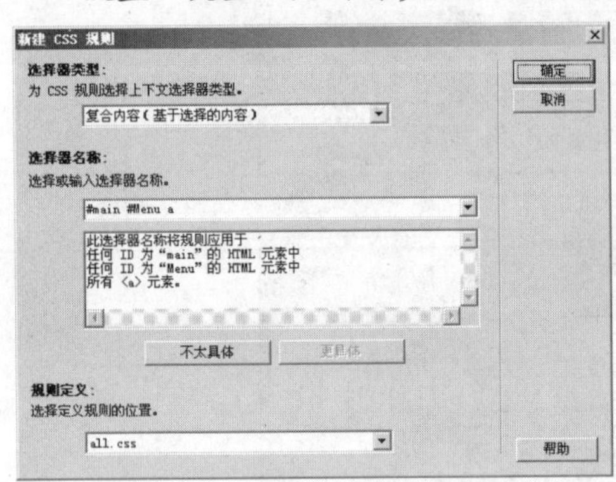

图15-74　新建“#main #Menu a”样式

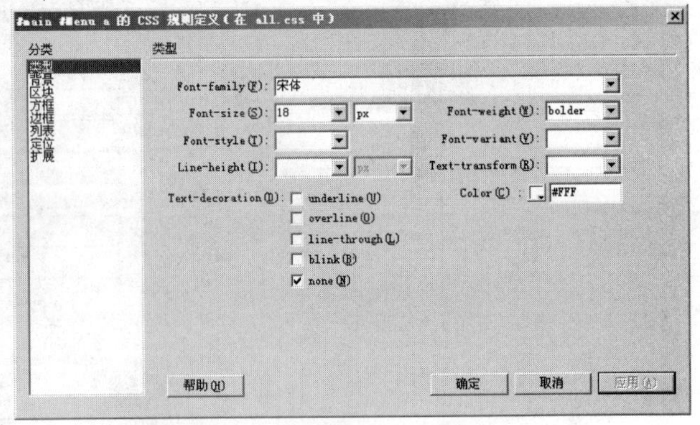

图15-75　设置“类型”类别

3. 单击 确定 按钮完成设置，效果如图 15-76 所示。

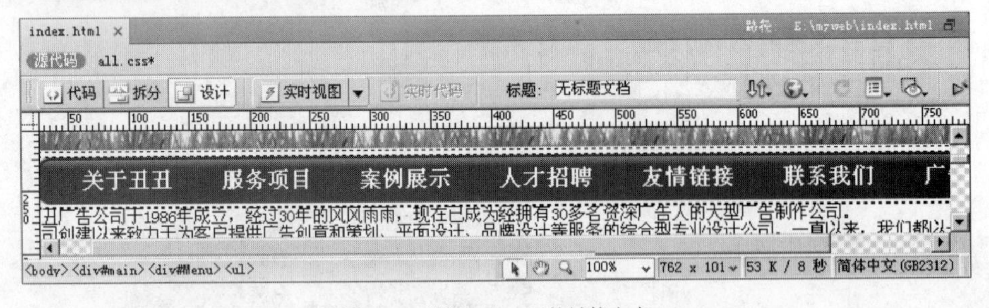

图15-76　设置 Menu 层的链接文本

八、 设置 content 层

1. 选中文档中的 content 层。
2. 单击【CSS 样式】面板底部的按钮，打开【新建 CSS 规则】对话框，系统会自动设置其参数，如图 15-77 所示。
3. 单击 确定 按钮，打开【#main #content 的 CSS 规则定义（在 all.css）中】对话框，设置“方框”类别的参数，如图 15-78 所示。

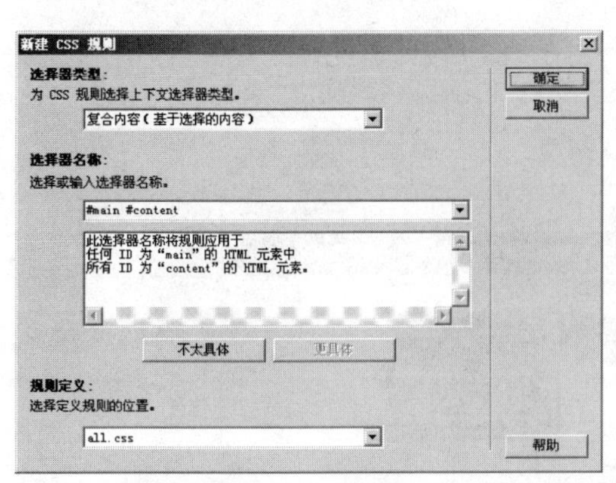

图15-77 新建“#main #content”样式

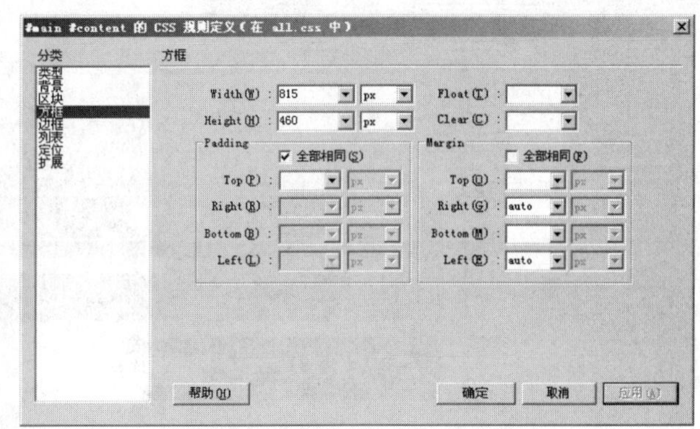

图15-78 设置“方框”类别

4. 单击 确定 按钮完成 content 的设置，此时文档效果如图 15-79 所示。

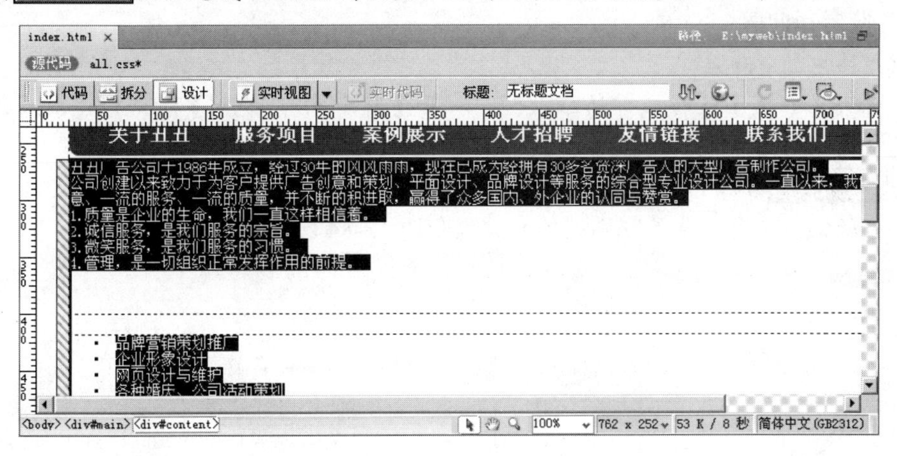

图15-79 content 的设置

九、 设置 left 层

1. 选中文档中的 left 层，文本项目列表所在的层。
2. 单击【CSS 样式】面板底部的 按钮，打开【新建 CSS 规则】对话框，系统会自动设置其参数，如图 15-80 所示。
3. 单击 确定 按钮，打开【#main #content #left 的 CSS 规则定义（在 all.css）中】对话框，设置“方框”类别的参数，如图 15-81 所示。

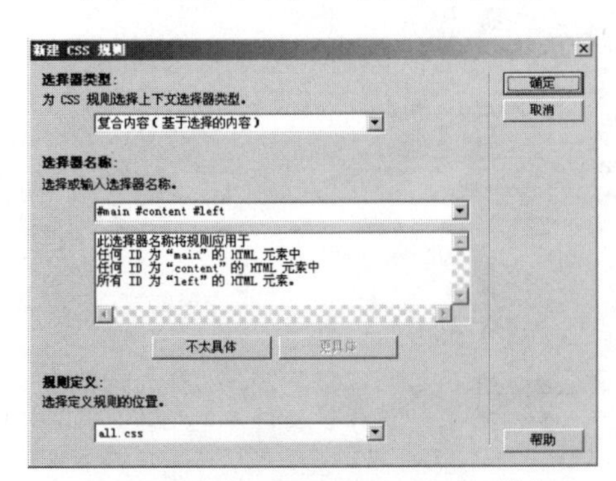

图15-80 新建“#main #content #left”样式

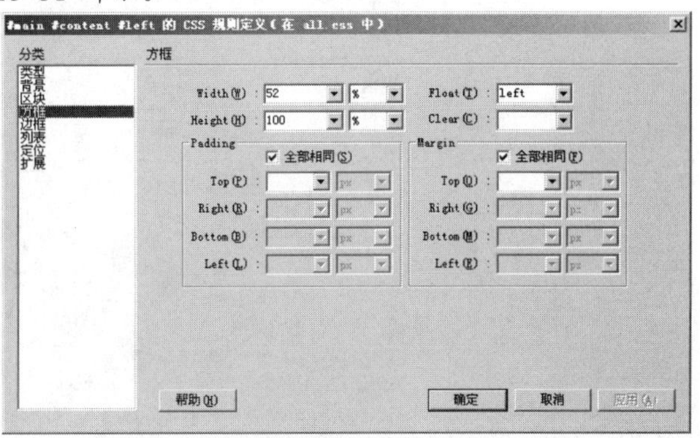

图15-81 设置“方框”类别

4. 单击 确定 按钮完成 left 层的设置，效果如图 15-82 所示。

图15-82 left 层

十、 设置 gsjj 层

1. 选中文档中的 gsjj 层。
2. 单击【CSS 样式】面板底部的按钮，打开【新建 CSS 规则】对话框，系统会自动设置其参数，如图 15-83 所示。
3. 单击 确定 按钮，打开【#main #content #left #gsjj 的 CSS 规则定义（在 all.css）中】对话框，设置“背景”类别的参数，如图 15-84 所示。

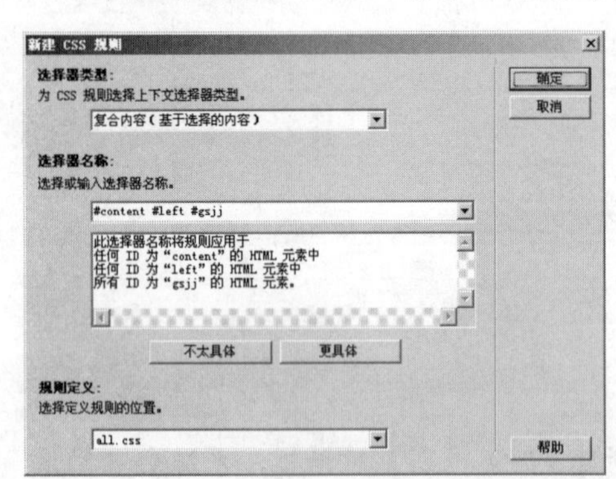

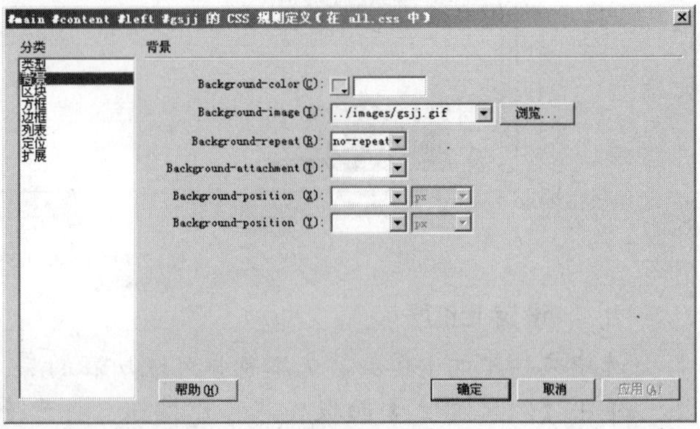

图15-83 新建“#main #content #left #gsjj”样式

图15-84 设置“背景”类别

4. 设置“方框”类别的参数，如图 15-85 所示。

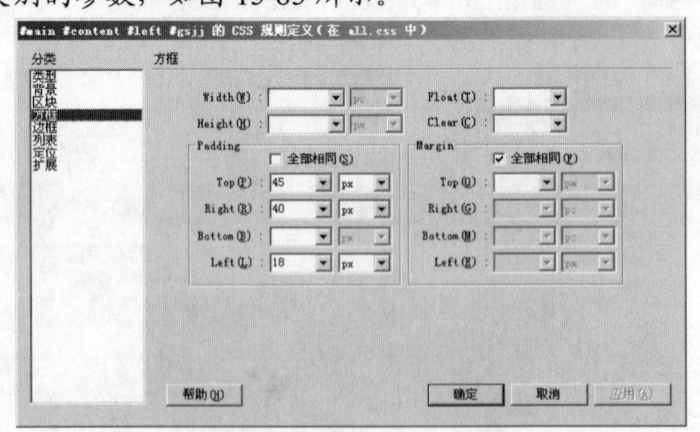

图15-85 设置“方框”类别

5. 单击 确定 按钮完成 gsjj 层的设置，效果如图 15-86 所示。

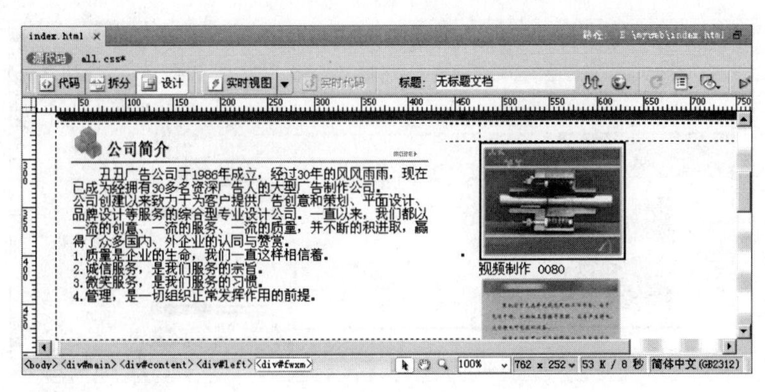

图15-86　gsjj 层

十一、设置 fwxm 层

1. 选中文档中的 fwxm 层。
2. 单击【CSS 样式】面板底部的按钮，打开【新建 CSS 规则】对话框，系统会自动设置其参数，如图 15-87 所示。
3. 单击 确定 按钮，打开【#main #content #left #fwxm 的 CSS 规则定义（在 all.css）中】对话框，设置“背景”类别的参数，如图 15-88 所示。

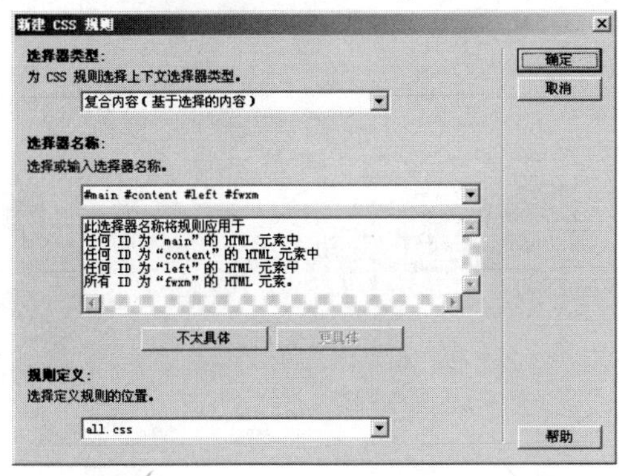

图15-87　新建“#main #content #left #fwxm”样式

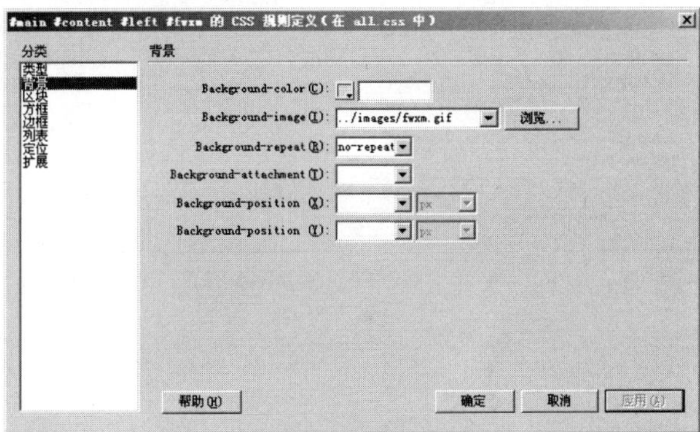

图15-88　设置“背景”类别

4. 设置“方框”类别的参数，如图 15-89 所示。

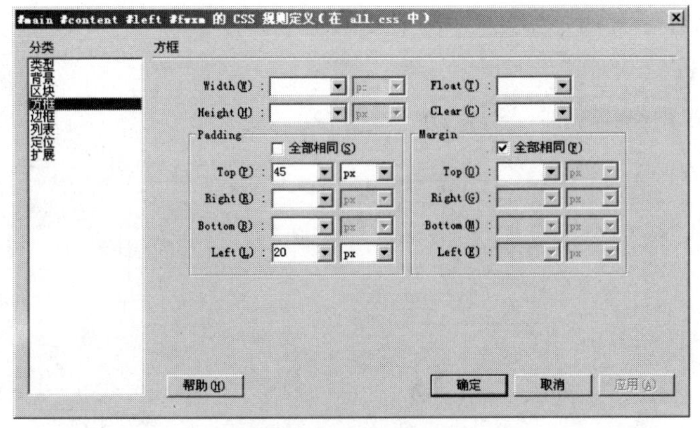

图15-89　设置“方框”类别

5. 单击 确定 按钮完成 fwxm 层的设置，效果如图 15-90 所示。

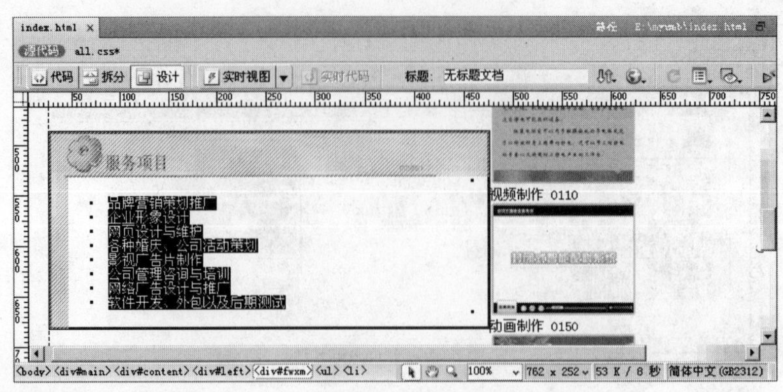

图15-90　fwxm 层

十二、设置 right 层

1. 选中文档中的 right 层，图像项目列表所在的层。
2. 单击【CSS 样式】面板底部的按钮，打开【新建 CSS 规则】对话框，系统会自动设置其参数，如图 15-91 所示。
3. 单击 确定 按钮，打开【#main #content #right 的 CSS 规则定义（在 all.css）中】对话框，设置“类型”，设置“背景”类别的参数，如图 15-92 所示。

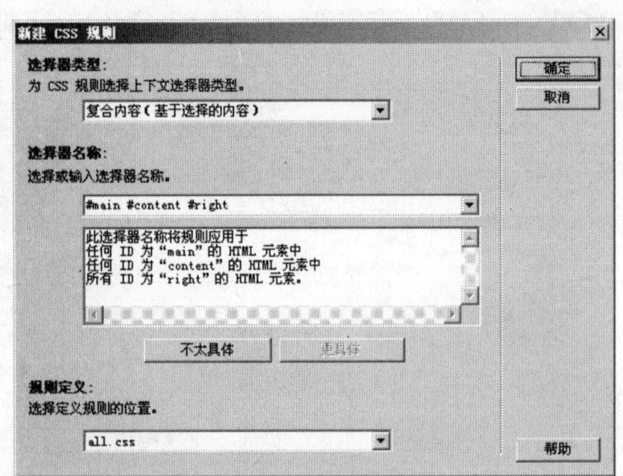

图15-91　新建“#main #content #right”样式

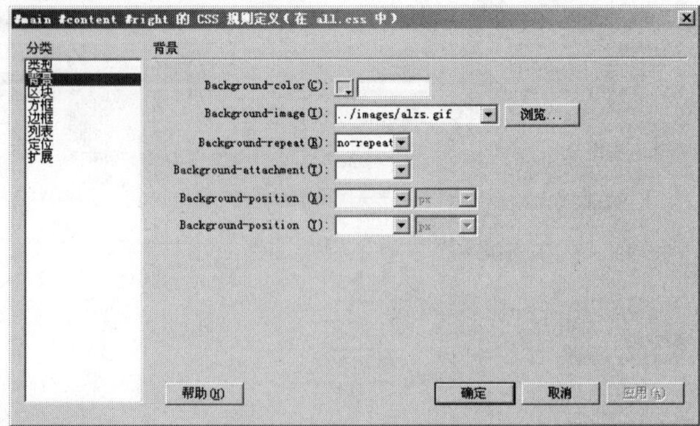

图15-92　设置“背景”类别

4. 设置“方框”类别的参数，如图 15-93 所示。

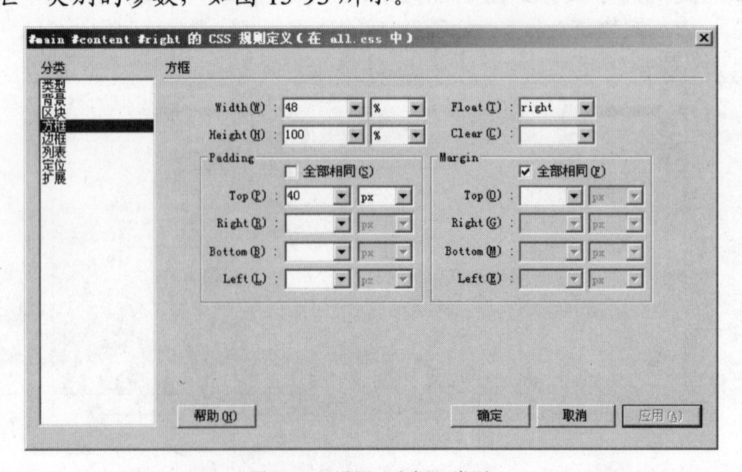

图15-93　设置“方框”类别

5. 单击 确定 按钮完成 right 层的设置，效果如图 15-94 所示。

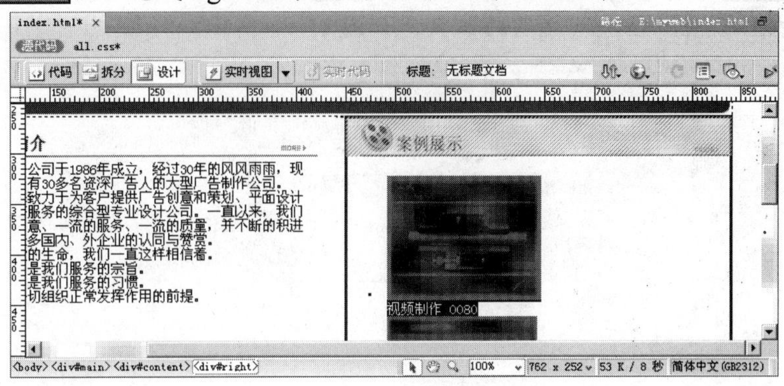

图15-94　right 层

十三、设置 right 层的项目列表

1. 单击【CSS 样式】面板底部的按钮，打开【新建 CSS 规则】对话框，设置其参数，如图 15-95 所示。
2. 单击 确定 按钮，打开【#main #content #right ul 的 CSS 规则定义（在 all.css）中】对话框，设置“区块”类别的参数，如图 15-96 所示。

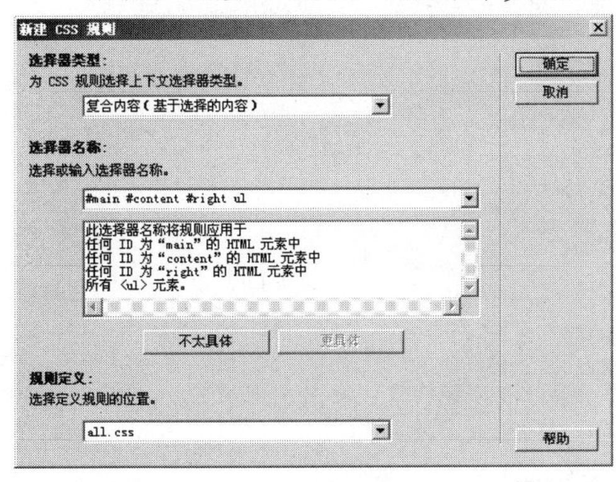

图15-95　新建“#main #content #right ul”样式

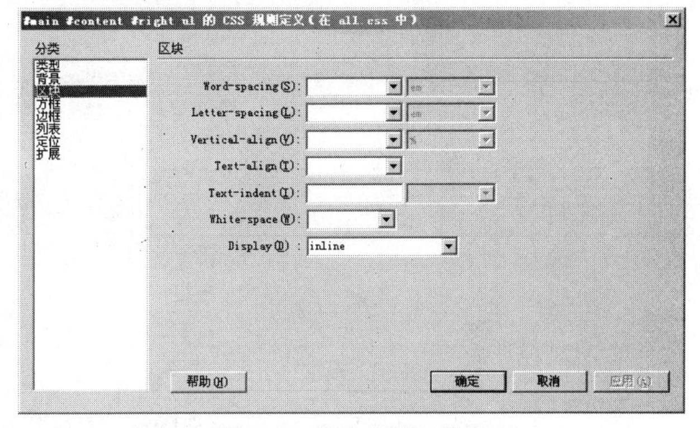

图15-96　设置“区块”类别

3. 单击【CSS 样式】面板底部的按钮，打开【新建 CSS 规则】对话框，设置其参数，如图 15-97 所示。

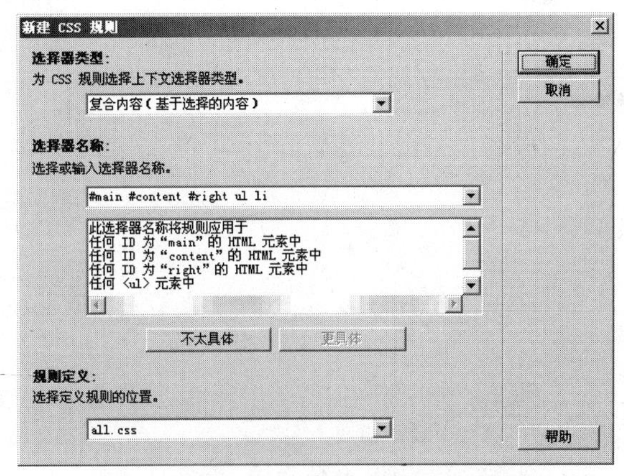

图15-97　新建“#main #content #right ul li”样式

4. 单击 确定 按钮，打开【#main #content #right ul li 的 CSS 规则定义（在 all.css）中】对话框，设置“区块”类别的参数，如图 15-98 所示。

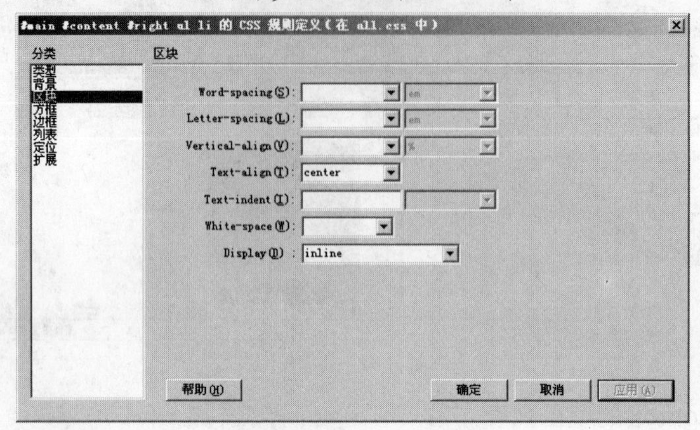

图15-98 设置“区块”类别

5. 设置“方框”类别的参数，如图 15-99 所示。

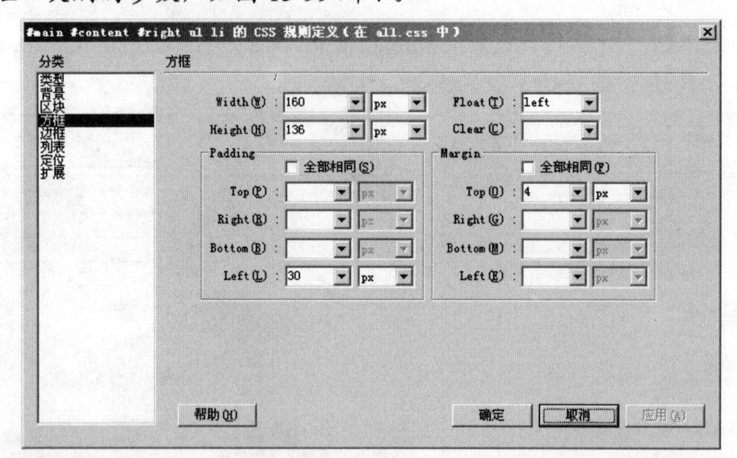

图15-99 设置“方框”类别

6. 设置“列表”类别的参数，如图 15-100 所示。

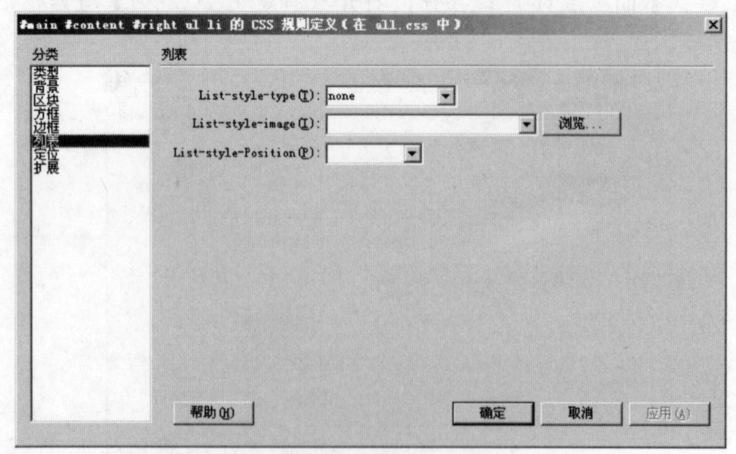

图15-100 设置“列表”类别

7. 单击 确定 按钮完成项目列表的设置，效果如图 15-101 所示。

图15-101　完成设置后的图像排列方式

十四、设置 foot 层

1. 选中文档中的 foot 层。
2. 单击【CSS 样式】面板底部的按钮，打开【新建 CSS 规则】对话框，系统会自动设置其参数，如图 15-102 所示。
3. 单击 确定 按钮，打开【#main #foot 的 CSS 规则定义（在 all.css）中】对话框，设置“背景”类别的参数，如图 15-103 所示。

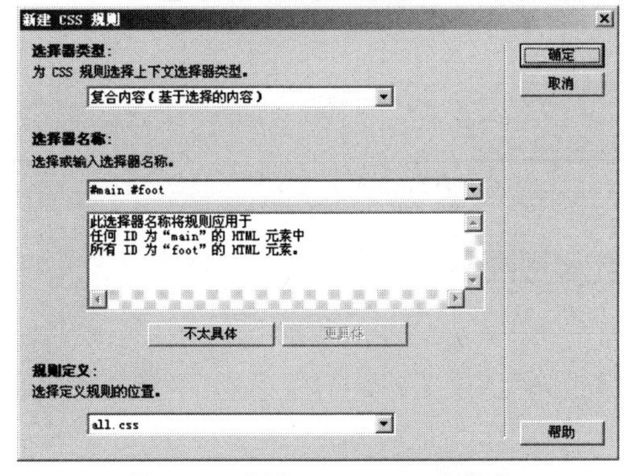

图15-102　新建“#main #foot”样式

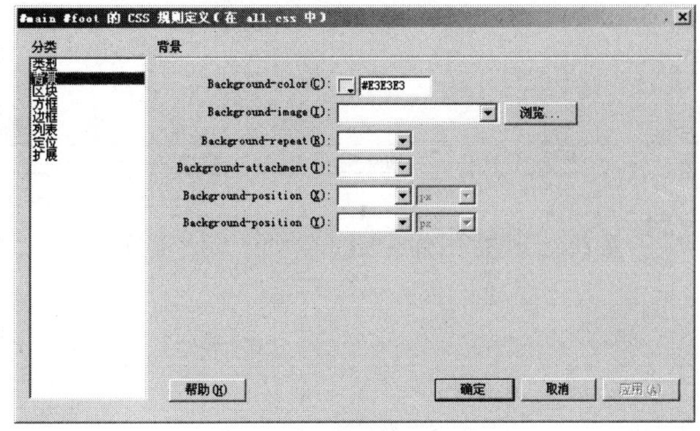

图15-103　设置“背景”类别

4. 设置“区块”类别的参数，如图 15-104 所示。

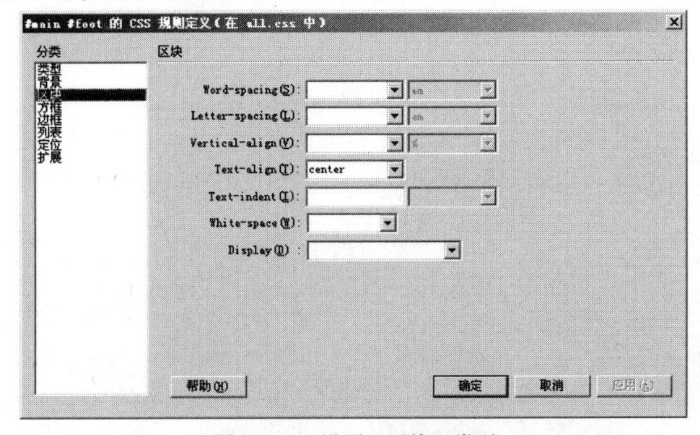

图15-104　设置“区块”类别

5. 设置“方框”类别的参数，如图 15-105 所示。

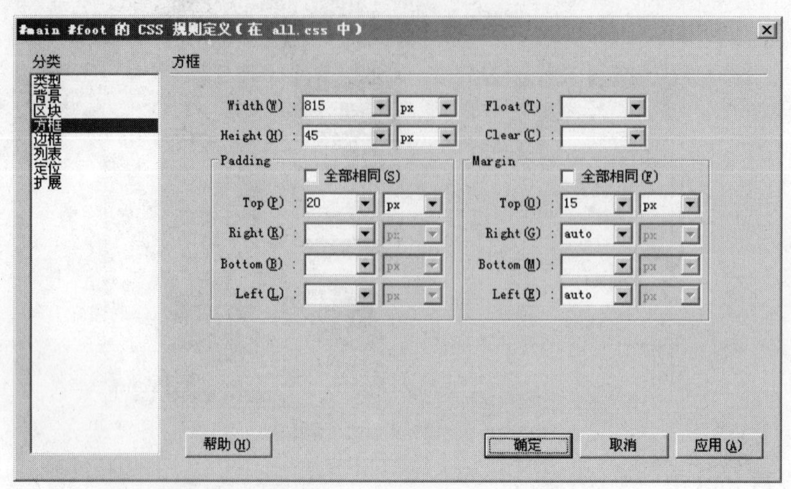

图15-105 设置“方框”类别

6. 单击 确定 按钮完成 foot 层的设置，效果如图 15-106 所示。

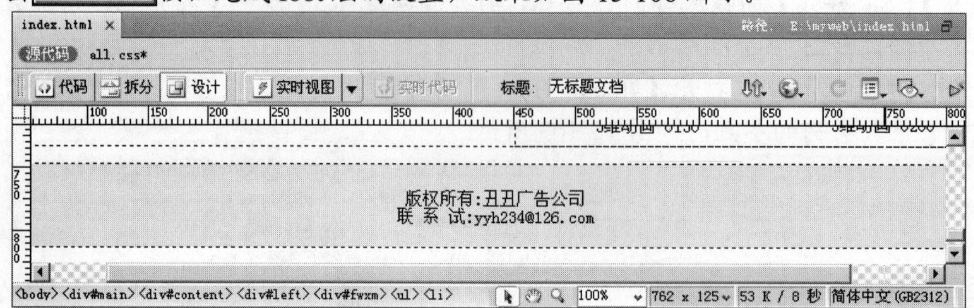

图15-106 Foot 层的效果

7. 至此，网站制作完成，按 F12 键预览网页，效果参见图 15-1。

人民邮电出版社书目（老虎工作室部分）

分 类	序 号	书 号	书　　名	定价（元）
3ds max 8 中文版培训教程	1	16547	3ds Max 8 中文版基础培训教程（附光盘）	36.00
	2	16592	3ds Max 8 中文版动画制作培训教程（附光盘）	36.00
	3	16641	3ds Max 8 中文版效果图制作培训教程（附光盘）	35.00
AutoCAD	4	16306	AutoCAD 2006 中文版基础教程（附光盘）	39.00
	5	16882	AutoCAD 2007 中文版三维造型基础教程（附光盘）	34.00
	6	16929	AutoCAD 2007 中文版基础教程（附光盘）	45.00
	8	19101	AutoCAD 2008 中文版三维造型基础教程（附光盘）	29.00
	9	19102	AutoCAD 2008 中文版基础教程（附光盘）	39.00
	10	19502	AutoCAD 2008 中文版机械制图实例精解（附光盘）	32.00
	11	20449	AutoCAD 2009 中文版基础教程（附光盘）	42.00
	12	20462	AutoCAD 2009 中文版机械制图快速入门（附光盘）	28.00
	13	20477	AutoCAD 中文版典型机械设计图册（附光盘）	36.00
	14	20495	AutoCAD 2009 中文版建筑设备工程制图实例精解（附光盘）	32.00
	15	20539	AutoCAD 2008 中文版建筑制图实例精解（附光盘）	35.00
	16	20581	AutoCAD 2009 中文版建筑制图快速入门（附光盘）	26.00
	17	20746	AutoCAD 中文版典型建筑设计图册（附光盘）	28.00
	18	20985	AutoCAD 2009 中文版建筑电气工程制图实例精解（附光盘）	28.00
Pro/ENGINEER	19	20563	Pro/ENGINEER Wildfire 4.0 中文版典型实例（附光盘）	49.00
	20	20597	Pro/ENGINEER Wildfire 4.0 中文版模具设计（附光盘）	49.00
	21	20615	Pro/ENGINEER Wildfire 4.0 中文版基础教程（附光盘）	52.00
	22	21084	Pro/ENGINEER Wildfire 4.0 机构运动仿真与动力分析（附光盘）	38.00
电路设计与制板	23	16137	Protel 99SE 入门与提高（附光盘）	38.00
	24	16138	Protel 99SE 高级应用（附光盘）	38.00
	25	12083	Protel DXP 高级应用（附光盘）	52.00
	26	12679	PowerLogic 5.0 & PowerPCB 5.0 典型实例（附光盘）	32.00
	27	17752	Protel 99 入门与提高（修订版）（附光盘）	45.00
	28	11245	Protel DXP 库元器件手册	30.00
学以致用	29	15734	AutoCAD 2006 中文版基本功能与典型实例（附光盘）	48.00
	30	15735	CorelDRAW X3 中文版基本功能与典型实例（附 2 张光盘）	45.00
	31	15736	3ds Max 8 中文版基本功能与典型实例（附 2 张光盘）	42.00
	32	15737	Photoshop CS2 中文版基本功能与典型实例（附 2 张光盘）	48.00
	33	15738	Flash 8 中文版基本功能与典型实例（附光盘）	42.00
	34	15739	UG NX 4 中文版基本功能与典型实例（附光盘）	42.00
	35	15740	Pro/ENGINEER Wildfire 3.0 中文版基本功能与典型实例（附光盘）	48.00
	36	15741	Dreamweaver 8 中文版基本功能与典型实例（附光盘）	38.00
	37	17208	AutoCAD 2007 中文版基本功能与典型实例（附光盘）	49.00
举一反三实战训练系列	38	16513	CorelDRAW X3 中文版平面设计实战训练（附光盘）	45.00
	39	16532	AutoCAD 2007 中文版建筑制图实战训练（附光盘）	36.00
	40	16537	AutoCAD 2007 中文版机械制图实战训练（附光盘）	36.00
	41	16538	Photoshop CS2 中文版图像处理实战训练（附光盘）	42.00
	42	16550	UG NX 4 中文版机械设计实战训练（附光盘）	45.00
	43	17439	Mastercam X 数控加工实战训练（附光盘）	38.00

续 表

UG	44	20436	Siemens NX 6 中文版机械设计基础教程（附光盘）	45.00
	45	20506	UG NX 5 中文版曲面造型基础教程（附光盘）	39.00
从零开始系列培训教程	46	19369	Windows Vista 基础培训教程	25.00
	47	19375	Protel 99SE 基础培训教程（附光盘）	28.00
	48	19376	AutoCAD 2008 中文版建筑制图基础培训教程（附光盘）	28.00
	49	19380	Photoshop CS3 中文版基础培训教程（附光盘）	28.00
	50	19381	Flash CS3 中文版基础培训教程（附光盘）	25.00
	51	19383	AutoCAD 2008 中文版机械制图基础培训教程（附光盘）	28.00
	52	19387	计算机基础培训教程（Windows Vista+Office 2007）	25.00
	53	19417	3ds Max 9 中文版基础培训教程（附光盘）	28.00
	54	19503	Dreamweaver CS3 中文版基础培训教程	22.00
	55	21256	AutoCAD 2009 中文版建筑制图基础培训教程（附光盘）	28.00
	56	21266	计算机组装与维护基础培训教程（附光盘）	28.00
	57	21295	AutoCAD 2009 中文版机械制图基础培训教程（附光盘）	28.00
习题精解	58	16697	UG NX 4 中文版习题精解（附光盘）	29.00
	59	16729	UG NX 4 中文版数控加工习题精解（附光盘）	28.00
	60	18009	AutoCAD 2008 中文版建筑制图习题精解（附光盘）	28.00
	61	18012	AutoCAD 2008 中文版习题精解（附光盘）	28.00
	62	18013	AutoCAD 2008 中文版机械制图习题精解（附光盘）	28.00
机械设计院·机械工程师	63	18038	AutoCAD 2008 中文版机械设计（附光盘）	42.00
	64	18115	CAXA 2007 中文版机械设计（附光盘）	45.00
	65	18161	UG NX 5 中文版模具设计（附光盘）	45.00
	66	18479	UG NX 5 中文版数控加工（附光盘）	45.00
	67	18482	UG NX 5 中文版机械设计（附光盘）	39.00
	68	18542	SolidWorks 中文版机械设计（附光盘）	45.00
	69	19105	Pro/ENGNEER Wildfire 中文版机械设计（附光盘）	45.00
	70	19106	Pro/ENGNEER Wildfire 中文版模具设计（附光盘）	45.00
	71	19190	Cimatron E 8 中文版数控加工（附光盘）	45.00
	72	19646	Mastercam X2 数控加工（附光盘）	45.00
神奇的美画师	73	17285	CorelDRAW X3 中文版平面设计案例实训（附光盘）	39.00
	74	18021	Photoshop CS3 中文版图像处理技术精萃（附光盘）	79.80
	75	18057	CorelDRAW X3 中文版平面设计技术精萃（附光盘）	69.00
	76	21596	Photoshop 图像色彩调整与合成技巧（附光盘）	68.00
	77	21597	Photoshop、CorelDRAW & Illustrator 包装设计与表现技巧（附光盘）	68.00
	78	21646	Photoshop 质感与特效表现技巧（附光盘）	68.00
	79	21648	Photoshop & Illustrator 地产广告设计与表现技巧（附光盘）	68.00
其他	80	17280	CorelDRAW X3 中文版应用实例详解（附光盘）	45.00
	81	20439	三菱系列 PLC 原理及应用	32.00
	82	20458	Photoshop & Illustrator 产品设计创意表达（附光盘）	49.00
	83	20463	Rhino & VRay 产品设计创意表达（附光盘）	49.00
	84	20502	欧姆龙系列 PLC 原理及应用	28.00
	85	20505	AliasStudio 产品设计创意表达（附光盘）	49.00
	86	20511	西门子系列 PLC 原理及应用	29.00

购书办法：请将书款及邮寄费（书款的 15%）从邮局汇至北京崇文区夕照寺街 14 号人民邮电出版社发行部收。邮编：100061。注意在汇款单附言栏内注明书名及书号。联系电话：67129213。